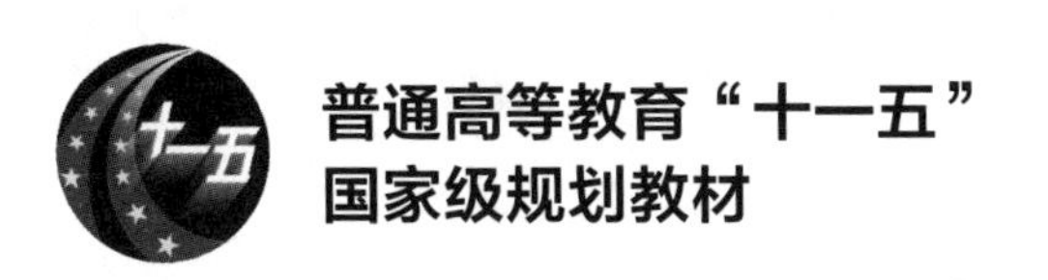

普通高等教育“十一五”
国家级规划教材

网络空间安全
人才能力培养新形态系列

U0237049

计算机
网络安全基础

第6版 微课版

李群 袁津生◎主编

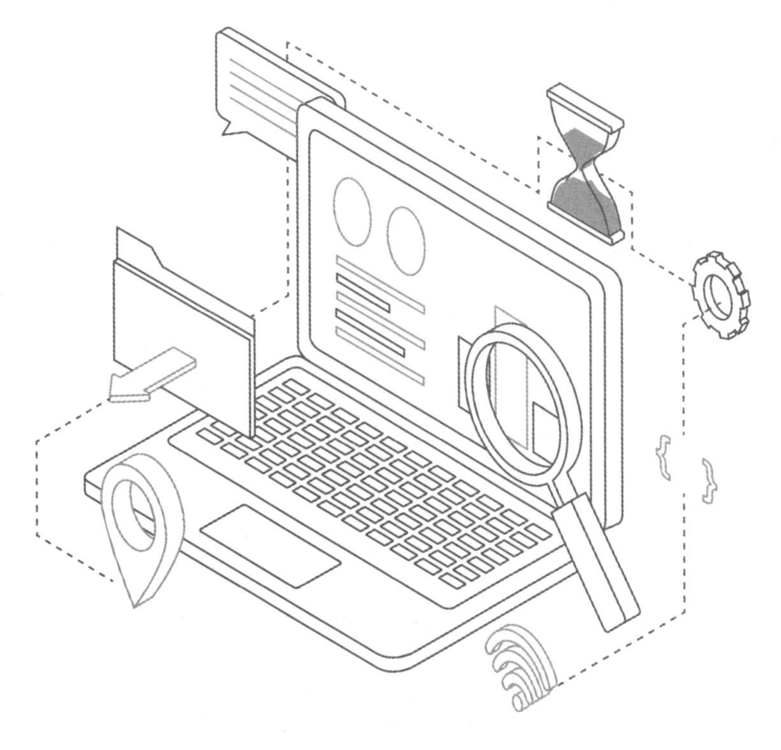

人民邮电出版社
北京

图书在版编目（CIP）数据

计算机网络安全基础 : 微课版 / 李群, 袁津生主编. 6版. -- 北京 : 人民邮电出版社, 2025. -- (网络空间安全人才能力培养新形态系列). -- ISBN 978-7-115-65506-6

Ⅰ. TP393.08

中国国家版本馆CIP数据核字第2024B36B47号

内 容 提 要

计算机网络安全问题是全社会都关注并亟待解决的大问题。本书主要介绍如何保护自己的网络以及网络系统中的数据不被破坏和窃取，如何保证数据在传输过程中的安全，如何避免数据被篡改以及维护数据的真实性等内容。

本书重点讲解与计算机系统安全有关的一些基础知识，如安全级别、访问控制、数据加密、网络安全、数据安全和网络安全前沿技术等。

本书可作为高等院校计算机相关专业的教材，也可作为计算机网络的系统管理人员、安全技术人员的培训教材或参考书。

◆ 主　　编　李　群　袁津生
责任编辑　孙　澍
责任印制　陈　犇

◆ 人民邮电出版社出版发行　　北京市丰台区成寿寺路11号
邮编　100164　　电子邮件　315@ptpress.com.cn
网址　https://www.ptpress.com.cn
三河市中晟雅豪印务有限公司印刷

◆ 开本：787×1092　1/16
印张：21.5　　　　2025年1月第6版
字数：552千字　　　　2025年1月河北第1次印刷

定价：79.80元

读者服务热线：(010)81055256　印装质量热线：(010)81055316
反盗版热线：(010)81055315
广告经营许可证：京东市监广登字20170147号

前言

计算机网络技术是当今世界的高新技术之一。它的出现和快速发展，尤其是互联网的迅速成长，正在把全世界连接成一个整体，“世界”这一概念也正在变小。网络在迅速发展的同时也改变着人们的生活方式，给人们带来了新的工作、学习以及娱乐的方式。

但是，在网络技术进步的同时，计算机网络安全问题也引起了世界各国的关注。随着计算机在人类生活各领域中的广泛应用，计算机病毒也不断地产生和传播，计算机遭到非法入侵，重要资料丢失或被破坏，由此造成的网络系统瘫痪等，已给各个国家以及众多公司造成巨大的经济损失，甚至危及国家和地区的公共安全。可见网络的安全问题关系到人类的生活与生存，我们必须给予充分的重视并设法解决。

习近平总书记在党的二十大报告中强调，推进国家安全体系和能力现代化，坚决维护国家安全和社会稳定。网络安全作为网络强国、数字中国的底座，将在未来的发展中承担托底的重担，是我国现代化产业体系中不可或缺的部分。网络安全问题永远不是一个简单的问题，网络一旦失去安全性，后果将会十分严重。因此，我们需要关注网络安全问题，并寻找好的解决方案。

我们编写本书的目的是帮助网络用户在这个千变万化的网络世界中保护自己的网络以及网络系统中的数据不被毁坏或窃取；同时本书还将着重介绍网络安全的一些基础知识，如安全级别、访问控制、病毒、加密等。

目前，大多数高等院校都开设了计算机网络安全方面的课程。为了使本书跟上时代的步伐和更好地适应教师的教学工作和学生的学习，编者经过多年的实践和教学循环，对第 5 版的部分内容进行了修订。第 6 版修正了原书中一些过时的论述，增加了近几年来计算机网络安全领域发展的最新内容，希望对读者学习网络安全的相关知识有所帮助。

本书第 3 版为普通高等教育“十一五”国家级规划教材，并被教育部评为“普通高等教育精品教材”，受到全国各地许多高校师生的认可。第 6 版在保证原书结构不变的基础上，对第 5 版中的内容进行了修订和扩充，增强了可读性。主要调整如下。

（1）删除了原书第 1 章“网络基础知识与因特网”。

（2）在原书第 2 章（本书第 1 章）中增加了“TCP/IP 体系的安全策略”一节的内容。

（3）在原书第 7 章（本书第 6 章）中增加了“网络安全态势感知技术”一节的内容。

（4）新增加了第 8 章“网络安全前沿技术”，主要内容有云计算安全、大数据安全、物联网安全、人工智能安全、工业互联网安全以及区块链技术。将原书第 8 章（本书第 7 章）“网络站点的安全”中“云计算安全”一节的内容移到本书第 8 章中。

（5）重写了第 9 章网络安全实验的内容，删除了附录一和附录二。

经过修订后，书中的内容更加完善，也更便于读者进行自学，更契合目前高速发展的网络和安全技术。

本书是编者基于多年的教学经验，参考若干资料整理而成的。在编写过程中，编者力求做到对基本概念、基础知识的介绍简明扼要。本书各章相互配合又自成体系，并附有小结和习题。为配合教学，本书还配有电子课件，可从人邮教育社区（www.ryjiaoyu.com）下载。建议本课程学时为 40 学时，其中讲课 30 学时，上机和课堂讨论 10 学时。学生应具备的预备知识包括系统导论、操作系统、计算机网络和 C 语言编程等。

第 6 版的修订工作由袁津生、李群、贾宗维、赵慕铭共同完成，最后由袁津生统稿。其中，贾宗维编写第 1 章，李群编写第 2 章、第 3 章、第 8 章，袁津生编写第 4 章、第 5 章、第 6 章、第 7 章和第 9 章部分内容，赵慕铭编写了第 9 章的实验部分。全书的修订还得到了众多老师的指导和帮助，在此一并表示感谢。

由于编者水平有限，书中难免有不当之处，敬请读者批评指正。

作　者

2024 年 12 月

目 录 CONTENTS

01

第1章　网络安全概述

当前，网络空间已经成为继陆、海、空、天之后的第五大主权领域空间。习近平主席指出“没有网络安全就没有国家安全，没有信息化就没有现代化”。随着“黑客”工具技术的发展，使用这些工具所需具备的各种技巧和知识的门槛在不断降低，造成全球范围内“黑客”行为泛滥。“安全”一词可以理解为“远离危险的状态或特性”和“为防范间谍活动或蓄意破坏、犯罪、攻击或逃跑而采取的措施”。随着经济信息化的迅速发展，计算机网络对安全的要求越来越高。

本章首先从网络安全的含义、网络安全的特征、网络安全的威胁、网络安全的关键技术以及网络安全策略等几个方面进行讨论，并给出网络安全的分类和网络安全问题的解决方案，最后介绍网络安全风险管理及评估和 TCP/IP 体系的安全策略。

1.1　网络安全基础知识

1.1.1　网络安全的含义

网络安全从本质上来讲就是网络上的信息安全，它涉及的领域相当广泛，这是因为在目前的公用通信网络中存在着各种各样的安全漏洞和威胁。从广义上来说，凡是涉及网络信息的保密性、完整性、可用性、真实性和可控性的相关技术和理论，都是网络安全所要研究的。下面给出网络安全的通用定义。

网络安全是指网络系统的硬件、软件及其中的数据受到保护，不因偶然的或者恶意的原因而遭到破坏、更改或窃取，系统连续、可靠、正常地运行，网络服务不中断。

从用户（个人、企业等）的角度来说，他们希望涉及个人隐私或商业利益的信息在网络上传输时能保证机密性、完整性和真实性，能避免其他人利用窃听、冒充、篡改和抵赖等手段侵犯他们的隐私、损害他们的利益，同时希望当他们的信息保存在某个计算机系统上时，不受到其他非法用户的非授权访问和破坏。

从网络运营和管理者的角度来说，他们希望对本地网络信息的访问、读写等操作进行保护和控制，避免出现病毒、非法存取、拒绝服务（DoS）和网络资源的非法占用及非法控制等威胁，能制止和防御网络“黑客”的攻击。

对安全保密部门来说，他们希望对非法的、有害的或涉及国家机密的信息进行过滤或防范，避免其通过网络扩散或泄露对社会产生危害，对国家造成巨大的经济损失，甚至威胁到国家安全。

从社会教育和意识形态角度来讲，网络上不健康的内容会对社会的稳定和人类的发展造成阻碍，必须对其进行控制。

因此，网络安全在不同的环境和应用中有不同的解释。总体来说，网络安全包含以下内容。

① 运行系统安全，即保证信息处理和传输系统的安全。包括计算机系统机房环境的保护，法律、政策的保护，计算机结构设计上的安全性考虑，硬件系统的可靠、安全运行，计算机操作系统和应用软件的安全，数据库系统的安全，电磁泄漏的防范等。它侧重于保证系统的正常运行，避免因为系统的崩溃和损坏而对系统存储、处理和传输的信息造成破坏，避免由于电磁泄漏造成信息泄露、干扰他人（或受他人干扰），本质上是保护系统的合法操作和正常运行。

② 网络上系统信息的安全。包括用户口令鉴别、用户存取权限控制、数据存取权限和方式控制、安全审计、安全问题跟踪、计算机病毒防治和数据加密等。

③ 网络上信息传播的安全，即信息传播后的安全，包括信息过滤等。它侧重于减轻和消除非法、有害的信息传播带来的后果，避免公用通信网络上大量自由传输的信息失控，本质上是维护道德、法律或国家利益。

④ 网络上信息内容的安全，即我们讨论的狭义的“信息安全”。它侧重于保护信息的保密性、真实性和完整性，避免出现攻击者利用系统的安全漏洞进行窃听、冒充和诈骗等有损合法用户利益的情况，本质上是保护用户的利益和隐私。

显而易见，网络安全与其所保护的信息对象有关，本质是在信息的安全期内保证其在网络上流动时或者静态存放时不被非授权用户非法访问，但授权用户能够访问。显然，网络安全、信息安全和系统安全的研究领域是相互交叉和紧密相连的。

计算机网络安全的含义是通过各种计算机、网络、密码技术和信息安全技术，保护在公用通信网络中传输、交换和存储的信息的机密性、完整性和真实性，并对信息的传播及内容进行控制。网络安全的结构层次包括物理安全、安全控制和安全服务。

可见，计算机网络安全主要是从保护网络用户的角度出发的，针对的是攻击和破译等人为因素造成的网络安全威胁。本书不涉及网络可靠性，信息的可控性、可用性和互操作性等。

1.1.2　网络安全的特征

网络安全应具有保密性、完整性、可用性和可控性 4 个方面的特征。

① 保密性。保密性指信息不泄露给非授权的用户、实体或过程，或供其利用的特性。

② 完整性。完整性指数据未经授权不能被改变的特性，即信息在存储或传输过程中保持不被修改、不被破坏和丢失的特性。

③ 可用性。可用性指可被授权实体访问并按需求使用的特性，即当需要时应能存取所需的信息。网络环境下拒绝服务、破坏网络和有关系统的正常运行等都属于对可用性的攻击。

④ 可控性。可控性指能够对信息的传播及内容进行控制。

1.1.3　网络安全的威胁

计算机网络的发展使信息的共享应用日益广泛与深入。但是信息在公共通信网络上存储、共享和传输时，可能会被非法窃听、截取、篡改或毁坏，从而导致不可估量的损失。银行系统、商业系统、管理部门、政府或军事领域对公共通信网络中数据的存储与传输的安全问题尤为关注。如果因为安全因素不敢让信息进入互联网这样的公共网络，那么办公效率及资源的利用率都会受到影响，甚至会使人们丧失对互联网及信息“高速公路”的信赖。

制订一个有效的网络安全规划，第一步是评估系统连接中所表现出的各种威胁。与网络连通性相关的安全威胁包括如下 3 种。

1. 非授权访问

没有预先经过同意就使用网络或计算机资源被看作非授权访问，如有意避开系统访问控制机制，对网络设备及资源进行非正常使用，或擅自扩大权限、越权访问信息。它主要有以下几种形式：假冒、身份攻击、非法用户进入网络系统进行违法操作、合法用户以未授权方式进行操作等。评估这些威胁将涉及受到影响的用户数量和可能被泄露的信息的机密性。

2. 信息泄露

信息泄露是指造成将有价值的或高度机密的信息暴露给无权访问该信息的人的所有问题。对信息泄露威胁的评估取决于可能泄密的信息类型。具有严格分类的信息系统不应该直接连接互联网，但还有一些其他类型的机密信息不需要禁止系统连接网络。私人信息、健康信息、公司计划和信用记录等都具有一定程度的机密性，必须给予保护。

3. 拒绝服务

拒绝服务是指故意攻击网络协议存在的缺陷，或直接通过野蛮手段耗尽被攻击对象的资源，目的是让目标计算机或网络无法提供正常的服务或资源访问，使目标系统、服务系统停止响应甚至崩溃。这些服务资源包括网络带宽、文件系统空间容量、开放的进程或者允许的连接。这种攻击可能导致资源匮乏，无论计算机的处理速度多快、内存容量多大、网络带宽的速度多快，都无法避免这种攻击带来的后果。

当然，网络威胁并不是对网络安全性的唯一威胁，拒绝服务也不是危害计算机安全的唯一因素，天灾、人祸（对系统具有合法访问权的人所造成的）都可能是很严重的威胁。对于如何提高网络安全性已经有了大量的对策，考虑这一问题已成为一件必要的事情。

很多传统的（非网络）安全威胁是由物理安全计划部分处理的，千万不要忘记给网络设备和电缆等提供合适的物理安全等级。需要说明的是，在物理安全性方面的投资应该以用户对威胁的实际评估为基础。

1.1.4 网络安全的关键技术

从广义上讲，计算机网络安全技术主要有以下几种。

① 主机安全技术。

② 身份认证技术。

③ 访问控制技术。

④ 密码技术。

⑤ 防火墙技术。

⑥ 安全审计技术。

⑦ 安全管理技术。

为了实现网络安全，我们应进行深入的研究，开发出自己的网络安全产品，以适应信息化对网络安全的需要。

1.1.5 网络安全策略

网络安全最重要的任务就是制定网络安全策略，安全策略决定了一个组织机构怎样来保护自己。一般来说，策略包括两部分内容：总体的策略和具体的规则。总体的策略用于阐明公司安全政策的总体思想，而具体的规则用于说明什么活动是被允许或被禁止的。

为了制定出有效的安全策略，制定者一定要懂得如何权衡安全性和方便性，并且安全策略应和其他的相关策略保持一致。安全策略中要阐明技术人员应向策略制定者说明的网络技术问题，因为网络安全策略的制定并不只是涉及高层管理者，工程技术人员也起着很重要的作用。

总体安全策略制定了一个组织机构的战略性安全指导方针，并为实现这个方针分配必要的人力和物力。一般由管理者如组织机构的领导者和高层领导人员来主持制定这种策略，以建立该组织机构的网络安全计划和网络安全基本框架结构。它的作用如下。

① 定义网络安全计划的目的和在该机构中涉及的范围。

② 把任务分配给具体的部门和人员以实现计划。

③ 明确违反该策略的行为及其处理措施。

总体安全策略一般是从一个很宽泛的角度来说明的，涉及公司政策的各个方面。和系统相关的安全策略一般根据总体安全策略提出对一个系统具体的保护措施。总体安全策略不会说明一些很细的问题，如允许哪些用户使用防火墙代理，或允许哪些用户用什么方式访问互联网，这些问题由和系统相关的安全策略说明。和系统相关的安全策略更着重于某一具体的系统，而且更为详细。实施安全策略应注意以下几个问题。

① 总体安全策略不要过于烦琐，不能只是具体的决定或方针。

② 安全策略一定要真正地执行，而不是一张给审查者、律师或顾客看的纸。例如，一个公司制定了一项安全策略，规定公司每个职员都有义务保护数据的机密性、完整性和可用性，这个策略以总裁签名的形式发放给每个职员，但这不等于策略就可以改变职员的行为，使他们真正地按策略所规定的那样做。关键是分配责任到各个部门，并分配足够的人力和物力去实现它，甚至去监督它的执行情况。

③ 策略的实施不仅是管理者的事，而且是技术人员的事。例如，一个网络管理员为了保证系统安全决定禁止用户共享账号，并且得到了领导的批准，但他没有向领导说明为什么要禁止共享账号，所以领导并没有真正地理解这个策略，而用户也不能理解，而且他们在不共享账号的情况下不知道怎样共享文件，所以他们可能会忽略这个策略。

网络安全策略应包括如下内容。

① 网络用户的安全责任。该策略可以要求用户每隔一段时间就改变其口令；使用符合一定准则的口令；执行某些检查，以了解其账户是否被别人访问过等。重要的是，凡是要求用户做到的，都应明确地定义。

② 系统管理员的安全责任。该策略可以要求在每台主机上采取专门的安全措施、登录标题报文、监测和记录过程等，还可列出在连接网络的所有主机中不能运行的应用程序。

③ 正确利用网络资源，规定谁可以使用网络资源，他们可以做什么、他们不应该做什么等。如果用户的组织认为电子邮件文件和计算机活动的历史记录都应受到安全监视，就应该非常明确地告诉用户。

④ 检测到安全问题时的对策。该策略应规定当检测到安全问题时应该做什么、应该通知谁，这些都是在紧急的情况下容易忽视的事情。

连接互联网就会带来一定的安全责任。RFC 1281 文档为用户和网络管理员提供了如何以保密和负责的方式使用互联网的准则，阅读该文档可了解在安全策略文件中应包括哪些信息。

安全规划（评估威胁、分配安全责任和编写安全策略等）是网络安全性的基本模块，必须将之实现才能发挥其应有的作用。

实现网络安全，不但靠先进的技术，而且得靠严格的安全管理、法律约束和安全教育。

① 先进的网络安全技术是网络安全的根本保证。用户对自身面临的威胁进行风险评估，决定其所需要的安全服务种类，选择相应的安全机制，然后集成先进的安全技术，才能形成全方位的安全系统。

② 严格的安全管理。各计算机网络使用机构应建立相应的网络安全管理办法，加强内部管理，建立合适的网络安全管理系统，建立安全审计和跟踪体系，增强整体网络安全意识。

③ 制定严格的法律法规。一些网络行为无法可依、无章可循，因此必须完善与网络安全相关的法律法规，使不法分子不敢轻举妄动。

1.2 威胁网络安全的因素

1.2.1 威胁网络安全的主要因素

计算机网络安全受到的威胁包括“黑客”的攻击、计算机病毒和拒绝服务攻击等。

目前“黑客”的行为正在不断地走向系统化和组织化。“黑客”在网络上经常采用的攻击手法是利用UNIX操作系统提供的Telnet Daemon、FTP Daemon和Remote Exec Daemon等默认账户进行攻击。另外，他们也采用UNIX操作系统提供的命令finger与rusers收集的信息不断地提高自己的攻击能力；利用Sendmail，采用Debug、Wizard、Pipe、假名及Ident Daemon进行攻击；利用文件传送协议（FTP）采用无口令访问进行攻击；利用网络文件系统（NFS）进行攻击；通过Windows NT的135端口进行攻击；通过Rshwith Host、Equiv+、rlogin、Rex Daemon以及X Window等方法进行攻击。

拒绝服务攻击是一种破坏性攻击，如电子邮件炸弹会使用户在很短的时间内收到大量的邮件，严重影响到系统的正常业务展开，可能导致系统功能丧失，甚至使网络系统瘫痪。

1. 威胁的类型

网络安全受到的威胁主要表现在以下几个方面。

① 非授权访问。这主要是指对网络设备以及信息资源进行非正常使用或超越权限使用。

② 假冒合法用户。主要指利用各种假冒或欺骗的手段非法获得合法用户的使用权，以达到占用合法用户资源的目的。

③ 破坏数据完整性。

④ 干扰系统的正常运行、改变系统正常运行的方向，以及延长系统的响应时间。

⑤ 病毒破坏。

⑥ 通信线路被窃听等。

2. 操作系统的脆弱性

无论哪一种操作系统，其体系结构本身就是一种不安全的因素。由于操作系统的程序是可以动态连接的，包括输入输出（I/O）设备的驱动程序与系统服务都可以用打补丁的方法升级和进行动态连接。这种方法生产产品的厂商可以使用，“黑客”也可以使用，而这种动态连接也正是计算机病毒产生的温床。因此，使用打补丁与渗透开发的操作系统是不可能从根本上解决安全问题的，“黑客”对UNIX操作系统采用的攻击手法就很能说明这个问题。但是，操作系统支持的程序动态连接与数据动态交换是现代系统集成和系统扩展的必备功能，因此，这是矛盾的两个方面。

操作系统不安全的另一个原因在于它可以创建进程，即使在网络的节点上也可以进行进程的远程创建与激活，而被创建的进程具有可以继续创建进程的权限。再加上操作系统支持在网络上传输文件、在网络上加载程序，二者结合起来就构成可以在远端服务器上安装“间谍”软件的条件。如果把这种“间谍”软件以打补丁的方式“打”到合法用户上，尤其是“打”在特权用户上，那么，系统进程与作业监视程序根本监测不到“间谍”的存在。

在UNIX与Windows中的Daemon软件实质上是一些系统进程，它们总是在等待一些条件的出现，一旦有满足要求的条件出现，程序便继续运行下去。这样的软件正好能被“黑客”利用，并且Daemon具有与操作系统核心层软件同等的权限。

网络操作系统提供的远程过程调用（RPC）服务以及它所安排的无口令入口也是“黑客”的通道。这些不安全因素充分暴露了操作系统在安全方面的脆弱性，对网络安全构成了威胁。

3. 计算机系统的脆弱性

计算机系统的脆弱性主要来自操作系统的不安全性，在网络环境下，还来源于通信协议的不安全性。美国对计算机安全规定了级别，有关安全级别将在后文详细讨论。有的操作系统属于 D 级，这一级别的操作系统根本就没有安全防护措施，它就像门窗大开的屋子，如 DOS 和 Windows 98 等操作系统就属于这一类，它们只能用于一般的桌面计算机，而不能用于安全性要求高的服务器。UNIX 操作系统和 Windows Server 2019 操作系统达到了 C2 级别，主要用于服务器。但这种系统仍然存在着安全漏洞，因为这两种操作系统中都存在超级用户（UNIX 中的 root、Windows Server 2019 中的 Administrator），如果入侵者得到了超级用户口令，整个系统将完全受控于入侵者。现在，人们正在研究一种新型的操作系统，在这种操作系统中没有超级用户，也就不会有超级用户带来的问题。现在很多系统都使用静态口令来保护系统，但口令还是有较高被破解的可能性，而且不好的口令维护制度会导致口令被人窃取。口令丢失也就意味着安全系统的全面崩溃。

世界上没有能长久运行的计算机，计算机可能会因硬件或软件故障而停止运转，或被入侵者利用并造成损失。硬盘故障、电源故障和芯片主板故障等都是人们应考虑的硬件故障问题。软件故障可能出现在操作系统中，也可能出现在应用软件之中。

4. 协议安全的脆弱性

当前，计算机网络系统使用的传输控制协议/互联网协议（TCP/IP）、文件传送协议（FTP）、E-mail 以及网络文件系统（NFS）等都包含着许多影响网络安全的因素，存在许多漏洞。罗伯特·莫里斯（Robert Morris）在 VAX 机上用 C 语言编写了一个 GUESS 软件，它能根据对用户名的搜索猜测口令，从 1988 年 11 月开始在网络上传播以后，几乎每年都给互联网造成上亿美元的损失。“黑客”通常采用 Sock、TCP 预测或 RPC 直接扫描等方法对防火墙进行攻击。

5. 数据库管理系统安全的脆弱性

由于数据库管理系统（DBMS）对数据库的管理是建立在分级管理的概念上的，因此，DBMS 的安全性也难以保证。另外，DBMS 的安全必须与操作系统的安全配套，这无疑是 DBMS 一个先天的不足之处。

6. 人为因素

网络系统都离不开人的管理，但目前缺少安全管理员，特别是高素质的网络管理员。此外，还缺少网络安全管理的技术规范、定期的安全测试与检查以及安全监控。更加令人担忧的是，许多网络系统已使用多年，但网络管理员与用户的注册、口令等还是处于默认状态。

1.2.2 各种外部威胁

单台计算机的威胁相对而言比较简单，而且包括在网络系统的威胁中，所以在这里只讨论网络系统的威胁。网络系统的威胁是极富挑战性的，因为在网络系统中可能存在许多种类的计算机和操作系统，所以采用统一的安全措施是很不容易的，而对网络进行集中安全管理则是一种好的方案。

1. 物理威胁

物理安全是指通过采取各种措施来保护物理环境、设备和资源，以防止未经授权的访问、破坏、损坏或偷窃。常见的物理安全问题有偷窃、废物搜寻和间谍活动等。物理安全是计算机安全最重要的方面之一。

与打字机和家具相同，办公计算机也是偷窃行为的目标。但是不同于打字机和家具的是，计算机偷窃行为造成的损失可能数倍于被偷设备的价值。通常，计算机里存储的数据价值远远超过计算机本身，因此，必须采取严格的防范措施以确保计算机不会失窃。入侵者可能会像小偷一样潜入机房，偷取计算机里的机密信息；也可能化装成计算机维修人员，趁管理人员不注意进行偷窃。当然也有可能是内部职员偷窃他不应知道的信息，并把信息卖给商业竞争对手。

废物搜寻者就像拾荒者，但这种人搜寻的是一些机密信息。某些时候，用户可能会把一些打印错误的文件扔入废纸篓中，而没有对其做任何安全处理，如果不把这些文件彻底销毁，那么这些文件就有可能落入那些“拾荒者”手中。

间谍活动同样是人们不能忽视的一种威胁，一些商业机构可能会为击败对手而采取一些不道德的手段。

2. 网络威胁

网络威胁是指企图损害网络系统用户利益、破坏设备和盗取数据的不法分子，利用计算机病毒、恶意软件、网络欺骗和暴力攻击等手段，对网络实施的攻击性行为。

计算机网络的使用对数据安全造成了新的威胁。首先，在网络上存在着电子窃听。分布式计算机的特征是分立的计算机通过一些媒介相互通信，而且局域网一般是广播式的，也就是说，任何人都可以收到发向任何人的信息，此时把网卡模式设置成混杂模式（Promiscuous Mode）即可。当然也可以通过加密来解决这个问题，但现在强大的加密技术还没有在网络上广泛使用，况且加密也是有可能被破解的。

在互联网上存在着冒名顶替的现象，冒名顶替的形式也是多种多样的，如一个公司可能会谎称一个站点是他们的公司站点；在通信中，有的人也可能冒充别人或冒充从另一台主机访问某站点。

3. 身份鉴别

身份鉴别是身份识别和身份认证的统称。身份识别是指用户向系统出示自己身份证明的过程，身份认证是系统核查用户的身份证明的过程。

身份鉴别普遍存在于计算机系统之中，实现的形式也有所不同，有的十分强大，有的却比较脆弱。口令就是一种比较脆弱的鉴别手段，但因为它实现起来简单，所以还是被广泛采用。

口令圈套是靠欺骗来获取口令的手段，是一种“十分聪明的诡计”。有人会写出一个运行起来像登录界面一样的代码模块，并把它插入登录过程之前，这样用户就会把用户名和口令告知这个程序，这个程序会把用户名和口令保存起来。除此之外，该代码模块还会告诉用户登录失败，并启动真正的登录程序，这样用户就不容易发现这个诡计。

另一种得到口令的方式是用密码字典或其他工具软件来破解口令，有些用户选用的口令十分简单，如生日、名字或单词，很容易被暴力破解。所以，系统管理员应对用户的口令进行严格审查，并用工具来检查口令是否妥当。

4. 程序攻击

程序攻击是指利用有害程序破坏计算机和网络系统。有害程序主要包括计算机病毒、特洛伊木马程序、逻辑炸弹等。病毒是一种能进行自我复制的代码，它可以像生物病毒一样传染别的程序。

它具有一定的破坏性，破坏性小的只是显示一些烦人的信息，而破坏性大的则可能会让整个系统瘫痪。互联网上有很多种类的病毒，这些病毒在网络间不断传播，严重危害互联网的安全。它可能通过不同的媒介，如下载的软件、Java Applet 程序、Active X 程序和电子邮件等，进入用户的系统。

5. 系统漏洞

系统漏洞是指应用软件或操作系统在逻辑设计上的缺陷或在编写时产生的错误。如果某个程序在设计时未考虑周全，产生的缺陷或错误将可能被不法分子或“黑客”利用，通过植入病毒等方式来攻击或控制整个计算机，从而窃取计算机中的重要资料和信息，甚至破坏系统。系统漏洞会造成不良后果。漏洞被恶意用户利用，会造成信息泄露等。“黑客”攻击网站就常利用网络服务器操作系统的漏洞，使用户操作时发生不明原因的死机和丢失文件等。

系统漏洞也被称为陷阱。有的系统漏洞是由操作系统开发者有意设置的，这样他们在用户失去对系统的所有访问权时仍能进入系统，这就像汽车上的安全门，平时不用，在发生灾难或正常门被封死的情况下，人们可以使用安全门逃生。例如，VMS 操作系统中隐藏了维护账号和口令，这样软件工程师就可以在用户忘掉自己的账号和口令时进入系统进行维修。又如，一些基本输入输出系统（BIOS）有“万能密码”，维护人员用其就可以进入计算机。

广为使用的伯克利软件套件（BSD）TCP/IP 中存在着很多安全漏洞，一些服务天生就是不安全的，如以“r”开头的一些应用程序，包括 rlogin、rsh 等。Web 服务器的 Includes 功能也存在着安全漏洞，入侵者可利用它执行一些非授权的命令。

许多安全漏洞都源于代码，有些时候人们做一些攻击代码来测试系统安全性，“黑客”甚至可以用一些代码摧毁一个站点，因为许多操作系统和应用程序都存在安全漏洞。例如，一个公共网关接口（CGI）程序的漏洞可能会被入侵者利用，获得系统的口令文件。

1.2.3 防范措施

防范措施有许多种形式，也许是将操作系统设置成阻止用户读取未经授权的数据，也许是规范计算机用户的工作步骤，也许以报警和日志的形式告诉管理员在什么时候有人试图闯入或者闯入成功。防范措施也包括在职员接触秘密数据前，对他们进行全面的安全检查。防范措施也许以物理安全形式存在，比如将门上锁和建立报警系统以防偷窃。

在安全环境中，许多措施可互相加强，如果一种措施失败，则另一种措施可防止产生或者最大限度地减少损害。采取何种防范措施取决于特定组织的数据安全需求和预算，下面是一些较为具体的建议。

1. 用备份和镜像技术提高数据完整性

“备份”的意思是在另一个地方制作一份复制文件，这个复制文件将保存在一个安全的地方，一旦失去原件就能使用该复制文件。应该有规律地进行备份，以避免由于硬件的故障等而导致用户数据损失。提高可靠性是提高安全性的一种方法，它可以保障今天存储的数据明天还可以使用。数据损失事件中的破坏者可能是个别有故障的芯片或者是失效电源，甚至是火灾。备份将提供安全保障。

备份对于防范人为的破坏也至关重要。如果计算机中数据的唯一复制文件已经备份，就可以在另一台计算机上恢复。如果计算机“黑客”攻破计算机系统并删掉所有文件，备份后就能把它们恢复。但是，备份也存在潜在的安全问题，备份数据也是间谍偷窃的目标。由于备份存在着安全漏洞，一些计算机系统允许用户对特别文件不进行系统备份，这种许可常发生在存储在计算机上的数据已经有了一个备份的情况下。

备份系统是最常用的提高数据完整性的措施。备份工作可以手动完成，也可以自动完成。现有的操作系统，如 Netware、Windows 和许多类 UNIX 操作系统都自带备份系统，但这种备份系统比较初级。如果对备份要求高，就应购买一些专用的备份系统。

镜像就是两个部件执行完全相同的工作，若其中一个出现故障，则另一个系统仍可以继续工作，这种技术一般用于磁盘子系统之中。在这种技术中，两个系统是等同的，两个系统都完成了某个任务，才视为这个任务真正完成了。

2. 防治病毒

应定期检查病毒并对使用的 U 盘或下载的软件和文档加以安全控制，最起码应在使用前对 U 盘进行病毒检查。应及时更新杀毒软件，注意病毒流行动向，及时发现正在流行的病毒并采取相应的措施。

3. 安装补丁程序

应及时安装各种安全补丁程序，不给入侵者可乘之机。因为若不及时修正系统的安全漏洞，后果难以预料。一些大公司的网站上都有这种系统安全漏洞说明，并附有解决方法，用户可以经常访问这些站点以获取有用的信息。

4. 提高物理安全

保证机房的物理安全。即使网络安全或其他安全措施再好，如果有人闯入机房，那么这些措施可能都不管用。实际上有许多装置可以确保计算机和计算机设备的安全，例如，用高强度电缆穿过计算机的机箱来保证机房内计算机设备不被破坏。注意，在安装这样的装置的时候，要保证不损害计算机或者妨碍计算机的操作。

5. 构筑互联网防火墙

这是一种很有效的防御措施。但维护较差的防火墙也不会有很大的作用，所以还需要有经验的防火墙维护人员。虽然防火墙是网络安全体系中极为重要的一环，但并不是唯一的一环，也不能认为有防火墙就可以高枕无忧。

防火墙不能防范内部的攻击，因为它只提供了对网络边缘的防卫。内部人员也有可能滥用访问权。

防火墙也不能完全防范恶意的代码，如某些病毒和特洛伊木马。特洛伊木马是一种破坏程序，它把自己伪装起来，让管理员认为这是一个正常的程序。现在的宏病毒传播速度更快，并且可以通过 E-mail 进行传播；Java 程序的广泛使用也为病毒的传播带来了方便。虽然现在有些防火墙可以检查病毒和特洛伊木马，但这些防火墙只能阻挡已知的病毒程序，这就可能让新的病毒和特洛伊木马溜进来。而且，病毒和特洛伊木马不仅来自网络，也可能来自 U 盘，所以，应制定相应的策略，对接入系统的 U 盘进行严格的检查。

如果一个公司不制定信息安全制度（如把信息分类并做标记、用口令保护工作站、实施反病毒措施，以及对移动介质的使用情况进行跟踪等），即使拥有再好的防火墙也没有用。有些公司在连接局域网前不做好计算机安全的防护措施，当他们把局域网连入互联网时，就不能保证局域网的安全了。

6. 仔细阅读日志

仔细阅读日志可以帮助人们发现被入侵的痕迹，以便及时采取弥补措施，或追踪入侵者。对可疑的活动一定要进行仔细的分析，如有人在试图访问一些不安全的服务器端口，利用 Finger、TFTP 或用 Debug 等手段访问用户的邮件服务器，最典型的情况就是有其他人多次企图登录到用户的主机上但多次失败。

7. 加密

对网络通信加密，以防止网络被窃听和数据被截取，对绝密文件更应实施加密。

8. 提防虚假的安全

虚假的安全不是真正的安全，但经常被人们错认为安全，直到发现系统被入侵并遭到了破坏，才知道系统本身的安全是虚假的。利用虚假安全更新引诱用户下载木马或病毒已经是一种常见的攻击手法。

一个虚假安全的例子是微软正式发布例行安全更新几个小时之后，互联网上就会出现包含虚假安全更新的电子邮件。例如发布一个虚假的补丁，声称它可以修复 IE、Outlook Express 以及 Outlook 中存在的所有已知漏洞，如果用户下载了这一虚假安全补丁，就可能感染病毒。

1.3　网络安全分类

从技术上讲，计算机的安全大致可分为以下 3 类。

① 实体安全，包括环境安全、设备安全和媒体安全，用来保证硬件和软件本身的安全。

② 网络信息安全，包括网络的畅通、准确及网上的信息安全。

③ 应用安全，包括程序开发运行、输入输出、数据库等的安全。系统的运行安全是计算机信息系统安全的重要环节，因为只有计算机信息系统运行过程中的安全得到保证，才能完成对信息的正确处理，达到发挥系统各项功能的目的。

网络信息安全可分为以下 4 类。

① 基本安全类。

② 管理与记账类。

③ 网络互联设备安全类。

④ 连接控制类。

基本安全类包括访问控制、授权、认证、加密以及内容安全。访问控制是一种隔离的基本机制，它把网络内部与外界以及网络内部的不同信息源隔离。但是，采用隔离的方法不是最终的目的。网络用户利用网络技术特别是利用互联网技术的最终目的，是在保证安全的前提下进行方便的信息访问，这就是对授权的需求。在授权的同时，非常有必要对授权人的身份进行有效的识别与确认，这就是认证的需求。此外，为了保证信息不被篡改、窃听，必须对信息包括存储的信息和传输中的信息予以加密；同时，为了实时对进出网络的流量进行控制，就需要解决内容安全的问题。

管理与记账类安全包括安全策略的管理、实时监控、报警以及网络范围内的集中管理与记账。

网络互联设备包括路由器、通信服务器和交换机等，网络互联设备安全正是针对上述这些互联设备而言的，它包括路由安全管理、远程访问服务器安全管理、通信服务器安全管理以及交换机安全管理等。

连接控制类包括负载平衡、可靠性以及流量管理等。

1.4　网络安全问题解决方案

网络安全系统实际上是一组用于控制网络之间信息流的部件。这种网络安全系统根据相应组织规定的安全策略，准许或拒绝网络通信。

由于网络安全范围的不断扩大，如今的网络安全不能仅保护内部资源的安全，还必须提供附加的服务。例如用户通过保密与确认管理传统的商务交易机制。

1.4.1　网络信息安全模型

网络信息安全系统并非局限于通信保密、对信息加密等技术问题，它是涉及方方面面的一项极其复杂的系统工程。图1-1所示为网络信息安全模型。

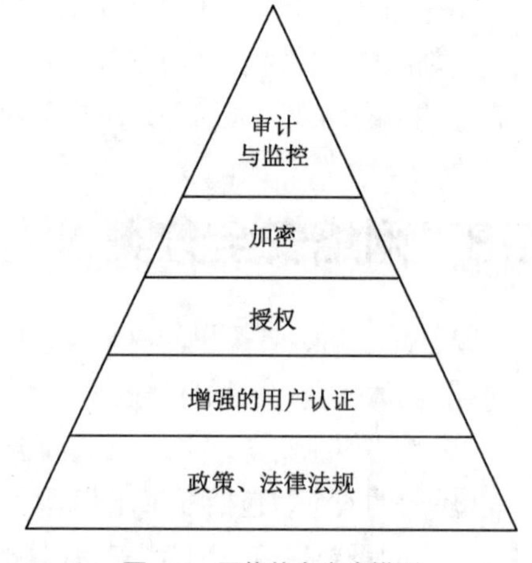

图1-1　网络信息安全模型

该网络信息安全模型中的政策、法律法规是安全的基石，是建立安全管理的标准。

第二部分为增强的用户认证，它是安全系统中属于技术措施的首道防线。用户认证的主要目的是提供访问控制。用户认证方法按其层次的不同可以分为以下3种。

① 用户持有的凭证，如大门钥匙、门卡等。

② 用户知道的信息，如密码等。

③ 用户独有的特征，如指纹、声音和视网膜等。

授权主要是为特许用户提供合适的访问权限，并监控用户的活动，使其不越权。

加密主要满足如下的需求。

① 认证。识别用户身份，提供访问许可。

② 一致性。保证数据不被非法篡改。

③ 隐秘性。保证数据不被非法用户查看。

④ 不可抵赖。信息接收者无法否认曾经收到的信息。

加密是信息安全应用中最早使用的行之有效的手段之一，数据通过加密可以保证在存取与传送的过程中不被非法查看、篡改和窃取等。在实际使用过程中，利用加密技术至少需解决如下问题。

① 密钥的管理，包括数据加密密钥、私人证书和私人密钥等的管理。

② 建立权威的密钥分发机制。

③ 数据加密传输。

④ 数据存储加密等。

在网络信息安全模型的顶部是审计与监控，这是系统安全的最后一道防线，它包括数据的备份。一旦系统出现了问题，审计与监控可以提供问题的再现、责任追查和重要数据恢复等保障。

图 1-1 所示的网络信息安全模型中的 5 个部分是相辅相成、缺一不可的。其中底层是保障上层的基础。

1.4.2 安全策略设计依据

在设计一个网络安全系统时，首要任务是确认相应组织的需求和目标，并制定安全策略。安全策略需要反映出该组织同公用网络连接的理由，并分别规定对内部用户和外部用户提供的服务。当制定安全策略时，首先需要确定的最重要的原则是准许访问除明确拒绝以外的全部服务程序，或拒绝访问除明确准许以外的全部服务程序。在建立安全策略时，这是最关键的，但往往又是容易被忽视的一步。准许访问除明确拒绝以外的全部服务程序，对大部分服务程序都很少干预。危及安全的服务程序可能被使用并已引发问题，直到管理人员明确加以禁止为止，安全问题颇为突出。而当安全策略是拒绝访问除明确准许以外的全部服务程序时，可能有新的有用的服务程序可供使用，用户无法使用，此时，用户需要通知管理人员，让其对该程序进行鉴定后决定是否允许使用。

在做出基本的决策之后，决定哪些服务程序向内部用户提供，哪些服务程序向外部用户提供。

安全策略设计还需要有监视安全的方式和实施策略的方式。

在设计安全策略和选择网络安全系统时，还需要考虑成本与易用性的平衡。这取决于用户所期望的安全程度和所选用的安全系统，可能需要额外的硬件（如路由器和专用主机），也可能需要特殊的软件，还可能需要安全专家进行系统编程和维护工作。其他需要考虑的因素包括安全系统对生产率和服务利用率的影响等。有的网络安全系统工具会降低网络速度；有的会限制或拒绝网络上一些有用的服务程序，如邮件和文件传输；有的则需要将新软件分配给内部网络中每一台主机，给用户带来诸多的不便。因此，网络安全系统应该被设计成透明的安全系统，这样才能为网络提供安全保护而不会对网络性能有重大的影响，也不会迫使用户放弃一些服务程序或迫使用户去学习使用某些新的服务程序。

在网络安全系统设计时，需要考虑的另一个重要因素是安全程度和复杂程度的平衡。在网络安全设计中，一个经验法则是安全系统越复杂，就越容易遭到破坏，维护也越困难。而网络安全系统的复杂程度，由于下述因素而增加：增添和管理较多的网络，追加额外的硬件，增加筛选规则的数量。对复杂的系统不容易进行正确的配置，从而可能导致产生安全问题。

总之，在制定网络安全策略时应当考虑如下因素。

① 对于内部用户和外部用户分别提供哪些服务程序。

② 初始投资额和后续投资额（如有关新的硬件、软件及工作人员）。

③ 方便程度和服务效率。

④ 复杂程度和安全程度的平衡。

⑤ 网络性能。

1.4.3 具体的网络安全问题解决方案

在实施网络安全策略时，可以使用多种方法，包括信息包筛选、应用中继器、保密与确认等。

1. 信息包筛选

信息包筛选是常驻于路由器或专用主计算机系统（通常在两个网络之间）的数据库规则，它审查网络通信并决定是否允许该信息通过（通常是从一个网络到另一个网络）。信息包筛选允许某些数据信息包通过而阻止另一些信息包的通行，这取决于信息包中的信息是否符合给定的准则。所给定的准则是一组逻辑规则（称作筛选规则），应用于每一个信息包。筛选规则通知信息包筛哪些服务程序是允许使用的，例如，可能有一条规则是这样的：在上午9时到下午5时之间，允许主机A和B之间的全部Telnet信息通过。在传统的方式中，信息包筛获得每一信息包上的信息，局限于源IP地址和目的IP地址、信息包类型及目的端口。由于它不能检查源端口，因而导致许多信息包筛效率不高。新型的、更加有效的信息包筛选引擎能够由数据信息包提取更多的信息，因此，可以将一套更加完整的规则附加到进入的和发出的信息包上。然而，这种筛选能力的提高是以系统的成本和复杂程度的增加为代价的。

传统的信息包筛选工具具有以下特点：对用户和应用程序来说，它们是快速的、透明的，相对独立于协议；网络的全部信息都必须通过一个通信点（扼流点）。扼流点对于安全管理人员非常有用，因为它可以提供唯一界限分明的位置来监视和记录通信，并且实施安全策略。

大部分路由器都允许对进入的信息包或者发出的信息包进行筛选，也可以对两种信息包都进行筛选。另外，筛选可以在进入路由器的线路上或离开路由器的线路上进行，也可以在进入和离开路由器的线路上都进行，这与数据来自或流向何处无关。在进入路由器的线路上对进入的信息包进行筛选的最重要的作用是防止地址欺骗（为了进行破坏，而在信息包上伪造一个虚构的地址），因为关键的信息（例如，该信息包是由哪条线路进入的）会在发出信息包筛上丢失。图1-2所示为信息包筛在路由器中的位置。

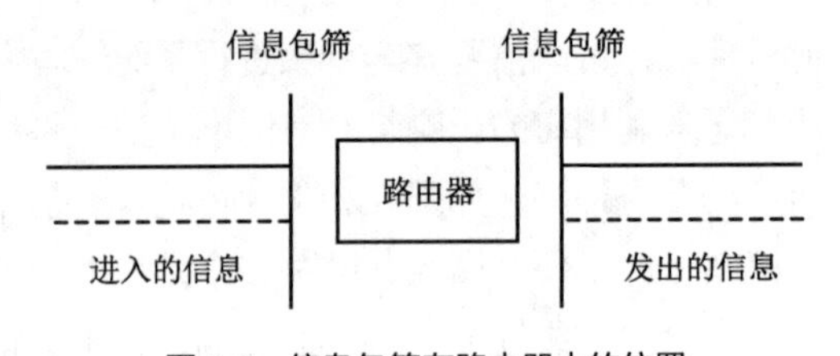

图1-2　信息包筛在路由器中的位置

信息包筛既可以设置在连接两个网络（可靠网络和不可靠网络）的硬件路由器内，也可以设置于通用计算机系统或主计算机系统上。一个主计算机系统信息包筛，通常比作为路由器一部分的信息包筛更有能力，因为它没有路由器的局限性。目前大多数路由器不具备保存状态、执行记录的功能，而且在路由器内的编程规则通常非常复杂。另外，在路由器中进行信息包筛选，会大大降低路由器的速度。

由于路由器是连接网络的主要设备，而且往往配有基本的信息包筛选工具，所以路由器是设置信息包筛的最常用的位置。

无论信息包筛是设置在路由器上还是设置在主计算机上，当安全管理人员制定安全策略时，复杂程度都会成为关键性问题。描述安全策略的规则，必须以正确的语法，使用正确的逻辑表达式和过滤准则，并且按照正确的次序书写。定义规则时的任何差错，都可能导致出现安全上的漏洞。组成一个信息包筛的规则的数量越多越复杂，则筛选越有可能以不可预料的方式工作或者出现安全漏洞。例如，有的规则可能互相矛盾。

规则1：允许来自主机A的全部信息通过。

规则2：截断来自主机A的全部通信。

这种类型的矛盾的发生可能是因为这两条规则被许多规则隔开，并且进入信息包筛而未被发现。另一类问题是由规则的次序产生的，如下所示。

规则 1：在上午 9 时到下午 5 时之间，允许主机 A 和 B 之间的全部 Telnet 信息通过。

规则 2：允许来自主机 A 的全部加密信息通过。

这两条规则并不矛盾，但是，可能会因为两条规则的“已允许范围”重叠而产生含义模糊的问题：规则是不是要求 Telnet 信息只需在上午 9 时到下午 5 时之间加密，而在其他时间不需要加密？还是相反？

评估这些规则的次序时，也可能由于大部分信息包筛选工具第一次得到符合的信息时就停止处理而引发问题。如果首先评估规则 1，那么，Telnet 信息除了上午 9 时到下午 5 时之外都不允许通过；如果首先评估规则 2，那么，允许全部的加密信息（包括 Telnet 信息）通过。

传统的信息包筛选工具并不是提供简易的筛选技术规范机制，而是由人工输入许多行定义规则和规则集的代码。一旦就绪，管理人员往往没有把筛选的技术条件规定得既正确又完整，其原因是不能自己检查差错、含糊不清和自相矛盾等。对这样的信息包筛，管理人员只能在等待问题出现后再修正，不过到那时可能为时已晚。增强型筛选技术规格工具可以在安装信息包筛之前进行上述的差错检查。

信息包筛的主要缺点是，不能保留有关已通过的信息包的详细信息。如果对有关信息包的信息（例如，信息包来自何处，发往哪里，做了什么事等）能够加以记录和保存，就可以执行更加有效、安全的筛选。这一点对于处理无连接协议特别有效。例如，当一个信息包筛接收到用户数据报协议（UDP）信息包时，它无法区别原始请求（来自内部）和响应。允许无连接协议通过的唯一安全方式是保留状态信息，记录下请求发生的实际情况，并且检查进入的 UDP 信息包是不是所预期的信息包。如果不是列在清单上的预期信息包，就予以丢弃。利用有效的状态信息，可以建立虚拟的连接。

2. 应用中继器

信息包筛选利用一种普通的独立于协议和服务程序的机制进行全部通信的筛选作业，而应用中继器可以使未用的协议或服务专用软件提供服务。通常，每一项服务程序和应用程序（例如 FTP、E-mail 或者 Telnet）需要安装在最终主机和网关主机上（这种主机起着可靠网络和不可靠网络之间的中继器作用）。图 1-3 所示为应用中继器配置的典型应用。当最终主机要求服务时，服务程序连接到堡垒主机，由堡垒主机依次向外连接。不转发来自内部网络中的 IP 信息包；全部发出的信息包都有应用中继器的地址，从而可以有效地隐藏内部网络的拓扑结构。

应用中继器优于信息包筛之处是，没有复杂的规则集交互需要操作。各台主机上潜在的安全漏洞不会暴露出来，因为内部网络上的各台主机对外部网络来说是隐藏的，而且便于对进入的信息和发出的信息在堡垒主机上进行记录和分析。使用堡垒主机来中继信息包，还可以隐藏内部网络的拓扑结构，当潜在的计算机被盗用时，暴露的信息会比较少。

应用中继器的缺点是应用对于最终用户是不透明的。而且，它提供的应用软件和服务软件的数量受到用于修改和维护这些软件的资源的限制，网络的速度也可能下降。一方面由于要进行额外的连接，另一方面也由于数据在最终主机和网关之间以及在网关和外部主机之间进行复制并返回。应用中继器对安全方面来说，内部主机不直接与外部主机对话，而在服务利用率和灵活性方面有所损失。从长远来看，由于安装、配置及需要维护的路由器和堡垒主机增多，应用中继器也会变得复杂起来。

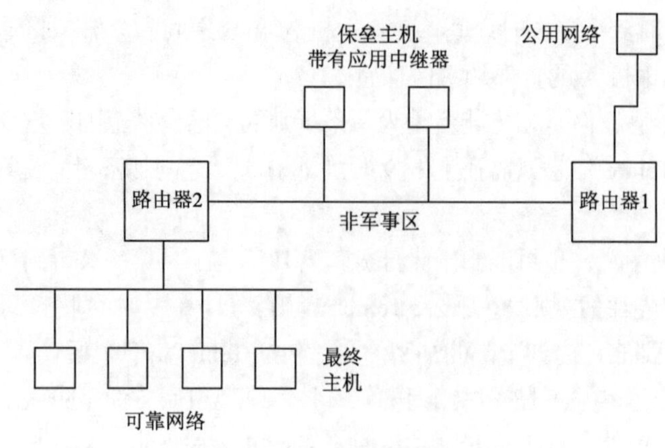

图 1-3　应用中继器配置的典型应用

堡垒主机本身可以设置于两个具有基本信息包筛选能力的路由器之间，以增强其安全性。图 1-3 所示的应用中继器就设置于两个路由器之间的安全网络上。

图 1-3 所示的这种安全网络一般称为非军事区（DMZ）。DMZ 是设置堡垒主机的有用位置，而堡垒主机中包含相应组织允许公用网络用户进行访问而又不危及内部网络安全的信息或者服务程序。

图 1-4 所示的网络具有最低限度的安全性。其中有两个网络（公用网络和内部网络）和两个接口需要进行管理，有一个具有最低限度的筛选工具（路由器），没有安全应用网关，没有记录工具。

图 1-5 所示的安全系统的安全程度略高于图 1-4 所示的网络。图 1-5 所示的网络中有一个 DMZ，应用中继器和供公众用户使用的信息可以保存在里面；有 3 个网络需要管理，有 3 个接口，没有关于抵达此安全网络的信息包的有效记录。这种方案只需一个硬件装置，成本相对比较低。

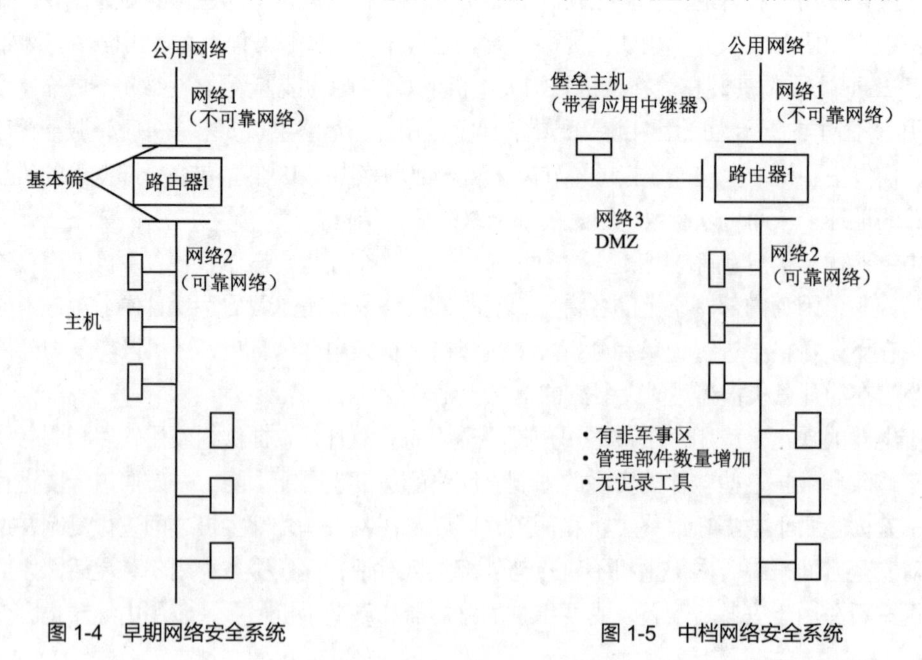

图 1-4　早期网络安全系统　　图 1-5　中档网络安全系统

图 1-6 所示的网络的安全程度更高，在到达内部网络之前需要通过两个路由器。在图 1-6 所示的网络中，有一个 DMZ，用于安装应用中继器和存放供公共用户使用的信息；有 3 个网络和 4 个接口

需要管理，需要两台设备进行记录，一台在 DMZ 内，另一台在内部网络内，可对两组数据进行比较以获取有用的信息。由于路由器的价格比较贵，这种方案成本相对较高。

图 1-7 所示为高级安全系统，也是最为复杂的传统网络安全方案。该方案有 4 个网络和 3 个接口需要管理，有 3 个硬件装置（一个路由器和两个扼流点），有两台设备进行记录。对涉及的每一个网络来说，都必须从互联网服务提供者那里得到一个网络地址；应用中继器和供公众用户使用的信息可以设置在 DMZ 内并予以监视；记录在两个扼流点上进行。扼流点的主机由于没有路由器限制，可以提供应用程序级安全。

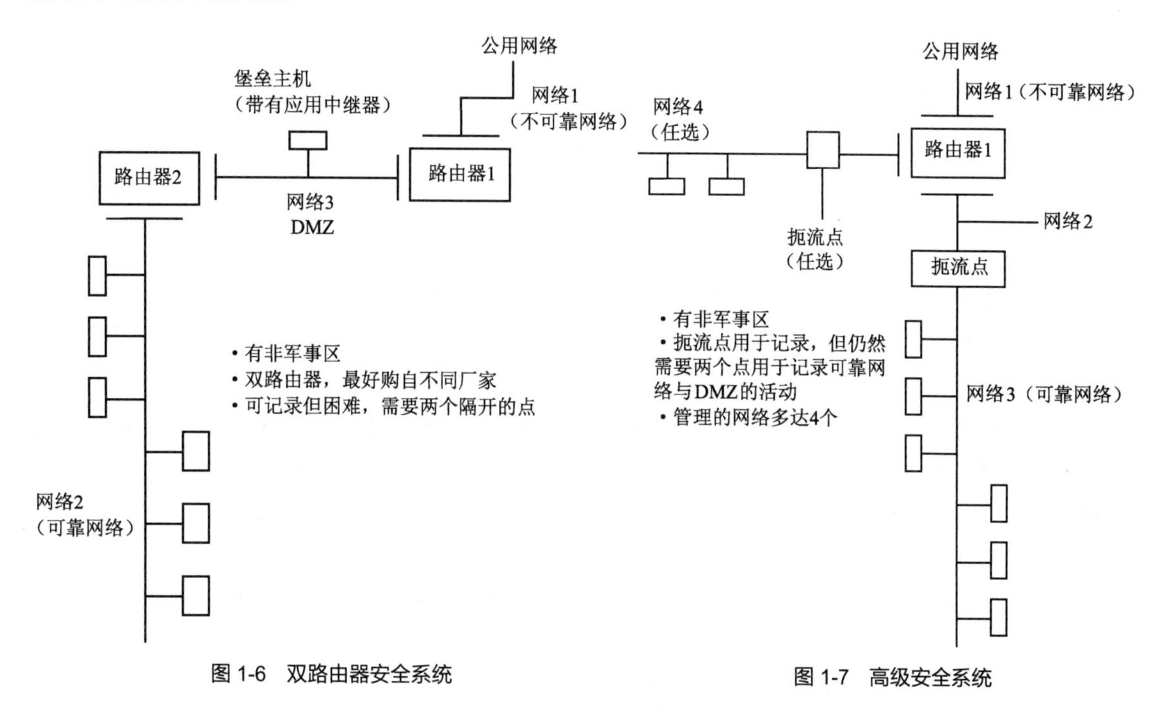

图 1-6　双路由器安全系统　　　　图 1-7　高级安全系统

总之，系统安全等级越高，所提供的功能就越强，系统就会因为配置与管理的部件、硬件成本及潜在的额外维修人员的增加而变得更加复杂，维护成本也更高。

3. 保密与确认

增强的网络安全系统可以提供保密和确认之类的特性，以防止非法入侵的行为发生。

“保密”可以保证当一个信息被送出后，只有预定的接收者能够阅读和加以解释。它可以防止窃听，并且允许在公用网络上安全地传输机密或者专用的信息。

“确认”意味着向信息（邮件、数据和文件等）的接收者保证发送者是该信息的拥有者，并且意味着信息在传输期间不会被修改。

除了安全、保密以及确认外，综合的网络安全系统还可以为自动联机记账、发订单以及完成其他传统的商务任务提供保障。

1.4.4　网络安全措施

网络安全涉及多方面的问题，是一个极其复杂的系统工程。它不仅受限于通信保密，而且受限于对信息的加密等功能要求。通常，要建立一个完整的网络安全系统，至少应该包括以下 3 个方面的内容。

① 建立、健全社会的法律法规及组织的规章制度，开展网络安全教育。

② 技术方面的措施，如网络防毒、信息加密、存储通信、授权、认证以及防火墙技术。

③ 审计和管理措施，这方面措施同时包含技术与社会措施。其主要措施有实时监控系统的安全状态、提供实时改变安全策略的能力和对现有的安全系统实施漏洞检查等。

下面是建议采用的可以为网络安全系统提供适当安全的常用方法。

① 修补系统漏洞。

② 病毒检查。

③ 加密。

④ 执行身份鉴别。

⑤ 防火墙。

⑥ 捕捉闯入者。

⑦ 建立直接安全守则。

⑧ 建立空闲主机守则。

⑨ 建立废品处理守则。

⑩ 建立口令守则。

上述方法中的后 4 种涉及网络管理人员及组织其他工作人员必须遵守的守则，其余部分是能够在系统上实现的。

此外，可以采取的网络安全措施有如下几种。

① 选择性能优良的服务器。服务器是网络的核心，如果它出故障，就意味着整个网络的瘫痪。因此，要求服务器应具有容错能力、带电热插拔技术、智能 I/O 技术，以及良好的扩展性。

② 采用服务器备份。服务器备份方式分为冷备份与热备份两种，热备份方式由于实时性好、可以保证数据的完整性和连续性，得到了广泛采用。

③ 对重要网络设备、通信线路备份。通信故障就意味着正常工作无法进行，所以，对于交换机、路由器以及通信线路要有相应的备份措施。

1.4.5 互联网安全管理

互联网是在全球范围内开放的分布式互联网络系统。由于它具有非常丰富的资源以及使用价格低廉，已作为一种信息交流的渠道被国际社会接受。然而，由于在互联网上信息传输的广域性和网络协议的开放性，导致互联网比其他任何一种网络系统更易被攻击。互联网上所使用的 TCP/IP，IP 地址空间的不足、安全性能差、网络管理机制薄弱是它先天的致命弱点。此外，互联网是共享资源的，信息的存储与处理都需要传输，这就大大增加了网络受攻击的可能性。因此，在互联网上运行的多种复杂类型的计算机网络系统、信息处理系统以及各类数据库系统应该而且必须得到保护。

如何在这样一个全球化的开放的分布式环境中保证信息安全和网络安全，已成为互联网应用中最为关键的问题之一。

1. 应解决的安全问题

互联网安全问题的涉及面很广，既有技术问题，又有信息安全管理机构与信息安全的策略、法律、技术、经济以及道德规范的问题。网络安全是相对而言的，不存在绝对的安全，通常所称的安全是指一定程度上的网络安全，它是根据实际的需要和自身所具备的条件所能达到的安全程度而定的。安全要求越高，系统所具备的安全功能就越多，其安全程度也越高，同时对网络性能的影响也越大。因此，网络安全策略的制定及其实施，对不良信息的过滤，防止“黑客”的入侵，防止外界有害信息的入侵与散布，预防病毒感染，保证电子交易的安全性，确认网上交易双方的身份，保证在交易过程不出现欺诈行为并证明其合法性，以及保证电子现金、支票和信用卡号码等机密数据在传输过程中不被窃取等，都涉及亟待解决的安全问题。

互联网的安全问题是各国政府与网络专家共同关注的。随着互联网在世界范围的迅速普及与发展，各国政府都在制定各种法律法规和采用各种技术措施来防止网络系统不安全因素的产生以减少损失。所以，加强法律法规建设、依法取缔网上有害信息、严格控制提供互联网的服务机构，是打击各种利用互联网进行的犯罪活动的有效措施。

2. 对互联网的安全管理措施

安全管理的目的是利用各种措施来支持安全策略的实施，需要从安全立法、加强管理和发展安全技术着手。

（1）互联网安全保密遵循的基本原则

维护互联网的安全，需要遵循如下基本原则。

① 根据面临的安全问题，决定安全的策略。

② 根据实际需要综合考虑，适时地对现有策略进行适当的修改，每当有新的技术产生时就要补充相应的安全策略。

③ 构造组织内部网络，在内联网（Intranet）和互联网（Internet）之间设置防火墙以及实施相应的安全措施，如在 IP 地址分配上使用双轨制。

（2）完善管理功能

加强管理，采用法律法规和守法规范来有效地防止互联网犯罪。为此，建立和完善相应的法律和网络法规是十分必要的。此外，还需加强网络管理和网络监控能力，完善和加强互联网网络服务中心的工作，改善系统管理，将网络的不安全性降至最低。

加强审计工作，把有关安全的信息记录下来，并对其进行跟踪，把从中得到的信息进行分析并生成报告，从而防止威胁安全的隐患的发生。

建立相应的规章制度，网络服务器和数据库要放在安全的地方，并做好备份工作，加强内部防范，明确数据保密范围。建立人员许可证制度、操作方式规范以及安全管理责任制等。

（3）加大安全技术的开发力度

在加强信息安全体系结构标准化研究的同时，研究开发安全保密技术，特别是加强数据加密、鉴别、密钥管理、访问控制数据完整性及安全审计等标准化研究和技术研究，及时安排与防火墙、监控、安全密钥管理、公钥、智能化过滤、广域网容错、服务器和客户服务器的容错、智能化鉴别和访问控制、数据密码和安全认证协议、安全保密设备和信息内容筛选等技术有关的项目研究与开发。

1.4.6 网络安全的评估

评估网络是否安全不仅需考虑评估手段，还要考虑该网络所采取的各种安全措施、物理防范措施等。

对一个商用内部网络，如果要真正做到安全，仅依赖于防范的措施是远远不够的。从某种意义上来说，对于网络系统，内部管理的重要性并不亚于外部防范。所以唯有将外部防范措施和内部管理综合起来一起评估，才能得出该网络系统是否真正安全的结论。

一般来说，网络系统的安全措施应包括以下3个主要的目标。

① 对存取的控制。

② 保持系统和数据的完整。

③ 能够对系统进行恢复和对数据进行备份。

对于一个信息系统只强调建设是远远不够的，更为重要的是信息系统建成以后，即在使用系统时的安全问题。对于网络的安全问题更应事先防范。

对一个网络系统进行评估，首先需要弄清楚下列问题。

① 确定组织内部是否已经有了一套有关网络安全的方案，如果有则将所有相关的文档汇总，如果没有应当尽快制定。

② 对已有的网络安全方案进行审查。

③ 确定与网络安全方案有关的人员，并确定对网络资源可以直接存取的人或组织（部门）。

④ 确保所需要的技术能使网络安全方案得以落实。

⑤ 确定内部网络的类型，因为网络类型的不同会直接影响到安全方案接口的选择。

⑥ 如果需要接入互联网则需要仔细检查联网后可能出现的影响网络安全的事项。

⑦ 确定接入互联网的方式。

⑧ 确定组织内部能提供互联网访问的用户，并明确互联网接入用户是固定的还是移动的。

⑨ 是否需要加密，如果需要加密，必须说明要求的性质，例如，是对国内加密还是对国外加密，以便使安全系统的供应商能够做出正确的反应。

网络的安全问题有时网络所有者并非完全清楚，在此情况下，可以请第三方（例如网络安全评估机构或有关专家）来完成对网络安全的评估。

总之，在应用任何一套安全系统之前，一定要先制定方案，而且将前期的工作做得尽量细致，这样投入就可能会减少，实际效果也可能会更好。

网络的安全问题是在通往信息化社会的进程中不可避免的，研究和解决这些问题已经超越了单纯的技术问题。因而，对这些所谓的“网络安全”的“技术问题”进行系统的研究，无疑具有重要而又深远的意义。

1.5 网络安全风险管理及评估

网络安全是由网络安全技术与网络安全管理共同参与保护工作而实现的，网络安全技术的保护作用在于对网络安全保护采取的有效技术措施，而网络安全管理的作用主要在于对网络安全技术实施与运行过程进行科学管理，促使网络安全技术发挥最大作用。

网络安全风险管理指的是识别、评估和控制网络系统安全风险的总过程，它贯穿整个系统开发的生命周期，其过程可以分为风险评估与风险消除两个部分。

网络安全风险评估就是对网络自身存在的脆弱性状况、外界环境导致网络安全事件发生的可能性以及可能造成的影响进行评估。网络风险评估涉及诸多方面，为及早发现安全隐患并采取相应的加固方案，运用有效的网络安全风险评估方法可以作为保障信息安全的基本前提。网络安全的风险评估主要用于识别网络系统的安全风险，对保障计算机的正常运行具有重要的作用。如何进行网络安全的风险评估是当前网络安全运行关注的焦点。

1.5.1　网络安全风险管理

网络安全风险管理是一种策略的处理过程，即在如何处理风险的多种安全策略中选择一个最佳的过程，以及决定风险管理做到什么程度的过程。风险管理的主要步骤有确定风险管理的范围和边界、建立安全风险管理方针、建立风险评估准则、实施风险评估及风险处置。

1. 确定风险管理的范围和边界

应从以下方面考虑如何确定网络安全风险管理的范围和边界。

（1）业务范围：主要包括关键业务及业务特性描述（业务、服务、资产和每一个资产的责任范围与边界等的说明）。

（2）物理范围：一般根据所界定的业务范围和组织范围内所需要使用的建筑物、场所或设施进行界定。

（3）资产：业务流程所涉及的所有软件资产、物理资产、数据资产、人员资产及服务资产等。

（4）技术范围：信息与通信技术和其他技术的边界。

只有明确网络安全的风险管理范围，才能够有的放矢。

2. 建立安全风险管理方针

安全风险管理方针应由组织管理层建立，应明确组织网络系统安全风险的管理意图和宗旨方向；安全方针应考虑到组织业务和应遵循的法律法规要求及规定的安全义务；应明确信息安全的目标，信息安全目标一般采用定性和定量的描述，应明确目标的测量方法、测量的证据和测量的周期；信息安全方针制定完毕后，应由组织主管领导批准，并通过培训、宣传、会议等内部沟通渠道使组织全体员工得以理解，为方针的实现做出努力。

3. 建立风险评估准则

风险评估准则是评估风险严重程度的依据，应与信息安全风险管理方针保持一致。

4. 实施风险评估

风险评估主要包含风险分析、风险评价。实施风险评估前，应确定风险评估的目标、风险评估的范围，组建适当的评估团队和实施团队，进行系统的调研，确定风险评估的方法和依据。

针对重要的信息资产我们应分析其面临的威胁和威胁所利用的脆弱性，从人为因素和环境因素角度去分析造成威胁的因素。人为因素分为恶意和非恶意两种，环境因素包括自然界不可抗因素和其他物理因素。脆弱性识别是风险评估的重要环节，它主要从技术和管理两个方面进行。脆弱性识别的方法主要有问卷调查、人工核查、文档审阅及采用技术手段（如工具检测、渗透性测试等）。信息安全的风险评价是将评估的风险与风险评估的准则进行比较以确定风险的等级，根据风险的等级再确定相应的风险处置方式和优先级。

5. 风险处置

一般风险处置的方式有降低风险、避免风险、转移风险和接受风险。对于风险的处置，应针对识别的风险制定风险处置计划，主要包括时间、角色、职责分配、资金等的安排。风险处置的目的是降低组织的业务风险，所以在制定处置方式时要对风险发生所带来的损失和处置风险所花的成本进行平衡，防止出现得不偿失的情况。

1.5.2 网络安全风险评估

网络安全风险评估是一个系统工程，其评估体系受到主观和客观、确定和不确定、自身和外界等多种因素的影响。尤其当网络承载了极为重要的信息资产时，安全风险将会给国家、社会、组织和个人带来极大的安全隐患。因此，网络安全风险评估是网络安全防护体系中的重要组成部分。

网络安全风险评估的主要工作就是评估网络信息的价值、判别网络系统的脆弱性、判断网络系统中潜在的安全隐患，并测试网络安全措施、建立风险预测机制以及评定网络安全等级，以评估整个网络系统风险的大小。

1. 网络安全风险评估关键技术

在网络安全风险评估中，常用的技术手段是网络扫描技术。网络扫描技术不仅能够实时监控网络动态，而且可以将相关的信息自动收集起来。近年来，网络扫描技术的使用越来越广泛和频繁，相对于原有的防护机制，网络扫描技术可以使网络安全系数有效地提升，从而明显地降低网络安全风险。网络扫描技术作为一种主动出击的方式，能够主动地监测和判断网络安全隐患，并第一时间进行处理和调整，能对恶意攻击起到预先防范的作用。

另外，网络漏洞扫描也是一种比较常用而有效的安全扫描技术。通常这种技术分为两种手段，一种是首先扫描网络端口，得出相应的信息之后，对比原有的安全漏洞数据库，以此推测出是否存在网络漏洞；另外一种是直接进行网络扫描，获取网络漏洞信息。这就是说，采取“黑客”的方式对网络进行攻击，在攻击有效的情况下，就可以得出网络安全的漏洞信息。通过这两种方式获取安全漏洞信息之后，应针对这些漏洞信息及时地对网络安全进行相应的处理和维护，使网络保持安全的状态。

2. 建立网络安全风险评估指标体系

网络安全风险评估指标体系是网络安全风险评估体系的重要组成部分，也是反映评估对象安全属性的指示标志。该指标体系是根据评估目标和评估内容的要求构建的一组反映网络应对风险水平的相关指标。设置网络安全风险指标体系的基本原则如下。

动态性原则：网络安全风险的指标体系要体现出动态性，能够使相关部门适时、方便地掌握本区域网络安全的第一手资料，从而使各项指标的确立建立在科学的基础上。

科学性原则：网络安全风险指标体系要能科学地反映本区域网络安全的基本状况和运行规律。

可比性原则：所选指标能够对网络安全状况进行横向与纵向的比较。

综合性原则：要综合反映出本区域网络安全的风险状况，对总体中的个体的多方面标志特征的综合评价。

可操作性原则：指标体系具有资料易得、方法直观和计算简便的特点，因而要求具有操作上的可行性。

目前在国际上较为流行的网络安全风险评估标准有 ISO/IEC 13335（IT 安全管理指南）、BS 7799-1（基于风险管理的信息安全管理体系）、AS/NZS 4360（风险管理标准）等。

3. 实现网络系统风险评估的流程

（1）识别威胁和判断威胁发生的概率

为真正达到风险评估的目的，在进行风险评估时，应明确指出系统所面临的各种威胁及各种威胁发生的可能性，同时应指出系统存在的弱点。

在进行风险评估时，需要考虑哪些威胁在很大程度上依赖于定义的评估范围和方法。为了能够进行更为集中的评估，应该对那些可能产生威胁的细节给予特别的关注。识别威胁的过程有利于改进网络管理和及时发现漏洞，这些改进的措施可在一定程度上降低威胁的严重性。

另外，应对现存的网络安全措施进行评测，检验它是否能够起到足够的安全防护作用。传统威胁的数据可能不存在，可能存在并有助于测定概率。同时，网络技术方面的经验和具体操作方面的知识对检测威胁发生的概率更有价值。

（2）测量风险

测量风险用于说明各种敌对行为在一个系统或应用中发生的可能性及发生的概率。这个处理过程的结果应该指出资产所面临的危险程度。这个结果非常重要，因为它是选择防护措施和缓解风险决策的基础。测量风险具体是指依靠特定的技术或方法，以定性、定量、一维空间、多维空间或这些方式的组合形式完成测量任务。测量过程应包含采用的风险评估方法。测量风险中最关键的因素之一是，测量中所使用的方法能够被那些需要选择防护措施和缓解风险的决策人理解，并让他们明白测量风险的重要性。

（3）风险分析结果

风险分析结果可以用典型的定量法和定性法进行描述。定量法可用于描述预计的金钱损失量，比如按年计算的预计损失量或单次发生的损失量。定性法是描述性质的，通常用高、中、低或用 1 ~ 10 的等级等形式来表示。

1.5.3　网络安全工程

网络安全工程是一项系统工程，要通过循序渐进的过程来实现。首先，应该对现有的网络安全状况进行较为彻底的检测和评估，根据对当前网络安全技术进行的综合分析，制定安全目标。在此基础上，提出一套较为系统、切实可行的工程实施方案，同时制定安全管理制度。

1. 安全检测与评估

安全检测与评估是保障网络安全的重要措施，它能够把不符合要求的设备或系统拒之门外，同时发现实际运行网络上的问题。但安全检测和评估是一项复杂的课题，需要从各个不同的方面去分析研究。应重点做好以下 3 方面的工作。

（1）把自动检测、网络管理和运行维护、技术支持有机地结合起来。

（2）重视网络互连和互连操作实验。

（3）把安全检测与评估和安全技术研究结合起来。

2. 制定安全目标

在安全检测与评估的基础上制定相应的安全目标。安全目标与网络安全的重要性和投资效益有直接的关系，在可能的情况下，应达到以下 3 项安全目标。

（1）完整性是指信息在存储或传输时不被破坏，杜绝未经授权的修改。

（2）可靠性是指信息的可信度，包括信息的完整性、准确性和发送人的身份验证等方面，也包括有用信息不被破坏。

（3）可用性是指合法用户的正常请求能及时、正确、安全地得到服务或响应。

为实现制定的安全目标，建立全新网络安全机制是必要的，必须重点从以下 5 个方面考虑。

（1）网络攻击实时分析和响应。这是实时的攻击特征识别和其他可疑的网络事件监控，包括病毒、探测行为和系统访问控制机制的未授权修改。实时监控使管理者能够快速发现未授权的“黑客”行为，并且通过多种反攻击技术进行响应，如从简单的通知系统管理员到切断连接。

（2）网络误操作分析和响应。这是对内部网络资源的误操作的实时监控。误操作是与违规使用系统和资源的行为相联系的，响应包括拒绝访问、发送警告信息、发送 E-mail 给相应的管理员等。

（3）安全漏洞分析和响应。它包含自动频繁地对网络组件根据策略进行扫描，检查不可接受的与安全相关的漏洞情况，还要自动检测与设置和管理相关的漏洞。漏洞检测导致大量的用户定义的响应，包括自动修改、分派 E-mail（修改行为）和警告通知。

（4）配置分析和响应。它包括快速自动地对基于性能的配置参数进行扫描。

（5）风险形势的分析和响应。它包括攻击事件和漏洞条件的自动分析，它要求将响应建立在对各个方面（如资产价值、攻击概况和漏洞情况等）分析的基础上，支持实时技术的修改和对策（如拒绝访问、诱骗、迷惑等）来应对动态的风险情况。

3. 网络安全实施

这里主要是对信息的传输安全、网络安全、内部信息安全和安全管理进行说明。

（1）传输安全

信息在跨公网传输时，面临着被窃取的危险，比如线路传输信号侦听、搭线窃听、非法接入和窃取数据文件等形式的攻击，因此，要对传输的内容进行端到端的加密。建议通过链路加密机方式实现端到端的加密，链路加密机对应用系统具有透明性，而且管理维护相对容易。

（2）网络安全

为保证网络层安全，主要需要加强系统安全、防“黑客”攻击和网络防病毒等系统的建设。

① 系统安全。主要是对操作系统、数据库、防火墙、Web 系统的安全配置及其版本升级和补丁修补等。对各种操作系统和防火墙、路由器、数据库等产品进行安全配置，对有些使用起来比较复杂的设备，可以在厂家技术人员的指导下，完成系统的安全配置。有些操作系统可以采用专门的操作系统配置工具进行配置，也可使用操作系统安全性能增强工具，进一步提高系统的安全性。

② 防攻击系统。通过防火墙和入侵检测手段来实现。为了保证整个系统和内部通信网的安全，同时达到网络分隔的目的，建议在网络边界加装防火墙，并根据安全监控系统提供的线索随时加以修改。入侵检测系统一般是基于网段来进行部署的。

③ 防病毒系统。随着互联网技术的发展、网络环境的日趋成熟和网络应用的增多，病毒的感染、传播能力和途径也由原来的单一、简单变得复杂、隐蔽，尤其是网络环境为病毒的传播和泛滥提供了适宜的温床。

要防止病毒入侵，首要的做法是安装合适的防病毒软件，要尽可能地全面覆盖，任何一台没有安装防病毒软件的主机都可能成为病毒传播的基地。另外，还建议安装个人防火墙软件，并且注意给操作系统和浏览器及时安装必要的补丁。

（3）内部信息安全

在允许的情况下，建立一套内部的 CA（Certificate Authority，认证中心）系统，采用非对称密钥的加密方式，确保授权用户对相应信息的访问，并防止未授权用户的非法访问和对信息的篡改。

除此之外，还可建立一套主机防护系统，从文件、注册表、网络通信等各个方面进行防护，其主要功能表现如下。

① 通过对文件的打开、读、写、重命名和删除进行控制，拒绝非法用户的访问，从而达到保护文件的目的。

② 保护注册表的键不被打开、创建或删除，注册表的值不被查询、读取或修改。通过这些控制措施可以保护应用的正常运行。

③ 保护网络通信，主要是禁止用户的计算机被非法用户访问。

（4）安全管理

建立面向管理层和决策层，与网络规模相适应的统计、分析、管理和决策系统。对所有的安全软件或工具进行统一管理，使各种软件或工具能够协同工作。通过统计分析发现具有共性的问题和潜在的问题，以不断完善和巩固安全防卫系统。

在安全管理系统中，还应建立和维护（实时更新）完整详细的文档系统。包括网络设备和服务器的网络结构、IP 地址、操作系统版本、应用软件的种类及数量、服务对象和范围、策略和配置等，以便集中管理和对意外事件做出紧急响应。安全管理是网络安全的关键，所以应建立相应的安全管理机构。

4. 人员培训

要实现网络安全，必须有全局性网络安全策略，同时制定严格有效的规章制度、完善的技术和管理规范，做到有章可循、有法可依，确保全网所有相关人员都能严格执行各项安全规章制度，并保证工作人员交接的延续性。在网络安全的各种因素中，人员是最根本、最重要的，所以必须经常对相关人员有针对性地进行安全知识和技能培训。

1.6 TCP/IP 体系的安全策略

TCP/IP 作为当前最流行的协议之一，却并未在设计时考虑到未来的安全需要，因此协议中有诸多安全问题。而协议的安全缺陷与计算机病毒的存在，使得网络环境面临极大的危险。

1.6.1 TCP/IP 体系的安全

网络协议是计算机之间为了互联共同遵守的规则。目前的互联网络所采用的主流协议是 TCP/IP，由于在其设计初期人们过分强调开放性和便利性，没有仔细考虑其安全性，因此存在严重的安全漏洞，给互联网留下了许多安全隐患。另外，有些网络协议缺陷造成的安全漏洞还会被“黑客”直接用来攻击受害者系统。

1. TCP/IP 体系存在的安全漏洞

（1）数据链路层存在的安全漏洞

在以太网中，使用的是带冲突检测的载波监听多路访问（CSMA/CD）协议，信道是共享的，任何主机发送的每一个以太网帧都会到达同一网段所有主机的以太网接口。一般情况下，当主机的以太网接口检测到数据帧不属于自己时，就把它忽略掉，不会把它发送到上层协议（如 ARP、RARP 或 IP）层。攻击者利用信道共享的特点，可通过监控软件或网络分析仪等进行在线窃听，窃取网络通信信息。

（2）网络层漏洞

几乎所有的基于 TCP/IP 的主机都会对互联网控制报文协议（ICMP）Echo 请求进行响应。所以如果一台敌意主机同时运行很多个 ping 命令向一个服务器发送超过其处理能力的 ICMP Echo 请求，就可以淹没该服务器使其拒绝其他的服务。另外，ping 命令可以在得到允许的网络中建立秘密通道，从而可以在被攻击系统中方便地开后门进行攻击，如收集目标信息并进行秘密通信等。

（3）IP 漏洞

IP 包通过网络层从主机发送出去后，源 IP 地址就几乎不用，仅在中间路由器因某种原因丢弃或到达目标端后才被使用。这使得一台主机可以使用别的主机的 IP 地址发送 IP 包，只要它能把这类 IP 包放到网络上就行。因而如果攻击者把自己的主机伪装成被目标主机信任的友好主机，即把发送的 IP 包中的源 IP 地址改成被信任的友好主机的 IP 地址，利用主机间的信任关系就可以对目标主机进行攻击。

2. TCP/IP 体系各层的安全

TCP/IP 体系的安全主要包括以下几点。

（1）TCP/IP 物理层的安全

TCP/IP 模型的网络接口层对应着开放系统互连（OSI）模型的物理层和数据链路层。物理层安全问题是指由网络环境及物理特性产生的网络设施和线路安全性，致使网络系统出现安全风险，如设备被盗、意外故障、设备损坏与老化、信息被探测与窃听等。由于以太网上存在交换设备并采用广播方式，可能在某个广播域中被侦听、窃取并分析信息。为此，保护链路上的设施安全极为重要。物理层的安全措施相对较少，最好采用“隔离技术”保证每两个网络在逻辑上能够连通，同时从物理上隔断，并加强实体安全管理与维护。

（2）TCP/IP 网络层的安全

网络层的主要功能是用于数据包的网络传输，其中 IP 是整个 TCP/IP 体系结构的重要基础，TCP/IP 中所有协议的数据都以 IP 数据报形式进行传输。TCP/IP 体系常用的两种 IP 版本是 IPv4 和 IPv6。IPv4 在设计之初没有考虑到网络安全问题，IP 数据报本身不具有任何安全特性，从而导致在网络上传输的数据包很容易泄露或受到攻击，IP 欺骗和 ICMP 攻击都是针对 IP 层的攻击手段，如伪造 IP 包地址、拦截、窃取、篡改和重播等。因此，通信双方无法保证收到的 IP 数据报的真实性。IPv6 简化了 IPv4 中的 IP 头结构，并增加了对安全性的设计。

网络分段是保证安全的一项重要措施，同时是一项基本措施，其指导思想在于将广域网络资源相互隔离，从而达到限制用户非法访问的目的。网络分段可分为物理分段和逻辑分段两种方式。物理分段通常是指将网络从物理层和数据链路层上分为若干网段，各网段相互之间无法进行直接通信。目前，许多交换机都有一定的访问控制能力，可实现对网络的物理分段。逻辑分段则是指将整个系统在网络层上进行分段。例如，对于TCP/IP网络，可把网络分成若干IP子网，各子网间必须通过路由器、交换机、网关或防火墙等设备进行连接，利用这些中间设备的安全机制来控制各子网间的访问。在实际应用过程中，通常采取物理分段与逻辑分段相结合的方法来实现对网络系统的安全性控制。

虚拟局域网（VLAN）技术主要基于近年发展的局域网交换技术。交换技术将传统的基于广播的局域网技术发展为面向连接的技术。以太网是基于广播机制的，但应用了VLAN技术后，实际上转变为点到点通信，除非设置了监听端口，否则信息交换不会存在监听和插入问题。VLAN带来的好处是信息只能到达应该到达的地点，因此可防范大部分基于网络监听的入侵手段。

（3）TCP/IP传输层的安全

TCP/IP传输层主要包括TCP和UDP，其安全措施主要取决于具体的协议。传输层的安全主要包括传输与控制安全、数据交换与认证安全、数据保密性与完整性等。TCP是一个面向连接的协议，用于多数的互联网服务，如超文本传送协议（HTTP）、FTP和简单邮件传送协议（SMTP）。为了保证传输层的安全，Netscape通信公司设计了安全套接字层（SSL）协议，现更名为传输层安全协议（TLS），主要包括SSL握手协议和SSL记录协议这两个协议。

SSL握手协议用来交换版本号、加密算法、（相互）身份认证并交换密钥。SSLv3提供对Diffie-Hellman密钥交换算法、基于RSA的密钥交换机制和一种基于Fortezza chip的密钥交换机制的支持。SSL记录协议涉及应用程序提供的信息的分段、压缩、数据认证和加密。SSLv3提供对数据认证用的MD5和SHA以及数据加密用的R4和DES等的支持，用来对数据进行认证和加密的密钥可以通过SSL握手协议来协商。

（4）TCP/IP应用层的安全

在应用层中，利用TCP/IP运行和管理的程序有多种。网络安全性问题主要出现在需要重点解决的常用应用系统（协议）中，包括HTTP、FTP、SMTP、域名系统（DNS）和Telnet等。

网络层及传输层的安全协议允许为主机（进程）之间的数据通道增加安全属性。本质上，这意味着真正的数据通道还是建立在主机（或进程）之间，但却不可能区分在同一通道上传输的一个具体文件的安全性要求。例如，如果一个主机与另一个主机之间建立起一条安全的IP通道，那么所有在这条通道上传输的IP包就都要自动地被加密。同样，如果一个进程和另一个进程之间通过传输层安全协议建立起了一条安全的数据通道，那么两个进程间传输的所有消息就都要自动地被加密。

如果想要区分具体文件的不同的安全性要求，那就必须借助于应用层的安全性。提供应用层的安全服务实际上是最灵活的处理单个文件安全性的手段。例如一个电子邮件系统可能需要对要发出的信件的个别段落实施数据签名。较低层的协议提供的安全功能一般不会知道任何要发出的信件的段落结构，从而不可能知道该对哪一部分进行签名。应用层是唯一能够提供这种安全服务的层次。

在应用层提供安全服务有下列几种方案。

① 对每个应用及应用协议分别进行修改。例如，因特网工程任务组（IETF）规定了保密增强邮件（PEM）来为基于SMTP的电子邮件系统提供安全服务。PEM依赖于完全可操作的PKI（公钥基础设施）。PEM PKI是按层次组织的，由3个层次构成：顶层为因特网安全政策登记机构（IPRA），次层为安全政策证书颁发机构（PCA），底层为CA。优良保密性（PGP）符合PEM的绝大多数规范，但不要求PKI的存在。相反，它采用了分布式的信任模型，即由每个用户自己决定该信任哪些其他用户。因此，PGP不是去推广一个全局的PKI，而是让用户自己建立自己的信任之网。

② S-HTTP 是 Web 上使用的 HTTP 的安全增强版本。S-HTTP 提供了文件级的安全机制，因此每个文件都可以被设成私人/签字状态。用于加密及签名的算法可以由参与通信的收发双方协商。S-HTTP 提供了对多种单向哈希（Hash）函数（如 MD2、MD5 及 SHA 等）的支持，对多种单钥体制（如 DES，3DES，RC2，RC4）的支持，对数字签名体制（如 RSA 和 DSS）的支持。

S-HTTP 和 SSL 是从不同角度提供 Web 的安全性的。S-HTTP 对单个文件做"私人/签字"以进行区分，而 SSL 则把参与通信的相应进程之间的数据通道按"私有"和"已认证"进行监管。

③ 应用电子商务，尤其是信用卡交易。出于对互联网的信用卡交易的安全考虑，MasterCard 公司与 IBM、Netscape、GTE 和 CyberCash 等公司制定了安全电子付费协议（SEPP），Visa 国际组织和微软一起制定了安全交易技术（STT）协议。同时，MasterCard、Visa 和微软已经同意联手推出互联网上的安全信用卡交易服务，发布了相应的安全电子交易（SET）协议，其中规定了信用卡持卡人用其信用卡通过互联网进行付费的方法。这套机制的后台有一个证书颁发的基础结构，提供对 X.509 证书的支持。

1.6.2 ARP 安全

地址解析协议（ARP）安全是针对 ARP 攻击的一种安全特性，通过 ARP 严格学习、动态 ARP 检测、ARP 表项保护和 ARP 报文速率限制等措施来保证网络设备的安全性。ARP 安全特性不仅能够防范针对 ARP 的攻击，还可以防范网段扫描攻击等基于 ARP 的攻击。

1. 常见 ARP 攻击方式

（1）ARP 泛洪攻击。通过向网关发送大量 ARP 报文，导致网关无法正常响应。首先发送大量的 ARP 请求报文，然后发送大量虚假的 ARP 响应报文，从而造成网关部分的 CPU 利用率上升至难以响应正常服务请求。而且网关还会被错误的 ARP 表充满导致无法更新、维护正常 ARP 表，消耗网络带宽资源，使得整个网络无法正常工作。

（2）ARP 欺骗主机攻击。攻击者通过 ARP 欺骗使得局域网内被攻击主机发送给网关的流量信息实际上都发送给攻击者。主机刷新自己的 ARP 使得在自己的 ARP 缓存表中对应的 MAC 地址为攻击者的 MAC 地址，这样一来其他用户要通过网关发送出去的数据流就会发往主机这里，造成用户的数据外泄。

（3）欺骗网关攻击。欺骗网关就是把别的主机发送给网关的数据通过欺骗网关的形式使得这些数据被发送给攻击者。这种攻击目标选择的不是个人主机而是局域网的网关，这样就会使攻击者源源不断地获取局域网内其他用户的数据，造成数据的泄露，同时用户计算机中病毒的概率也会提升。

（4）中间人攻击。中间人攻击是指同时欺骗局域网内的主机和网关，局域网中用户的数据和网关的数据会发给同一个攻击者，这样，用户与网关的数据就会泄露。

（5）IP 地址冲突攻击。通过对局域网中的物理主机进行扫描，扫描出局域网中的物理主机的 MAC 地址，然后根据物理主机的 MAC 地址进行攻击，导致局域网内的主机产生 IP 地址冲突，影响用户网络的正常使用。

ARP 欺骗原理

2. ARP 欺骗原理

ARP 欺骗是指通过冒充网关或其他主机使得到达网关或主机的流量被转发，从而控制流量或得到机密信息。ARP 欺骗不是真正使网络无法正常通信，而是发送虚假信息给局域网中其他的主机，这些信息中包含网关的 IP 地址和主机的 MAC 地址，并且也发送了 ARP 应答给网关，当局域网中主机和网关收到 ARP 应答更新 ARP 表后，主机和网关之间的流量就需要通过攻击主机进行转发，如图 1-8 所示。

在图 1-8 中，主机 C 给网关 E 发送 ARP 请求“我的 IP 地址是 IP2，MAC 地址为 MAC1”，网关收到请求后确认，凡是接收到发往 IP2 的信息都转发到主机 C 上去了；同样，主机 C 给主机 D 发送 ARP 请求“我的 IP 地址是 IP3，MAC 地址为 MAC1”，主机 D 收到请求后确认，之后凡是接收到发往网关 E 的信息都转发到主机 C 上去了。

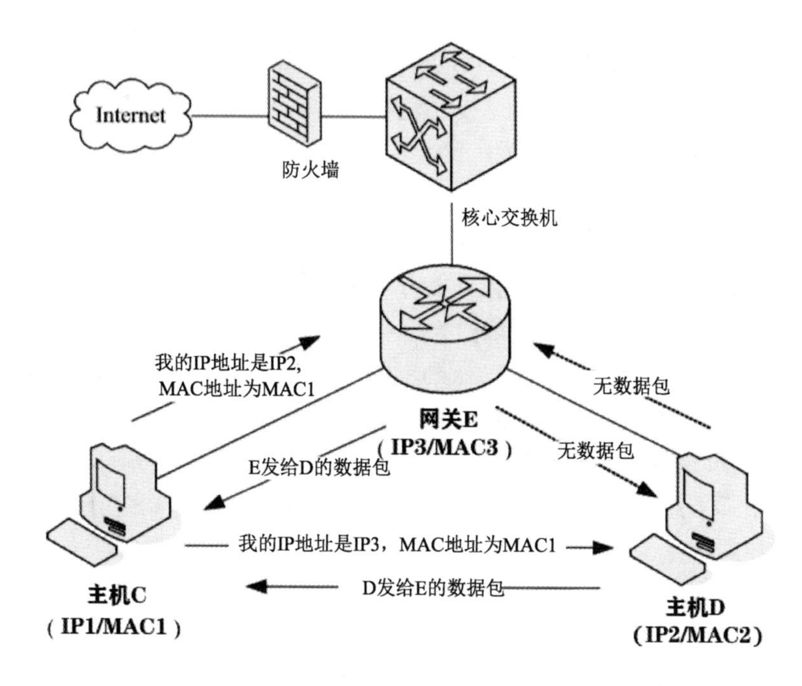

图 1-8　ARP 欺骗原理

3. 攻击防范

针对 ARP 的攻击，主要有以下几种防范方法。

（1）不要把网络信任关系单纯地建立在 IP 地址基础上或 MAC 地址基础上，应在网络中架设 DHCP 服务器，绑定网关与客户端 IP 地址+MAC 地址。

（2）添加静态的 ARP 映射表，不让主机刷新设定好的映射表，该做法适用于主机位置稳定的网络，不适用在主机更换频繁的局域网中。

（3）ARP 高速缓存超时设置。在 ARP 高速缓存中的表项一般都要设置超时值，缩短这个超时值可以有效地防止 ARP 表的溢出。

（4）架设 ARP 服务器。通过该服务器查找自己的 ARP 映射表来响应其他主机的 ARP 广播。

（5）主动查询。建立 IP 地址和 MAC 地址对应的数据库，以后定期检查当前的 IP 地址和 MAC 地址对应关系是否正常，定期检测交换机的流量列表，查看丢包率。

（6）使用防火墙等连续监控网络。

1.6.3 DHCP安全

动态主机配置协议（DHCP）是一种网络协议，它使DHCP服务器/网络服务器能够为请求设备动态分配IP地址、子网掩码、默认网关和其他网络配置参数。它通过有效地自动分配IP地址并最大限度地减少IP地址浪费和IP地址冲突，自动执行网络管理员的普通IP地址配置任务。DHCP服务器可以从其地址池中为网络设备动态分配IP地址，并回收它们。

1. 常见DHCP攻击方式

（1）DHCP服务器欺骗攻击。由于DHCP服务器和DHCP客户端之间没有认证机制，所以如果在网络上随意添加一台DHCP服务器，它就可以仿冒DHCP服务器为客户端分配IP地址以及其他网络参数。DHCP服务器仿冒者通过二层网络接入汇聚交换机，当交换机下接终端通过DHCP申请地址时，DHCP服务器仿冒者先于其他DHCP服务器回应并分配地址给客户端，进而引起网络地址分配错误，导致网络业务异常。

（2）DHCP泛洪攻击。当交换机作为DHCP服务器或者中继角色时，如果恶意用户发送大量的DHCP报文到交换机，侵占交换机DHCP处理能力，将导致其他合法DHCP交互无法正常进行，进而导致终端无法申请地址或者无法续租地址。

（3）中间人攻击。首先，中间人向客户端发送带有自己的MAC地址和服务器IP地址的报文，让客户端学到中间人的IP地址和MAC地址，达到仿冒DHCP Server的目的。达到目的后，客户端发到DHCP服务器的报文都会经过中间人；然后，中间人向服务器发送带有自己MAC地址和客户端IP地址的报文，让服务器学到中间人的IP地址和MAC地址，达到仿冒客户端的目的。中间人完成服务器和客户端的数据交换。在服务器看来，所有的报文都是来自或者发往客户端；在客户端看来，所有的报文也都是来自或者发往服务器端。但实际上这些报文都是经过了中间人的“二手”信息。

2. 攻击防范

DHCP为网络管理员在IP地址分配任务上减轻了很大的压力，而且DHCP服务也简化了对IP地址分发的管理。管理员可以很轻松直观地在DHCP服务器上查看IP地址的使用情况。但是DHCP天生有一个缺陷，就是在DHCP服务器与客户端在IP地址请求和分发的过程中，缺少认证机制。所以网络中如果出现一台非法的DHCP服务器为客户端提供非法的IP地址，那么“黑客”就可以做一些中间人攻击的操作，这给网络的安全带来了隐患。为了防范DHCP攻击，主要从以下两点进行防护。

（1）硬件防护。在管理交换机的端口上做MAC地址动态绑定，防止不法客户端伪造MAC地址。

（2）网络防护。在管理交换机上，除合法的DHCP服务器所在接口外，全部设置为禁止发送DHCP Offer包。

1.6.4 TCP安全

TCP安全

TCP是一种面向连接的、可靠的、基于字节流的传输层通信协议。TCP攻击是指利用TCP的设计缺陷或漏洞，对目标主机或网络进行攻击的行为。TCP攻击包括TCP SYN泛洪攻击、TCP SYN扫描攻击、TCP FIN扫描攻击、TCP LAND攻击、

TCP 中间人攻击和 TCP 连接重置攻击等。

1. TCP 攻击原理

TCP 主要特征有 3 次握手连接和 4 次挥手断开，进行拥塞控制。服务器端还需要单独解析协议内容有少包、丢包、异常响应等。3 次握手连接就是建立 TCP 连接，建立连接时，需要客户端和服务器端总共发送 3 个包以确认连接的建立。4 次挥手断开即终止 TCP 连接，就是指断开一个 TCP 连接时，需要客户端和服务器端总共发送 4 个包来确认连接是否断开。

理解了 TCP 的 3 次握手和 4 次挥手原理，就可以理解 TCP 攻击的原理：在短时间内伪造大量不存在的 IP 地址，并向服务器端不断地发送数据包，服务器端回复确认包，并且等待客户端的确认，而客户端的关闭导致数据不断重发直至超时，进而导致正常的数据请求因为服务器已经无法接收而被屏蔽，因此造成网络堵塞、服务器系统瘫痪。

2. TCP SYN 泛洪攻击及防御策略

（1）TCP SYN 泛洪攻击。此攻击利用 TCP 的 3 次握手过程存在的漏洞，达到一种 DoS 攻击目的。

当攻击者发起此攻击时，被攻击的主机会在短时间内接收到大量的 TCP SYN 连接请求，如果被攻击对象没有相应防御策略，短时间内可能会占用大量的主机资源，或者进一步将主机资源耗尽，从而拒绝其他应该正常连接的设备进行连接，最终达到使被攻击主机拒绝服务的目的。具体攻击过程如图 1-9 所示。

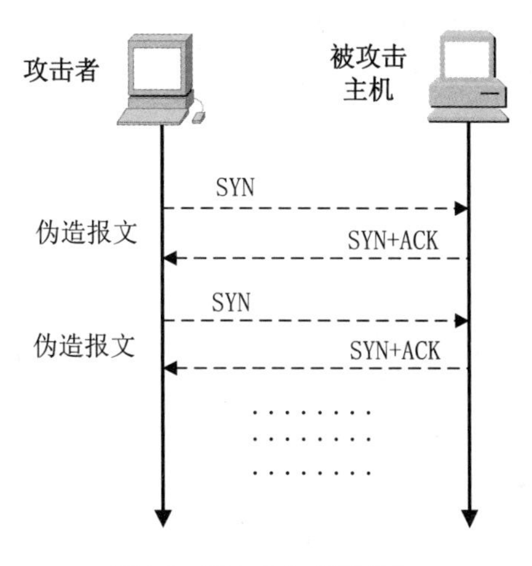

图 1-9　TCP SYN 泛洪攻击

攻击者利用 TCP 中的 3 次握手过程中存在的漏洞,向目标主机发送大量伪造的 TCP SYN 连接请求,目标主机在接收到这些请求后会向攻击者回复 TCP SYN+ACK 包,然后等待攻击者响应 TCP ACK 包，完成 TCP 连接的建立。但攻击者并不会回复 TCP ACK 包，而是会忽略目标主机发来的 TCP SYN+ACK 包并持续发送 TCP SYN 连接请求，从而导致目标主机长时间等待 TCP 连接的建立，占用大量资源，最终导致目标主机无法正常工作。

（2）防御策略。一是安装防火墙，利用防火墙的过滤功能，间接地过滤掉一部分可能存在的恶意的 TCP 数据包，从而保护目标主机；二是用 TCP SYN Cookie 机制，TCP SYN Cookie 是一种防范 TCP SYN 泛洪攻击的机制，它可以在不存储连接信息的情况下，使被攻击主机正确处理 TCP 连接请求；三是限制 TCP 连接数，通过限制 TCP 连接数，可以降低 TCP SYN 泛洪攻击的危害。

3. TCP SYN 扫描攻击及防御策略

（1）TCP SYN 扫描攻击。此攻击可以扫描到被攻击主机所支持的 TCP 开放端口，从而可以进一步发现被攻击主机的一些其他信息。具体攻击过程如图 1-10 所示。

TCP SYN 扫描攻击是利用 TCP 的 3 次握手过程实现的。实现可以分为 3 步，当攻击者向被攻击主机某个端口发送第一次握手连接（即 TCP SYN 连接请求），如果被攻击主机此端口在 TCP 监听状态，则会向攻击者发送第二次握手包（即 TCP SYN+ACK 包，作为第一次握手的响应包）。根据 TCP 连接时 3 次握手规范，此时被攻击主机在等待攻击者发送第三次握手包（即 TCP ACK 包，作为第二次握手的响应包）。但此时攻击者并不会响应第三次握手，而是会迅速发送 TCP RST 包，也会避免对方记录连接信息，以一种无痕迹的方式获取目标主机的开放端口。当攻击者获取某一个端口状态后，会切换到下一端口，按照以上步骤再次发送 TCP SYN 扫描攻击，直到所有端口扫描完毕。

（2）防御策略。一是安装防火墙，可以利用防火墙的过滤功能，间接地过滤掉一部分可能存在的恶意的 TCP 数据包，从而保护目标主机；二是关闭不经常使用的服务，不允许随意安装应用程序，减少系统的漏洞，使系统的安全性进一步提高；三是使用入侵检测系统和入侵防御系统，有针对性地、及时地发现攻击者是否在进行 TCP SYN 扫描，使得目标主机系统安全得到提升。

4. TCP FIN 扫描攻击及防御策略

（1）TCP FIN 扫描攻击。TCP FIN 扫描攻击利用 TCP 存在的漏洞进行攻击，TCP FIN 扫描攻击与 TCP SYN 扫描攻击的目的一致，都是为了获得目标主机开放的端口，从而获取目标主机的一些其他信息。具体攻击过程如图 1-11 所示。

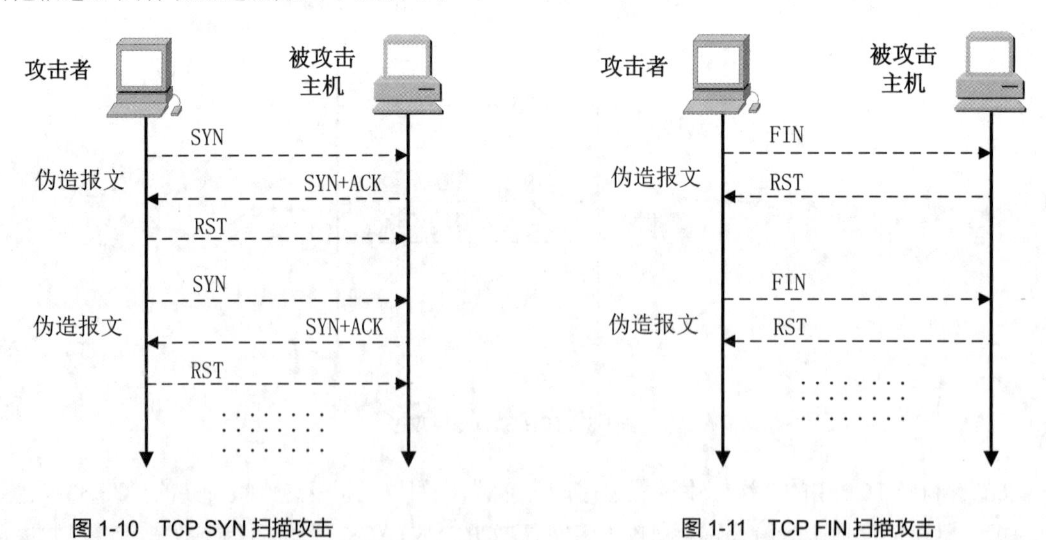

图 1-10　TCP SYN 扫描攻击

图 1-11　TCP FIN 扫描攻击

TCP FIN 扫描攻击是一种无痕迹扫描，攻击扫描期间并不会与对方建立连接，因此也不会被对方记录连接信息。当攻击者获取到某一个端口状态后，会切换到下一端口，按照以上步骤再次发送 TCP FIN 扫描攻击，直到所有端口扫描完毕。

（2）防御策略。针对 TCP FIN 扫描攻击，也可以采用一些相应的方法进行防御，如安装防火墙、关闭不经常使用的服务等。

5. TCP LAND 攻击及防御策略

（1）TCP LAND 攻击。TCP LAND 攻击是一种利用 TCP 中的漏洞进行的攻击方式。它的主要原理是伪造 TCP 数据包，并在该数据包的源 IP 地址和目标 IP 地址中填写相同的 IP 地址，从而使目标主机陷入死循环，无法与其他主机通信。具体攻击过程如图 1-12 所示。

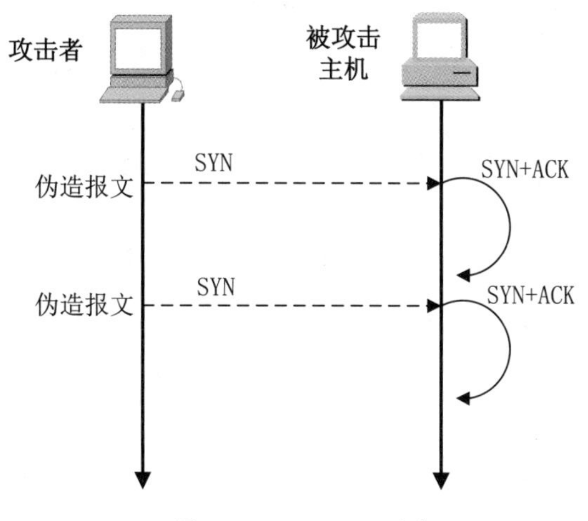

图 1-12　TCP LAND 攻击

TCP LAND 攻击利用了 TCP 中的 SYN 标志位。攻击者发送一个伪造的 TCP SYN 数据包（SYN 标志位被设置为 1）给目标主机，并且将源 IP 地址和目标 IP 地址都被设置为目标主机的 IP 地址。当目标主机接收到这个数据包时，它会认为这是一个新的 TCP 连接请求，并尝试发送一个 SYN+ACK 数据包作为响应。但是，由于源 IP 地址和目标 IP 地址都为目标主机本身，目标主机会一直向自己发送数据包，最终导致系统崩溃或网络拥堵。

（2）防御策略。TCP LAND 攻击是一种常见的 DoS 攻击手段，可以通过配置防火墙、限制 TCP 的源地址是本地地址，配置网络流量监控系统实时监测网络中的流量信息，当发现异常流量时及时上报提醒，以此防范 TCP LAND 攻击等。

6. TCP 中间人攻击及防御策略

（1）TCP 中间人攻击。TCP 中间人攻击包括 TCP 会话劫持和 TCP 连接重置两种实现方式。TCP 会话劫持是指攻击者通过监听或者篡改网络流量，获取到合法用户的 TCP 会话信息，然后利用这些信息来冒充合法用户与服务器或其他合法用户进行通信的一种攻击行为。攻击者利用 TCP 会话劫持可以实施多种攻击，如窃取用户信息、篡改用户数据、劫持会话等。具体攻击过程如图 1-13 所示。

在 TCP 连接重置攻击中，攻击者通过向通信的一方或双方发送伪造的 TCP 重置包，告诉它们立即断开连接，从而使通信双方连接中断。如果伪造的重置报文段完全逼真，接收者就会认为它有效，并关闭 TCP 连接，防止连接被用来进一步交换信息。服务端可以创建一个新的 TCP 连接来恢复通信，但仍然可能会被攻击者重置连接。

一般情况下，攻击者需要一定的时间来组装和发送伪造的报文，所以这种攻击只对长连接有杀伤力。对短连接而言，攻击者还没完成攻击，服务器和客户机已经完成了信息交换。

攻击者在网络中对传输的数据进行监听和分析，当攻击者获取到客户端的 TCP 会话序列号及确认号后，就可以伪造 TCP 数据包来冒充客户端与服务器进行通信。攻击者通过这种方式可以绕过服务器的认证和授权机制，进而达到各种攻击目的。

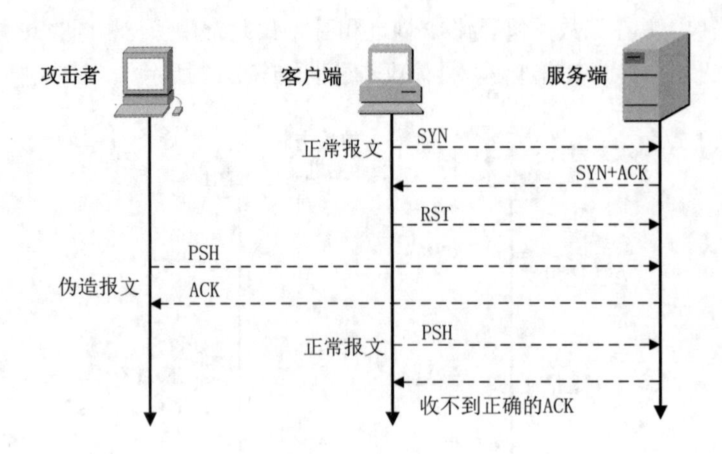

图 1-13　TCP 中间人攻击

（2）防御策略。对于 TCP 中间人攻击可以通过以下几种方式进行防范。一是使用加密协议，可以使用 TLS、安全外壳（SSH）等协议，对数据传输过程加密、对原始数据进行加密，从而避免数据被攻击者窃取；二是对服务器和应用程序进行安全加固，如关闭不必要的服务和端口、限制访问权限、采用安全认证机制等，提高系统的安全性。

1.6.5　DNS 安全

DNS 是一种用于 TCP/IP 应用程序的分布式数据库，它提供主机名和 IP 地址之间的转换信息。通常，网络用户通过 UDP 与 DNS 服务器进行通信，而服务器在特定的 53 端口监听，并返回用户所需的相关信息，这是“正向域名解析”的过程。“反向域名解析”也是一个查询 DNS 的过程。当客户向一台服务器请求服务时，服务器方一般会根据客户的 IP 地址反向解析出该 IP 地址对应的域名。

1. DNS 的不安全因素

DNS 在早期设计时只考虑到网络的适应性，采用的是面向非连接的 UDP，而 UDP 本身就是不安全的。而从组成结构来看，为了便于查询，DNS 采用了树形结构，这种结构易出现单点故障，整个 DNS 体系并不是很稳固。

此外，大部分 DNS 服务器都是基于 BIND 软件部署的，BIND 虽然能够提供高效的服务，但也存在诸多的安全性漏洞，一种是缓冲区溢出漏洞，可以使攻击者在 DNS 上运行各种指令；另一种是拒绝服务漏洞，受攻击后的 DNS 服务器不能提供正常服务，使得其所管辖的子网无法正常工作。

2. DNS 面临的攻击

（1）分布式拒绝服务（DDoS）攻击。DNS 服务器同 Web 服务器一样也会成为 DDoS 攻击的对象，而且 DNS 服务器管辖着众多网站的解析记录，其遭受 DDoS 攻击后将会导致其所辖域名都无法正常解析，所造成的破坏力比仅针对 Web 服务器发起攻击更为致命。且 DNS 服务器对 DDoS 攻击没有足够的防御能力，所以针对 DNS 发起攻击成为网络攻击的一种重要手段。

（2）缓冲区投毒。为了提高查询效率，DNS 体系中的多个环节都采用了缓存机制，缓存数据在没过期之前，会直接将缓存中记录的解析结果返回给客户。这个过程虽然缩短了解析查询的路径，解析和访问速度得到明显提升，但也给了攻击者可乘之机。DNS 缓冲区投毒就是在 DNS 缓存中存入错误的数据，在客户发起请求时将错误的数据返回给客户，从而将客户重定向到错误的 IP 地址。且缓冲区中毒的主机还可能将错误的数据传播出去，导致更多的服务器缓存中毒，危害性不小。

（3）区域信息泄露。DNS 服务器作为公开开放的数据库，通常情况下不会对域名请求查询加以验证，因此很容易导致网络拓扑、子网结构等信息的泄露，为各类攻击提供机会。

（4）域名劫持。域名劫持是指通过获取域名所有者的账号名称和密码取得域名管理权，从而将域名的 IP 地址指向其他主机。严格来说域名劫持并不是 DNS 安全问题，但它对 DNS 解析的准确性威胁也是显而易见的。

3. DNS 的安全防范

通过 DNS 服务器本身的配置以及与防火墙等的合作来加强 DNS 的安全性。

（1）包过滤防护

限制访问 DNS 服务器的网络数据包的类型，实施包过滤的依据主要是端口、IP 地址、流量。端口过滤指仅允许对 53 端口的访问；IP 地址限制指只允许具有合法 IP 地址的用户访问该 DNS 服务器；流量限制指对每个 IP 地址的 DNS 请求加以流量限制，正常用户数据包的长度应不大于 512 字节。

（2）防火墙保护

利用 Split DNS 技术把 DNS 系统划分为内部和外部两部分，外部 DNS 负责对外的正常解析工作，内部 DNS 系统则专门负责解析内部网络的主机。仅当内部主机要查询互联网上的域名，而内部 DNS 上没有缓存记录时，内部 DNS 才将查询任务转发到外部 DNS 服务器上，由外部 DNS 服务器完成查询任务，以保护内部 DNS 服务器免受攻击，同时减少信息泄露。Split-Split DNS 技术则将内部 DNS 的功能分别放在两个 DNS 服务器上，一个负责响应内部用户的递归查询请求，另一个负责将内部的域名发布到外部 DNS 上。

（3）网络拓扑限制

为了减少单点故障的威胁，从网络拓扑结构角度应避免将 DNS 服务器置于无旁路的环境下，不应将所有的 DNS 服务器置于同一子网、同一租用链路、同一路由器、同一自治域甚至同一物理位置。

（4）DDoS 攻击的防范

应对 DDoS 攻击的最有效方法有以下几种：一是部署入侵检测系统（IDS），从单一技术和设备来看，IDS 是目前防范 DDoS 攻击最有效的方法；二是对于重要的 DNS 服务器，可分别在不同的数据中心部署，通过冗余方式来提高 DNS 的安全性；三是在防火墙上设置策略，对于超过某一限定值的 DNS 请求报文进行过滤；四是通过管理软件，对排名靠前的 DNS 解析请求报文进行分析，重点分析流量在短时间内急剧增大的报文，对可疑报文进行过滤处理。

1.7　本章小结

1. 网络安全基础知识

网络安全是指网络系统的硬件、软件及其中的数据受到保护，不会因为偶然或者恶意的原因而遭到破坏、更改或窃取，系统连续、可靠、正常地运行，网络服务不中断。

计算机网络安全的含义是通过各种计算机、网络、密码技术和信息安全技术，保护在公用通信网络中传输、交换和存储的信息的机密性、完整性和真实性，并对信息的传播及内容进行控制。网络安全的结构层次包括物理安全、安全控制和安全服务。

网络安全应具有保密性、完整性、可用性和可控性4个方面的特征。

计算机网络安全技术主要有主机安全技术、身份认证技术、访问控制技术、密码技术、防火墙技术、安全审计技术和安全管理技术。

网络安全策略应包括以下4个方面。

① 网络用户的安全责任。

② 系统管理员的安全责任。

③ 正确利用网络资源。

④ 检测到安全问题时的对策。

2. 威胁网络安全的因素

计算机网络安全受到的威胁主要有"黑客"的攻击、计算机病毒和拒绝服务攻击。

在安全环境中建议采用以下措施。

① 用备份和镜像技术提高数据完整性。

② 防治病毒。

③ 安装补丁程序。

④ 提高物理安全。

⑤ 构筑互联网防火墙。

⑥ 仔细阅读日志。

⑦ 加密。

⑧ 提防虚假的安全。

3. 网络安全分类

根据中国国家计算机安全规范，计算机的安全大致可分为以下3类。

① 实体安全，包括机房、线路和主机等的安全。

② 网络与信息安全，包括网络的畅通、准确以及网上信息的安全。

③ 应用安全，包括程序开发运行、I/O和数据库等的安全。

网络信息安全可分为以下4类。

① 基本安全类。

② 管理与记账类。

③ 网络互联设备安全类。

④ 连接控制类。

4. 网络安全问题解决方案

在实施一个网络安全策略时，可以使用多种方法，包括信息包筛选、应用网关（或中继器）及非军事区的各种配置等。

要构建一个完整的网络安全系统，至少应该采取以下3类措施。

① 建立、健全社会的法律法规及组织的规章制度，开展网络安全教育。

② 技术方面的措施。

③ 审计和管理措施。

5. 网络安全风险管理及评估

网络安全风险管理指的是识别、评估和控制网络系统安全风险的总过程。风险管理通过度量风险以及选择经济有效的安全控制来增强系统的安全性。

网络风险评估就是对网络自身存在的脆弱性状况、外界环境导致网络安全事件发生的可能性以及可能造成的影响进行评估。网络安全的风险评估主要用于识别网络系统的安全风险，对保障计算机的正常运行具有十分重要的意义。

6. TCP/IP 体系的安全

主要包括 TCP/IP 物理层、网络层、传输层、应用层的安全，各层都存在一定的安全漏洞，为保障各层传输过程中的安全，1.6 节给出了对应的解决方案。

① ARP 安全。ARP 安全是针对 ARP 攻击的一种安全特性，通过 ARP 严格学习、动态 ARP 检测、ARP 表项保护和 ARP 报文速率限制等措施来保证网络设备的安全性。ARP 安全特性不仅能够防范针对 ARP 的攻击，还可以防范网段扫描攻击等基于 ARP 的攻击。

② TCP 安全。TCP 是一种面向连接的、可靠的、基于字节流的传输层通信协议。TCP 攻击是指利用 TCP 的设计缺陷或漏洞，对目标主机或网络进行攻击的行为。TCP 攻击包括 TCP SYN 泛洪攻击、TCP SYN 扫描攻击、TCP FIN 扫描攻击、TCP LAND 攻击、TCP 中间人攻击和 TCP 连接重置攻击等。

③ DNS 安全。DNS 在早期设计时只考虑到网络的适应性，采用的是面向非连接的 UDP，而 UDP 本身就是不安全的。DNS 面临的攻击有 DDoS 攻击、缓冲区投毒、区域信息泄露、域名劫持等。DNS 的安全防范主要有包过滤防护、防火墙保护、网络拓扑限制以及 DDoS 攻击的防范。

习　题

1. 网络安全的含义是什么？
2. 网络安全有哪些特征？
3. 什么是网络安全的最大威胁？
4. 网络安全主要有哪些关键技术？
5. 如何实施网络安全的安全策略？
6. 如何理解协议安全的脆弱性？
7. 数据库管理系统有哪些不安全因素？
8. 介绍网络信息安全模型。
9. 对互联网进行安全管理需要哪些措施？
10. 简述信息包筛选的工作原理。

02 第2章　计算机系统安全与访问控制

随着计算机技术的不断发展，计算机系统安全问题也越来越突出。因此，计算机系统安全技术也变得日益重要。计算机系统安全是指保护计算机系统、网络以及其中储存的数据和软件免受未授权访问、修改、破坏等。访问控制是在保障授权用户能获得所需资源的同时拒绝非授权用户的安全机制。访问控制技术是保护计算机系统和数据安全的重要手段，也是计算机网络安全理论基础的重要组成部分。

本章主要讨论计算机的安全级别以及有关计算机系统安全的问题，然后针对这些问题提供一些解决方案。

2.1 什么是计算机安全

什么是计算机安全

计算机安全的主要目标是保护计算机资源不被毁坏、替换、盗窃和丢失。这些计算机资源包括计算机设备、存储介质、软件、计算机输出材料和数据等。

计算机作为一种高性能的机器，和其他任何高性能的机器一样，都不可能长久地运行下去，计算机部件中可能会发生的一些电子和机械故障。此外，软件出错、文件损坏、数据交换错误和操作系统错误等也是影响计算机安全的重要因素。

为了保证计算机系统的安全、防止非法入侵，制定正确的政策、策略和对策非常重要。要根据系统安全的需求和可能进行的系统安全保密设计，在安全设计的基础上，采取适当的技术组织策略和对策。为此，首先需要明确计算机系统的安全需求。

1. 计算机系统的安全需求

计算机系统的安全需求就是要保证在一定的外部环境下，系统能够正常、安全地工作。也就是说，它是为保证系统资源的保密性、安全性、完整性、服务可用性、有效性和合法性，保护信息流，为维护正当的信息活动而建立和采取的组织技术措施和方法的总和。

（1）保密性

广义的保密性是指保守国家机密，或是未经信息拥有者的许可不得将保密信息泄露给非授权人员。狭义的保密性则是指利用密码技术对信息进行加密处理，以防止信息泄露。这就要求系统能对信息的存储、传输进行加密保护，所采用的加密算法要有足够的保密强度，并具备有效的密钥管理措施。在密钥的产生、存储分配、更换、保管、使用和销毁的全过程中，密钥要难以被窃取，即使被窃取了也无法被他人使用。此外，还要能防止因电磁泄漏造成的失密。

（2）安全性

安全性标志着一个信息系统的程序和数据的安全保密程度。计算机系统的安全可分为内部安全和外部安全，内部安全是由计算机系统内部实现的，而外部安全是在计算机系统之外实现的。

外部安全包括物理实体（设备、线路等）安全、人事安全和过程安全 3 个方面。物理实体安全是指对计算机设备与设施实施的防护措施，如加建防护围墙、增加保安人员、终端上锁和安装防电磁泄漏的屏蔽设施等；人事安全是指对有关人员参与信息系统工作和接触敏感性信息是否合适、是否值得信任的一种审查；过程安全包括人员对计算机设备进行访问、处理的 I/O 操作、装入软件、连接终端用户和其他的日常管理工作等。

（3）完整性

完整性标志着程序和数据的信息完整程度，使程序和数据能满足预定要求。它是防止信息系统内程序和数据被非法删改、复制和破坏，并保证其真实性和有效性的一种技术手段。完整性包括软件完整性和数据完整性两个方面。

软件完整性关注于防止对软件本身的不当或未经授权的修改，以及对软件行为未经授权的操控。维护软件完整性对于确保软件的正常运行、保护用户数据安全以及保障系统的稳定可靠至关重要。

数据完整性是指所有计算机信息系统以数据服务于用户为首要要求，保证存储或传输的数据不被非法插入、删改、重发或被意外事件破坏，能保持数据（尤其是那些对保密性要求极高的数据，如密钥、口令等）的完整性和真实性。

（4）服务可用性

服务可用性是指对符合权限的实体能提供优质服务，是适用性、可靠性、及时性和安全保密性的综合表现。可靠性即保证系统硬件和软件无故障或无差错，以便在规定的条件下执行预定算法。可用性即保证合法用户能正确使用系统。

（5）有效性和合法性

信息接收方应能证实它所收到的信息内容和顺序都是真实的，应能检验收到的信息是否过时或为重播的信息。信息交换的双方应能对对方的身份进行鉴别，以保证收到的信息是由确认的对方发送过来的。

有权的实体将某项操作权限给予指定代理的过程叫授权。授权过程是可审计的，其内容不可否认。信息传输中信息的发送方可以要求接收方提供回执，但是不能否认发过的任何信息并声称该信息是接收方伪造的；信息的接收方不能对收到的信息进行任何的修改和伪造，也不能抵赖收到的信息。

在信息化的全过程中，每一项操作都有相应实体承担该项操作的一切后果和责任。如果一方否认事实，公证机制将根据抗否认证据予以裁决；而每项操作都应留有记录，内容包括该项操作的各种属性，并在必要的时限内保留以备审查，防止操作者推卸责任。

（6）保护信息流

网络上传输信息流时，应该防止有用信息的空隙之间被插入有害信息，避免出现非授权的活动和破坏。采用信息流填充机制，可以有效地防止有害信息的插入。广义的单据、报表和票证也是信息流的一部分，其生成、交换、接收、转化乃至存储、销毁都需要得到相应的保护。特殊的安全加密设备与操作也需要加强保护。

2. 计算机系统安全技术

计算机系统安全技术涉及的内容很多，尤其是在网络技术高速发展的今天。从使用的角度出发，大体包括以下几个方面：实体硬件安全技术、软件系统安全技术、数据信息安全技术、网络站点安全技术、运行服务（质量）安全技术、病毒防治技术、防火墙技术和计算机应用系统的安全评价。其核心技术是加密技术、病毒防治技术以及计算机应用系统的安全评价。其中有的方面或内容涉及相应的标准。

（1）实体硬件安全技术

计算机实体硬件安全技术主要是指为保证计算机设备及其他设施免受危害所采取的措施。计算机实体包含计算机的设备、通信线路及设施（包括供电系统、建筑物）等。所受的危害包括地震、水灾、火灾、飓风、雷击、电磁辐射和泄漏等。采取的措施包括各种维护技术及采用相应的高可靠性、高安全性产品等。

（2）软件系统安全技术

软件系统安全技术主要保证所有计算机程序和文档资料免遭破坏、非法复制和非法使用，同时应保证操作系统平台、数据库系统、网络操作系统和所有应用软件的安全。软件系统安全技术包括口令控制、鉴别技术，软件加密、压缩技术，软件防复制、防跟踪技术，还包括掌握高安全产品的质量标准，选用系统软件和标准工具软件、软件包。另外，软件系统安全技术要求对于自己开发使用的软件建立严格的开发、控制和质量保障机制，保证软件满足安全保密技术标准要求，确保系统安全运行。

（3）数据信息安全技术

数据信息安全技术主要是指为保证计算机系统的数据库、数据文件和所有数据信息免遭破坏、修改、泄露和窃取应采取的一切技术、方法和措施。其中包括对各种用户的身份识别技术，口令、指纹验证技术，存取控制技术和数据加密技术，以及建立备份、紧急处置和系统恢复技术，异地存放、妥善保管技术等。

（4）网络站点安全技术

网络站点安全技术是指为了保证计算机系统中的网络通信和所有站点的安全而采取的各种技术措施，除了近年兴起的防火墙技术外，还包括报文鉴别技术、数字签名技术、访问控制技术、压缩加密技术和密钥管理技术等，为保证线路安全、传输安全而采取的安全传输介质技术（如网络跟踪、监测技术，路由控制隔离技术和流量控制分析技术）等。

此外，为了保证网络站点的安全，还应该学会正确选用网络产品，包括防火墙产品、高安全性网络操作系统产品，以及国际、国家和部门的有关协议、标准。

（5）运行服务（质量）安全技术

计算机系统应用在互利互惠的互联网时代，绝大多数用户之间是相互依赖、相互配合的服务关系，计算机系统运行服务（质量）安全技术主要是安全运行的管理技术。它包括系统的使用与维护技术，随机故障维护技术，软件可靠性、可维护性保证技术，操作系统故障分析处理技术，机房环境监测维护技术，系统设备运行状态实测、分析记录等技术。以上技术的实施目的在于及时发现运行中的异常情况，及时报警，及时提示用户采取措施或进行安全控制与审计。

（6）病毒防治技术

计算机病毒威胁计算机系统安全问题已成为一个严重的问题。要保证计算机系统的安全运行，除了运行服务（质量）安全技术措施外，还要专门设置计算机病毒检测、诊断和消除设施，并采取成套的、系统的预防方法，以防范病毒入侵。计算机病毒的防治涉及计算机硬件、计算机软件、数据信息的压缩和加密解密技术。

（7）防火墙技术

防火墙是一种介于内部网络或 Web 站点与互联网之间的信息安全防护系统，目的是提供安全保护，控制谁可以访问内部受保护的环境、谁可以从内部网络访问互联网。互联网的一切业务，从电子邮件到远程终端访问，都要受到防火墙的鉴别和控制。防火墙技术已成为计算机应用安全保密技术的一个重要分支。

（8）计算机应用系统的安全评价

计算机应用系统安全评价是一种从技术和操作管理上对系统安全性进行评价的过程。它是在某种特定的安全要求级别下，通过技术分析和评估确定系统是否达到安全要求的过程。系统安全评价的目标是确定系统是否达到安全要求，并且检查系统安全控制是否能够满足安全要求。它主要包括系统被评估的安全性、技术安全性、访问控制、安全检查、安全管理、法律合规性等。

系统安全评价的目的是确保系统的安全性，防止系统出现安全故障，以及降低安全风险。评估过程包括编制安全策略、安全检查、安全管理、安全实施、安全测试、安全审计、安全评估、安全分析、安全报告、安全认证等环节。为了确保系统安全性，系统安全评估应该以安全为基础，以严格的安全要求为导向，通过相关的安全技术、安全控制、安全管理等策略，来确保系统的安全性。

系统安全评估是一个系统在安全要求级别下，通过技术分析和评估确定系统是否达到安全要求的过程，其目的是确保系统的安全性，防止系统出现安全故障以及降低安全风险，从而为组织提供安全的环境，保护组织的财产，保障人身安全以及信息安全。

3. 计算机系统安全技术标准

随着社会对计算机安全问题的迫切关注，一批技术标准正在加紧研究制定中。我国已经出台的有《金融电子化系统标准化总体规范》等标准。国际标准化组织（ISO）在 ISO 7498-2 中描述的 OSI 安全体系结构的 5 种安全服务项目如下。

① 认证（Authentication）；

② 访问控制（Access Control）；

③ 数据保密（Data Confidentiality）；

④ 数据完整性（Data Integrity）；

⑤ 不可抵赖（Non-Repudiation）。

为了实现以上服务，制定的 8 种安全机制如下。

① 加密机制（Encipherment Mechanism）；

② 数字签名机制（Digital Signature Mechanism）；

③ 访问控制机制（Access Control Mechanism）；

④ 数据完整性机制（Data Integrity Mechanism）；

⑤ 认证机制（Authentication Mechanism）；

⑥ 通信业务填充机制（Traffic Padding Mechanism）；

⑦ 路由控制机制（Routing Control Mechanism）；

⑧ 公证机制（Notarization Mechanism）。

2.2 安全级别

安全级别有两个含义，一个是主客体信息资源的安全类别，另一个是访问控制系统实现的安全级别。根据不同的安全强度要求，美国可信计算机系统评价准则（Trusted Computer System Evaluation Criteria，TCSEC）共定义了 4 组 7 个等级可信计算机系统准则，即 D、C1、C2、B1、B2、B3、A1。银行业一般都使用满足 C2 级或更高级别的计算机系统。

1. D 级

D 级是最低的安全级别，拥有这个级别的操作系统就像门户大开的房子，任何人都可以自由进出，是完全不可信的。对硬件来说，没有任何保护措施，操作系统容易损坏，没有系统访问限制和数据访问限制，任何人不需账户就可以进入系统，不受任何限制就可以访问他人的数据文件。

属于这个级别的操作系统有 DOS、Windows 98 和 Macintosh System 7.1 等。

2. C1 级

C 类有两个安全子级别：C1 和 C2。C1 级又称自主安全保护（Discretionary Security Protection），它描述了一种典型的用在 UNIX 操作系统上的安全级别。这种级别的系统对硬件有某种程度的保护，如用户拥有注册账号和口令，系统通过账号和口令来识别用户是否合法，并决定用户对程序和信息拥有什么样的访问权，但硬件受到损害的可能性仍然存在。用户拥有的访问权是指对文件和目标的访问权。文件的拥有者和超级用户（root）可以改变文件的访问属性，从而对不同的用户给予不同的访问权。例如，让文件拥有者具有读、写和执行的权力，给同组用户读和执行的权力，而给其他用户读的权力。

另外，许多日常的管理工作由超级用户来完成，如创建新的组和新的用户。超级用户拥有很大的权力，所以它的口令一定要保存好，不要几个人共享。

C1 级保护的不足之处在于用户能直接访问操作系统的超级用户。C1 级不能控制进入系统的用户的访问级别，所以用户可以将系统中的数据任意移走，他们可以控制系统配置，获取比系统管理员允许的更高权限，如改变和控制用户名。

3. C2 级

除了 C1 级包含的特性外，C2 级为有控制的存取保护。在访问控制环境中，C2 级具有进一步限制用户执行某些命令或访问某些文件的权限，而且加入了身份认证级别。另外，系统对发生的事件加以审计，并写入日志当中，如什么时候开机、用户在什么时间从哪个地址登录等。通过查看日志，就可以发现入侵的痕迹，如多次登录失败，也可以大致推测出可能有人想强行闯入系统。审计除了可以记录下系统管理员执行的活动以外，还加入了身份认证级别，这样就可以知道谁在执行这些命令。审计的缺点在于它需要额外的处理时间和磁盘空间。

使用附加身份认证就可以让一个 C2 级系统用户在不是超级用户的情况下有权执行系统管理任务。身份认证可以用来确定用户是否能够执行特定的命令或访问某些核心表，例如，当用户无权浏览进程表时，若执行了 ps 命令就只能看到自己的进程。

授权分级使系统管理员能够对用户进行分组，授予他们访问某些程序或分级目录的权限。另一方面，能够以个人为单位授权用户对某一程序所在目录进行访问。如果其他程序和数据也在同一目录下，那么用户也将自动获得访问这些信息的权限。

能够达到 C2 级的常见操作系统如下。

① UNIX 操作系统；

② Novell 3.x 或更高版本的操作系统；

③ Linux 操作系统；

④ Windows Server 2019 操作系统。

4. B1 级

B 类属强制保护，要求系统在其生成的数据结构中带有标记，并要求提供对数据流的监视。B 类中有 3 个级别，B1 级即标记安全保护（Labeled Security Protection），是支持多级安全（如秘密和绝密）的第一个级别，这个级别说明处于强制访问控制之下的对象，系统不允许文件的拥有者改变其许可权限。

安全级别存在秘密、机密、绝密级别，如国防部和国家安全局计算机系统。在这一级，对象（如磁盘区和文件服务器目录）必须在访问控制之下，不允许拥有者更改他们的权限。

B1 级的计算机系统安全措施视操作系统而定。政府机构和防御承包商们是 B1 级计算机系统的主要拥有者。典型的代表是 AT&T System V，它是 Solaris 系统的前身。

5. B2级

B2级，又被称为结构化保护（Structured Protection），它要求计算机系统中所有的对象都要加上标签，而且给设备（磁盘、磁带和终端）分配单个或多个安全级别。B2级除满足B1要求外，还要实行强制控制并进行严格的保护，这个级别支持硬件保护。它是提供较高安全级别对象与较低安全级别对象通信的第一个级别。例如，可信任的Xenix系统。

6. B3级

B3级又称安全区域保护（Security Domain），使用安装硬件的方式来加强域的安全，例如，内存管理硬件用于保护安全域免遭未授权访问或其他安全域对象的修改。B3级是B类中的最高级别子类，提供可信设备的管理和恢复，即使计算机崩溃，也不会泄露系统信息。例如，Honeywell Federal Systems XTS-200。

7. A1级

A1级又称验证设计（Verity Design），它包括严格的设计、控制和验证过程。与前面所提到的各级别一样，该级别包含较低级别的所有特性。设计必须是经过数学验证的，而且必须进行秘密通道和可信任分布的分析。可信任分布（Trusted Distribution）的含义是，硬件和软件在物理传输过程中已经受到保护，防止安全系统被破坏。

表2-1总结了TCSEC可信计算机系统评价准则的级别、名称和主要特征。

表2-1　TCSEC 可信计算机系统评价准则

级别	名称	主要特征
A1	验证设计级	形式化安全验证模型，形式化隐蔽通道分析
B3	安全区域保护级	安全内核，高抗渗透能力
B2	结构化保护级	形式化安全模型，隐蔽通道约束，面向安全的体系结构，具有较好的抗渗透能力
B1	标记安全保护级	强制访问控制，安全标识，删去安全相关的缺陷
C2	控制访问保护级	受控自主访问控制，增加审核机制，记录安全性事件
C1	自主安全保护级	自由访问控制
D	无保护级	最低等级

2.3　系统访问控制

访问控制是在保障授权用户能获取所需资源的同时拒绝非授权用户的安全机制。网络的访问控制技术通过对访问的申请、批准和撤销的全过程进行有效控制，从而确保只有合法用户的合法访问才能给予批准，而且相应的访问只能执行授权的操作。

访问控制是计算机网络系统安全防范和保护的重要手段，是保证网络安全最重要的核心策略之一，也是计算机网络安全理论基础重要组成部分。

访问控制的主要目的是限制访问主体对客体的访问，从而保障数据资源在合法范围内得以有效使用和管理。为了达到上述目的，访问控制需要完成两个任务：识别和确认访问系统的用户、决定该用户可以对某一系统资源进行何种类型的访问。访问控制包括3个要素：主体、客体和控制策略。

（1）主体。指提出访问资源的具体请求。是某一操作动作的发起者，但不一定是动作的执行者，可能是某一用户，也可以是用户启动的进程、服务和设备等。

（2）客体。指被访问资源的实体。所有可以被操作的信息、资源、对象都可以是客体。客体可以是信息、文件、记录等集合体，也可以是网络的硬件设施、无线通信中的终端，甚至可以包含另外一个客体。

（3）控制策略。主体对客体的相关访问规则集合，即属性集合。访问策略体现了一种授权行为，也是客体对主体某些操作行为的默认。

访问控制的主要功能是保证合法用户访问受保护的网络资源，防止非法的主体访问受保护的网络资源，或防止合法用户对受保护的网络资源进行非授权的访问。访问控制首先需要对用户身份的合法性进行验证，同时利用控制策略进行选用和管理工作。当用户身份和访问权限验证之后，还需要对越权操作进行监控。因此，访问控制的内容包括认证、控制策略实现和安全审计。

（1）认证。包括主体对客体的识别及客体对主体的检验确认。

（2）控制策略。通过合理地设定控制规则集合，确保用户对信息资源在授权范围内的合法使用。既要确保授权用户的合理使用，又要防止非法用户侵权进入系统，使重要信息资源泄露。同时不允许合法用户越权使用权限以外的功能及超出访问范围。

（3）安全审计。系统可以自动根据用户的访问权限，对计算机网络环境下的有关活动或行为进行系统的、独立的检查验证，并做出相应评价与审计。

2.3.1　系统登录

1. UNIX 操作系统登录

UNIX 操作系统是一个可供多个用户同时使用的多任务、分时的操作系统，任何一个想使用 UNIX 操作系统的用户，必须先向系统的管理员申请一个账号，然后才能使用系统。因此，账号就成为用户进入系统的合法“身份证”。

成功申请账号后，还需要有终端设备，这样才可以登录系统。但是为了防止非法用户盗用别人的账号使用系统，对每一个账号还必须有一个只有合法用户才知道的口令。在登录时，借助于账号和口令就可以把非法用户拒之门外。

这种安全性是基于这样的一个假设：用户的口令是安全的。但在实际应用中用户的账号有可能在网上被截取，口令被口令字典强行破解或被泄露，那么这种安全系统将彻底失效。UNIX 操作系统为了防止这一防线被突破，采取了许多强制性的措施。例如，规定口令的长度不得少于若干个（一般是 6 个）字符；口令不能是一个普通单词或其变形；口令中必须含有某些特殊字符；经过一段时间后必须更改口令等。但这些措施只能降低口令被猜中的可能性，并不能解决根本性问题，关键还是在于用户是否能够对口令进行合理的保护。

假如用户的账户被盗用，用户怎么才能知道这一点呢？如果数据文件被修改或删除，用户是可以发现的，但若入侵者只是偷看了一些机密文件，那么用户怎样才知道呢？为了防止这些问题发生，绝大多数 UNIX 操作系统在用户登录成功或不成功时都会记录相应登录操作，在下次登录时将把这一情况告诉用户，记录形式如下。

```
Last Login: Sun Sep 2  14:30 on console
```

如果用户发现和实际情况不符合，例如，在信息所说的那段时间并没有用户登录到主机上，或者在信息中的时间里用户并没有登录失败而信息却说登录失败，这就说明可能有人盗用了账号。这时用户就应立刻更改口令，否则可能会受到更大损失。

但提供的这种辅助方法仍然不够。因为很多用户尤其是初学者或安全意识不强的用户不会去注意这个信息，也不会去刻意记下自己上次登录的情况。所以若要增强系统的安全，管理员应对用户进行安全意识培训。如果忽略了人为的因素，即使系统再安全，整个系统的安全也可能因为一个成员的失误而受到重大破坏。

当用户从网络上或控制台上试图登录系统时，系统会显示一些关于系统的信息（如系统的版本信息等），然后系统会提示用户输入账号。当用户输入账号时，所输入的账号会显示在终端上，之后系统就会提示用户输入口令。用户所输入的口令不会显示在终端上，这是为了防止被他人偷看。若用户从控制台登录，则系统控制登录的进程会用账号文件来核实用户身份，若用户是合法的，则该进程就会变成一个 Shell 进程，这时用户就可以输入各种命令了，否则显示登录失败信息，再重复上面的登录过程。

系统也可以这样设置，如果用户 3 次登录都失败，则系统自动锁定，不让用户继续登录，这也是 UNIX 操作系统防止入侵者闯入的一种方式。若用户从网络上登录，则账号和口令可能会被人劫持，因为很多系统的账号和口令在网上是以明文的形式传输的。除此之外，远程登录和控制台登录区别不大。

除了通过控制台和网络访问 UNIX 主机系统外，UNIX 操作系统还支持匿名的 UUCP 访问方式，它和 Windows NT 操作系统中的远程访问服务 RAS 相似，UUCP 是一种 UNIX 环境下的拨号访问方式。

为了加强拨号访问的安全性，需要通过一台支持身份认证的服务器来提供访问。在这种方式下，用户在被允许访问系统之前，必须由终端服务器证实为合法的。因为没有口令文件可以从服务器上窃取，所以攻击终端服务器就变得更加困难了。

2. UNIX 账号文件

UNIX 账号文件/etc/passwd 是登录验证的关键，该文件包含所有用户的信息，如用户的登录名称、口令、用户标识号、组标识号、用户起始目标等信息。该文件的拥有者是超级用户，只有超级用户才有写的权限，而一般用户只有读取的权限。

图 2-1 显示了/etc/passwd 文件中的部分内容。

该文件是一个典型的数据库文件，每一行分 7 个部分，每两个部分之间用冒号分开。各个部分的含义如下。

（1）登录名称

这个名称是在“login:”后输入的名称，它在同一系统中应该是唯一的，其长度一般不超过 8 个字符。

登录名称中可以有数字和字母，UNIX 系统会区分大小写字母，为避免混淆和错误，建议登录名称保持大小写一致。

在网络环境下，管理员应让同一个用户在不同主机上的登录名称相同，这样能使用户操作更加方便，不用记录那么多登录名称，对管理员来说也更容易进行管理。

如果系统中提供了电子邮件服务，那么请注意，不要把用户的登录名设置成某个系统的邮件别名，否则新加入的用户将永远不能收到邮件，因为发给他的邮件会转发给那个名字相同的其他用户。

```
[root@tom 桌面]# cat /etc/passwd
root:x:0:0:root:/root:/bin/bash
bin:x:1:1:bin:/bin:/sbin/nologin
daemon:x:2:2:daemon:/sbin:/sbin/nologin
adm:x:3:4:adm:/var/adm:/sbin/nologin
lp:x:4:7:lp:/var/spool/lpd:/sbin/nologin
sync:x:5:0:sync:/sbin:/bin/sync
shutdown:x:6:0:shutdown:/sbin:/sbin/shutdown
halt:x:7:0:halt:/sbin:/sbin/halt
mail:x:8:12:mail:/var/spool/mail:/sbin/nologin
operator:x:11:0:operator:/root:/sbin/nologin
games:x:12:100:games:/usr/games:/sbin/nologin
ftp:x:14:50:FTP User:/var/ftp:/sbin/nologin
nobody:x:99:99:Nobody:/:/sbin/nologin
dbus:x:81:81:System message bus:/:/sbin/nologin
polkitd:x:999:999:User for polkitd:/:/sbin/nologin
usbmuxd:x:113:113:usbmuxd user:/:/sbin/nologin
saslauth:x:998:76:"Saslauthd user":/run/saslauthd:/sbin/nologin
ntp:x:38:38::/etc/ntp:/sbin/nologin
named:x:25:25:Named:/var/named:/sbin/nologin
libstoragemgmt:x:997:996:daemon account for libstoragemgmt:/var/run/lsm:/sbin/no
login
avahi:x:70:70:Avahi mDNS/DNS-SD Stack:/var/run/avahi-daemon:/sbin/nologin
avahi-autoipd:x:170:170:Avahi IPv4LL Stack:/var/lib/avahi-autoipd:/sbin/nologin
rtkit:x:172:172:RealtimeKit:/proc:/sbin/nologin
memcached:x:996:995:Memcached daemon:/run/memcached:/sbin/nologin
rpc:x:32:32:Rpcbind Daemon:/var/lib/rpcbind:/sbin/nologin
chrony:x:995:994::/var/lib/chrony:/sbin/nologin
radvd:x:75:75:radvd user:/:/sbin/nologin
```

图 2-1　/etc/passwd 文件部分内容

（2）口令

口令对系统的安全性是至关重要的，事实上只有用户的口令才是真正使用系统的“通行证”。因为普通用户对/etc/passwd 文件只有读取的权力，所以口令这一项是以加密的形式存放的，以防止他人盗取用户的口令。在 BSD 系统中，加密的口令就放在/etc/passwd 的第二个域中。在 SVR4 中，则引入了一个专门的文件/etc/shadow，而/etc/passwd 中每一行的第二个部分就是一个 X。/etc/passwd 对于普通用户是可读的，而/etc/shadow 则只有 root 用户可读，这样就加强了口令文件的安全性。

（3）用户标识号

在系统的外部，系统用一个登录名标识一个用户，但在系统内部处理用户的访问权限时，系统用的是用户标识号。这个用户标识号是一个整数，从 0 到 32767。在用户的进程表中有一项是用户标识号，这样就可以表明哪个用户拥有相应进程，根据用户的权限来进行进程的访问。

系统的用户可分为两大类，一类是管理员用户，另一类则是普通用户。系统中的管理员用户是生成系统时自动加入的，系统不同，这些用户的数量、名称以及与之匹配的标识号也不尽相同。这类用户负责的是系统某一方面的管理工作，使用 bin 账号的是大多数系统命令文件的拥有者，而使用 sys 账号的则是/dev/kmem、/dev/mem 和/dev/swap 这些有关系统进程存储空间的文件的拥有者。在这类用户中有一个极为特殊的用户 root，其用户标识号为 0，并拥有整个系统中最高的权限，可进行任何操作，如加载文件系统、改动系统时间和关闭主机等，而这些操作对一般用户来说是不允许的。

普通用户是在系统生成后由管理员添加到系统中的，这类用户的标识号一般从 10 开始向上分配。在系统的内部，用户标识号占用 2 字节，因此最大用户标识号应该是 32767。

标识号和登录名是不一样的，在一个系统中几个不同的用户可以具有相同的用户标识号。这样在系统内部看来这些用户都是同一个用户，但在登录时却仍要使用不同的名称和口令。

（4）组标识号

在第四个部分中记录的是用户所在组的组标识号，将用户分组是 UNIX 操作系统对权限进行管理的一种方式。例如，要给用户某种访问权限，则可以对组进行权限分配，这样会带来很大的方便。每一个用户应该属于某一个组。早期的系统中一个用户只能属于某一个组，而在后来的 BSD 系统中，一个用户则可以同时属于多达8个用户组。

组的名称、组标识和其他信息放在另一个系统文件/etc/group中。与用户标识号一样，组标识号也是一个0到32767之间的整数。

（5）注释

这部分用于记录用户的一些情况，可以存放用户的真实姓名、地址等描述性文字。

（6）用户起始目标

这个部分用来指定用户的Home目录，当用户登录到系统之中就会处在这个目录下。

在大多数系统中，管理人员将在某个特定的目录中建立各个用户的主目录，用户主目录的名称一般是这个用户的登录名，各用户对自己的主目录拥有读、写和执行的权力，其他用户对该目录的访问则可以根据具体情况来加以设置。

如果在/etc/passwd文件中没有指定用户的起始目录，则用户在系统中登录时，系统将会提示如下信息。

```
no home directory
```

这时有些系统可能会拒绝用户登录到系统中，若允许用户登录该系统，这时用户的起始目录将是根目录“/”。

（7）默认的Shell

Shell就是命令解释器，是用户和UNIX内核进行沟通的桥梁。UNIX操作系统中有很多的Shell程序，如/bin/sh（Bourne Shell）、/bin/csh（C Shell）和/bin/ksh（Koru Shell）等程序。每种Shell程序都具有各自不同的特点，但其基本的功能是相同的。Shell程序是一种能够读取输入命令并设法执行这些命令的特殊程序，它是大多数用户进程的父进程。

许多系统允许用户改变其Shell程序，如在Sun OS或BSD系统中可以使用chsh（Chang Shell）程序。当然登录成功后，在提示符后执行Shell命令也是可以的。例如，如果用户注册的Shell程序是Bourne Shell程序，但用户希望使用C Shell程序，那么可以执行如下命令。

```
/bin/csh
```

这样Shell解释程序就改变为C Shell程序。但要注意的是，C Shell程序是原Shell程序的一个子进程，原Shell进程仍然存在着。当用户退出C Shell程序时，控制权会交给原Shell程序而不会从系统中退出。只有用户退出最后一个Shell程序后，用户才会退出系统。如果用户没有退出系统就离开，这时极有可能会有人趁机破坏。

3. Windows操作系统登录

Windows操作系统的登录主要有以下4种类型。

（1）交互式登录

交互式登录就是用户通过相应的用户账号（User Account）和口令在本机进行登录。在交互式登录时，系统会首先检验登录的用户账号类型，是本地用户账号（Local User Account），还是域用户账号（Domain User Account），再采用相应的验证机制。因为对于不同的用户账号类型，处理方法也不同。采用本地用户账号登录，系统会通过存储在本机安全账户管理器（SAM）数据库中的信息进行验证；采用域用户账号登录，系统则通过存储在域控制器的活动目录中的数据进行验证。如果该用户账号有效，则登录后可以访问整个域中具有访问权限的资源。

（2）网络登录

如果计算机加入工作组或域，当要访问其他计算机的资源时，就需要“网络登录”了。如登录名称为 Yuan 的主机时，输入该主机的用户账号和口令后进行验证。这里需要注意的是，输入的用户账号必须是对方主机上的，而非自己主机上的用户账号。

（3）服务登录

服务登录是一种特殊的登录方式。平时，系统启动服务和程序时，都是以某些用户账号进行登录后运行的，这些用户账号可以是域用户账号、本地用户账号或系统账号。采用不同的用户账号登录，其对系统的访问、控制权限也不同。而且，用本地用户账号登录，只能访问到具有访问权限的本地资源，不能访问到其他计算机上的资源，这一点和“交互式登录”类似。

（4）批处理登录

批处理登录一般用户很少用到，通常被执行批处理操作的程序所使用。在执行批处理登录时，所用账号要具有批处理工作的权限，否则不能进行登录。

在 Windows 中使用强制性登录即使用 Ctrl + Alt + Del 组合键启动登录过程的好处如下。

① 强制性登录过程用以确定用户身份是否合法，确定用户的身份从而确定用户对系统资源的访问权限。

② 在强制性登录期间，挂起对用户模式程序的访问，便可以防止有人创建偷窃用户账号和口令的应用程序。例如，入侵者可能会模仿一个 Windows Server 的登录界面，然后让用户进行登录从而获得用户登录名和相应的口令。使用 Ctrl + Alt + Del 组合键会造成用户程序被终止，而真正的登录程序可以由 Ctrl + Alt + Del 组合键启动，这就是为什么能阻止这种欺骗行为产生。

③ 强制登录过程允许用户具有单独的配置，包括桌面和网络连接，这些配置在用户退出时自动保存，在用户登录后自动调出。这样，多个用户可以使用同一台主机，并且仍然具有他们自己的专用设置。用户的配置文件可以放在域控制器上，这样用户在域中任何一台主机登录都会有相同的界面和网络连接设置。

4. 登录中使用的组件

在 Windows 操作系统的登录过程中，使用了如下组件。

（1）Winlogon.exe

Winlogon.exe 是进行交互式登录时最重要的组件，它是一个安全进程，负责的工作是加载其他登录组件；提供同安全相关的用户操作图形界面，以便用户能进行登录或注销等相关操作；根据需要，给 GINA 发送必要信息。

（2）图形化识别和验证

图形化识别和验证（Graphical Identification and Authentication，GINA）包含几个动态数据库文件，被 Winlogon.exe 所调用，为其提供能够对用户身份进行识别和验证的函数，并将用户的账号和口令反馈给 Winlogon.exe。在登录过程中，“欢迎屏幕”和“登录对话框”就是 GINA 显示的。

（3）本地安全授权服务

本地安全授权（Local Security Authority，LSA）服务是 Windows 系统中一个相当重要的服务，所有安全认证相关的处理都要通过这个服务。它从 Winlogon.exe 中获取用户的账号和口令，然后经过密钥机制处理，并和存储在账号数据库中的密钥进行对比，如果对比的结果匹配，LSA 就认为用户的身份有效，允许用户登录计算机；如果对比的结果不匹配，LSA 就认为用户的身份无效，用户就无法登录计算机。

（4）SAM 数据库

SAM（Security Account Manager，安全账号管理器）是一个被保护的子系统，它通过存储在计算机注册表中的安全账号来管理用户和用户组的信息。可以把 SAM 看成一个账号数据库。对没有加入域的计算机来说，它存储在本地；而对于加入域的计算机，它存储在域控制器上。

如果用户试图登录本机，那么系统会使用存储在本机上的 SAM 数据库中的账号信息与用户提供的信息进行比较；如果用户试图登录到域，那么系统会使用存储在域控制器上 SAM 数据库中的账号信息与用户提供的信息进行比较。

（5）Net Logon 服务

Net Logon 服务主要和 Windows NT 的默认验证协议 NTLM 协同使用，用于验证 Windows NT 域控制器上的 SAM 数据库中的信息与用户提供的信息是否匹配。NTLM 协议主要用于实现与 Windows NT 的兼容性。

（6）KDC 服务

Kerberos 密钥分配中心（Key Distribution Center，KDC）服务主要与 Kerberos 认证协议协同使用，用于在整个活动目录范围内对用户的登录进行验证。该服务要在 Active Directory 服务启动后才能生效。

（7）Active Directory 服务

如果计算机要加入 Windows NT 域，则需启动该服务以支持 Active Directory（活动目录）功能。

5. 登录过程

成功地登录到 Windows 操作系统的计算机的过程有以下 7 个步骤。

① 用户首先按 Ctrl+Alt+Del 组合键。

② Winlogon.exe 检测到用户按 SAS（Secure Attention Sequence，安全警告序列）键，就调用 GINA，由 GINA 显示登录对话框，以便用户输入账号和口令。

③ 用户输入账号和口令，确定后，GINA 把信息发送给 LSA 进行验证。

④ 在用户登录到本机的情况下，LSA 会调用 Msv1_0.dll 这个验证程序包，将用户信息处理后生成密钥，同 SAM 数据库中存储的密钥进行对比。

⑤ 如果对比后发现用户有效，SAM 会将用户的安全标识（Security Identifier，SID）、用户所属用户组的 SID 和其他一些相关信息发送给 LSA。

⑥ LSA 利用收到的 SID 信息创建安全访问令牌，然后将令牌的句柄和登录信息发送给 Winlogon.exe。

⑦ Winlogon.exe 对用户登录稍做处理后，完成整个登录过程。

成功地登录到域的过程有以下 9 个步骤。

① 用户首先按 Ctrl+Alt+Del 组合键。

② Winlogon.exe 检测到用户按下 SAS 键，就调用 GINA，由 GINA 显示登录对话框，以便用户输入账号和口令。

③ 用户选择所要登录的域并填写账号与口令，确定后，GINA 将用户输入的信息发送给 LSA 进行验证。

④ 在用户登录到本机的情况下，LSA 将请求发送给 Kerberos 验证程序包。通过散列算法，根据

用户信息生成一个密钥，并将密钥存储在证书缓存区中。

⑤ Kerberos 验证程序向 KDC 发送一个包含用户身份信息和验证预处理数据的验证服务请求，其中包含用户证书和散列算法加密时间的标记。

⑥ KDC 接收到数据后，利用自己的密钥对请求中的时间标记进行解密，通过判断解密的时间标记是否正确，就可以判断用户是否有效。

⑦ 如果用户有效，KDC 将向用户发送一个票据授予票据（Ticket-Granting Ticket，TGT）。该 TGT（AS_REP）将对用户的密钥进行解密，其中包含会话密钥、该会话密钥指向的用户名称、该票据的最大生命期以及其他一些可能需要的数据和设置等。用户所申请的票据在 KDC 的密钥中被加密，并附着在 AS_REP 上。在 TGT 的授权数据部分包含用户账号的 SID 以及该用户所属的全局组和通用组的 SID。注意，返回到 LSA 的 SID 包含用户的访问令牌。票据的最大生命期是由域策略决定的。如果票据在活动的会话中超过期限，用户就必须申请新的票据。

⑧ 当用户试图访问资源时，系统使用 TGT 从域控制器上的 Kerberos TGS 请求服务票据（TGS_REQ），然后 TGS 将服务票据（TGS_REP）发送给用户。该服务票据是使用服务器的密钥进行加密的。同时，SID 被 Kerberos 服务从 TGT 复制到所有的 Kerberos 服务包含的子序列服务票据中。

⑨ 用户将票据直接提交到需要访问的网络服务上，通过服务票据就能证明用户的标识和针对该服务的权限，以及服务对应用户的标识。

如果用户设置了“安全登录”（Windows 的一种登录模式），在 Winlogon.exe 初始化时，会在系统中注册一个安全警告序列 SAS。SAS 是一组组合键，默认情况下为 Ctrl+Alt+Del。它的作用是确保用户交互式登录时输入的信息被系统所接受，而不会被其他程序所获取。所以使用“安全登录”进行登录，可以确保用户的账号和口令不会被“黑客”盗取。

在 Winlogon.exe 注册了 SAS 后，就调用 GINA 生成 3 个桌面系统，在用户需要的时候使用，它们分别如下。

（1）Winlogon 桌面

用户在进入登录界面时，就进入了 Winlogon 桌面。而我们看到的登录对话框，是 GINA 负责显示的。

（2）用户桌面

用户桌面就是我们日常操作的桌面，它是系统最主要的桌面系统。用户需要提供正确的账号和口令，成功登录后才能显示用户桌面。而且，对于不同的用户，Winlogon 会根据注册表中的信息和用户配置文件来初始化用户桌面。

（3）屏幕保护桌面

屏幕保护桌面就是屏幕保护，包括“系统屏幕保护”和“用户屏幕保护”。在启用了“系统屏幕保护”的前提下，用户未进行登录并且长时间无操作，系统就会进入“系统屏幕保护”；而对“用户屏幕保护”来说，用户要登录后才能访问，不同的用户可以设置不同的“用户屏幕保护”。

6. SID

SID 是标识用户、组和计算机账户的唯一的号码。在第一次创建账户时，将给每一个账户发布一个唯一的 SID。与 UNIX 操作系统中的用户标识号不同的是，SID 不是一两个字节的整数，而是一长串数字，示例如下。

```
S-1-5-21-76965814-1898335404-322544488-1001
```

SID的结构如图2-2所示。

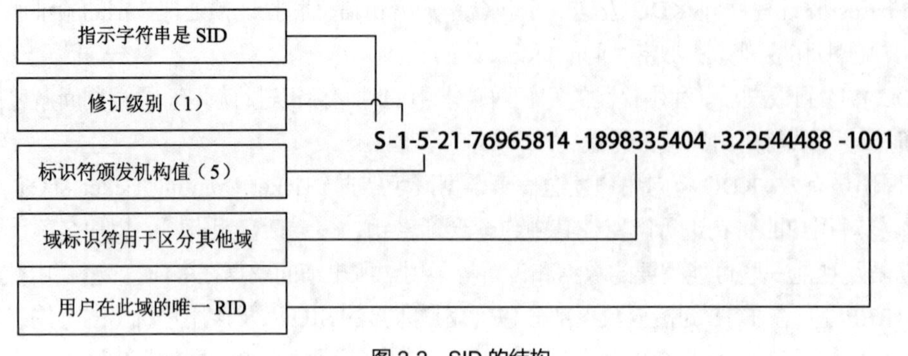

图2-2　SID的结构

用户每次登录时，系统会为该用户创建访问令牌。访问令牌包含用户所属的任何组的SID、用户权限和SID。此令牌为用户在此计算机上执行的任何操作提供安全上下文。访问令牌是用户在通过验证的时候由登录进程所提供的，所以改变用户的权限需要注销后重新登录，重新获取访问令牌。

SID是安全模型的基本Windows构建基块。它们是在Windows Server操作系统的安全基础结构中处理授权和访问控制技术的特定组件。这有助于保护用户对网络资源的访问，并提供更安全的计算环境。

创建账户或组时，操作系统将生成标识特定账户或组的SID。本地账户或组的SID由计算机上的LSA生成，并与其他账户信息一起存储在注册表的安全区域中。域账户或组的SID由域安全机构生成，并作为用户或组对象的属性存储在Active Directory域服务中。

对于每个本地账户和组，其SID对于创建它的计算机是唯一的。计算机上没有两个账户或组共享同一个SID。同样，对于每个域账户和组，SID在组织中都是唯一的。这意味着在一个域中创建的账户或组的SID，将永远不会与在组织内任何其他域中创建的账户或组的SID匹配。

2.3.2　身份认证

身份认证（Identification and Authentication）是指通过一定的手段，完成对用户身份的确认。身份认证的方法有很多，基本上可分为基于共享密钥的身份认证、基于生物学特征的身份认证和基于公开密钥加密算法的身份认证。

1. 基于共享密钥的身份认证

基于共享密钥的身份认证是指服务器端和用户共同拥有一个或一组口令。当用户需要进行身份认证时，用户通过输入口令或通过保管有口令的设备提交由用户和服务器共同拥有的口令。服务器在收到用户提交的口令后，检查用户所提交的口令是否与服务器端保存的口令一致，如果一致，就判断用户为合法用户；如果用户提交的口令与服务器端所保存的口令不一致，则判定身份认证失败。

2. 基于生物学特征的身份认证

基于生物学特征的身份认证是指基于每个人身体上独一无二的特征，如指纹、手印、声音、虹膜等。这种识别技术只用于控制访问极为重要的场合，用于极为仔细地识别人员。

指纹是一种已被广泛接受的用于唯一地识别一个人的特征。指纹图像对每一个人来说都是唯一的，不同的人有不同的指纹图像，它能够被存储在计算机中，用以进入系统时进行匹配识别。在某些复杂的系统中，甚至能够识别指纹是否属于一个真正活着的人。

手印可以用于读取整个手而不仅是手指的特征和特性。一个人将手按在手印读入器的表面上，该手印将被与存放在计算机中的手印图像进行比较，最终确认是否是同一个人的手印。

声音图像对每一个人来说也是各不相同的。这是因为每一个人说话时都有唯一的音质和声音图像，即使两个人说话声音相似也如此。识别声音图像的能力使人们可以基于某个短语的发音对人进行识别，而且正确率比较高，通常只有当声音发生了大的变化（如感冒、喉部疾病等）才会出现错误。

笔迹或签名不仅包括字母和符号的组合方式，也可反映签名时某些部分用力的大小，或笔接触纸的时间长短和笔移动中的停顿等细微的差别。对于笔迹的分析可由生物统计笔或板设备进行，可将书写特征与存储的信息进行对比。

视网膜扫描是用红外线检查人眼各不相同的血管图像。这种方式相对于其他生物识别技术来说具有一定的危险性，甚至可能使被扫描的人失明，所以很少使用。

3. 基于公开密钥加密算法的身份认证

基于公开密钥加密算法的身份认证是指通信中的双方分别持有公开密钥和私有密钥，由其中的一方采用私有密钥对特定数据进行加密，而对方采用公开密钥对数据进行解密。如果解密成功，就认为用户是合法用户，否则就认为身份认证失败。使用基于公开密钥加密算法的身份认证的服务有SSL、数字签名等。

2.3.3　系统口令

口令是访问控制的简单而有效的方法，只要口令保持机密，非授权用户就无法使用该账号。尽管如此，由于它只是一个字符串，一旦被别人知道，就不能保证系统的安全了。因此，系统口令的维护不只是管理员一个人的事情，系统管理员和普通用户都有义务保护好口令。下面将讨论用户应怎样来选择和保护自己的口令。

1. 选择安全的口令

口令的选择是至关重要的，一个有效的口令是不容易被“黑客”破解的。系统管理员可以通过警告、消息和广播告诉用户什么样的口令是最有效的口令。另外，依靠系统中的安全模块，系统管理员能对用户的口令进行强制性要求，例如设置口令的长度要求、防止用户长时间使用同一个口令。

但什么是有效的口令呢？它是短还是长，容易还是难理解，用什么窍门和技术可以创建最有效的口令？最有效的口令是用户很容易记住但“黑客”很难猜到或破解的。考虑一个 8 位的随机字符的各种组合大约有 1.78×10^{14} 种，就算是借助计算机进行尝试也要花很长时间。但一个容易猜测的口令很容易被口令字典所破解。

很多计算机用户经常会使用一些他人能够轻易猜出的口令，如用户的姓名、生日、孩子的姓名和狗的名字等，使用名字缩写、喜欢的书或电视节目的名字也不安全。

口令仅仅是一个简单的字符串，但口令又是至关重要的，一旦被他人窃取，就无法为系统提供安全的保障，因为它是进入系统的第一道防线。因此，选择口令千万不能马虎了事，用户需要尽可能地选择安全的口令。此外，口令的保密也是非常重要的。

网络管理员和系统用户必须为每个用户（账户）建立一个口令和用户标识，而用户必须建立"安全"的口令对自己进行自我保护。当口令的安全受到威胁时，必须立即更换口令。对于某些重要的部门（如银行等），其口令应该定期更换。

口令是进行访问控制的一种行之有效的方法，为此，在建立口令时最好遵循如下的规则。

① 选择长的口令，口令越长，"黑客"破解的成功率就越低。大多数系统接受5～8个字符长度的口令，还有一些系统允许更长的口令，长口令可以增加安全性。

② 口令最好包括英文字母和数字。

③ 不要使用英语单词，因为很多人喜欢使用英文单词作为口令，密码字典收集了大量的口令，有意义的英语单词在密码字典出现的概率比较大。有效的口令是由那些自己知道但不广为人知的首字母缩写组成的，例如，"I am a student"能用来产生口令"iaas"，用户可以轻易记住或推出该口令，但其他人却很难猜到。入侵者经常使用finger或rusers命令来发现系统上的账号，然后猜测对应的口令。如果入侵者可以读取passwd文件，他们会将口令文件传输到其他主机并用"猜口令程序"来破解口令。这些程序使用庞大的词典搜索，而且运行速度很快——即使在速度很慢的主机上。对于对口令不加任何防护的系统，这种程序就可以很容易地破解出用户的口令。

④ 若用户访问多个系统，则不要使用相同的口令，否则一个系统出了问题则别的系统也就不安全了。只使用一个口令这是用户常犯的错误，因为多个口令不容易记，于是只选一个口令。例如，用户可能有多个存折，但是这些存折的口令是一样的，那么一旦一个账户被破解，其他几个也就不保险了。

⑤ 不要使用名字（如自己、家人和宠物的名字等），因为这些可能是入侵者最先尝试的口令。

⑥ 不要选择不易记忆的口令，这样会给自己带来麻烦，用户可能会把它放在什么地方，如计算机周围、记事本上，或者某个文件中，这样就容易引起安全问题。因为用户不能肯定这些东西不会被入侵者看到，一些偶然的失误很可能导致泄露这些机密。

⑦ 使用UNIX安全程序（如passwd+和npasswd程序）来测试口令的安全性。

2. 口令的生命期和控制

用户应该定期更改自己的口令，如一个月换一次。如果口令泄露就会引起安全问题，经常更换口令可以有效地减少损失。假设一个人盗取了用户的口令，用户并没有被发觉，这样给用户造成的损失是不可估量的。但两个星期更换一次口令就可能比一直保留原有口令的损失要小。在一些系统中，管理员可以为口令设定生命期（Password Aging），这样当口令生命期结束时，系统就会强制要求用户更改系统口令。另外，有些系统会将用户以前的口令记录下来，不允许用户使用以前的口令而要求用户输入新的口令，这样就可增强系统的安全性。

在UNIX操作系统账号口令生命期控制信息保存在/etc/passwd或/etc/shadow文件之中，该控制信息可以定义用户在修改口令前必须经过的最小时间间隔和口令有效期满前可以经历的最长时间间隔。它位于口令的后面，通常用逗号分开，它通常以打印字符的形式出现，并表示以下信息。

① 口令有效的最大周数。

② 用户可以再次改变其口令必须经过的最小周数。

③ 口令最近的改变时间。

示例如下。

```
Chart:2ALNSS48eJ/GY, A2:210:105:/usr/chart:/bin/sh
```

口令已被设置了生命期，“A”定义了口令到期前的最大周数，“2”定义了用户能够再次更改口令前必须经过的最小周数。通过查表，就可以知道“A”代表 12 周，而“2”代表 4 周。用户每次登录时，系统就会检查该口令的生命期是否结束，若到期则强制要求用户更改口令。通过使用其他值的组合就可以强制要求用户在下次登录时更改口令，也可以禁止用户更改口令。

3. Windows 账户的口令管理

在 Windows 系统中，当系统管理员创建了一个新的用户账户后，他就可以对用户的口令设置一些必要的规则，如图 2-3 所示。

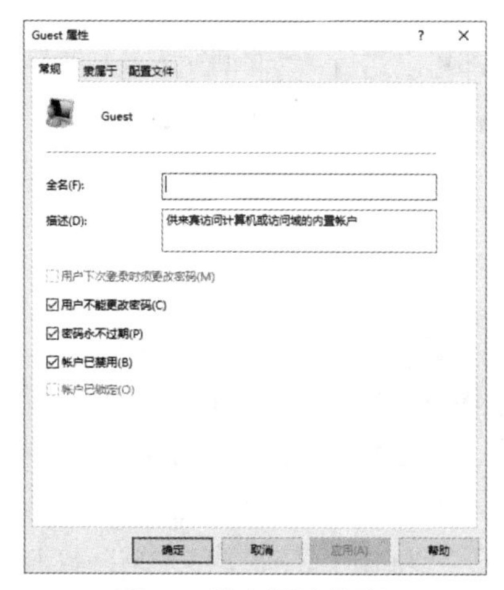

图 2-3　账户规则对话框

2.3.4　口令的维护

口令维护时应注意如下问题。

① 不要将口令告诉别人，也不要几个人共享一个口令，不要把它记在本子上或计算机周围。

② 不要用系统指定的口令，如 root、demo 和 test 等。第一次进入系统就修改口令，不要沿用系统提供给用户的默认口令，关闭 UNIX 操作系统配备的所有默认账号（这些操作也要在每次系统升级或系统安装之后进行）。

③ 最好不要用电子邮件传送口令，如果一定需要这样做，则最好对电子邮件进行加密处理。

④ 如果账号长期不用，管理员应将其暂停。如果职员离开公司，则管理员应及时把他的账号消除，不要保留不用的账号。

⑤ 管理员也可以限制用户的登录时间，例如，只有在工作时间用户才能登录。

⑥ 限制登录次数。为了防止对账户多次尝试口令以闯入系统，系统可以限制登录企图的次数，这样可以防止有人不断地尝试使用不同的口令和登录名进行登录。

⑦ 报告最后一次系统登录的时间、日期，以及在最后一次登录后发生过多少次未成功的登录。这样可以提供线索以便了解是否有人非法访问。

⑧ 防止用户通过使用简单文件传送协议（Trivial File Transfer Protocol，TFTP）获取口令文件。为了检验系统的安全性，通过 TFTP 命令连接到系统上，然后获取/etc/passwd 文件。如果用户能够完成这种操作，那么任何人都能获取用户的 passwd 文件。因此，应该去掉 TFTP 服务。如果必须有 TFTP

服务，要确保它是受限访问的。

⑨ 一定要定期地查看日志文件，以便检查登录成功和未成功时所用的命令；一定要定期地查看登录未成功的消息日志文件；一定要定期地查看 Login Refused 消息日志文件。

⑩ 根据场所安全策略，确保除了 root 之外没有任何公共的用户账号。也就是说，一个账号的口令不能被两个或两个以上的用户知道。去掉 guest 账号，或者更安全的方法是，根本就不创建 guest 账号。

⑪ 使用特殊的用户组来限制哪些用户可以使用 su 命令来成为 root，例如在 SunOS 下的 wheel 用户组。

⑫ 一定要关闭所有没有口令却可以运行命令的账号，如 sync。删除这些账号拥有的文件或改变这些账号拥有文件的拥有者，确保这些账号没有任何的 cron 或 at 作业。最安全的方法是彻底删除这些账号。

2.4 自主访问控制

自主访问控制（Discretionary Access Control，DAC）基于主体或主体所在组的身份，这种访问控制是可选择的。也就是说，如果一个主体具有某种访问权，它就可以直接或间接地把这种控制权传递给其他的主体（除非这种授权是被强制性控制所禁止的）。

C1 安全级别开始时要求这种类型的访问控制，自主访问控制的要求随着安全级别的升高而逐渐提高，例如，B1 安全级别的自主访问控制的要求就比 C1 安全级别的更严格。下面介绍 C2 级别的要求。

可信计算基（Trusted Computing Base，TCB）应定义和控制对系统的用户和对象的访问，如文件、应用程序等。执行系统应允许用户通过用户名和用户组的方式来指定其他用户和用户组对它的对象的访问权，并且可以防止非授权用户的非法访问。执行系统还应能够控制用户的访问权限。它还规定只有授权用户才能授予一个未授权用户对一个对象的访问权。

自主访问控制被内置于许多操作系统中，是所有安全措施的重要组成部分。文件拥有者可以授予一个用户或一组用户访问权限。自主访问控制在网络中有着广泛的应用，下面将着重介绍网络上的自主访问控制的应用。

在网络上使用自主访问控制应考虑以下几点。

① 用户可以访问什么程序和服务？

② 用户可以访问什么文件？

③ 谁可以创建、读取或删除某个特定的文件？

④ 谁是管理员或“超级用户”？

⑤ 谁可以创建、删除和管理用户？

⑥ 用户属于什么组，以及相关的权利是什么？

⑦ 当使用某个文件或目录时，用户有哪些权利？

Windows Server 2019 提供两种自主访问控制方法来帮助和控制用户在系统中可以做什么，一种是安全级别指定，另一种是目录/文件安全。下面主要介绍安全级别指定。

安全级别指定机制根据用户在网络中的“位置”和“任务”提供一组不同的权力和责任。管理员（Administrator）拥有最高权限，其他的用户只有有限的权限。下面是常见的安全级别内容介绍，其中也包括一些网络权限。

① 管理员组享有广泛的权限，包括生成、清除和管理用户账户、全局组和局部组，共享目录和打印机，认可资源的许可和权限，安装操作系统文件和程序等。

② 服务器操作员具有共享和停止共享资源、锁定和解锁服务器、格式化服务器硬盘、登录服务器以及备份和恢复服务器等权限。

③ 打印操作员具有共享和停止共享打印机、管理打印机、从控制台登录到服务器以及关闭服务器等权限。

④ 备份操作员具有备份和恢复服务器、从控制台登录到服务器和关掉服务器等权限。

⑤ 账户操作员具有生成、取消和修改用户、全局组和局部组等权限，不能修改管理员组或服务器操作员组的权限。

⑥ 复制者与目录复制服务联合使用。

⑦ 用户组可执行被授予的权限，访问有访问权限的资源。

⑧ 访问者组仅可执行一些非常有限的权限，所能访问的资源也很有限。

自主访问控制不同于强制访问控制（Mandatory Access Control，MAC）。MAC 实施的控制要强于自主访问控制，这种访问控制基于被访问信息的敏感性，敏感性是通过标签（Label）来表示的。强性访问控制从 B1 安全级别开始出现，在低于 B1 级别的安全级别中无强制访问控制的要求。

2.5　本章小结

1. 计算机安全的主要目标

计算机安全的主要目标是保护计算机资源免受毁坏、替换、盗窃等。

计算机系统安全技术包括实体硬件安全技术、软件系统安全技术、数据信息安全技术、网络站点安全技术、运行服务（质量）安全技术、病毒防治技术、防火墙技术和计算机应用系统的安全评价。

OSI 安全体系结构的 5 种安全服务项目包括认证、访问控制、数据保密、数据完整性和不可抵赖。

2. 安全级别

根据美国国防部发布的计算机安全标准，将安全级别由最低到最高划分为 D 级、C 级、B 级和 A 级，D 级为最低级别，A 级为最高级别。

3. 系统访问控制

系统访问控制是对进入系统的控制。其主要作用是对需要访问系统及其数据的人进行识别，并检验其合法身份。

一个用户的账号文件主要包含以下内容。

① 登录名称。

② 口令。

③ 用户标识号。

④ 组标识号。

⑤ 注释。

⑥ 用户起始目标。

⑦ 默认的 Shell。

对一个用户身份认证的认证方式可分以下 3 种，可以使用其中的一种，也可以几种联合使用。

① 基于共享密钥的身份认证。

② 基于生物学特征的身份认证。

③ 基于公开密钥加密算法的身份认证。

在建立口令时最好遵循如下的规则。

① 选择长的口令，口令越长，“黑客”破解的概率就越低。大多数系统接受 5 ~ 8 个字符长度的口令，还有一些系统允许更长的口令，长口令可以增加安全性。

② 口令最好包括英文字母和数字。

③ 不要使用英语单词。

④ 若用户可以访问多个系统，则不要使用相同的口令。

⑤ 不要使用名字，如自己、家人和宠物的名字等。

⑥ 不要选择不易记忆的口令，这样会给自己带来麻烦。

⑦ 使用 UNIX 安全程序来测试口令的安全性。

4. 自主访问控制

自主访问控制基于主体或主体所在组的身份，这种访问控制是可选择的。也就是说，如果一个主体具有某种访问权，则它可以直接或间接地把这种控制权传递给别的主体（除非这种授权是被强制性控制所禁止的）。

习　题

1. 计算机系统安全的主要目标是什么?
2. 简述计算机系统安全技术的主要内容。
3. 计算机系统安全技术标准有哪些?
4. 访问控制的含义是什么?
5. 如何从 UNIX 操作系统登录?
6. 如何从 Windows 操作系统登录?
7. 怎样保护系统的口令?
8. 什么是口令的生命期?
9. 如何保护口令的安全?
10. 建立口令应遵循哪些规则?

03 第 3 章　数据安全技术

影响计算机数据安全的因素有很多，包括人为的破坏、软硬件的失效，甚至是自然灾害等。数据库的安全性是指数据库的任何部分都不允许受到恶意侵害，或未经授权的存取与修改。数据库是网络系统的核心部分，有价值的数据资源都存放在其中，这些共享的数据资源既要满足可用性需求，又要面对被篡改、损坏和窃取的威胁。

本章将从数据完整性、容错与网络冗余、网络备份系统、数据库安全概述、数据库安全的威胁、数据库的数据保护和数据库备份与恢复等方面来阐述如何保证计算机中数据的安全。

3.1 数据完整性

数据完整性是指数据的精确性和可靠性。它是为了防止数据库中存在不符合语义规定的数据和防止因错误信息的输入输出而提出的。数据完整性包括数据的正确性、有效性和一致性。

① 正确性。在输入数据时要保证其输入值与定义的类型一致。

② 有效性。在保证数据有效的前提下，系统还要约束数据的有效性。

③ 一致性。当不同的用户使用数据库时，应该保证他们取出的数据一致。

3.1.1 数据完整性简介

数据完整性分为4类：实体完整性（Entity Integrity）、域完整性（Domain Integrity）、参照完整性（Referential Integrity）和用户定义完整性（User-defined Integrity）。

1. 实体完整性

实体完整性规定表的每一行在表中是唯一的实体，不能出现重复的行。表中定义的 UNIQUE PRIMARYKEY 和 IDENTITY 约束就是实体完整性的体现。

2. 域完整性

域完整性是指数据库表中的列必须满足某种特定的数据类型或约束。其中约束又包括取值范围、精度等规定。表中的 CHECK、FOREIGN KEY 约束和 DEFAULT、NOT NULL 定义都属于域完整性的范畴。

3. 参照完整性

参照完整性是指两个表的主关键字和外关键字的数据应对应一致。它确保了有主关键字的表中对应其他表的外关键字的行存在，既保证了表之间的数据的一致性，又防止了数据丢失或无意义的数据在数据库中扩散。参照完整性是建立在外关键字和主关键字之间或外关键字和唯一性关键字之间的关系上的。

4. 用户定义完整性

不同的关系数据库系统根据其应用环境的不同，往往还需要一些特殊的约束条件。用户定义的完整性即针对某个特定关系数据库的约束条件，它反映某一具体应用所涉及的数据必须满足的语义要求。

数据完整性的目的就是保证计算机系统或网络系统上的信息处于一种完整和未受损坏的状态。这意味着数据不会由于有意或无意的事件而被改变或丢失。数据完整性的丧失意味着发生了导致数据丢失或被改变的事情。为此，首先应该检查导致数据完整性被破坏的常见的原因，以便采用适当的方法解决相关问题，从而提高数据完整性。

一般来说，影响数据完整性的因素主要有 5 种：硬件故障、网络故障、逻辑问题、灾难性事件和人为因素。

1. 硬件故障

任何一种高性能的机器都可能发生故障，这也包括计算机。常见的影响数据完整性的硬件故障有以下几种。

① 磁盘故障。

② I/O 控制器故障。

③ 电源故障。

④ 存储器故障。

⑤ 介质、设备的故障。

⑥ 芯片和主板故障。

2. 网络故障

网络上的故障通常由以下问题引起。

① 网络接口卡和驱动程序的问题。

② 网络连接上的问题。

③ 电磁辐射问题。

一般情况下，网络接口卡和驱动程序的故障不会造成数据损坏，仅会造成无法对数据进行访问。但是，当网络服务器上的网络接口卡发生故障时，服务器一般会停止运行，这就很难保证被打开的那些文件不被损坏。

网络中传输的数据可以对网络造成很大的压力。对网络设备来说，例如，路由器和网桥中的缓冲区空间不够大就会出现操作阻塞的现象，从而导致数据包的丢失。相反，如果路由器和网桥的缓冲空间太大，调度如此大量的信息流所造成的延时极有可能导致会话超时。此外，网络布线上的不正确也可能影响到数据的完整性。

传输过程中的电磁辐射可能给数据造成一定的损坏。控制电磁辐射的办法是，采用屏蔽双绞线或光纤系统进行网络的布线。

3. 逻辑问题

软件也是威胁数据完整性的一个重要因素，影响数据完整性的软件问题有下列几种。

① 软件错误。

② 文件损坏。

③ 数据交换错误。

④ 容量错误。

⑤ 不恰当的需求。

⑥ 操作系统错误。

在这里，软件错误包括形式多样的缺陷，通常与应用程序的逻辑有关。

文件损坏是指一些物理的或网络的问题导致文件被破坏。文件也可能由于系统控制或应用逻辑中一些缺陷而损坏。如果损坏的文件又被其他的过程调用将会生成新的数据。

在文件转换过程中，如果生成的新的文件不具有正确的格式，也会产生数据交换错误。在软件运行过程中，系统容量不够也是导致出错的原因。

任何操作系统都不是完美的，都有自己的缺点。另外，系统的应用程序接口（API）被第三方用来为用户提供服务，第三方根据公开发布的 API 功能来编写其软件产品，如果这些 API 工作不正常就会出现破坏数据的情况。

在软件开发过程中，如果需求分析、需求报告没有正确地反映用户要求做的工作，系统可能生成一些无用的数据。如果出错检查程序未能发现这一情况，程序就会产生错误的数据。

4. 灾难性事件

常见的灾难性事件有以下几种。

① 火灾。

② 水灾。

③ 风暴——龙卷风、台风、暴风雪等。

④ 工业事故。

5. 人为因素

人类的活动对数据完整性所造成的影响是多方面的，它给数据完整性带来的常见的威胁包括以下几种。

① 意外事故。

② 缺乏经验。

③ 压力/恐慌。

④ 通信不畅。

⑤ 蓄意报复破坏或窃取。

3.1.2 提高数据完整性的办法

提高数据完整性的可行办法有两个方面的内容。首先，采用预防性的技术，防范危及数据完整性的事件的发生；其次，数据的完整性受到损坏时应采取有效的恢复手段，恢复被损坏的数据。下面列出的是一些提高数据完整性和防止数据丢失的办法。

① 备份。

② 镜像技术。

③ 归档。

④ 转储。

⑤ 分级存储管理。

⑥ 奇偶检验。

⑦ 灾难恢复计划。

⑧ 故障发生前的预前分析。

⑨ 电源调节系统。

备份是用来恢复出错系统或防止数据丢失的一种最常用的办法。通常所说的Backup是一种备份的操作，它把正确、完整的数据复制到磁盘等介质上。如果系统的数据完整性受到了不同程度的破坏，可以用备份系统将备份恢复到主机上去。

镜像技术是物理上的镜像原理在计算机技术上的具体应用，它所指的是将数据从一台计算机（或服务器）上原样复制到另一台计算机（或服务器）上。

镜像技术在计算机系统中具体执行时一般有以下两种方法。

① 逻辑地将计算机系统或网络系统中的文件系统按段复制到网络中的另一台计算机或服务器上。

② 严格地在物理层上进行镜像。例如，建立磁盘驱动器、I/O驱动子系统和整个主机的镜像。

在计算机及其网络系统中，归档有两层意思：其一，把文件从网络系统的在线存储器上复制到磁带、磁盘或光学介质上以便长期保存；其二，在复制文件的同时删除旧文件，使网络上的剩余存储空间变大一些。

转储是指将计算机系统或设备中的数据转存到其他地方的操作，这是与备份的最大不同之处。

分级存储管理（Hierarchical Storage Management，HSM）与归档很相似，它是一种能将软件从在线存储器上归档到靠近在线存储上的自动系统，也可以进行相反的过程。从实际使用的情况来看，它比使用归档方法具有更多的好处。

奇偶校验提供一种监视的机制用于确保数据传输的准确性，以防止服务器出错造成数据完整性丧失。

灾难给计算机网络系统带来的破坏是巨大的，而灾难恢复计划是在废墟上重建系统的指导性文件。

故障前预兆分析是根据老化的部件或不断出现的错误所进行的分析。因为部件的老化或损坏需要有一个过程，在这个过程中，出错的次数不断增加，设备的动作也开始变得有点异常。因此，通过分析可判断问题的症结，以便做好排除故障的准备。

电源调节系统中的电源指的是不间断电源，它是一个完整的服务器系统的重要组成部分，当系统失去电力供应时，这种备用的系统开始工作，从而保证系统正常运行。

除了不间断电源，电源调节系统还为网络系统提供恒定的电压。当负载变化时，电网的电压可能会有所波动，这样可能影响到系统的正常运行，因此这种电源调节的稳压设备是很有价值的。

3.2　容错与网络冗余

容错与网络冗余

备份对网络管理员来说应该是每天必须完成的工作，它的真正的目的是保证系统的可用性。要提高网络服务器的可用性，应当配置容错和冗余部件来减少它们的不可用时间。当系统发生故障时，这些容错和冗余部件就可以介入并承担故障部件的工作。

3.2.1　容错技术的产生及发展

性能、价格和可靠性是评价一个网络系统的三大要素。为了提高网络系统的可靠性，人们进行了长期的研究，并总结了两种方法。一种叫作避错，试图构造一个不包含故障的“完美”的系统，其手段是采用正确的设计和质量控制尽量避免把故障引进系统，要完美地做到这一点实际上是很困难的。一旦系统出现故障，则通过检测和核实来消除故障的影响，进而自动地或人工地恢复系统。另一种叫作容错，所谓容错是指当系统出现某些指定的硬件或软件的错误时，系统仍能执行规定的一组程序，或者说程序不会因系统中的故障而中断或被修改，并且执行结果也不包含系统中故障所引起的差错。

容错的基本思想是在网络系统体系结构的基础上精心设计的，利用外加资源的冗余技术来达到消除故障的影响，从而自动地恢复系统或达到安全停机的目的。

人们对容错技术的研究开始得很早，1952 年约翰・冯・诺依曼（John Von Neumann）在美国加利福尼亚理工学院做了 5 个关于容错理论研究的报告，他的精辟论述成为日后容错研究的基础。

最初，人们从用 4 个二极管进行串并联代替单个二极管工作可以提高可靠性这一事实中得到启发，研制出 4 倍冗余线路；从多数元件表决的结果较为可靠这一事实总结出三模冗余和 *N* 模冗余结构；在通信中发展起来的纠错码理论也被很快地吸收过来以提高信息传送、存储以及运算中的可靠性。20 世纪 60 年代末，出现了以自检、自修计算为代表的容错计算机，标志着容错技术在理论上和实践上进入了一个新时期。

20 世纪 70 年代是容错技术研究蓬勃发展的时期，主要的成果有电话开关系统 ESS 系列处理机、软件实现容错的 SIFT 计算机、容错多重处理机 FTMP 和表决多处理机 C.vmp 等。

20 世纪 80 年代是超大规模集成电路（VLSI）和微型计算机迅速发展和广泛应用的时代，容错技术的研究也随着计算机的普及而深入整个工业界，许多公司生产的容错计算机，如 Stratus 容错机系列、IBM System 88 和 Tandem 16 等已商品化并进入市场。人们普遍认为，把容错作为数字系统重要特征的时代已经到来，容错系统的结构已由单机向分布式发展。

随着计算机网络系统的进一步发展，网络可靠性变得越来越重要，其主要原因如下。

① 网络系统性能的提高使系统的复杂性增加，服务器主频的加快将导致系统更容易出错，为此，必须进行精心的可靠性设计。

② 网络应用的环境已不再局限于机房，这使系统更容易出错，因此系统必须具有抗恶劣环境的能力。

③ 网络已走向社会，使用的人也不再只是专业人员，这要求系统能够容许各种操作错误。

④ 网络系统的硬件成本日益降低，维护成本相对增高，需要提高系统的可靠性以降低维护成本。

因此，容错技术将向以下几个方向发展。

① 随着 VLSI 线路复杂性增高，故障埋藏深度增加，芯片容错技术、动态冗余技术将应用于 VLSI 的设计和生产。

② 由于网络系统不断发展，容错系统的结构将利用网络的研究，在网络中注入全局管理、并行操作、自治控制、冗余和错误处理是研究高性能、高可靠性的分布式容错系统的途径。

③ 对软件可靠性技术将进行更多的研究。

④ 在容错性能评价方面，分析法和实验法并重。

⑤ 在理论研究方面将提出一套容错系统的综合方法论。

3.2.2 容错系统的分类

容错系统的最终目标直接影响到设计原理和设计方案的选择，因而必须根据容错系统的应用环境的差别设计出不同的容错系统。

从容错技术的实际应用出发，可以将容错系统分成以下 5 种不同的类型。

1. 高可用度系统

可用度是指系统在某时刻可运行的概率。高可用度系统一般面向通用计算，用于执行各种各样无法预测的用户程序。因为这类系统主要面向商业市场，它们对设计都做尽量少的修改。

2. 长寿命系统

长寿命系统在其生命期（通常在 5 年以上）中不用进行人工维修，常用于宇宙飞船、卫星等控制系统。长寿命系统的特点是必须具有高度的冗余，有足够的备件，能够经受多次出现的故障的冲击，冗余管理可以自动或遥控进行。

3. 延迟维修系统

这种系统与长寿命系统密切相关，它能够在进行周期性维修前暂时容忍已经发生的故障从而保证系统的正常运行。这类容错系统的特点是现场维修非常困难或代价高昂，增加冗余比准备随时维修所付出的代价要低。例如，飞机、轮船、坦克在运行中难以维修，通常都要在返回基地后才能进行维修。

通常，车载、机载和舰载计算机系统都采用延迟维修容错计算机系统。

4. 高性能计算系统

高性能计算系统（如信号处理机）对瞬时故障和永久故障（由复杂性引起）均很敏感，要提高系统性能、增加平均无故障时间和对瞬时故障的自动恢复能力，必须进行容错设计。

5. 关键任务计算系统

对容错计算要求最严的是实时应用环境，其中出现的错误可能危及人的生命或造成重大的经济损失。在这类系统中，不仅要求处理方法正确无误，而且要求从故障中恢复的时间尽可能短，不影响应用系统的运行。

3.2.3 容错系统的实现方法

根据执行任务以及用户所能承受的投资的不同，实现容错系统的常用方法有以下几种。

1. 空闲备件

“空闲备件”的意思是在系统中配置处于空闲状态的备用部件。该方法是提供容错能力的一种途径，当原部件出现故障时，该空闲备件就不再“空闲”，而是取代原部件。这种类型的容错的一个简单例子是将一台打印机连到系统上，只有在当前所使用的打印系统出现故障时才使用该打印机。

2. 负载平衡

负载平衡是另一种提供容错的途径，如使用两个部件共同承担一项任务，一旦其中的一个部件出现故障，另一个部件立即将原来由两个部件负担的任务全部承担下来。负载平衡方法通常使用在双电源的服务器系统中。

在网络系统中常见的负载平衡是对称多处理。在对称多处理中，系统中的每一个处理器都能执行系统中的所有工作。这意味着，这种系统在不同的处理器之间竭尽全力保持着负载平衡。由于这个原因，对称多处理才能在 CPU 级别上提供容错的能力。

3. 镜像

在容错系统中，镜像技术是常用的一种实现容错的方法。在镜像技术中，两个部件要求执行完全相同的工作，如果其中的一个出现故障，另一个系统则继续工作。通常这种方法用在磁盘子系统中，两个磁盘控制器对同样型号的磁盘的相同扇区写入完全相同的数据。

在镜像技术中，要求两个系统完全相同，而且两个系统完成同一个任务。当故障发生时，系统将其识别出来并切换到单个系统操作状态。

事实证明，对磁盘系统而言，镜像技术能很好地工作，但如果要实现整个系统的镜像是比较困难的。其原因是在两台计算机上对内部总线传输和软件产生的系统故障等事件使用镜像技术是存在一定的难度的。

4. 复现

复现又称延迟镜像，它是镜像技术的一个变种。在复现技术中，需要有两个系统：辅助系统和原系统。辅助系统从原系统中接收数据，当原系统出现故障时，辅助系统就接替原系统的工作。利用这种方式，用户就可以在接近出故障的地方重新开始工作。复现与镜像的主要不同之处在于重新开始工作以及在原系统上建立的数据被复制到辅助系统上时存在着一定的时间延迟。换句话来说，复现并非精确的镜像系统。尽管如此，在高可用性系统中仍会使用复现技术的原因是它可以减少网络数据的丢失。

复现系统如要代替原系统在网络系统充分发挥其作用，就必须复现原系统的安全信息和机制，包括用户ID、登录初始化、用户名和其他授权过程。

5. 冗余系统配件

在系统中重复配置一些关键的部件可以增强故障的容错性。被重复配置的部件通常有如下几种：电源、I/O设备、主处理器。

有些冗余系统配件必须在系统设计之时就加进去，有的则可以在系统安装之后再加进去。

（1）电源

目前，在网络系统使用双电源系统已经较普遍，这两个电力供应系统应是负载平衡的，当系统工作时它们都为系统提供电力，而且当其中的一个电源出现故障时，另一个电源就得自动地承担起整个系统的电力供应，以确保系统的正常运行。这样必须保证每一个供电系统都有独自承受整个负载的供电能力。

通常，在配有双电源系统的系统中，也可能配置其他的一些冗余部件，如网卡、I/O设备和磁盘等。所有这些增加的冗余部件会消耗额外的能量，同时产生更多的热量，因此必须考虑系统的散热问题，保证系统的通风良好。

（2）I/O设备

从内存向磁盘或其他的存储介质传输数据是很复杂的过程，而且这样的过程非常频繁。因此，这些存储设备故障率普遍都比较高。

使用冗余设备和I/O控制器可以防止因设备故障而丢失数据，常用的方法是采用冗余磁盘对称镜像和冗余磁盘对称双联。前者是接在单个控制器上的，后者是连接在冗余控制器上的。双联较镜像具有更高的安全性能和处理速度，这是因为额外的控制器可以在系统的磁盘控制器发生故障时接替工作，并且两个控制器可以同时读入以提高系统的性能。

（3）主处理器

在网络系统中，虽然主处理器不会经常发生故障，但是主处理器一旦发生故障，整个网络系统将处于崩溃状态。因此，为了提高系统的可靠性，在系统中可增加辅助处理器。辅助处理器必须能精确地追踪原处理器的操作，同时不影响其操作。实现的方法是在辅助处理器中应用镜像技术跟随原处理器的状态。如果原处理器出了故障，辅助处理器已装载了必要的信息并能接过对系统的控制权。

对称多处理器在某种程度上提供了系统的容错性。例如，在双处理器计算机中，如果其中一个处理器发生了故障，系统仍能在另一个处理器上运行。

6. 存储系统的冗余

存储子系统是网络系统中最易发生故障的部分。下面介绍解决存储系统冗余的最为流行的几种方法，即磁盘镜像、磁盘双联和磁盘冗余阵列。

（1）磁盘镜像

磁盘镜像是常见的，也是常用的实现存储系统容错的方法之一。使用这种方法时两个磁盘的格式需相同，即主磁盘和辅助磁盘的分区大小应当是一样的。如果主磁盘的分区大于辅助磁盘，当主磁盘的存储容量达到辅助磁盘的容量时就不会再进行镜像操作了。

使用磁盘镜像技术对磁盘进行写操作时有些额外的性能开销。只有当两个磁盘都完成了对相同数据的写操作后才算结束，所用的时间较一个磁盘写入一次数据的要长一些。利用磁盘镜像技术对一个磁盘进行读数据操作时，另一个磁盘可以将其磁头定位在下一个要读的数据块处，这样比起用一个磁盘驱动器进行读操作要快得多，其原因是等待磁头定位所造成的时间延迟减少了。

（2）磁盘双联

在镜像磁盘对中增加一个I/O控制器便称为磁盘双联，这样由于对I/O总线争用次数减少，可提高系统的性能。I/O总线实质上是串行的，而非并行的，这意味着连在一条总线上的每一个设备是与其他设备共享该总线的，在一个时刻只能有一个设备被写入。

（3）磁盘冗余阵列

磁盘冗余阵列（RAID）是一种能够在不经历任何故障时间的情况下更换正在出错的磁盘或已发生故障的磁盘的存储系统，它是保证磁盘子系统非故障时间的一种途径。

RAID的另一个优点是在其上面传输数据的速率远远高于单独在一个磁盘上传输数据时的速率，即数据能够从RAID上较快地读出来。

① RAID级别。磁盘冗余阵列的实现有多种途径，这完全取决于它的种类、费用以及所需的非故障时间。目前所使用的RAID是以它的级别来描述的，共分8个级别：0级RAID、1级RAID、2级RAID、3级RAID、4级RAID、5级RAID、6级RAID和7级RAID。

0级RAID并不是真正的RAID结构，没有实现数据冗余。RAID 0连续地分割数据并在多个磁盘上并行地读/写，因此具有很高的数据传输率。但RAID 0在提高性能的同时并没有提供数据可靠性，如果一个磁盘失效将影响整个数据。因此，RAID 0不可应用于对数据可用性要求高的关键应用。

1级RAID系统是磁盘镜像。RAID 1通过数据镜像实现数据冗余，在两对分离的磁盘上产生互为备份的数据。RAID 1可以提高读的性能，当原始数据繁忙时，可直接从镜像复制中读取数据。RAID 1是磁盘阵列中费用最高的，但提供了最高的数据可用率。当一个磁盘失效时，系统可以自动地切换到镜像磁盘上，而不需要重组失效的数据。

2级RAID系统将数据条块化地分布于不同的磁盘上，条块单位为位或字节，并使用称为“加重平均纠错码”（海明码）的编码技术来提供错误检查及恢复。这种编码技术需要多个磁盘存放检查及恢复信息，使得RAID 2技术实施更复杂，因此在商业环境中很少使用。

3级RAID系统同RAID 2非常类似，都是将数据条块化分布于不同的磁盘上，区别在于RAID 3使用简单的奇偶校验，并用单块磁盘存放奇偶校验信息。如果一块磁盘失效，奇偶校验盘及其他数据盘可以重新产生数据；如果奇偶校验盘失效，也不影响数据使用。RAID 3对于大量的连续数据可提供很好的传输率，但对随机数据来说，奇偶校验盘会成为写操作的瓶颈。

4 级 RAID 系统同样将数据条块化并分布于不同的磁盘上，但条块单位为块或记录。RAID 4 使用一块磁盘作为奇偶校验盘，每次写操作都需要访问奇偶校验盘，这时奇偶校验盘会成为写操作的瓶颈，因此 RAID 4 在商业环境中也很少使用。

5 级 RAID 系统不单独指定奇偶校验盘，而是在所有磁盘上交叉地存取数据及奇偶校验信息。在 RAID 5 上，读/写指针可同时对阵列设备进行操作，提供了更高的数据流速。RAID 5 更适合于小数据块和随机读写的数据。RAID 3 与 RAID 5 相比，主要的区别在于 RAID 3 每进行一次数据传输需涉及所有的阵列盘。而对 RAID 5 来说，大部分数据传输只对一块磁盘操作，可进行并行操作。在 RAID 5 中有“写损失”，即每一次写操作将产生 4 个实际的读/写操作，其中两次读旧的数据及奇偶信息、两次写新的数据及奇偶信息。

6 级 RAID 系统与 RAID 5 相比，增加了第二个独立的奇偶校验信息块。两个独立的奇偶系统使用不同的算法，数据的可靠性非常高。即使两块磁盘同时失效，也不会影响数据的使用，但需要分配给奇偶校验信息更大的磁盘空间，相对于 RAID 5 有更大的“写损失”。RAID 6 的写性能非常差，加上复杂的操作，使得 RAID 6 很少被使用。

7 级 RAID 系统是一种新的 RAID 标准，其自身带有智能化实时操作系统和用于存储管理的软件工具，可完全独立于主机运行，不占用主机 CPU 资源。RAID 7 可以看作一种存储计算机，它与其他 RAID 标准有明显区别。

除了以上的各种标准，我们可以如 RAID 0+1（称为 RAID 10）一样结合多种 RAID 规范来构筑所需的 RAID，例如 RAID 5+3（RAID 53）就是一种应用较为广泛的阵列形式。用户一般可以通过灵活配置磁盘阵列来获得更加符合其要求的磁盘存储系统。

② 校验。在上述几种 RAID 实现方法中，除 1 级 RAID 和 0 级 RAID 系统不用校验外，其余都采用了校验磁盘。磁盘冗余阵列系统中使用异或算法建立写到磁盘上的校验信息。它是通过硬件芯片而不是处理存储空间来完成的，因此具有相当快的计算速度。

校验的主要功能是当系统中某一个磁盘发生故障需要更换时，可以使用校验重建算法利用其他磁盘上的数据重建故障磁盘上的数据。

RAID 控制器采用与校验相类似的方法，可以在插入 RAID 插槽中的新的替换磁盘上重建丢失的数据，这种方法称校验重建。

校验重建是一种复杂的过程，重建进程需要记住它被中断时已经重建的磁道，记住这些磁盘都是同步运转的，写入操作必须同步进行。如果这时有新的数据需要更新写入磁盘，情况就会变得复杂。校验重建在重建开始时会导致系统性能大幅下降。

③ 设备更换。RAID 系统提供两种更换设备的方法：热更换和热共享。

热更换指在磁盘冗余阵列接入系统给系统提供磁盘 I/O 功能时，可以从其插槽中插入或拔出设备的能力。热共享设备是指在 RAID 系统的插槽中的一个额外的驱动器，它可以在任何磁盘出现故障时自动地插入 RAID 阵列中去（即热共享）。这种设备常用于安装了多个 RAID 阵列的 RAID 插槽。

④ RAID 控制器。磁盘冗余阵列系统是由多个磁盘组成的一个系统，但是，从宿主主机的 I/O 控制器来看，RAID 系统仿佛是一个磁盘。在 RAID 系统中还有另一个控制器，它才是真正实现所有磁盘 I/O 功能的部件，它负责多种操作，其中包括写入操作时重建校验信息和校验重建的操作。RAID 系统的很多功能是由该控制器来决定的。

冗余的 RAID 控制器能够提供容错，也能为磁盘冗余阵列系统提供容错的功能。

3.2.4　网络冗余

在网络系统中，作为传输数据介质的线路和其他的网络连接部件都必须有持续正常运行时间的备用途径。下面将讨论提高主干网和网络互联设备的可靠性的途径。

1. 主干网的冗余

主干网的拓扑结构应考虑容错性。网状的主干拓扑结构、双核心交换机和冗余的配线连接等，这些都是保证网络中没有单点故障的途径。

主干被用来连接服务器或网络上其他的服务设备。通常，这些主干都具有较高的网络速度才能使服务器发挥更强大的性能。因此，当为服务器提供网络服务时，如果它发生了故障，即使服务器仍能运行，但实际上已经不能用了，因为对其的访问被切断了。因此建议使用双主干网来保证网络的安全。

在使用双主干网络的网络系统中，如果原网络发生故障，辅助网络就会承担数据传输的任务。双主干的概念与网络拓扑结构无关，双主干网络在具体实施时，辅助网络最好沿着与原网络不同的线路铺设。

2. 开关控制设备

在网络系统中，集线器（Hub）、集中器都用作网段开关设备。在由开关控制的网络系统中，每一台主机与网络的连接都是通过一些开关设备实现的。在这些网络中，可以通过在设备之间提供辅助的高速连接来建立网络冗余。这种网络设备具有能精确地检测出发生故障段的能力，以及可用辅助路径分担数据流量。

网络开关控制技术是可以通过网络管理程序进行管理的。这意味着网络中部件故障发生时可以立即显示在控制程序的界面上，并且很快地对其响应。此外，开关控制可以通过对数据流量或误码率的分析提前发现故障网段。一旦发现数据流量有异常情况或误码率超过某一数值，就可以知道某一网络段将发生故障。

通常，网络开关控制设备都设计成模块式、可热插拔的电路板插件，这种设计的优点是当发现设备中某个电路板插件上的芯片损坏时，可立即用新的电路板插件来替换它。

开关控制设备使用双电源或后备电源，能够起到延长网络非故障时间的作用。

3. 路由器

路由器是网络系统中最为灵活的网络连接设备之一，它为网络中数据的流向指明方向。目前，在网络系统中大多数采用交换式路由器。交换式路由器支持 VRRP（虚拟路由冗余协议）和 OSPF（开放最短通路优先协议），前者用两个交换式路由器互为备份，后者用于旁路出故障的连接。

此外，交换式路由器通过复杂的队列管理机制来保证对时间敏感的应用（其数据流一般也是高优先级别的）优先被转发出目的端口。合理的队列管理机制也可以进行流量控制和流量整形，保证数据流不会拥塞交换机，同时获得平稳的数据流输出。交换式路由器的另一个功能是通过 RSVP（资源预留协议）动态地为特定的应用保留所需的带宽和对应用层的信息流进行控制，分辨出不同的信息流并为它们提供服务质量保证。

在网络系统中，如果服务器发生了故障需要启动备用服务器或备份中心的服务器，此时用户应如何访问更换了地点的服务器呢？在这种用户设备和服务器之间没有直接网络连接的情况下，可以通过改变路由器的设置，来连接新位置的服务器。

网络备份系统

3.3 网络备份系统

网络备份系统的目的是尽可能快地恢复计算机或计算机网络系统所需要的数据和系统信息。

网络备份实际上不仅是指网络上各计算机的文件备份，还包含整个网络系统的备份，主要包括如下几个方面。

① 文件备份和恢复。

② 数据库备份和恢复。

③ 系统灾难恢复。

④ 备份任务管理。

由于 LAN 系统的复杂性随着各种操作平台和网络应用软件的增加而增加，要对系统做完全备份的难度也随之增大，并非简单地复制就能实现，需要经常进行调整。

3.3.1 备份与恢复

对大多数网络管理员来说，备份和恢复是一项繁重的任务。而备份的基本问题是，为保证能恢复全部系统，需要备份多少以及何时进行备份？

1. 备份

备份包括全盘备份、增量备份、差别备份、按需备份等。

所谓全盘备份是将所有的文件写入备份介质。通过这种方法，网络管理员可以很清楚地知道，从备份之日起便可以恢复网络系统上的所有信息。

增量备份指的是只备份那些上次备份之后已经做过更改的文件，即备份已更新的文件。增量备份是进行备份较高效的方法。如果只需做增量备份，除了可大大节省时间外，系统的性能和容量也可以得到有效提升。

有经验的网络管理员通常把增量备份和全盘备份一起使用，这样可以进行快速备份。

差别备份是对上次全盘备份之后更新过的所有文件进行备份的一种方法。它与增量备份类似，所不同的是在全盘备份之后的每一天都备份在那次全盘备份之后所更新的所有文件。因此，在下一次全盘备份之前，日常备份工作所需要的时间会一天比一天更长。

差别备份可以根据数据文件属性的改变，也可以根据对更新文件的追踪来进行。

差别备份的主要优点是全部系统只需两组介质就可以恢复——最后一组全盘备份的介质和最后一组差别备份的介质。

按需备份是指在正常的备份安排之外额外进行的备份操作，这种备份操作实际上经常会遇到。例如，只想备份若干个文件或目录，也可能只要备份服务器上的所有必需的信息，以便能进行更安全的升级。

按需备份也可以弥补冗余管理或长期转储的日常备份的不足。

严格来说排除不是一种备份的方法，它只是把无须备份的文件排除在需要备份文件之外的一类方法。原因是这些文件可能很大，但并不重要；也可能出于技术上的考虑，因为在备份这些文件时总是导致出错而又没有排除这种故障的办法。

2. 恢复操作

恢复操作通常可以分成以下 3 类：全盘恢复、个别文件恢复和重定向恢复。

（1）全盘恢复

全盘恢复通常用在灾难事件发生之后，或进行系统升级、系统重组及合并时。

全盘恢复较简单，只需将存放在介质上的给定系统的信息全部转储到它们原来的地方。根据所使用的备份办法的不同，可以使用几组磁带来完成。

根据经验，一般将用来备份的最后一组磁带作为恢复操作时最早使用的一组磁带。这是因为这一组磁带保存着现在正在使用的文件，而最终用户总是急于在系统纠错之后使用它们。然后使用最后一次全盘备份的磁带或任何有最多的文件所在的磁带。在这之后，使用所有有关的磁带，顺序就无所谓了。

恢复操作之后应当检查最新的错误登记文件，以便及时了解有没有发生文件被遗漏的情况。

（2）个别文件恢复

个别文件恢复的操作比要求进行全盘恢复常见得多。

通常，用户需要存储在介质上的文件的最后一个版本，因为用户刚刚弄坏了或删除了该文件的在线版本。对大多数的备份产品来说，这是一种相对简单的操作，它们只需浏览备份数据库或目录，找到该文件，然后执行一次恢复操作即可达到恢复的目的。也有不少产品允许从介质日志的列表中选择文件进行恢复操作。

（3）重定向恢复

所谓的重定向恢复指的是将备份文件恢复到另一个不同位置或不同系统上去，而不是进行备份操作时这些信息或数据原来所在的位置。重定向恢复可以是全盘恢复或个别文件恢复。

一般来说，恢复操作较备份操作更容易出问题。备份操作只是将信息从磁盘上复制出来，而恢复操作需要在目标系统上建立文件，在建立文件时，往往有许多其他错误出现，其中包括容量限制、权限问题和文件被覆盖等。

备份操作不必知道太多的系统信息，只需复制指定的信息。恢复操作则需要知道哪些文件需要恢复、哪些文件不需要恢复。当数据出现错误或损坏时，数据恢复是必需的，它可以有效地恢复指定数据。如果备份工作得当，数据恢复就会非常容易。当数据灾难发生时，备份数据可以通过数据恢复软件或备份媒介轻松恢复。恢复时间和方法取决于备份的频率和存储媒介的类型。

3.3.2　网络备份系统的组成

一个典型的网络备份系统包括以下几个部件：备份引擎系统，源系统，备份设备，网络和网络接口。

备份引擎系统运行主要的备份控制软件，并负责所有的管理功能，包括设备操作、备份计划、介质管理、数据库记录处理以及错误处理等。源系统负责请求数据备份，也称为客户系统或目标系统。备份设备指的是磁带驱动器、磁盘驱动器、光盘驱动器和 RAID 系统等可以读写数据的设备，备份设备中的存储介质主要指的是磁带、磁盘与光盘等。网络和网络接口部件可以给用户传输管理命令和实际的备份数据。

1. 基本备份系统

基本备份系统有两种：独立服务器备份和工作站备份。

独立服务器备份是较简单的备份系统，它是由上述4种部件连在一起构成的。图3-1所示为独立服务器备份，包括一台把它自己备份到一个小型计算机系统接口（SCSI）磁带上的服务器。

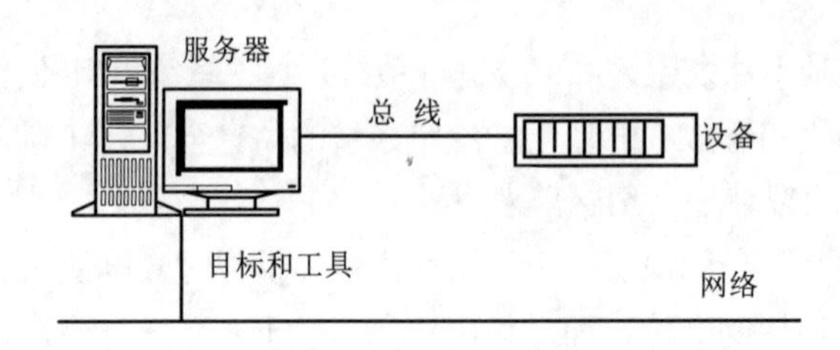

图3-1　独立服务器备份

工作站备份是由独立服务器备份演变过来的，它将工具、SCSI总线和设备移到网络专用的工作站上。图3-2所示为工作站备份。

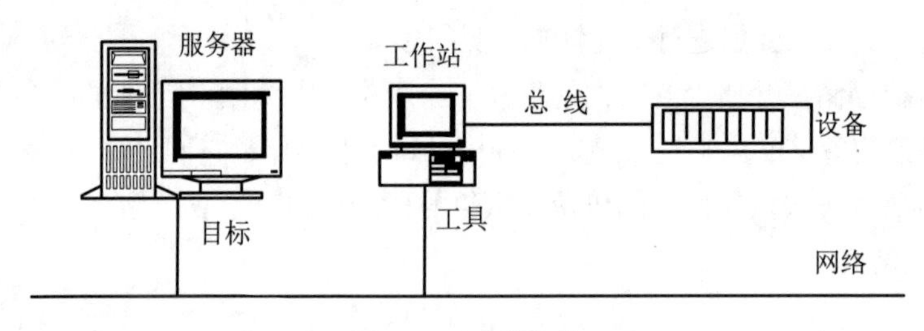

图3-2　工作站备份

2. 服务器到服务器的备份

服务器到服务器的备份与独立服务器备份和工作站备份有些相似，这是目前较常用的一种局域网络备份的方法。由图3-3可知，服务器B将自己备份到一台外接的设备上，同时备份到备份服务器A和C上。

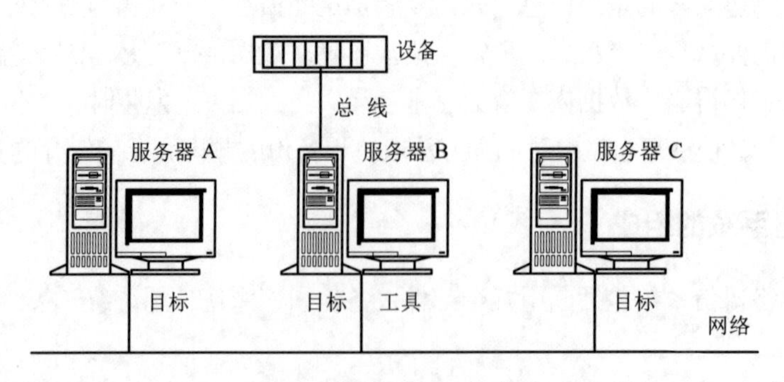

图3-3　服务器到服务器备份

3. 专用网络备份服务器

考虑到兼做备份工作的生产用服务器可能会发生故障或出现其他问题，有些部门或机构往往把工具、SCSI 总线和设备放在专用的服务器系统上。这种方法与工作站备份有些相似，只是出于对备份系统的性能和兼容性的考虑才将工作站换为服务器。图 3-4 所示为专用网络备份服务器。

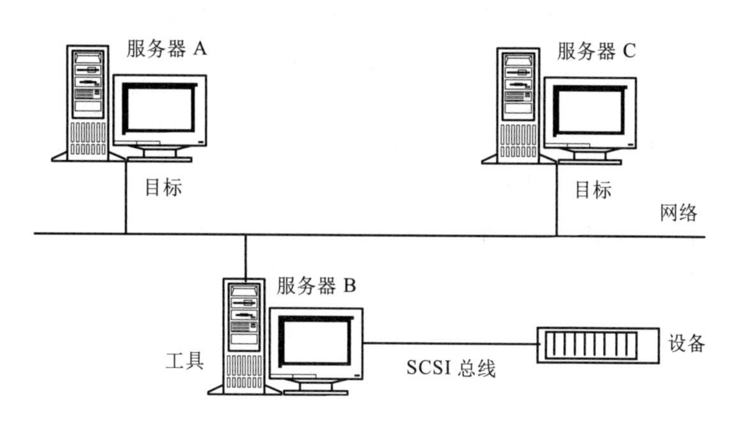

图 3-4 专用网络备份服务器

3.3.3 备份的介质与提高性能的技术

备份系统中用于备份与恢复的介质主要有磁带介质和光学介质。

1. **磁带介质**

磁带介质具有以下特点。

① 磁带具有较好的磁化特性，容易在它上面读、写数据。

② 磁带上的数据不会同与之相邻的磁带上的数据互相影响。

③ 磁带的各层不能相互分开或出现剥落现象。

④ 磁带具有很好的抗拉强度，不容易被拉断。

⑤ 磁带具有很好的柔软度，这样确保了通过磁带机时可以卷得很紧并可以很容易地被弯曲。

正由于上述的特点，磁带被专用于数据记录，需要采用一些完善的纠错技术以保证数据能正确无误地读写，通常 30%的磁带表面被用于保存纠错信息。当数据被成功地写入磁带时，纠错数据也和其一起写入，以防磁带在使用它进行恢复工作之前出现失效现象。如果磁带上的原始数据不能正确地被读出，纠错信息就被用来计算丢失字节的值；如果磁带机驱动器无法重建数据，就会给 SCSI 控制器发出出错信息，警告系统出现了介质错误。

在对磁带进行写的过程中，需要用另一个磁头进行一种写后读取的测试以保证刚被写入的数据可以被正确读出。一旦这种测试失败，磁带就会自动进到新的位置并再一次开始写尝试。重写了数次后，驱动器就会放弃并向 SCSI 控制器发出致命介质错误的出错信息。这时备份操作就失败了，直到新的磁带装入驱动器。

磁带从其技术上来说可以分为如下几种。

① 1/4 英寸盒式磁带（QIC）。这种介质被看成独立备份系统的低端解决方案，其容量小且速率较低，不能用于 LAN 系统。

② 4mm 磁带（DDS）。这种磁带的存储容量能达到 4GB。DDS Ⅲ可达到 8GB 的容量。

③ 8mm 磁带。其容量未经压缩可达到 7GB，超长带（160m）可达 14GB。这种磁带的数据可交

换性较 4mm 磁带更强。

④ 数字线性磁带（DLT）。这种磁带的性能和容量较好。DLT2000 可写入 10GB 数据，在压缩情况下可达 20GB；DLT4000 则有 20GB 的容量，使用压缩技术可存储 40GB 数据。

⑤ 3480/3490。它是用于主机系统中的高速设备介质。

保存在磁带上的数据是一种财富、一种资源，因此对磁带设备介质的保养、维护工作也是非常重要的。通常对磁带设备介质的维护应注意如下几点。

① 定期清洗磁带驱动器。

② 存储搁置的磁带至少每年"操作"一次，这样可以保持磁带的柔软性并提高其可靠性。

③ 当备份系统收到越来越多的磁带错误信息时，首先应检查磁头是否发生故障，将磁头清洗数遍，如仍发生大量错误，则可能需要考虑更换磁头。

2. 光学介质

光学介质技术是将从介质表面反射回来的激光识别成信息。光学介质上的 0 和 1 以不同的方式反射激光，这样光驱可以向光轨上发射一束激光并检测反射光的不同。

目前，常见的光学介质有磁光盘和只读存储光盘。

磁光盘是现有介质中持久性和耐磨性较好的一种介质。它允许进行非常快速的数据随机访问，正是由于这种特性，磁光盘特别适合于分级存储管理应用。但由于磁光盘的容量至今仍不能与磁带相比，因此它未被广泛用于备份系统。

3. 提高备份性能的技术

当对大量的信息进行备份时，备份性能便成了非常重要的问题。被用于提高网络备份性能的技术有 RAID 技术、设备流、磁带间隔和压缩等。

（1）RAID 技术

磁带是备份系统常用的一种设备介质。磁带记录磁头移动所需的时间是一个瓶颈，是影响备份速度的一个重要因素，而解决这个瓶颈问题的一种行之有效的办法是采用磁带 RAID 系统。磁带 RAID 的概念与磁盘 RAID 相类似，数据"带状"通过多个磁带设备，因此可以获得特别快的传输速率。但是，由于磁带在操作过程中总是走走停停，驱动器清空了缓冲器后等待下一次数据到来的过程，往往会导致传输速率大幅下降，这是 RAID 方法的一个不足之处。此外，这种方法在数据恢复操作时还存在可靠性问题，因为要正确地恢复数据就要对多台磁带设备进行精确的定位和计时，这是一项较为困难的任务。不过，该技术仍然有希望用于需要更高的速率和更大容量的情况。

（2）设备流

设备流指的是在读写数据时，磁带驱动器以最优速率移动磁带时所处的状态，磁带驱动器只有处在流状态才能达到最佳的性能。显然，这需要使磁带 RAID 系统中的所有设备都处于流状态下工作。

为此，SCSI 主机适配器必须持续地向设备缓冲器中传输数据。然而，大多数 LAN 的传输能力还不能足够快地为备份应用程序提供足够多的数据。这就是说，设备流技术可以提高备份的性能，但要将设备保持在 100%的流状态是有一定的困难的。

（3）磁带间隔

磁带间隔将来自几个目标的数据连接在一起并写入同一个驱动器中的同一盘磁带上。它实际上是将数据一起编写在磁带上。

（4）压缩

有内置压缩芯片的设备能够提高备份的性能。这些设备在往介质上写数据时首先对数据进行压缩。对 LAN 上的大多数数据来说，压缩率可达到 2∶1，这就是说，设备的流速在压缩数据时是不压缩时的两倍。

此外，可以通过网络自身的性能来提高备份的性能。在大型的备份系统中可采用 SCSI 控制器提高 SCSI 设备的运行效率，但在 SCSI 主机适配器上安装过多的设备反而影响其性能，通常所接的设备数不宜超过 3 个。

3.3.4　磁带轮换

磁带轮换实际上是在备份过程中使用磁带的一种方法，它是根据某些预先制定的方法决定应该使用哪些磁带。由于数据存放在磁带之中，需要对数据进行恢复时，如果信息量不大，存放信息的磁带相应来说也不多，在这种情况下使用备份磁带可能问题不大；如果存储数据的磁带数量较多，那么建立一个管理磁带的系统十分有用，对数据的恢复很有帮助。

磁带轮换的主要功能是决定什么时候可以使用新的数据覆盖磁带上以前所备份的数据，或反过来说，决定在哪一个时间段内的备份磁带不能被覆盖。例如，磁带轮换策略规定每月最后一天的备份要保存 3 个月，那么磁带轮换策略就可以保证 3 个月过去之前数据不会被写到这些磁带上。

磁带轮换的另一个好处是能够使用自动装带系统。把自动装带系统和磁带轮换规则联合起来使用可以减少人为引起的错误，使得恢复操作变得可以预测。

磁带轮换主要有如下几种模式。

① A/B 轮换，在这种方式中，把一组磁带分为 A、B 两组。A 组在偶数日使用，B 组在奇数日使用，或反之。这种方式不能长时间保存数据。

② 每日轮换，它要求每一天都得更换磁带，即需要有 7 个标明星期一到星期日的磁带。这种方式，在联合使用全盘备份和差别备份或增量备份时较为有效。

③ 每周轮换，即每周换一次磁带。这种方法当数据较少时很有效。

④ 每月轮换，它通常的实现方法是每月的开始进行一次全盘备份，然后在该月余下的那些天里在其他的磁带上进行增量备份。

⑤ 祖、父、孙轮换，它是前面所讲的每日、每周、每月轮换的组合。

⑥ 日历规则轮换方法，它是按照日历安排介质的轮换。根据此方法，可以为每次操作设定数据保存的时间。

⑦ 混合轮换，这是一种按需进行的备份，作为日常备份的一种补充。

⑧ 无限增量，该模式的方法只需做一次全盘备份，也就是在第一次运行该系统以后只需执行增量备份。在恢复操作时，该系统能合并多次备份的数据并写到其他容量更大的介质上。这种模式要正常运行就要用精确的数据库操作。

除上述磁带轮换模式外，还有基于差别操作、汉诺塔轮换模式等，这里不一一介绍。

3.3.5 备份系统体系结构设计

1. 客户–服务器体系结构

客户–服务器体系结构用来描述用户如何通过客户端获得系统的服务。当客户需要备份文件时，客户端向索引服务器发送请求，索引服务器通过访问数据库，利用调度算法找出对该客户端而言速度最快、最合适的几台文件服务器，将这些文件服务器的列表返回给客户端，然后客户端直接将文件传送到这些文件服务器上。

当客户需要下载文件时，客户端先向索引服务器发出请求，索引服务器访问数据库，利用调度算法找出最快、最合适的几台文件服务器，将这些服务器的列表返回给客户端，客户端直接从这些服务器上下载文件碎片后将文件组装起来。图 3-5 所示为备份系统的客户–服务器体系结构。

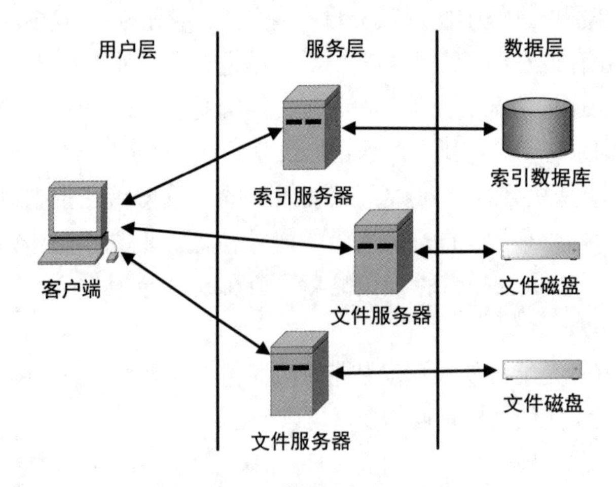

图 3-5 客户–服务器体系结构

2. 浏览器–服务器体系结构

浏览器–服务器体系结构描述的是管理员如何通过 Web 页面访问系统进行管理。当管理员要管理系统时，可以通过 Web 页面登录。Web 服务器会给管理员提供一个管理界面。主要管理功能有 3 种。

（1）用户管理。Web 服务器可以从索引数据库中读取所有用户的信息，管理员可以针对用户的信息，执行增、删、查、改的操作，如添加用户、删除用户、设定用户空间等。

（2）服务器管理。管理员可以对文件服务器群进行管理，加入或移出文件服务器。并且，管理员可以通过索引数据库中的信息，查看文件服务器的状态，了解各个服务器指定时段的负载和使用情况。

（3）通知管理。在该系统中，存在这么几种消息：用户反馈消息、广告消息、系统通知消息。管理员可以对这些消息进行管理。

图 3-6 所示为备份系统的浏览器–服务器体系结构。

3. P2P 体系结构

对等网络（P2P）体系结构可明确描述文件服务器之间如何自发组织完成数据修复工作。尽管采用冗余机制可使系统在某几台文件服务器发生故障时依然能够提供可靠的服务，但是如果文件服务器损坏的数目超过了阈值，那么文件将无法恢复。所以，当一台文件服务器发生永久性故障、无法再恢复时，其他的文件服务器应该主动将损坏服务器上的数据重建出来。具体步骤如下。

（1）文件服务器周期性自发访问索引数据库，看看是否有其他服务器永久损坏。

（2）寻找损坏服务器上适合修复自己的数据，将之加入自己的任务列表。

（3）执行任务列表里的任务，从其他文件服务器上将相关的文件碎片下载到本地，通过冗余机制重建被损坏的文件。

图 3-7 所示为备份系统的 P2P 体系结构。

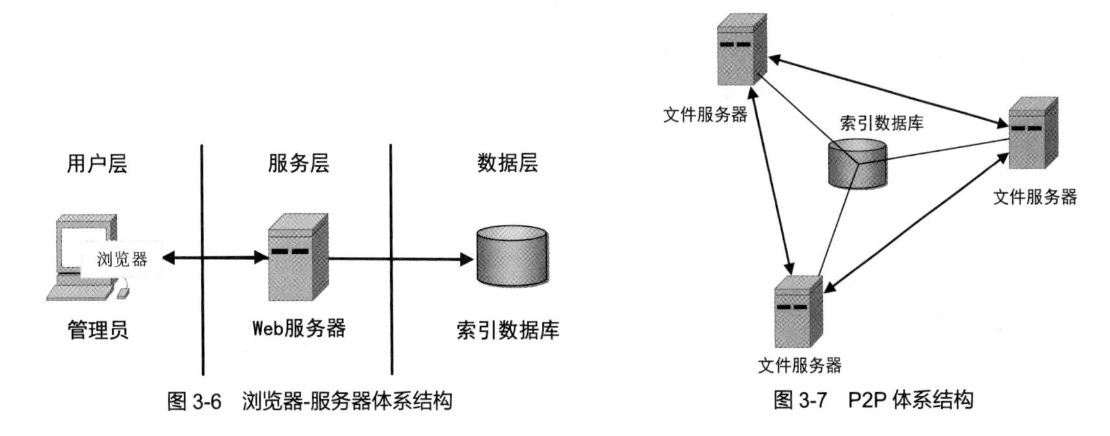

图 3-6　浏览器-服务器体系结构

图 3-7　P2P 体系结构

3.3.6　备份系统方案设计

网络备份实际上不仅是指网络上各计算机的文件备份，实际上还包含整个网络系统的备份。因此，在对某一个具体的网络系统进行备份设计时需要对网络系统的现状做详细分析，在此基础上根据实际的备份需求提出备份方案的设计。

1. 系统现状分析及备份要求

系统现状分析的内容包括以下几方面。

① 网络系统的操作平台。

② 网络所采用的数据库管理系统。

③ 网络上运行的应用系统。

④ 网络系统结构以及所选用的服务器等。

对网络备份系统的要求主要有以下几种。

① 备份的数据需要保留的时间。

② 对数据库的备份是否要求在线备份。

③ 对不同操作平台的服务器要求以低成本实现备份。

④ 是否需要一套自动恢复的机制。

⑤ 对恢复时间的要求。

⑥ 对系统监控程序运行的要求。

⑦ 对备份系统自动化程度的要求。

⑧ 对网络前台工作站信息备份要求。

⑨ 说明现已采用的备份措施等。

2. 备份方案的设计

一套完整的备份方案应包括备份软件和备份介质的措施，以及日常备份制度和应对灾难的应急措施。

（1）备份软件

备份软件的选择对一个网络备份系统来说是至关重要的，备份软件必须满足用户的全部需求。

（2）备份介质

常见的备份介质有磁带。当然，也可以根据实际情况考虑其他的介质，如磁盘、光盘等。

（3）日常备份制度

如果决定采用磁带作为备份的介质，那么可以根据“磁带轮换”中所介绍的几种模式，选择其中的一种或几种模式作为日常备份制度。

3. 备份方案的实现

备份方案的实现包括下列几个方面。

① 安装。包括应用系统、备份软件以及磁带机的安装。

② 制定日常备份策略。

③ 文件备份。

④ 数据库备份。

⑤ 网络操作系统备份。

⑥ 工作站内容的备份。

3.4 数据库安全概述

数据库的安全是指保护数据库，防止因用户非法使用数据库造成数据泄露、更改或破坏。通常，数据库的破坏来自下列 4 个方面。

① 系统故障。

② 并发所引起的数据不一致。

③ 转入或更新数据库的数据有错误，更新事务时未遵守数据一致的原则。

④ 人为的破坏，例如数据被非法访问，甚至被篡改等。

其中，第四种破坏的问题被称为数据库安全的问题。

3.4.1 数据库简介

数据库技术是计算机技术的一个重要分支，从 20 世纪 60 年代后期开始发展。虽然起步较晚，但近几十年来已经成为一门新兴学科，应用涉及面很广，几乎所有领域都要用到数据库。

形象地讲，数据库就是若干数据的集合体。这些数据存在于计算机的外存储器上，而且不是杂乱无章地排列的。数据库数据量庞大、用户访问频繁，有些数据具有保密性，因此数据库要由 DBMS 进行科学组织和管理，以确保数据库的安全性和完整性。

很多数据库应用于客户-服务器平台，这已成为当代主流的计算模式。在服务器端，数据库由服务器上的 DBMS 进行管理。由于客户-服务器结构允许服务器有多个客户端，各个终端对数据的共享要求非常高，这就涉及数据库的安全性与可靠性问题。

例如，在校园网中，各个部门要共用一台或几台服务器，要分别对不同的或相同的数据库进行读取、修改，而且各个部门之间很有可能有进行交叉浏览的需求，但是对于人事部门的资料其他部门就无权进行修改，其他部门的资料人事部门也不能随意修改；另外，还要防止他人蓄意破坏。这些都属于数据库的安全性功能，DBMS 必须具备这方面的功能。

3.4.2 数据库的特性

面对数据库的安全威胁，必须采取有效的安全措施。这些措施可分为两个方面，即支持数据库的操作系统和同属于系统软件的 DBMS。DBMS 的安全使用特性有以下几点要求。

1. 多用户

网络系统中服务器是用来共享资源的，不过，存储在服务器中的大多数文件是用来给单用户访问的。但是，网络系统上的数据库却又是提供给多个用户访问的。这意味着对数据库的任何管理操作（其中包括备份），都会影响到用户的工作效率。

2. 高可靠性

网络系统数据库有一个特性是可靠性高。因为多用户的数据库要求具有较长的被访问和更新的时间，以进行成批任务处理或为其他时区的用户提供访问。

3. 频繁的更新

数据库系统中数据的不断更新是数据库系统的又一特性。一般而言，文件服务器没有太多的写入操作。但由于数据库系统是多用户的，对其操作的频率远远高于文件服务器。

4. 文件大

数据库的文件较大，通常有几百 KB 甚至几 GB，数据库文件的备份可能需要很长的时间。而在实际操作中，若备份操作不能在短时间内完成，将会导致用户访问和系统性能方面会出现较多的问题。

3.4.3 数据库安全系统特性

1. 数据独立性

数据独立于应用程序之外。理论上数据库系统的数据独立性分为以下两种。

① 物理独立性。数据库的物理结构的变化不影响数据库的应用结构，从而也就不能影响其相应的应用程序。这里的物理结构是指数据库的物理位置、物理设备等。

② 逻辑独立性。数据库逻辑结构的变化不会影响用户的应用程序，数据类型的修改、增加，改变各表之间的联系都不会导致应用程序的修改。

这两种数据独立性都要靠 DBMS 来实现。到目前为止，物理独立性已经能基本实现，但逻辑独立性实现起来非常困难。数据结构一旦发生变化，一般情况下，相应的应用程序或多或少都要进行修改。追求这一目标也成为数据库系统结构变得越来越复杂的一个重要原因。

2. 数据安全性

数据库能否防止无关人员随意获取数据，是数据库是否实用的一个重要指标。如果一个数据库对所有的人都公开数据，那么这个数据库就不是一个可靠的数据库。

通常，比较完整的数据库应采取以下措施以保证数据安全。

① 将数据库中需要保护的部分与其他部分隔离。

② 使用授权规则。这是数据库系统经常使用的一个办法。数据库给用户ID、口令和权限，当用户使用相应ID和口令登录后，就会获得相应的权限。不同的用户会获得不同的权限。例如，对一个表，某些用户有修改权限，而其他人只有查询权限。

③ 将数据加密，以密码的形式存于数据库内。

3. 数据完整性

数据完整性这一术语用来泛指与损坏和丢失相对的数据状态。它通常表明数据在可靠性与准确性上是可信赖的，同时意味着数据有可能是无效的或不完整的。数据完整性包括数据的正确性、有效性和一致性。

① 正确性。数据在输入时要保证其输入值与定义这个表时相应的域的类型一致。例如表中的某个字段为数值型，那么它只能允许用户输入数值型的数据，否则不能保证数据库的正确性。

② 有效性。在保证数据正确的前提下，系统还要约束数据的有效性。例如，对于月份字段，若输入值为16，那么这个数据就是无效数据，这种无效输入也称为“垃圾输入”。同样，若数据库输出的数据是无效的，则称为“垃圾输出”。

③ 一致性。当不同的用户使用数据库时，应该保证他们取出的数据一致。

因为数据库系统对数据的使用是集中控制的，因此数据的完整性控制还是比较容易实现的。

4. 并发控制

如果数据库应用要实现多用户共享数据，就可能在同一时刻有多个用户要存取数据，这种事件叫作并发事件。当一个用户取出数据进行修改，在修改存入数据库之前如有其他用户再取此数据，那么读出的数据就是不正确的。这时就需要对这种并发操作实施控制，避免这种错误的发生，保证数据的正确性。

5. 故障恢复

如果数据库系统运行时出现物理或逻辑上的错误，应能尽快地恢复正常，这就是数据库系统的故障恢复特性。

3.4.4 数据库管理系统

数据库管理系统（DBMS）是一种专门负责数据库管理和维护的计算机软件系统。它是数据库系统的核心，对数据库系统的功能和性能有着决定性影响。DBMS不但负责数据库的维护工作，还要响应数据库管理员的要求以保证数据库的安全性和完整性。

DBMS有以下主要职能。

① 有正确的编译功能，能正确执行规定的操作。

② 能正确执行数据库命令。

③ 保证数据的安全性、完整性，能抵御一定程度的物理破坏，能维护和提交数据库内容。

④ 能识别用户、分配授权和进行访问控制，包括身份识别和验证。

⑤ 顺利执行数据库访问，保证网络通信功能。

另一方面，数据库的管理不但要靠 DBMS，还要靠人员。这些人员主要是指管理、开发和使用数据库系统的数据库管理员（DBA）、系统分析员、应用程序员和用户。用户主要是对应用程序员设计的应用程序模块进行使用，系统分析员负责应用系统的需求分析和规范说明，而且要结合用户及 DBA 的需求，确定系统的软硬件配置并参与数据库各级应用的概要设计。在这些人员中，最重要的是 DBA，他们负责全面地管理和控制数据库系统，具有以下职责。

① 决定数据库的信息内容和结构。

② 决定数据库的存储结构和存取策略。

③ 定义数据的安全性要求和完整性约束条件。

④ DBA 的重要职责是确保数据库的安全性和完整性。不同用户对数据库的存取权限、数据的保密级别和完整性约束条件，也应由 DBA 负责决定。

⑤ 监督和控制数据库的使用和运行。

DBA 负责监视数据库系统的运行，及时处理运行过程中出现的问题。尤其是遇到硬件、软件或人为故障时，数据库系统会因此而遭到破坏。DBA 必须能够在最短时间内把数据库恢复到某一正确状态，并且尽可能不影响或少影响计算机系统其他部分的正常运行。为此，DBA 要定义和实施适当的后援和恢复策略，例如周期性转储数据、维护日志文件等。

⑥ 数据库系统的改进和重组。

3.5　数据库安全的威胁

针对复杂的网络环境，数据库面对的安全性威胁是无法杜绝的。应怎样有效避免数据库信息被“黑客”非法入侵、被篡改及数据丢失等情况，是数据库管理人员非常关注的问题。另外数据库还有着存储空间大、可靠性较强以及使用频繁等特征，所以如何避免数据库中的重要信息遭到破坏和窃取，也是急需解决的问题。

目前，对数据库构成的威胁主要有篡改、损坏和窃取。

1. 篡改

篡改指的是未经授权对数据库中的数据进行修改，使其失去原来的真实性。篡改的形式具有多样性，但有一点是共同的，即在造成影响之前很难被发现。

篡改是人为的。一般来说，发生篡改的原因主要有如下几种。

① 个人利益驱动。

② 隐藏证据。

③ 恶作剧。

④ 无知。

2. 损坏

网络系统中数据的损坏的表现的形式是表和整个数据库部分或全部被删除、移走或被破坏。产生损坏的原因主要有破坏、恶作剧和病毒。

破坏往往都带有明确的作案动机，对付起来既容易又困难。说它容易是因为用简单的策略就可以防范这类破坏分子，说它困难是因为不知道这些进行破坏的人来自内部还是外部。

恶作剧者往往出于爱好或好奇给数据造成损坏。通过某种方式访问数据的程序，即使对数据进行极小的修改，都可能使全部数据变得不可读。

计算机病毒在网络系统中能感染的范围是很大的，因此，采取必要的措施进行保护，把它拒之门外是上策。最简单的方法是限制来自外部的数据源、磁盘或在线服务的访问，并采用性能好的病毒检查程序对所有引入的数据进行强制性检查。

3. 窃取

窃取一般针对敏感数据，窃取的手法除了将数据复制到U盘之类的可移动的介质上外，也包括把数据打印后取走等。

窃取行为可能来自工商业间谍、不满和要离开的员工，还有就是被窃的数据可能比想象中更有价值。

3.6 数据库的数据保护

数据库的数据保护是指对数据库中的信息实行保护措施，防止在数据存取过程中出现数据泄露。在一些大型数据库中存储着大量机密性信息，如国防、金融和军事等领域的数据库，若这些数据库中的数据遭到破坏，造成的损失难以估量。所以数据库的保护是数据库运行过程中一个不可忽视的方面。必须建立数据库系统的保护机制，提供数据保护功能。

3.6.1 数据库的故障类型

数据库的故障是指从保护安全的角度出发，数据库系统中会发生的各种故障。这些故障主要包括事务内部的故障、系统故障、介质故障、计算机病毒与“黑客”等。

事务（Transaction）是指并发控制的单位，是一个操作序列。在这个序列中的所有操作只有两种行为，要么全都执行，要么全都不执行。因此，事务是一个不可分割的单位。事务以COMMIT语句提交给数据库，以ROLLBACK语句撤销已经完成的操作。

事务内部的故障大多源于数据的不一致性，主要表现为以下几种情况。

① 丢失修改。两个事务T1和T2读入同一数据，T2的提交结果破坏了T1提交的结果，T1对数据库的修改丢失，造成数据库中数据错误。

② 不能重复读。事务T1读取某一数据，事务T2读取并修改了同一数据，T1为了对读取值进行校对再次读取此数据，便得到了不同的结果。例如，T1读取数据B=200，T2也读取B并把它的值修改为300，那么T1再读取数据B得到300，与第一次读取的数值便不一致。

③ “脏”数据的读出，即不正确数据的读出。T1修改某一数据，T2读取同一数据，但T1由于某种原因被撤销，则T2读到的数据为“脏”数据。例如T1读取数据B值为100并修改为200，则T2读取B值为200，但由于事务T1又被撤销，T1所做的修改被宣布无效，B值恢复为100，而T2读到的数据是200，与数据库内容不一致。

系统故障又称软故障，是指系统突然停止运行时造成的数据库故障，如CPU故障、突然断电和操作系统故障。这些故障不会破坏数据库，但会影响正在运行的所有事务，因为数据库缓冲区中的内容会全部丢失，运行的事务非正常终止，从而造成数据库处于一种不正确的状态。这种故障对一个需要不停运行的数据库来讲损失是不可估量的。

恢复子系统必须在系统重新启动时，撤销所有非正常终止事务，把数据库恢复到正确的状态。

介质故障又称硬故障，主要指外存故障。例如，磁盘磁头碰撞，瞬时的强磁场干扰。这类故障会破坏数据库或部分数据库，并影响正在使用数据库的所有事务。所以，这类故障的破坏性很大。

病毒是一种计算机程序，然而这种程序与其他程序不同的是它能破坏计算机中的数据，使计算机处于不正常的状态，影响用户对计算机的正常使用。病毒具有自我繁殖的能力，而且传播速度很快。有些病毒一旦发作就会马上摧毁系统。

针对计算机病毒，现在已出现了许多种防毒和杀毒的软、硬件。但病毒发作后造成的数据库数据的损坏还是需要操作者去恢复的。

“黑客”与病毒不同，从某种角度来讲，“黑客”的危害要比计算机病毒更大。“黑客”往往是一些精通计算机网络和软、硬件的计算机操作者，他们利用一些非法手段取得计算机的授权，非法地读取甚至修改其他计算机数据，给用户造成巨大的损失。对于“黑客”，更需要加强对计算机数据库的安全管理。这种安全管理对那些机密性数据库显得尤为重要。

各种故障可能会造成数据库本身的破坏，也可能不破坏数据库但使数据不正确。对于数据库的恢复，其原理就是“冗余”，即数据库中的任何一部分数据都可以利用备份在其他介质上的冗余数据进行重建。

3.6.2　数据库保护

数据库保护主要涉及数据库的安全性、完整性、并发控制等。

1. 数据库的安全性

安全性问题是所有计算机系统共有的问题，并不是数据库系统所特有的，但由于数据库系统数据量庞大且存取用户多，安全性问题就显得尤其突出。由于安全性的问题可分为系统问题与人为问题，所以一方面我们可以从法律、政策、伦理和道德等方面约束用户，实现对数据库的安全使用；另一方面还可以从物理设备、操作系统等方面加强保护，保证数据库的安全。另外，还可以从数据库本身实现数据库的安全性保护。

在一般的计算机系统中，安全措施是层层设置的。数据库安全控制模型可以用图 3-8 表示。

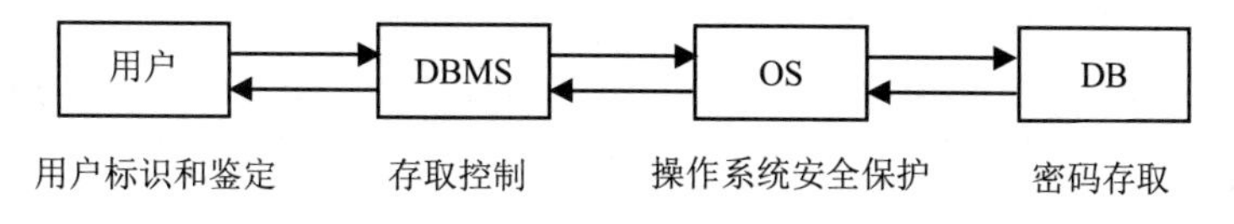

图 3-8　数据库安全控制模型

（1）用户标识和鉴定

通过核对用户的名字或身份（ID），决定该用户对系统的使用权。数据库系统不允许一个未经授权的用户对数据库进行操作。

当用户登录时，系统用一张用户口令表来鉴别用户身份。表中只有两个字段：用户名和口令。并且用户输入的口令并不显示在屏幕上或以某种符号（如“*”号）代替。系统根据用户的输入字段鉴别此用户是否为合法用户。这种方法简便易行，但保密性不是很高。

另一种标识鉴定的方法是没有用户名，系统提供相应的口令表。这个口令表不是简单地与用户输入的口令比较（若相等就合法），而是系统给出一个随机数，用户按照某个特定的过程或函数进行计算后给出结果值，系统同样按照这个过程或函数对随机数进行计算，如果与用户输入的相等则证明此用户为合法用户，可以为用户分配权限。否则，系统认为此用户根本不是合法用户，拒绝其访问数据库系统。

（2）存取控制

对存取权限的定义称为授权。这些定义经过编译后存储在数据字典中。每当用户发出数据库的操作请求后，DBMS 查找数据字典，根据用户权限进行合法权检查。若用户的操作请求超出了定义的权限，系统就拒绝此操作。授权编译程序和合法权检查机制一起组成了安全性子系统。

在数据库系统中，不同的用户对象有不同的操作权力。对数据库的操作权限一般包括查询权、记录的修改权、索引的建立权和数据库的创建权。应将这些权限按一定的规则授予用户，以保证用户的操作在自己的权限范围之内。授权规则如表 3-1 所示。

表 3-1　授权规则

	关系 S	关系 C	关系 SC
用户 1	NONE	SELECT	ALL
用户 2	SELECT	UPDATE	SELECT DELETE UPDATE
用户 3	NONE	NONE	SELECT
用户 4	NONE	INSERT SELECT	NONE
用户 5	ALL	NONE	NONE

数据库的授权可由结构查询语言（SQL）的 GRANT（授权）语句和 REVOKE（回收）语句来完成。

例如，将表 TABLE1 的查询权授予所有用户的语句如下。

```
GRANT SELECT ON TABLE TABLE1 TO PUBLIC;
```

将表 TABLE1 的所有权授予用户 LI 的语句如下。

```
GRANT ALL PRIVILGES ON TABLE TABLE1 TO LI;
```

将用户 LI 对 TABLE1 的查询权收回的语句如下。

```
REVOKE SELECT ON TALBE TABLE1 FROM LI;
```

下面是 3 个安全性公理，第②和第③公理都假定允许用户更新数据。

① 如果用户 i 对属性集 A 的访问（存取）是有条件的选择访问（带谓词 P），那么用户 i 对 A 的每个子集也可以是有条件的选择访问（但没有一个谓词比 P 强）。

② 如果用户 i 对 A 的访问是有条件的更新访问（带谓词 P），那么用户 i 对 A 也可以是有条件的选择访问（但谓词不能比 P 强）。

③ 如果用户 i 对 A 不能进行选择访问，那么用户 i 也不能对 A 有更新访问。

（3）数据分级

有些数据库系统对安全性的处理是把数据分级。这种方案为每一数据对象（文件、记录或字段等）赋予一定的保密级。例如，绝密级、机密级、秘密级和公用级。对于用户，也分成类似的级别，系统便可制定如下两条规则。

① 用户 i 只能查看比他级别低的或同级的数据。

② 用户 i 只能修改和他同级的数据。

在第②条中，用户 i 不能修改比他级别高的数据，但同时他也不能修改比他级别低的数据，这是为了管理上的方便。如果用户 i 要修改比他级别低的数据，那么首先要降低用户 i 的级别或提高数据的级别使得两者之间的级别相等才能进行修改操作。

数据分级法是一种独立于值的一种简单的控制方式。它的优点是系统能执行“信息流控制”。在授权矩阵方法中，允许凡有权查看秘密数据的用户把这种数据复制到非保密的文件中，那么就有可能使无权用户也可接触秘密数据了。在数据分级法中，就可以避免这种非法的信息流动。

然而，这种方案只在某些专用系统中才有用。

（4）数据加密

为了更好地保证数据的安全性，可用密文存储口令、数据，对远程终端信息用密文传输等。我们把原始数据称为明文，用加密算法对明文进行加密。加密算法的输入是明文和密钥，输出是密文。加密算法可以公开，但密钥一定是保密的。密文对不知道加密钥的人来说是不易解密的。

数据加密不是绝对安全的，有些人掌握计算机的加密技术，很有可能会将加密文解密。目前比较流行的加密算法是“非对称加密算法”，可以随意使用加密算法和加密钥，但相应的解密钥是保密的。因此非对称加密算法有两个密钥，一个用于加密，另一个用于解密，而且解密钥不能从加密钥推出。即便有人能进行数据加密，如果不授权解密，他也几乎不可能解密。

明钥加密法的具体步骤如下。

① 任意选择两个100位左右的质数 p、q，计算 $r=p\times q$。

② 任意选择一个整数 e，而 e 与 $(p-1)\times(q-1)$ 是互质的，把 e 作为加密钥（一般可选比 p、q 大的质数）。

③ 求解密钥 d，使得 $(d\times e) \bmod (p-1)\times(q-1)=1$。

④ r、e 可以公开，但 d 是保密的。

⑤ 对明文 x 进行加密，得到密文 c，计算公式是 $c=xe \bmod r$。

⑥ 对密文 c 进行解密，得到明文 x，计算公式是 $x=cd \bmod r$。

由于只公开 r、e，而求 r 的质因子几乎是不可能的，因此从 r、e 求 d 也几乎不可能，这样 d 就可以保密。只有用户知道 d 后，才能对密文进行解密。

这个方法是基于下列事实提出的。

① 已经存在一个快速算法，能测试一个大数是不是质数。

② 还不存在一个快速算法，去求一个大数的质因子。例如，有人曾计算过，测试一个130位的素数是不是质数，计算机约需7min；但在同一台计算机上，求两个63位质数的乘积的质因子约要花 40×10^{15}min。

2. 数据的完整性

数据的完整性主要是为了防止数据库中存在不符合语义的数据，防止错误信息的输入和输出。数据完整性包括数据的正确性、有效性和一致性。

实现对数据的完整性约束要求系统有定义完整性约束条件的功能和检查完整性约束条件的方法。

数据库中的所有数据都必须满足自己的完整性约束条件，这些约束包括以下几种。

（1）数据类型与值域的约束

数据库中每个表的每个域都有自己的数据类型约束条件，如字符型、整型和实型等。在每个域中输入数据时，必须按照其约束条件进行输入，否则系统不予受理。

对于符合数据类型约束的数据，还要符合其值域的约束条件。例如，一个整型数据只允许输入 0～100 之间的值，如果用户输入 200 便不符合约束条件。

（2）关键字约束

关键字是用来标识一个表中唯一的一条记录的域，一个表中主关键字可以多于一个。

关键字约束又分为主关键字约束和外部关键字约束。主关键字约束要求一个表中的主关键字必须唯一，不能出现重复的主关键字值。外部关键字约束要求一个表中的外部关键字的值必须与另外一个表中主关键字的值相匹配。

（3）数据联系的约束

一个表中的不同域之间也可以有一定的联系，从而满足一定的约束条件。例如表中有单价、数量和金额 3 个域它们之间符合“金额=单价×数量”，那么，当某记录的单价与数量一旦确定之后，它的金额就必须被确定。

以上所有约束都叫作静态约束，即它们都是在稳定状态下必须满足的条件。还有一种约束叫作动态约束，动态约束是指数据库中的数据从一种状态变为另外一种状态时，新、旧值之间的约束条件。例如，更新一个人的年龄时，新值不能小于旧值。

对于约束条件，按其执行状态分为立即执行约束和延迟执行约束。立即执行约束是指执行用户事务时，对事务中某一更新语句执行完成后马上对此数据所对应的约束条件进行完整性检查。延迟执行约束是指在整个事务执行结束后才对对应的约束条件进行完整性检查。

数据库系统可以由 DBMS 定义管理数据的完整性，完整性规则经过编译后，就被放入数据字典中，一旦进入系统，便开始执行这些规则。这种完整性管理方法比让用户的应用程序进行管理效率要高，而且规则集在数据字典中，易于从整体上进行管理。

SQL 只提供了安全性控制的功能，而没有定义完整性约束条件。

当前，大多数的 DBMS 都具有“触发器”功能。触发器用来保证当记录被插入、修改和删除时能够执行一个与其表有关的特定的事务规则，保证数据的一致性与完整性，而且，触发器的使用免除了利用前台应用程序进行数据完整性控制的烦琐工作。

3. 数据库并发控制

并发指多个用户或进程同时访问数据库系统的情况。如果不加控制，这些并发操作可能会引起一些问题，如数据不一致、丢失更新、死锁等。因此，数据库管理系统中必须具备有效的并发控制机制来保证数据的一致性和完整性。

并发控制是指在一个数据库系统中，多个用户或进程同时访问某个数据对象时所采用的一系列技术手段。其目的在于保障并发操作对数据的完整性和一致性。常用的并发控制技术主要有锁、事务和多版本并发控制等。

3.7 数据库备份与恢复

数据库的失效往往会导致整个机构的瘫痪，然而，任何一个数据库系统都可能有发生故障的时候。数据库系统对付故障有两种办法：一种办法是尽可能提高系统的可靠性；另一种办法是在系统发生故障后，把数据库恢复至原来的状态。

3.7.1 数据库备份的评估

数据库系统如果发生故障可能会导致数据的丢失，要恢复丢失的数据，必须对数据库系统进行备份。在此之前，对数据库的备份进行一个全面的评估是很有必要的。

1. 备份方案的评估

对数据库备份方案的评估主要指的是在制定数据库备份方案之前必须对下列问题进行分析，并在分析的基础上做出评估。

（1）备份所需费用的评估

虽然说数据是一种财富，数据库的正常运行会给整个机构带来极大的帮助和好处，但对数据库进行备份时必须权衡不同的备份保护等级的费用。如果数据花10000元就可以重新得到，并且可能3年才会丢失一次数据，那么，如果每年需花5000元去保护这些数据，就显得不够经济了。因此，在做数据库备份之前，需要考虑如下费用与风险问题。

① 费用能负担得起吗？如果负担不起，需采用其他能负担得起的方式。

② 所采用的措施能改善现状吗？

③ 所采用的措施在实施过程中会产生其他的问题吗？其中包括所采用的方法在有用户使用系统时会受到什么影响，以及是否会导致工作效率的降低等。

④ 该措施物有所值吗？最坏的情况下会损失什么？

（2）技术评估

如果不备份整个数据库，就不能将它恢复到系统上并使用它。对绝大多数数据库系统来说，数据库的任何更改都需要对整个数据库进行完全备份。因此，在数据库备份前必须对备份的技术做出评估。

在前面已讨论过的在线数据库的主要特性中，有两个特性是频繁的更新和在用户需要时的可访问性。为了提高这些特性的功能，要求数据库系统在运行时使文件保持被打开的状态。这就意味着在数据库备份的过程中可能发生数据库文件的更新。

数据库在备份过程中的更新有如下几种情况。

① 更新发生在文件已被复制的区域。如图3-9所示，在备份过程中，文件的*A*处有一次数据库的更新，该更新发生在备份进程已经复制了该信息后，即更新发生在文件已被复制的那个区域中，对文件的其他部分没有影响，备份文件仍是完整的，一旦系统需要恢复，该文件仍能被恢复到它的原始状态。

② 更新发生在文件未被备份的区域。图3-10所示为更新发生在文件还未被备份的部分，它没有对文件的其他部分产生影响。假设未发生其他的更新而且备份正常结束，这类更新也不会有问题。如果数据库系统需要恢复，该数据库文件就会恢复到一个包括*B*点的完整状态。例如将数据库恢复到故障前一时刻的状态，就需要重新输入在备份结束后发生的那些更新。

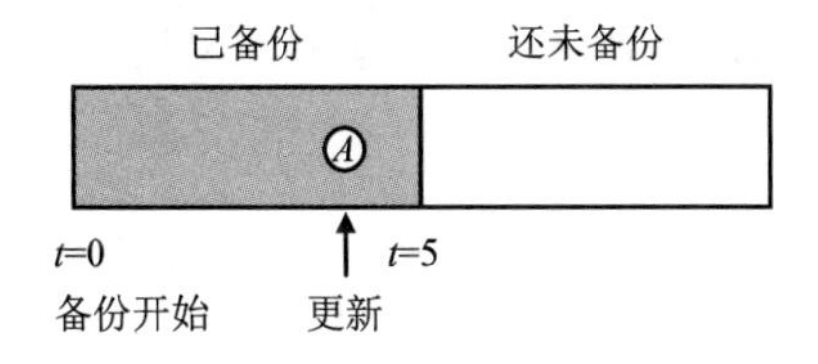

图3-9 更新发生在已被复制区

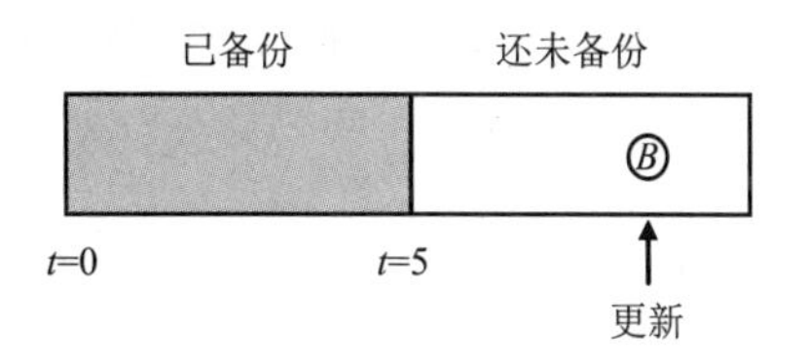

图3-10 更新发生在未备份区

③ 两种不同状态处文件的更新。图3-11所示的更新是一件颇为麻烦的工作。因为文件的备份复制包括 *A* 点处信息未改变的状态和 *B* 点处信息已被改变的状态。数据库文件的备份复制失去了完整性。当这种情况发生时，相关数据可能变得没有意义，甚至还会导致数据库系统的崩溃。

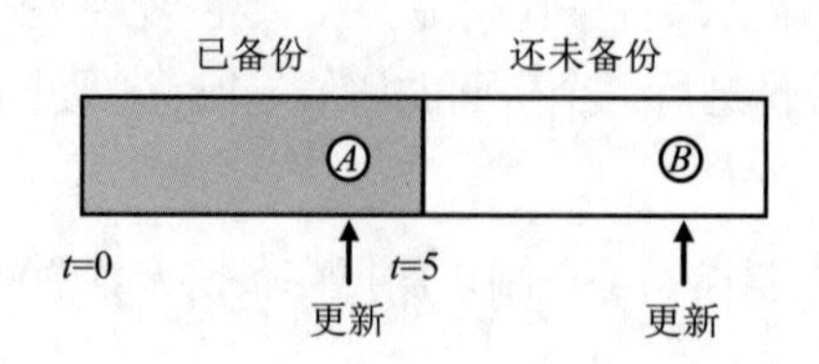

图3-11　两种不同状态处的更新

④ 脱线更新，即冷备份。尽管在前面讨论过更新不可能被写到数据库文件中时，对数据库进行备份仍是有意义的，但毕竟不是一种合适的办法。最好在开始对其进行备份之前将数据库关闭，即进行脱线更新。

脱线更新通常在系统无人使用的时候进行。脱线更新的最好方法之一是建立一个批处理文件，该文件在指定的时间先关闭数据库，然后对数据库文件进行备份，最后再启动数据库。

2. 数据库备份的类型

常用的数据库备份的方法有冷备份、热备份和逻辑备份3种。

（1）冷备份

冷备份的思想是关闭数据库系统，在没有任何用户对它进行访问的情况下备份。这种方法在保持数据的完整性方面是最好的。但是，如果数据库太大，无法在备份窗口期完成对它的备份，此时，应该考虑采用其他的适用方法。

（2）热备份

数据库正在运行时所进行的备份称为热备份。数据库的热备份依赖于系统的日志文件。在备份进行时，日志文件将需要更新或更改的指令"堆起来"，并不是真正将任何数据写入数据库记录。当这些被更新的业务被堆起来时，数据库实际上并未被更新，因此，数据库能被完整地备份。

热备份方法的一个致命缺点是具有很大的风险性。其原因有3个：第一，如果系统在进行备份时崩溃，那么堆在日志文件中的所有业务都会被丢失，即造成数据的丢失；第二，在进行热备份时，要求DBA仔细地监视系统资源，防止存储空间被日志文件占用完而造成不能接受业务的情况出现；第三，日志文件本身在某种程度上也需要进行备份以便重建数据，这样需要考虑其他的文件并使其与数据库文件协调起来，为备份增加了复杂性。

（3）逻辑备份

所谓的逻辑备份是使用软件技术从数据库中提取数据并将结果写入一个输出文件。该输出文件不是一个数据库表，而是表中的所有数据的一个映像。在大多数客户端/服务器结构模式的数据库中，SQL是用来建立输出文件的。该过程较慢，对大型数据库的全盘备份不太适用，但是这种方法适合用于增量备份，即备份那些上次备份之后改变了的数据。使用逻辑备份进行数据恢复必须生成SQL语句。尽管这个过程非常耗时，但工作效率相当高。

3.7.2　数据库备份的性能

数据库备份的性能可以用两个参数来表述，分别是被复制的数据量和进行该项工作所花的时间。数据量和时间开销是一对矛盾体。如果在备份窗口中所有的数据都被传输到备份介质上，就不存在什么问题。如果备份窗口中不能备份所有的数据，就不能对数据库进行有效的恢复。

通常，提高数据库备份性能的方法有如下几种。

① 升级数据库管理系统。

② 使用性能更强的备份设备。

③ 备份到磁盘上。磁盘可以是处于同一系统上的，也可以是 LAN 中另一个系统上的。如能指定一个完整的容量或服务器作为备份磁盘，效果会更好。

④ 使用本地备份设备。使用此方法时应保证连接的 SCSI 接口适配卡能承担高速扩展数据传输。另外，应将备份设备接在单独的 SCSI 接口上。

⑤ 使用原始磁盘分区备份。直接从磁盘分区读取数据，而不是使用文件系统 API 调用。这种方法可加快备份的执行。

3.7.3　系统和网络完整性

保护数据库的完整性，除了前面已经讨论过的提高性能的技术之外，还可以通过系统和网络的高可靠性来实现。

1. 服务器保护

服务器是局域网上的主要设备，如果要保护网络数据库的完整性，必须做好对服务器的保护工作。保护服务器包括以下几种方法。

① 电力调节，保证服务器能运行足够长的时间以完成数据库的备份。

② 环境管理，应将服务器置于有空调的房间，通风口应保持干净，并定期检查和清理。

③ 服务器所在房间应加强安全管理。

④ 做好服务器中硬件的更换工作，从而提高服务器硬件的可靠性。

⑤ 尽量使用辅助服务器以提供实时故障的跨越功能。

⑥ 通过映像技术或其他任何形式进行复制以便提供某种程度的容错。

接收复制数据的系统应具有原系统出现故障后能替代它在线工作的能力。这种方案可以减少在系统故障之后网络数据库的损失。但这种方案不适用于原系统一次更新进行时发生故障的情况。

2. 客户机的保护

对数据库的完整性而言，客户机或工作站的保护工作与服务器的保护工作同样重要。对客户机的保护可以从如下几个方面进行。

① 电力调节，保证客户机正常运行所需的电力供应。

② 配置后备电源，确保电力供应中断之后客户机能持续运行直至文件被保存。

③ 定期更换客户机或工作站的硬件。

3. 网络连接

网络连接是处于服务器与工作站或客户机之间的线缆、交换机、路由器或其他设备。为此，线缆的安装应具有专业水平，且使用的配件应保证质量，还需配有网络管理工具监测通过网络连接的数据传输。此外，包括后备电源在内的电力调节设备也应该应用于所有的网络连接部件。如果可能的话，应该为网络设计一条辅助的网络连接路径（即网络冗余路径），如采用双主干方案，或用开关控制连接，以便能快速地对网络连接故障做出反应并为用户重新建立连接。

3.7.4 制定备份的策略

备份不是实时的，备份应该什么时候进行、以什么方式进行，主要取决于数据库的规模和用途。备份时需主要考虑以下几个因素。

① 备份周期是月、周、天还是小时。

② 使用冷备份还是热备份。

③ 使用增量备份还是全盘备份，或者两者同时使用（增量备份只备份自上次备份后的所有更新的数据，全盘备份是完整备份数据库中的所有数据）。

④ 使用什么介质进行备份，备份到磁盘还是磁带。

⑤ 是人工备份还是设计一个程序定期自动备份。

⑥ 备份介质的存放是否防窃、防磁、防火。

3.7.5 数据库的恢复

恢复也称为重载或重入，是指当磁盘损坏或数据库崩溃时，通过转储或卸载的备份重新安装数据库的过程。

1. 恢复技术的种类

恢复技术大致可以分为如下 3 种：单纯以备份为基础的恢复技术，以备份和运行日志为基础的恢复技术和基于多备份的恢复技术。

（1）以备份为基础的恢复技术

以备份为基础的恢复技术是由文件系统恢复技术演变而来的，即周期性地备份。当数据库失效时，可取最近一次的备份进行恢复。利用这种方法，数据库只能恢复到最近一次备份的状态，从最近备份到故障发生期间的所有数据库的更新数据将会丢失。这意味着备份的周期越长，丢失的更新数据也就越多。

数据库中的数据一般只部分更新。如果只转储其更新过的物理块，则转储的数据量会明显减少，也不必用过多的时间去转储。如果增加转储的频率，则可以减少发生故障时已被更新过的数据的丢失。这种转储称为增量转储。

利用增量转储进行备份的恢复技术实现起来颇为简单，也不会增加数据库正常运行时的开销，其最大的缺点是不能恢复到数据库的最近状态。这种恢复技术只适用于小型的和不太重要的数据库系统。

（2）以备份和运行日志为基础的恢复技术

系统运行日志用于记录数据库运行的情况，一般包括3部分内容：前像、后像和事务状态。

所谓的前像是指数据库被某个事务更新时，所涉及的物理块更新后的影像，它以物理块为单位。前像在恢复中所起的作用是帮助数据库恢复到更新前的状态，即撤销更新，这种操作称为撤销（Undo）。

后像恰好与前像相反，它是当数据库被某一事务更新时，所涉及的物理块更新前的影像，其单位和前像一样为物理块。后像的作用是帮助数据库恢复到更新后的状态，相当于重做一次更新。这种操作在恢复技术中称为重做（Redo）。

运行日志中的事务状态记录每个事务的状态，以便在数据库恢复时做不同处理。事务状态的变化情况如图 3-12 所示。

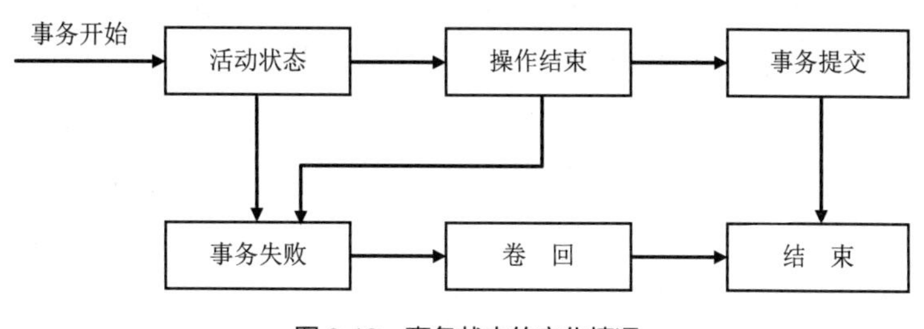

图 3-12　事务状态的变化情况

由图 3-12 可知，每个事务都有以下两种可能的结果。

① 事务提交后结束，这说明事务已成功执行，事务对数据库的更新能被其他事务访问。

② 事务失败，需要消除事务对数据库的影响，对这种事务的处理称为卷回（Rollback）。

基于备份和日志的这种恢复技术，当数据库失效时，可取出最近备份，然后根据日志的记录，对未提交的事务用前像卷回，称后向恢复（Backward Recovery）；对已提交的事务，必要时用后像重做，称前向恢复（Forward Recovery）。

这种恢复技术的缺点是，由于需要保持一个运行的记录，既花费较大的存储空间，又影响数据库正常工作的性能。它的优点是可使数据库恢复到最近的一个状态。大多数数据库管理系统都支持这种恢复技术。

（3）基于多备份的恢复技术

多备份恢复技术的前提是每一个备份必须具有独立失效模式（Independent Failure Mode），这样可以使这些备份互为备份，用于恢复。所谓独立失效模式是指各个备份不至于因同一故障而一起失效。获得独立失效模式的一个重要的要素是各备份的支持环境尽可能地独立，其中包括不共用电源、磁盘、控制器以及 CPU 等。在部分可靠要求比较高的系统中，采用磁盘镜像技术，即数据库以双备份的形式存放在两个独立的磁盘系统中，为了使失效模式独立，两个磁盘系统有各自的控制器和 CPU，但彼此可以相互切换。在读数据时，可以选读其中任一磁盘；在写数据时，两个磁盘都写入同样的内容，当一个磁盘中的数据丢失时，可用另一个磁盘的数据来恢复。

基于多备份的恢复技术在分布式数据库系统中用得比较多，这完全是出于性能或其他考虑，在不同的节点上设有数据备份，而这些数据备份由于所处的节点不同，其失效模式也比较独立。

2. 恢复的办法

数据库的恢复大致有如下方法。

① 周期性地对整个数据库进行转储，把它复制到备份介质（如磁带）中作为后备副本，以备恢复时使用。

转储通常又可分为静态转储和动态转储。静态转储是指转储期间不允许（或不存在）对数据库进行任何存取和修改，而动态转储是指在存储期间允许对数据库进行存取或修改。

② 对数据库的每次修改，都记下修改前后的值，写入“运行日志”。它与后备副本结合，可有效地恢复数据库。

日志文件是用来记录数据库每一次更新活动的文件。在动态转储过程中必须建立日志文件，后备副本和日志文件综合起来才能有效地恢复数据库。在静态转储过程中，也可以建立日志文件。当数据库毁坏后可重新装入后备副本把数据库恢复到转储结束时刻的正确状态。然后利用日志文件，把已完成的事务进行重新处理，对故障发生时尚未完成的事务进行撤销处理。这样不必重新运行那些已完成的事务程序就可把数据库恢复到故障前某一时刻的正确状态。

3. 利用日志文件恢复事务

下面介绍一下如何登记日志文件以及发生故障后如何利用日志文件恢复事务。

（1）登记日志文件

在事务运行过程中，系统把事务开始、事务结束（包括 Commit 和 Rollback）以及对数据库的插入、删除和修改等每一个操作作为一个登记记录（Log 记录）存放到日志文件中。每个记录包括的主要内容有执行操作的事务标识、操作类型、更新前数据的旧值（对插入操作而言，此项为空值）和更新后的新值（对删除操作而言，此项为空值）。

登记的次序严格按并行事务执行的时间次序，同时遵循“先写日志文件”的规则。写一个修改到数据库和写一个表示这个修改的 Log 记录到日志文件中是两个不同的操作，有可能在这两个操作之间发生故障，即这两个操作只完成了一个。如果先写了数据库修改，而在运行记录中没有登记这个修改，则以后就无法恢复这个修改了。因此为了安全应该先写日志文件，即首先把 Log 记录写到日志文件上，然后写数据库的修改。这就是“先写日志文件”的原则。

（2）事务恢复

利用日志文件恢复事务的过程分为以下两步。

① 从头扫描日志文件，找出哪些事务在故障发生时已经结束（这些事务有 Begin Transaction 和 Commit 记录），哪些事务尚未结束（这些事务只有 Begin Transaction，无 Commit 记录）。

② 对尚未结束的事务进行撤销处理，对已经结束的事务进行重做。

进行撤销处理的方法是：反向扫描日志文件，对每个撤销事务的更新操作执行反操作。即对已经插入的新记录执行删除操作，对已删除的记录重新插入，对修改的数据恢复旧值。

进行重做处理的方法是：正向扫描日志文件，重新执行登记操作。

对于非正常结束的事务进行撤销处理，以消除可能对数据库造成的不一致性。对正常结束的事务进行重做处理也是需要的，这是因为虽然事务已发出 Commit 操作请求，但更新操作有可能只写到了数据库缓冲区（内存），还没来得及物理地写到数据库（外存）便发生了系统故障。数据库缓冲区的内容被破坏，这种情况仍可能造成数据库的不一致性。由于日志文件上的更新活动已完整地登记下来，因此可能重做这些操作而不必重新运行事务程序。

（3）利用转储和日志文件

利用转储和日志文件可以有效地恢复数据库。当数据库本身被破坏时（如硬盘故障、病毒破坏）可重装转储的后备副本，然后运行日志文件，执行事务恢复，这样就可以重建数据库。

当数据库本身没有被破坏，但内容已经不可靠时，可利用日志文件恢复事务，从而使数据库回到正确状态，这时不必重装后备副本。

4. 易地更新恢复技术

图 3-13 所示为易地更新。每个关系有一个页表，页表中每一项是一个指针，指向关系中的每一页（块）。当更新时，旧页保留不变，另找一个新页写入新的内容。在提交时，把页表的指针从旧页指向新页，即更新页表的指针。旧页实际上起到了前像的作用。由于存储介质可能发生故障，后像还是需要的。旧页又称影页（Shadow）。

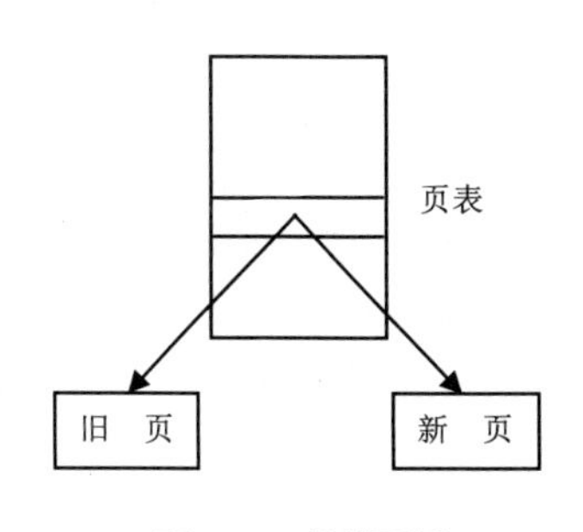

图 3-13　易地更新

在事务提交前，其他事务只可访问旧页；在事务提交后，其他事务可以访问新页。事务如果在执行过程中发生故障，而故障发生在提交之前，称数据库状态为前像；故障发生在提交之后，则称数据库状态为后像。显然这满足了数据的一致性要求，在数据库损坏时需用备份和后像进行重做。在数据库未遭损坏时，不需要采取恢复措施。

易地更新恢复技术有如下限制与缺点。

① 同一时间只允许一个事务提交。

② 同一时间一个文件只允许一个事务对它进行更新。

③ 提交时主记录一般限制为一页，文件个数受到主记录大小的限制。

④ 文件的大小受页表大小的限制，而页表的大小受到缓冲区大小的限制。

⑤ 易地更新时，文件很难连成一片。

因此，易地更新恢复技术一般用于小型数据库系统，对大型数据库系统一般不适用。

5. 失效的类型及恢复的对策

一种恢复方法的恢复能力总是有限的，一般只对某一类型的失效有效，在任何情况下都适用的恢复方法是不存在的。在前述的恢复方法中都需要备份，如果备份由于不可抗拒的因素而损坏，那么，前述的恢复方法将无能为力。通常的恢复方法都是针对概率较高的失效，这些失效可分为 3 类：事务失效、系统失效和介质失效。

（1）事务失效

事务失效发生在事务提交之前，事务一旦提交，即使要撤销也不可能了。造成事务失效的原因有以下几种。

① 事务无法执行而自行中止。

② 操作失误或改变主意而要求撤销事务。

③ 由于系统调度上的原因而中止某些事务的执行。

对事务失效可采取如下措施予以恢复。

① 消息管理丢弃该事务的消息队列。

② 如果需要可进行撤销。

③ 从活动事务表（Active Transaction List）中删除该事务的事务标识，释放该事务占用的资源。

（2）系统失效

这里所指的系统包括操作系统和数据库管理系统。系统失效是指系统崩溃，必须重新启动系统，内存中的数据可能丢失，而数据库中的数据未遭破坏。发生系统失效的原因有以下几种。

① 掉电。

② 除数据库存储介质外的硬、软件故障。

③ 重新启动操作系统和数据库管理系统。

④ 恢复数据库至一致状态时，对未提交的事务进行了 Undo 操作，对已提交的事务进行了 Redo 的操作。

（3）介质失效

介质失效指磁盘发生故障，数据库受损，例如，划盘、磁头破损等。

现代的 DBMS 对介质失效一般都提供恢复数据库至最近状态的措施，具体过程如下。

① 修复系统，必要时更换磁盘。

② 如果系统崩溃，则重新启动系统。

③ 加载最近的备份。

④ 用运行日志中的后像重做，取最近备份以后提交的所有事务。

从介质失效中恢复数据库的代价是较高的，而且要求运行日志提供所有事务的后像，工作量是很大的。但是，为了保证数据的安全，这些工作是必不可少的。

3.8 本章小结

1. 数据完整性

数据完整性用来泛指与损坏和丢失相对的数据的状态，它通常表明数据的可靠性与准确性是可以信赖的。在数据完整性无法保证的情况下，意味着数据有可能是无效的或不完整的。

影响数据完整性的因素主要有如下 5 种。

硬件故障、网络故障、逻辑问题、灾难性事件和人为因素。

提高数据完整性主要有两个方面的内容：首先，采用预防性的技术防范危及数据完整性的事件的发生；其次，数据的完整性受到损坏时采取有效的恢复手段，恢复被损坏的数据。

2. 容错与网络冗余

从容错技术的实际应用出发可以将容错系统分成 5 种不同的类型。

高可用度系统、长寿命系统、延迟维修系统、高性能计算系统和关键任务计算系统。

实现容错系统的方法如下。

空闲备件、负载平衡、镜像和复现。

在系统中冗余配置一些关键的部件可以增强系统的容错性。被冗余配置的部件通常有如下几种：主处理器、电源、I/O 设备。

实现存储系统冗余的几种方法有磁盘镜像、磁盘双联和 RAID。

3. 网络备份系统

网络备份系统的目的是，尽可能快地恢复计算机或计算机网络系统所需要的数据和系统信息。网络备份实际上不仅是指网络上各计算机的文件备份，还包含整个网络系统的备份。主要包括如下几个方面。

① 文件备份和恢复。

② 数据库备份和恢复。

③ 系统灾难恢复。

④ 备份任务管理。

备份包括全盘备份、增量备份、差别备份、按需备份等。

恢复操作通常可以分成全盘恢复、个别文件恢复和重定向恢复。

网络备份由以下4个基本部件组成。

① 目标。目标是指被备份或恢复的任何系统。

② 工具。工具是执行备份任务（如把数据从目标复制到磁带上）的系统。

③ 设备。设备通常指将数据写到可移动介质上的存储设备，一般指磁带。

④ SCSI总线。SCSI总线是指将设备和联网计算机连接在一起的电缆和接头。在局域网络备份中，SCSI总线通常将设备和备份工具连接起来。

4. 数据库安全概述

数据库具有多用户、高可靠性、频繁的更新和文件大等特性，在安全方面数据库具有数据独立性、数据安全性、数据完整性、并发控制和故障恢复等特性。

数据库管理系统的主要职能为以下几种。

① 有正确的编译功能，能正确执行规定的操作。

② 能正确执行数据库命令。

③ 保证数据的安全性、完整性，能抵御一定程度的物理破坏，能维护和提交数据库内容。

④ 能识别用户、分配授权和进行访问控制，包括身份识别和验证。

⑤ 顺利执行数据库访问，保证网络通信功能。

5. 数据库安全的威胁

对数据库构成的威胁主要有篡改、损坏和窃取3种情况。

6. 数据库的数据保护

数据库的故障是指从保护安全的角度出发，数据库系统中会发生的各种故障。这些故障主要包括事务内部的故障、系统故障、介质故障、计算机病毒与“黑客”等。

数据库保护主要涉及数据库的安全性、完整性、并发控制和数据库恢复。

在数据库的安全性方面要采取用户标识和鉴定、存取控制、数据分级以及数据加密等手段。

数据库中的所有数据都必须满足自己的完整性约束条件，这些约束包括以下几种。

① 数据类型与值域的约束。

② 关键字约束。

③ 数据联系的约束。

7. 数据库备份与恢复

数据库系统对付故障有两种办法：一种办法是尽可能提高系统的可靠性；另一种办法是在系统发生故障后，把数据库恢复至原来的状态。

数据库系统如果发生故障可能会导致数据的丢失，要恢复丢失的数据，必须对数据库系统进行备份。在制定数据库备份方案之前必须对下列问题进行分析，并在分析的基础上做出评估。

① 备份所需费用的评估。

② 技术评估。

常用的数据库备份方法有冷备份、热备份和逻辑备份3种。

提高数据库备份性能的办法有升级数据库管理系统、使用性能更强的备份设备、备份到磁盘上、使用本地备份设备、使用原始磁盘分区备份等。

保护数据库的完整性，除了提高性能的技术之外，也可以通过系统和网络的高可靠性实现。

数据库的恢复也称为重载或重入，是指当磁盘损坏或数据库崩溃时，通过转储或卸载的备份重新安装数据库的过程。恢复技术大致可以分为 3 种：以备份为基础的恢复技术、以备份和运行日志为基础的恢复技术以及基于多备份的恢复技术。

习　题

1. 简述数据完整性的概念及影响数据完整性的主要因素。
2. 什么是容错与网络冗余技术，实现容错系统的主要方法有哪些?
3. 实现存储系统冗余的方法有哪些?
4. 简述“镜像”的概念。
5. 网络系统备份的主要目的是什么?
6. 网络备份系统的主要部件有哪些?
7. 简述磁带轮换的概念及模式。
8. 试分析数据库安全的重要性，说明数据库安全所面临的威胁。
9. 数据库中采用了哪些安全技术和保护措施?
10. 数据库的安全策略有哪些？简述其要点。
11. 数据库管理系统的主要职能有哪些?
12. 简述常用数据库的备份方法。
13. 简述易地更新恢复技术。
14. 简述介质失效后，恢复的一般步骤。
15. 什么是“前像”，什么是“后像”？

04 第4章　恶意代码及网络防病毒技术

恶意代码是指能够破坏计算机系统功能，未经用户许可非法使用计算机系统，影响计算机系统、网络正常运行，窃取用户信息等的计算机程序或代码。恶意代码是一种程序，它通过把代码在不被察觉的情况下嵌入另一段程序中，从而达到破坏被感染计算机的数据、运行具有入侵性或破坏性的程序、破坏被感染计算机数据的安全性和完整性的目的。计算机病毒指编制者在计算机程序中插入的破坏计算机功能或者数据、影响计算机正常使用并且能够自我复制的一组计算机指令或程序代码。

恶意代码总体上可以分为两个类别，一类需要驻留在宿主程序，另一类独立于宿主程序。前一类实质上是一些必须依赖于一些应用程序或系统程序才可以起作用的程序段，后一类是一些可以由操作系统调度和运行的独立程序。

另外一种分类方法是将恶意代码分为不可进行自身复制和可以进行自身复制两类。前者在宿主程序被触发的时候执行相应操作，但不会对本身进行复制操作；后者包括程序段（病毒）或独立的程序（蠕虫），这些程序在执行的时候将产生自身的一个或多个副本，这些副本在合适的时机将在本系统或其他系统内被激活。

本章从计算机病毒、蠕虫病毒等方面来阐述防病毒技术。

4.1 计算机病毒

计算机病毒是一种计算机程序，它不仅能破坏计算机系统，而且能够传播并感染其他系统。它通常隐藏在其他看起来无害的程序中，能复制自身并将其插入其他的程序中以执行恶意的行动。

病毒既然是一种计算机程序，就需要消耗计算机的CPU资源。当然，病毒并不一定都具有破坏力，有些病毒更像是恶作剧，例如，有些计算机感染病毒后，只是显示一条有趣的消息。但大多数病毒的目标任务是破坏计算机信息系统程序，影响计算机的正常运行。

4.1.1 计算机病毒的分类

通常，计算机病毒可分为下列几类。

1. 按传染对象分类

（1）文件病毒

该病毒在操作系统执行文件时取得控制权并把自己依附在可执行文件上，然后利用这些指令来调用附在文件中某处的病毒代码。当文件执行时，病毒会调出自己的代码来执行，接着又返回到正常的执行系列。通常，这些过程发生得很快，以至于用户难以察觉病毒代码已被执行。

（2）引导扇区病毒

它会潜伏在硬盘的引导扇区或主引导记录（分区扇区中插入指令）。此时，如果计算机从被感染的系统硬盘引导，病毒就会把自己的代码调入内存非驻留在内存中，同时感染被访问的U盘或移动硬盘。

（3）多裂变病毒

多裂变病毒是文件和引导扇区病毒的混合种，它能感染可执行文件，从而在网上迅速传播蔓延。

（4）秘密病毒

这种病毒通过挂接中断把它所进行的修改和自己的真面目隐藏起来，具有很大的欺骗性。因此，当某系统函数被调用时，这些病毒便“伪造”结果，使一切看起来非常正常。秘密病毒摧毁文件的方式包括伪造文件大小和日期、隐藏对引导区的修改、重定向大多读操作等。

（5）异形病毒

这是一种能变异的病毒，随着感染时间的不同而改变为不同的形式。不同的感染操作会使病毒在文件中以不同的方式出现，传统的模式匹配法对此无能为力。

（6）宏病毒

宏病毒不只是感染可执行文件，它也可以感染一般文件。虽然宏病毒一般不会有严重的危害，但它仍令人讨厌，因为它会影响系统的性能以及用户的工作效率。宏病毒是利用宏语言编写的，不面向操作系统，所以它不受操作平台的约束，可以在DOS、Windows、UNIX、Linux、macOS在OS/2中散播。这就是说，宏病毒能被传播到任何可运行编写宏病毒的应用程序的主机中。

2. 按破坏程度分类

（1）良性病毒

良性病毒入侵的目的不是破坏系统，而是发出某种声音，或出现一些提示，除了占用一定的硬盘空间和CPU处理时间外无其他坏处。

（2）恶性病毒

恶性病毒的目的是对软件系统造成干扰、窃取信息、修改系统信息，但不会造成硬件损坏、数据丢失等后果。这类病毒入侵后系统除了不能正常使用之外，不会导致其他损失，系统损坏后一般只需要重装系统的部分文件后即可恢复，当然还是要查杀这些病毒之后再重装系统。

（3）极恶性病毒

极恶性病毒比上述病毒损坏的程度要大些，如果感染上这类病毒，用户的系统往往会彻底崩溃，根本无法正常启动，保留在硬盘中的有用数据也可能丢失和损坏。

（4）灾难性病毒

灾难性病毒一般是破坏磁盘的引导扇区文件、修改文件分配表和硬盘分区表，使系统根本无法启动，有时甚至会格式化硬盘。一旦感染这类病毒，操作系统往往很难恢复，保留在硬盘中的数据也会丢失。这种病毒给用户造成的损失是非常大的。

3. 按入侵方式分类

（1）源代码嵌入攻击型

这类病毒入侵的主要是高级语言编写的源程序，病毒在源程序编译之前插入其代码，最后随源程序一起被编译成可执行文件，这样刚生成的文件就是带毒文件。

（2）代码取代攻击型

这类病毒主要是用它自身的代码取代某个入侵程序的整个或部分模块。这类病毒很少见，它主要是攻击特定的程序，针对性较强，但是不易被发现，清除起来也较困难。

（3）系统修改型

这类病毒主要是用自身程序覆盖或修改系统中的某些文件来达到调用或替代操作系统中的部分功能的目的，由于是直接感染系统，危害较大，也是最为常见的一种病毒类型，多为文件型病毒。

（4）外壳附加型

这类病毒通常是将其代码附加在正常程序的头部或尾部，相当于给程序添加了一个外壳。在被感染的程序执行时，病毒代码先被执行，然后才将正常程序调入内存。目前大多数文件型的病毒属于这一类。

除上述这些病毒外，还有其他一些毁坏性的代码，如逻辑炸弹、特洛伊木马和蠕虫等。它们会窃取系统资源或损坏数据，但从技术上并不将它们归类为病毒，因为它们并不复制自己。但它们仍然是很危险的。

4.1.2　计算机病毒的传播

1. 计算机病毒的由来

计算机病毒是由计算机“黑客”们编写的，这些人想证明他们能编写出不但可以干扰和摧毁计算机而且能将破坏传播到其他系统的程序。20 世纪 40 年代，冯·诺依曼首先注意到程序可以被编写成能自我复制并增加自身大小的形式。20 世纪 50 年代，贝尔实验室的一组科学家开始用一种游戏进行实验，这就是著名的“Core War”（核心大战）。20 世纪 60 年代，约翰·康韦（John Conway）开发出“living”（生存）软件，它可以进行自我复制。由于“living”程序的思想在那个年代颇受欢迎，创造病毒类型程序的挑战广泛传播于学术界，而学生们则开始尝试所有相关的程序。

到了 20 世纪 70 年代，“黑客”们在创造病毒类型程序方面取得了很大进展，研制开发出具有更强摧毁能力的程序。尽管如此，真正的病毒攻击在当时仍然很少。几乎在同时，计算机犯罪开始增长，包括闯入私人账户和进行非法的银行转账。在 20 世纪 80 年代，随着 PC 的问世以及广泛使用，病毒成为一种威胁。

最早被记录在案的病毒之一是 1983 年由南加州大学学生费雷德·科恩（Fred Cohen）编写的，在 UNIX 系统下会引起系统死机的程序。当该程序安装在硬盘上后，就可以对自己进行复制扩展，使计算机遭到“自我破坏”。1985 年，该病毒程序通过电子公告牌向公众展示。

1986 年，拉尔夫·伯格（Ralf Burger）的 VIRDEM 病毒程序问世。之后大批的病毒如雨后春笋般冒了出来，包括最流行的 Pakistani Brain 和 Lehigh、Stoned、Dark Avenger 等。短短数年，计算机及其网络系统病毒的感染达到了相当严重的程度。

当前，新病毒技术的发展也是令人始料不及的，如能逃避病毒扫描程序的隐身技术或多态功能，使病毒技术达到了一个新的水平。病毒检测和保护界也正在努力工作，以抵挡住病毒的猛攻，保护计算机用户的利益。

2. 计算机病毒的传播方式

计算机病毒通过某个入侵点进入系统来感染系统。最明显的也是最常见的入侵点是从一个工作站传到另一个工作站。在计算机网络系统中，可能的入侵点还包括服务器、E-mail 附加部分、BBS 上下载的文件、Web 站点、FTP 下载文件、共享网络文件及常规的网络通信、盗版软件、示范软件、计算机实验室和其他共享设备。此外，也可以有其他的入侵点。

病毒一旦进入系统以后，通常通过以下两种方式传播。

① 通过磁盘的关键区域。

② 在可执行的文件中。

前者主要感染单个工作站，而后者是基于服务器的病毒繁殖的主要原因。

如果硬盘的引导扇区受到感染，病毒就把自己送到内存中，从而就会感染该计算机所访问的所有 U 盘及活动硬盘，每当用户相互交换这些存储设备时，便形成了一种大规模的传播途径，一台又一台的工作站会受到感染。

多裂变病毒是能够以文件病毒的方式传播的，然后去感染引导扇区。它也能够通过 U 盘进行传播。可执行文件是服务器上最常见的传播源。对于网络系统中的其他的工作站来说，服务器是一个受感染的带菌者，是病毒的集散点。

① 新的被病毒感染的文件被复制到文件服务器的卷上。

② 与其相连的 PC 内存中的病毒感染了服务器上已有的文件。

服务器在网络系统中一直处于核心地位，因此，一旦文件服务器上的病毒已感染了某个关键文件，那么该病毒对系统所造成的威胁特别大。

4.1.3 计算机病毒的工作方式

一般来说，病毒的工作方式与病毒所能表现出来的特性或功能是紧密相关的。病毒能表现出的几种特性或功能有感染、变异、触发、破坏以及高级功能（如隐身和多态）等。

1. 感染

任何计算机病毒的一个重要特性或功能是对计算机系统的感染。事实上，可根据感染方法来区分两种主要类型的病毒：引导扇区病毒和文件感染病毒。

（1）引导扇区病毒

引导扇区病毒的一个非常重要的特点是对软盘和硬盘引导扇区的攻击。引导扇区是大部分系统启动或引导指令所保存的地方，而且对所有的磁盘来讲，不管是否可以引导，都有一个引导扇区。感染主要是在计算机通过已被感染的引导盘（常见的如一个软盘）引导时发生的。图 4-1 所示为引导扇区病毒感染过程。

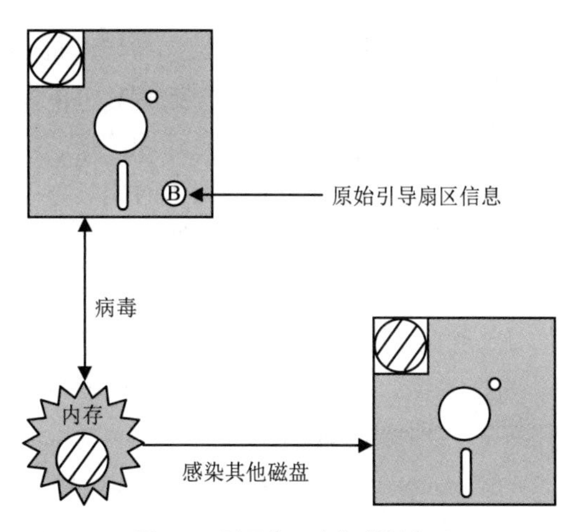

图 4-1　引导扇区病毒感染过程

引导扇区一般是硬盘或软盘上的第一个扇区，对于装载操作系统具有关键性的作用。硬盘的分区信息是从该扇区初始化的。一般来说，引导扇区先于其他程序运行从而获得对 CPU 的控制。这就是引导扇区病毒能立即控制整个系统的原因所在。

Pakistani Brain 病毒是最为流行的引导扇区病毒之一，它首先将原始引导信息移动到磁盘的其他部分，然后将自己复制到引导扇区和磁盘的其他空闲部分。这种病毒所造成的后果是将有关硬盘分区和文件定位表的信息覆盖了，使用户无法访问文件。当计算机下次引导时，病毒便完全控制系统，其结果是对磁盘不能进行正确的访问，更改程序的请求以及修改内存等形式也开始受到破坏。

Pakistani Brain 有许多逃避检测的功能，它经常用“(C)BRAIN”作为它的磁盘卷标以标识它的存在。

其他的引导扇区病毒有 Stoned、 Bouncing Ball、Chinese Fisa 以及大麻病毒等。

（2）文件型病毒

文件型病毒与引导扇区病毒最大的不同之处是，它攻击磁盘上的文件。它将自己依附在可执行的文件（通常是.com 和.exe）中，并等待程序的运行。这种病毒会感染其他的文件，而它自己却驻留在内存中。当该病毒完成了它的工作后，其宿主程序才被运行，使计算机看起来一切正常。

文件型病毒的工作过程如图 4-2 所示。它将自己依附或加载在.exe 和.com 之类的可执行文件上。它有 3 种主要的类型：覆盖型、前后依附型以及伴随型。3 种文件型病毒的工作方式各不相同。

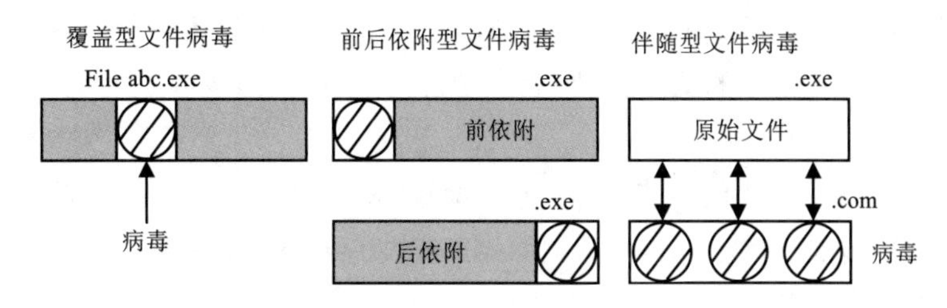

图 4-2　文件型病毒工作过程

覆盖型文件病毒的一个特点是不改变文件的长度，使原始文件看起来非常正常。即使是这样，一般的病毒扫描程序或病毒检测程序通常都可以检测到覆盖了程序的病毒代码的存在。

前依附型文件病毒将自己加在可执行文件的开始部分，而后依附型文件病毒将病毒代码附加在可执行文件的末尾。

伴随型文件病毒为.exe 文件建立一个相应的含有病毒代码的.com 文件。当运行.exe 文件时，控制权就转到隐藏的.com 文件，病毒程序就得以运行。当执行完之后，控制权又返回到.exe 文件。

文件型病毒有两种类型：驻留型和非驻留型（直接程序病毒）。

驻留型文件病毒的特点是，即使在病毒文件已执行完后仍留在内存中。这种病毒能在对文件进行操作（打开、关闭以及运行）时将其感染。非驻留型文件病毒仅当宿主程序运行时才能工作。非驻留型文件病毒可感染的程序多达整个磁盘的文件。

传播最为广泛的文件病毒是 Lehigh 病毒，它将自己依附在 Command.com 中用于运行时间堆栈的、一般由零填充的一个区域中。其他的文件型病毒有以下几种。

① Advent，该病毒从圣诞节开始，在以后的每个星期天增加一支蜡烛。它显示“Merry Christmas”并演奏“O Tannenbaum”。

② Amoeba，该病毒覆盖硬盘起始的一些磁道并伴随闪烁的信息。

③ Autumn Leaves，该病毒使屏幕上的字符掉下来，还有“喀喀”声。

④ Cancer，该病毒可一次又一次地感染程序，直至它不能被装入内存为止。

⑤ Datacrime Ia，该病毒会宣布它的出现，然后开始重新格式化硬盘，并不断地发出“哗哗”声。

2. 变异

变异又称变种，这是病毒为逃避病毒扫描和其他反病毒软件的检测，以达到逃避检测目的的一种“功能”。

变异是病毒可以创建类似于自己，但又不同于自身“品种”的一种技术，它使病毒难以被病毒扫描程序检测到。有的变异程序能够将普通的病毒转换成多态的病毒。

3. 触发

不少计算机病毒为了能在合适的时候发作，需要预先设置一些触发的条件，并使之先置于未触发状态。众所周知的是基于某个特定日期，如每个月的几号或星期几开始其“工作”。除了以时间作为触发条件外，也有当程序运行了多少次后，或在文件病毒被复制到不同的系统上多少次之后，病毒便被启动而立刻“工作”。触发在逻辑炸弹中很流行。

4. 破坏

破坏的形式多种多样，从无害到毁灭性的。破坏的方式总的来说可以归纳为下列几种：修改数据、破坏文件系统、删除系统上的文件、视觉和听觉效果。下面对上述的几种破坏做简单的介绍。

（1）修改数据

计算机病毒能够修改文件中的某些数据是不言而喻的。对那些粗心的用户来说，如果不仔细的话，很可能会注意不到这些问题，从而造成对数据完整性的破坏，这是非常有害的。病毒也有可能改变账目或电子表格文件中的数据。

（2）破坏文件系统

这类破坏的例子较多，常见的包括用感染的文件去覆盖正常的、干净的文件，使原来存储的信息遭到破坏。破坏或删除文件分配表（FAT）可以导致无法对磁盘上的文件进行访问。其他的还有覆盖硬盘上的一些磁道，使系统处于“挂起”的状态，对硬盘进行完全的重新格式化从而摧毁数据，或阻止用户重新启动计算机等。

（3）删除系统上的文件

病毒有时会删除一些文件，或者对有用的信息进行一些破坏。如Jerusalem病毒会在星期五且是13号那天删除系统上运行的文件。其他的病毒也有可能会随机地删除磁盘扇区，或文件目录的扇区。

（4）视觉和听觉效果

视觉和听觉效果表现为在显示屏上显示一些信息、演奏音乐，或者显示一些图像等。这些现象对一些无经验的用户来说很有趣而无害，但往往就是这种有趣无害的背后隐藏着它在后台进行的破坏。当然，有些病毒确实只造成无害的效果，但其他的却不只是这样，它们把视觉和听觉效果与破坏很巧妙地组合在一起。

5. 高级功能

计算机病毒经过几代的发展，在功能方面日趋高级，它们尽可能地逃避检测，有的甚至被设计成能够躲开病毒扫描软件和反病毒软件的程序。隐身病毒和多态病毒就属于这一类。

多态病毒的最大特点是能变异成不同的品种，每个新的病毒都与上一代有一些差别，每个新病毒都各不相同。

隐身病毒的特点是用户和反病毒软件无法对它进行识别并找不到其躲藏的地方。常见的躲避检测的方法是病毒自己对程序中的任何文件串进行编码，这样病毒扫描软件就无法在文件里寻找并立即发现其存放在那里的ASCII文本。其他的一些隐身技术有隐藏病毒文件的大小以及文件的存在的能力，以达到逃避检测的目的。另一种隐身技术是复制干净的、原始的信息并将其存在一个病毒可以访问的地方，这样，反病毒程序在搜索时，隐身病毒就会将控制指向原来的文件，而隐藏自己的特征和位置，从而不被发现。

4.1.4 计算机病毒的特点及破坏行为

1. 计算机病毒的特点

要做好反病毒技术的研究，首先要认清计算机病毒的特点和行为机理，为防范和清除计算机病毒提供充实可靠的依据。根据对计算机病毒的产生、传染和破坏行为的分析，总结出病毒有以下几个主要特点。

（1）刻意编写人为破坏

计算机病毒不是偶然自发产生的，而是人为编写的有意破坏、严谨精巧的程序段，它是严格组织的程序代码，与所在环境相互适应并紧密配合。编写病毒的动机一般有以下几种：为了表现和证明自己，出于对上级的不满，出于好奇的“恶作剧”，为了报复，为了纪念某一事件等。也有因为政治、军事、民族、宗教或专利等方面的需要而专门编写的病毒。有的病毒编制者为了相互交流或合作，甚至建立了专门的病毒组织。

计算机病毒的破坏性多种多样。若按破坏性粗略分类，可以分为良性病毒和恶性病毒。恶性病毒是指在代码中包含有损伤、破坏计算机系统的操作，在其传染或发作时会对系统直接造成严重损坏的病毒。它的破坏目的非常明确，如破坏数据、删除文件、格式化磁盘和破坏主板等，因此恶性病毒非常危险。良性病毒不包含立即直接破坏的代码，只是为了表现其存在或为说明某些事件而存在，如只显示某些信息，或播放一段音乐，或没有任何破坏动作但不停地传播。但是这类病毒的潜在破坏还是有的，它使内存空间减少、占用磁盘空间、降低系统运行效率、使某些程序不能运行，还与操作系统和应用程序争抢 CPU 的控制权，严重时可导致系统死机、网络瘫痪。

（2）自我复制能力

自我复制也称“再生”或“传染”。再生机制是判断程序是不是计算机病毒的最重要依据。这一点与生物病毒的特点也最为相似。在一定条件下，病毒通过某种渠道从一个文件或一台计算机传染到另外没有被感染的文件或计算机，轻则造成被感染的计算机数据被破坏或工作失常，重则使计算机瘫痪。病毒代码就是靠这种机制大量传播和扩散的。携带病毒代码的文件称为计算机病毒载体或带毒程序。每一台被感染了病毒的计算机，本身既是一个受害者，又是计算机病毒的传播者，通过各种可能的渠道，如 U 盘、光盘、活动硬盘以及网络去传染其他的计算机。在染毒的计算机上曾经使用过的 U 盘，很有可能已被计算机病毒感染，如果拿到其他计算机上使用，病毒就会通过带毒软盘传染这些计算机。如果计算机已经联网，通过数据或程序共享，病毒就可以迅速传染与之相连的计算机，若不加控制可能会在很短时间内传遍整个世界。

（3）夺取系统控制权

当计算机在正常程序控制之下运行时，系统运行是稳定的。在这台计算机上可以查看病毒文件的名字，查看或打印计算机病毒代码，甚至复制病毒文件，系统都不会激活并感染病毒。病毒为了达到感染、破坏系统的目的必然要取得系统的控制权，这是计算机病毒的另外一个重要特点。计算机病毒在系统中运行，首先要做初始化工作，在内存中找到一片安身之地，随后将自身与系统软件挂起钩来执行感染程序。在这一系列的操作中，最重要的是病毒与系统挂起钩来，即取得系统控制权，系统每执行一次操作，病毒就有机会执行它预先设计的操作，完成病毒代码的传播或进行破坏活动。反病毒技术也正是抓住计算机病毒的这一特点比病毒提前取得系统控制权，然后识别出计算机病毒的代码和行为。

（4）隐蔽性

不经过程序代码分析或计算机病毒代码扫描，病毒程序与正常程序不易区别开。在没有防护措施的情况下，计算机病毒程序取得系统控制权后，可以在很短的时间里大量传染。而在受到传染后，一般计算机系统仍然能够运行，被感染的程序也能执行，用户不会感到明显的异常，这便是计算机病毒的隐蔽性。正是由于这种隐蔽性，计算机病毒得以在用户没有察觉的情况下扩散传播。计算机病毒的隐蔽性还表现为病毒代码本身设计得非常短小，一般只有几百到几千字节，非常便于隐藏到其他程序中或磁盘的某一特定区域内。随着病毒编写技巧的提高，病毒代码本身还进行加密或变形，使得对计算机病毒的查找和分析更困难，容易造成漏查或错杀。

（5）潜伏性

病毒在感染系统后一般不会马上发作，它可长期隐藏在系统中，除了传染外，不表现出破坏性，这样的状态可能保持几天、几个月甚至几年，只有在满足其特定条件后才启动其表现模块，显示发作信息或进行系统破坏。使计算机病毒发作的触发条件主要有以下几种。

① 利用系统时钟提供的时间作为触发器，这种触发机制被大量病毒使用。

② 利用病毒体自带的计数器作为触发器。病毒利用计数器记录某种事件发生的次数，一旦计数器达到设定值，就执行破坏操作。这些事件可以是计算机开机的次数，可以是病毒程序被运行的次数，还可以是从开机起被运行过的程序数量等。

③ 利用计算机内执行的某些特定操作作为触发器。特定操作可以是用户按下某些特定键的组合，可以是执行的命令，可以是对磁盘的读写。被病毒使用的触发条件多种多样，而且往往由多个条件组合触发。大多数病毒的组合条件是基于时间的，再辅以读写盘操作、按键操作以及其他条件。

（6）不可预见性

不同种类病毒的代码千差万别，病毒的制作技术也在不断地提高。新的操作系统和应用系统的出现、软件技术的不断发展，也为计算机病毒提供了新的发展空间，对未来病毒的预测更加困难，这就要求人们不断提高对病毒的认识，增强防范意识。

2. 计算机病毒的破坏行为

计算机病毒的破坏性表现为病毒的杀伤能力。病毒破坏行为的激烈程度取决于病毒作者的主观愿望和他的技术能力。数以万计、不断发展的病毒破坏行为千奇百怪，不可穷举。根据有关病毒资料可以把病毒的破坏目标和攻击部位归纳如下。

① 攻击系统数据区。攻击部位包括硬盘主引导扇区、Boot 扇区、FAT 和文件目录等。一般来说，攻击系统数据区的病毒是恶性病毒，受损的数据不易恢复。

② 攻击文件。病毒对文件的攻击方式很多，如删除文件、改名、替换内容、丢失簇和对文件加密等。

③ 攻击内存。内存是计算机的重要资源，也是病毒攻击的重要目标。病毒额外地占用和消耗内存资源，可导致一些大程序运行受阻。病毒攻击内存的方式有大量占用、改变内存总量、禁止分配和蚕食内存等。

④ 干扰系统运行，使运行速度下降。此类行为也是花样繁多，如不执行命令、干扰内部命令的执行、虚假报警、打不开文件、内部栈溢出、占用特殊数据区、时钟倒转、重启动、死机、强制游戏和扰乱串并接口等。病毒激活时，系统时间延迟程序启动，在时钟里纳入循环计数，迫使计算机空转，运行速度明显下降。

⑤ 干扰键盘、喇叭或屏幕。病毒干扰键盘操作，如响铃、封锁键盘、换字、抹掉缓存区字符和输入紊乱等。许多病毒运行时，会使计算机的喇叭发出响声。病毒扰乱显示的方式很多，如字符跌落、环绕、倒置、显示前一屏、光标下跌、滚屏、抖动和乱写等。

⑥ 攻击 CMOS。在 CMOS 中保存着系统的重要数据，如系统时钟、磁盘类型和内存容量等。有的病毒激活时，能够对 CMOS 进行写入，破坏 CMOS 中的数据。例如，CIH 病毒破坏计算机硬件，乱写某些主板 BIOS 芯片，损坏硬盘。

⑦ 干扰打印机。如假报警、间断性打印或更换字符。

⑧ 破坏网络系统，非法使用网络资源，破坏电子邮件，发送垃圾信息和占用网络带宽等。

4.2 宏病毒及网络病毒

4.2.1 宏病毒

宏是软件设计者为了避免使用者在使用软件工作时一再重复相同的动作而设计出来的一种工具。可利用简单的语法把常用的动作写成宏，当再工作时，就可以直接利用事先写好的宏自动运行，去完成某项特定的任务，而不必重复相同的动作。Word将宏定义为“宏就是能组织到一起作为独立的命令使用的一系列Word命令，它能使日常工作变得更容易”。Word宏是使用Word Basic语言来编写的。

1. 宏病毒的行为和特征

所谓“宏病毒”，就是利用软件所支持的宏命令编写成的具有复制、传染能力的宏。宏病毒是一种新形态的计算机病毒，也是一种跨平台式计算机病毒，可以在Windows和Macintosh System 7等操作系统上执行病毒行为。

（1）宏病毒行为机制

Word的工作模式是当载入文档时，就先执行起始的宏，接着载入资料内容，这个创意本来很好，因为资料不同需要有不同的宏工作。可是事实上，很少有人会对宏产生兴趣，因为宏的编写相当于学习一套程序语言，尽管它的语法被编写得很简单，但是大多数的人一方面不知情、不了解，另一方面虽知如此却宁愿多花几秒重复几个动作。因此，Word便为大众事先定义了一个共用的范本文件（Normal.dotm），里面包含基本的宏。只要一启动Word，就会自动运行Normal.dotm文件。类似的电子表格软件Excel也支持宏，但它的范本文件是Personal.xls。这样做，等于是为宏病毒大开方便之门，只要编写了有问题的宏，再去感染这个共用范本（Normal.dotm或Personal.xls），那么只要执行Word或Excel，受感染的共用范本即被载入，计算机病毒便随之传播到之后所编辑的文档中去。

Word宏病毒通过.docx文档及.dotm模板进行自我复制及传播，而计算机文档是使用最广泛的文件类型。由于宏病毒用Word Basic语言编写，而Word Basic语言提供了许多系统底层调用，如直接使用DOS命令，调用Windows API，调用.dde、.dll等，这些操作均可能对系统造成直接威胁。而Word在指令安全性、完整性上检测能力很弱，破坏系统的指令很容易被执行。

（2）宏病毒特征

① 宏病毒会感染.docx文档和.dotm模板文件。被它感染的.docx文档会被改为模板文件，用户在另存文档时，就无法将该文档转换为其他形式，而只能用模板方式存盘。

② 宏病毒的传染通常发生在Word打开一个带宏病毒的文档或模板时，此时宏病毒被激活。宏病毒将自身复制到Word通用（Normal）模板中，以后在打开或关闭文件时宏病毒就会把病毒复制到该文件中。

③ 多数宏病毒包含AutoOpen、AutoClose、AutoNew和AutoExit等自动宏，病毒通过这些自动宏取得文档（模板）操作权。有些宏病毒通过这些自动宏控制文件操作。

④ 宏病毒中总是含有对文档读写操作的宏命令。

⑤ 宏病毒在.docx文档、.dotm模板中以.BFF格式存放，这是一种加密压缩格式，不同Word版本格式可能不兼容。

（3）自动执行的宏

在 Office 应用软件所提供的各类宏中，存在一种可以自动执行的宏，这使得宏病毒的制造成为可能。这种宏在执行某些操作的时候会自动调用，如打开一个文件、关闭一个文件、开始一个应用程序等。

当宏病毒运行起来，就可以执行将自身复制到其他文档、删除文件等操作，也可能对用户系统造成其他的危害。在 Microsoft 的 Word 中，存在 3 种可自动执行的宏类型。

① 自动执行宏：这类宏（比如，一个名为 AutoExec 的宏）存在于 Word 起始目录下的 Normal.dotm 模板或者一个全局模板中，因此每次 Word 运行时，这种类型的宏会自动执行。

② 自动宏：这种宏在有特定事件发生的时候执行，这些事件可能包括打开或关闭一个文档、创建一个文档、退出 Word 等。

③ 命令宏：如果一个全局宏文件中的宏或附加在文档上的宏以现有的 Word 命令为名，则用户调用该命令（如 FileSave）的时候该宏将会执行。

2. 宏病毒的防治和清除

（1）使用选项“保存 Normal 模板前提示”

“保存 Normal 模板前提示”是 Word 里面的一个选项。用户可以在“文件/选项”中的“高级”选项卡的“保存”栏中进行设置。但其局限性是仅在退出 Word 时才做出提示。在使用 Word 的过程中，如果文档被感染，用户还是一无所知。如果病毒的传播没有感染 Normal.dotm 或者病毒禁用了这一选项，用户还是以为平安无事的话，后果将不堪设想。通过 Word 设置的选项是很容易被禁用的，很多病毒已经具备了这样的功能。

（2）不要通过 Shift 键来禁止运行自动宏

在打开文档时按 Shift 键可使文档在打开时不执行任何自动宏。这样可以防止宏病毒使用 AutoOpen 宏来传播。同样，在退出时按 Shift 键，AutoClose 宏也不会被执行。

这样做的确可以有效地防止使用自动宏来传播的宏病毒进入系统，但必须在打开 Word 的时候确保一只手一直按住 Shift 键，另一只手双击 Word 图标。Shift 键必须在整个 Word 启动过程一直按住，如果过早松手，自动宏便会执行。另外，这对使用其他宏来传播的宏病毒是无效的。

（3）查看宏代码并删除

宏和文本是相互隔开的，正常情况下是不可能看见宏代码的。查看宏代码的方法是在 Word 中通过“视图/宏/查看宏”来查看文档中的宏，也可以通过在“视图/宏/查看宏（V）/管理器”来管理宏。

要查看文档中的宏而不激活它们，必须先退出，然后在没有打开任何文件的情况下重新打开 Word。如果怀疑 Normal.dotm 或者 Startup 目录下的其他模板被感染，则需要重新命名在 Startup 目录中的所有文件，使它们不是.docx 或者.dotm 格式，这样 Word 便可以在一种新的环境下启动。

启动 Word 后，选择“视图/宏/查看宏”命令，进入“管理器”并选择宏按钮，单击“关闭文件”按钮使其转变为“打开文件”按钮。单击“打开文件”按钮弹出浏览框，可以选择查看的目标。如果有宏存在的话，它们会显示在浏览框内。

如果宏使用了 Execute-only 属性，就只能看到宏的名称而不能看到其代码。这才是比较安全的查看宏的方法。但病毒还是可以通过删除“文件”下的模板来隐藏其存在。

（4）编写宏

选择“视图/宏/查看宏”，在出现的对话框中输入宏名称“HelloWord”，然后单击“创建”按钮，在出现的宏编辑器中输入"MsgBox ("Hello World !")"，然后退出编辑状态并存储结果。运行时，在"查看宏"对话框中选择宏名称"HelloWord"，然后单击"运行"，就能运行该宏命令了。

（5）设置 Normal.dotm 的只读属性

从理论上说，如果 Normal.dotm 的属性是只读的，病毒将不能改变它们。宏病毒必须改变 Normal.dotm 来确保取得系统的控制权，这是其特点或弱点之一。也有人认为宏病毒感染文件并不需要感染 Normal.dotm，如果同时打开几份文档，而其中之一有宏病毒，那么宏病毒便可以感染其他的文档，尽管这样的传播途径没有直接感染 Normal.dotm 那样有效。宏病毒完全可以绕过这一障碍，比如说在 Autoexec.bat 下加一条指令便可以改变这一属性。另外这一方法对那些经常使用宏，经常改变 Normal.dotm 文件的用户也是无效的。

（6）Normal.dotm 的密码保护

在宏编辑器菜单项中，选择"工具/Normal 属性"，单击"保护"选项框，输入密码后，单击"确定"按钮。这样在每次打开 Word 时，将会要求用户输入密码，否则作为只读来打开文档。

尽管我们在前面介绍了种种反宏病毒的方法，但是对大多数人来说，反宏病毒主要还是依赖于各种反宏病毒软件。当前，处理宏病毒的反病毒软件主要分为两类：常规反病毒扫描器和基于 Word 或者 Excel 宏的专门处理宏病毒的反病毒软件。两类软件各有自己的优势，一般来说，前者的适应能力强于后者。因为基于 Word 或者 Excel 的反病毒软件只能适应特定版本的 Office 应用系统，换了另一种语言的版本可能就无能为力。而且，在应用系统频频升级的今天，升级后的版本对现有软件是否兼容是难以预料的。

4.2.2 网络病毒

1. 网络病毒的特点

计算机网络的主要特点是资源共享。一旦共享资源感染病毒，网络各节点间信息的频繁传输会把病毒传染到所共享的主机上，从而形成多种共享资源的交叉感染。病毒的迅速传播、再生、发作将造成比单机病毒更大的危害。金融等系统的敏感数据一旦遭到破坏，后果不堪设想。因此，网络环境下病毒的防治就显得更加重要。

病毒入侵网络的主要途径是通过工作站传播到服务器硬盘，再由服务器的共享目录传播到其他工作站。病毒传染方式比较复杂，传播速度比较快。在网络中病毒则可以通过网络通信机制，借助高速电缆进行迅速扩散。由于病毒在网络中传染速度非常快，故其传染范围很大，不但能迅速传染局域网内的所有计算机，还能通过远程工作站将病毒瞬间传播到千里之外，且清除难度大。网络中只要有一台工作站未消毒干净就可使整个网络全部被病毒感染，甚至刚刚完成消毒的一台工作站也有可能被网上另一台工作站的带病毒程序所传染。因此，仅对工作站进行杀毒处理并不能彻底解决问题。

2. 病毒在网络上的传播与表现

大多数公司使用局域网文件服务器，用户可能直接从文件服务器获取到已感染的文件。用户在工作站上执行一个带毒操作文件，这种病毒就会感染网络上其他的可执行文件。用户在工作站上执行带毒内存驻留文件，当访问服务器上的可执行文件时病毒进行感染。

因为文件和目录级保护只在文件服务器中出现，而不在工作站中出现，所以可执行文件病毒无法破坏基于网络的文件保护。然而，一般文件服务器中的许多文件并没有得到保护，所以非常容易成为感染的有效目标。除此之外，管理员对服务器的操作可能会使病毒感染服务器上的一些文件。文件服务器是可执行文件病毒的载体，病毒感染的程序可能驻留在网络中，但是除非这些病毒经过特别设计与网络软件集成在一起，否则它们只能从客户的主机上被激活。

文件病毒可以通过互联网毫无困难地发送，而可执行文件病毒不能通过互联网在远程站点感染文件。此时互联网是文件病毒的载体。

3. 专攻网络的 GPI 病毒

GPI 是 Get Password I 的简写。该病毒是由欧美地区兴起的专攻网络的一类病毒，是“耶路撒冷”病毒的变种，并且被特别改写成专门突破 Novell 网络系统安全结构的病毒。它的威力在于“自上而下”地传播。

GPI 病毒在被执行后，就停留在系统内存中。它不像一般的病毒通过中断向量去感染其他计算机，而是一直等到 Novell 操作系统的常驻程序（IP 与 NETX）被启动后，再利用中断向量（INT 21H）的功能进行感染。一旦 Novell 中的 IPX 与 NETX 程序被启动，GPI 病毒便会把目前使用者的使用权限擅自改为最高权限，所以此病毒可以不受限制地在 Novell 网络系统中横行。

4. 电子邮件病毒

现今电子邮件已被广泛使用，E-mail 成为病毒传播的主要途径之一。由于可同时向一群用户或整个计算机系统发送电子邮件，一旦一个信息点被感染，整个系统受到感染也只是几小时内的事情。电子邮件系统的一个特点是不同的邮件系统使用不同的格式存储文件和文档，传统的杀毒软件对检测此类格式的文件无能为力。另外，通常用户并不能访问邮件数据库，因为它们往往在远程服务器上。对电子邮件系统进行病毒防范可从以下几个方面着手。

（1）使用优秀的防毒软件对电子邮件进行专门的保护

使用优秀的防毒软件定期扫描所有的文件夹，无论是公共的还是私人的。选用的防毒软件首先必须有能力发现并消除任何类型的病毒，无论这些病毒是隐藏在邮件文本内，还是躲在附件内。当然，有能力扫描压缩文件也是必须的。其次，该防毒软件还必须在收到邮件的同时对该邮件进行病毒扫描，并在每次打开、保存和发送后再次进行扫描。

（2）使用防毒软件同时保护客户机和服务器

一方面，只有客户机的防毒软件才能访问个人目录，并且防止病毒从外部入侵。另一方面，只有服务器的防毒软件才能进行全局监测和查杀病毒。这是防止病毒在整个系统中扩散的唯一途径，也是阻止病毒入侵到本地邮件系统计算机的唯一方法。同时，在这里，也可以防止病毒通过邮件系统扩散、在发作之前对进出系统的邮件进行扫描以及阻止病毒入侵从没有进行本地保护却连到邮件系统的计算机。

（3）使用特定的 SMTP 杀毒软件

SMTP 杀毒软件具有独特的功能，它能在那些从互联网上下载的被感染的邮件到达本地邮件服务器之前拦截它们，从而保持本地网络的无毒状态。

4.3 特洛伊木马

“特洛伊木马”（Trojan Horse）简称“木马”，木马和病毒都是“黑客”编写的程序，都属于计算机病毒。木马（Trojan）这个名字来源于古希腊的《荷马史诗》中木马计的故事。木马程序是目前比较流行的病毒文件，与一般的病毒不同，它不会自我繁殖，也并不“刻意”地去感染其他文件，它通过伪装自身吸引用户下载执行，为施种木马者打开被种者计算机的门户，使施种者可以任意毁坏、窃取被种者的文件，甚至远程操控被种者的计算机。

4.3.1 木马的启动方式

木马是随计算机或 Windows 的启动而启动并掌握一定的控制权的程序，其启动方式可谓多种多样，如通过注册表启动、通过 System.ini 启动、通过某些特定程序启动等。

1. 通过“开始/程序/启动”

这是一种很常见的方式，很多正常的程序都用它，木马程序有时候也用这种方式启动。只要我们使用系统配置实用程序（msconfig.exe，以下简称 msconfig）就能发现木马的启动方式。

2. 通过注册表启动

通过 HKEY_CURRENT_USER\Software\Microsoft\Windows\CurrentVersion\Run，HKEY_LOCAL_MACHINE\Software\Microsoft\Windows\CurrentVersion\Run 和 HKEY_LOCAL_MACHINE\Software\Microsoft\Windows\CurrentVersion\RunServices 启动。

这是很多 Windows 程序都采用的方法，也是木马最常用的。使用非常方便，但也容易被人发现，由于其应用太广，所以几乎提到木马，就会让人想到这几个注册表中的主键。使用 Windows 自带的程序 msconfig 或注册表编辑器（regedit.exe，以下简称 regedit）都可以将它轻易地删除。首先，以安全模式启动 Windows，这时，Windows 不会加载注册表中的项目，因此木马不会被启动，相互保护的状况也就不攻自破了；然后，就可以删除注册表中的键值和相应的木马程序了。

通过 HKEY_LOCAL_MACHINE\Software\Microsoft\Windows\CurrentVersion\RunOnce，HKEY_CURRENT_USER\Software\Microsoft\Windows\CurrentVersion\RunOnce 和 HKEY_LOCAL_MACHINE\Software\Microsoft\Windows\CurrentVersion\RunServicesOnce 启动。

这种方法的隐蔽性比上一种方法好，它的内容不会出现在 msconfig 中。在这个键值下的项目和上一种相似，会在 Windows 启动时启动。但 Windows 启动后，该键值下的项目会被清空，因而不易被发现。

还有一种方法是在退出而不是启动 Windows 的时候添加注册表项目，这要求木马程序本身要截获 Windows 的消息，当发现关闭 Windows 的消息时，暂停关闭过程，添加注册表项目，然后才开始关闭 Windows，这样用 regedit 也找不到它的踪迹了。这种方法也有个缺点，就是一旦 Windows 异常中止，木马也就失效了。

也可以用安全模式破解上述两种方法。

3. 通过 System.ini 文件启动

System.ini 文件并没有给用户可用的启动项目，然而对木马来说，通过它启动是非常好用的方法。在 System.ini 文件的 Boot 域中的 Shell 项的值正常情况下是“Explorer.exe”，这是 Windows 的外壳程序，换一个程序就可以彻底改变 Windows 的面貌。可以在“Explorer.exe”后加上木马程序的路径，这样 Windows 启动后木马也就随之启动，而且即使是安全模式启动也不会跳过这一项，这样木马也就可以保证永远随 Windows 启动了。这时，如果木马程序也具有自动检测添加 Shell 项的功能的话，那简直天衣无缝。这样，只能使用查看进程的工具中止木马，再修改 Shell 项和删除木马文件。但这种方式也有个先天的不足，因为只有 Shell 这一项，如果有两个木马都使用这种方式实现自启动，那么后来的木马可能会使前一个无法启动。

4. **通过某特定程序或文件启动**

① 木马和正常程序捆绑。有点类似于病毒，程序在运行时，木马程序先获得控制权或另开一个线程以监视用户操作、截取密码等，这类木马编写的难度较大，需要了解 PE 文件结构和 Windows 的底层知识（直接使用捆绑程序除外）。

② 将特定的程序改名。这种方式常见于针对 QQ 的木马，例如将 QQ 的启动文件 QQ9.exe 改为 QQ9b.ico.exe，再将木马程序改为 QQ9.exe，此后，用户运行 QQ 时，实际是运行了 QQ 木马，再由 QQ 木马去启动真正的 QQ，这种方式实现起来要比上一种简单得多。

③ 文件关联。木马程序会将.txt 文件或.exe 文件关联，这样当打开一个文本文件或运行一个程序时，木马也就神不知鬼不觉地启动了。

这类通过特定程序或文件启动的木马，发现比较困难，但查杀并不难，一般删除相应的文件和注册表键值即可。

4.3.2　木马的工作原理

木马程序是一种客户端服务器程序，典型结构为客户-服务器体系结构。服务器端（被攻击的主机）程序在运行时，“黑客”可以使用对应的客户端直接控制目标主机。操作系统用户权限管理中有一个基本规则，就是在本机直接启动运行的程序拥有与使用者相同的权限。假设以管理员的身份使用主机，那么从本地硬盘启动的一个应用程序就享有管理员权限，可以操作本机的全部资源。但是从外部接入的程序一般没有对硬盘操作访问的权限。木马服务器端就是利用这个规则，将木马植入目标主机，诱导用户执行，获取目标主机的操作权限，以达到控制目标主机的目的。

木马有两个可执行程序，一个安装在控制端，即客户端；另一个安装在被控制端，即服务器端。木马程序的服务器端程序是需要植入目标主机的部分，植入目标主机后作为响应程序。客户端程序是用来控制目标主机的部分，安装在控制者的计算机上，它的作用是连接木马服务器端程序，监视或控制远程计算机。

典型的木马工作原理是：当服务器端程序在目标主机上执行后，木马打开一个默认的端口进行监听，当客户端（控制端）向服务器端（被控主机）提出连接请求时，服务器端（被控主机）上的木马程序就会自动应答客户端的请求，服务器端程序与客户端建立连接后，客户端（控制端）就可以发送各类控制指令对服务器端（被控主机）进行控制，其操作几乎与在被控主机进行操作的权限完全相同。

木马的设计者为了防止木马被发现，采用了多种手段隐藏木马。木马的服务一旦运行并被控制端连接，控制端将享有服务器端的大部分操作权限，例如给计算机增加口令，浏览、移动、复制、删除文件，修改注册表，更改计算机配置等。

特洛伊木马可以分为以下3个模式。

① 通常潜伏在正常的程序应用中，附带执行独立的恶意操作。

② 通常潜伏在正常的程序应用中，但是会修改正常的应用进行恶意操作。

③ 完全覆盖正常的程序应用，执行恶意操作。

大多数木马都可以使木马的控制者登录到被感染计算机上，并拥有绝大部分的管理员级控制权限。为了达到这个目的，木马控制者一般将一个客户端和一个服务器端客户端放在自己的计算机中，将服务器端放置在被入侵计算机中，木马控制者通过客户端与被入侵计算机的服务器端建立远程连接。一旦连接建立，木马控制者就可以通过对被入侵计算机发送指令来传输和修改文件。通常木马所具备的另一个功能是发动DDoS攻击。

还有一些木马不具备远程登录的功能。它们中的一些的存在只是为了隐藏恶意进程的痕迹，例如使恶意进程不在进程列表中显示出来。另一些木马用于收集信息，例如被感染计算机的密码；木马还可以把收集到的密码列表发送到互联网中一个指定的邮件账户中。

特洛伊木马程序可以用来间接实现一些未授权用户无法直接实现的功能。例如，为获得对共享系统中某用户文件的访问权限，攻击者设计一个执行后可以修改该用户文件存取权限为可读的特洛伊木马程序。攻击者可以通过将该木马放置在公共目录下，或者声称该程序拥有一些有益功能的手段，来引诱其他用户执行该木马程序。当其他用户执行该程序之后，攻击者就可以得到该文件的相关信息。以系统登录程序为例，嵌入的代码在登录程序中设置了一个陷门，通过该陷门，攻击者可以用一个特殊的口令登录系统，而通过读登录程序的源代码是不可能检测出这种木马的。

随着病毒编写技术的发展，木马程序对用户的威胁越来越大。尤其是一些木马程序采用了极其狡猾的手段来隐藏自己，使普通用户很难在计算机中毒后发觉。

4.3.3 木马的检测

木马既然是恶意程序，那它运行时也不免会露出蛛丝马迹。我们知道程序运行的两个必要条件就是：进程（模块，线程）和加载（自启动和触发）。如果我们查找木马也从这两个大的方向入手，理论上可以找出所有木马。

1. 通过网络连接进行检测

如果怀疑自己的计算机被别人安装了木马，或者是中了病毒，但是手里没有完善的工具来检测是不是真有这样的事情发生，那可以使用Windows自带的网络命令来进行检查。

命令格式：`netstat -an`。

这个命令能看到所有和本地计算机建立连接的IP地址，它包含4个部分：Proto（连接方式）、Local Address（本地连接地址）、Foreign Address（和本地建立连接的地址）、State（当前端口状态）。通过查阅这个命令的详细信息，我们就可以完全监控计算机上的连接，从而达到控制计算机的目的，如图4-3所示。

2. 通过系统进程进行检测

木马即使再狡猾，它也是一个活动着的应用程序，一经运行，它就时刻驻留在计算机系统的内存中。通过查看系统进程可发现可疑进程，并以此来推断木马的存在。

在Windows操作系统中按Ctrl+Alt+Delete组合键，进入任务管理器，就可看到系统正在运行的全部进程，如图 4-4 所示。

```
C:\WINDOWS\system32\cmd.exe
C:\>netstat -an

Active Connections

  Proto  Local Address          Foreign Address        State
  TCP    0.0.0.0:135            0.0.0.0:0              LISTENING
  TCP    0.0.0.0:445            0.0.0.0:0              LISTENING
  TCP    0.0.0.0:912            0.0.0.0:0              LISTENING
  TCP    127.0.0.1:1027         0.0.0.0:0              LISTENING
  TCP    127.0.0.1:1032         0.0.0.0:0              LISTENING
  TCP    127.0.0.1:1033         127.0.0.1:5354         ESTABLISHED
  TCP    127.0.0.1:1035         127.0.0.1:27015        ESTABLISHED
  TCP    127.0.0.1:1039         127.0.0.1:4573         ESTABLISHED
  TCP    127.0.0.1:1044         0.0.0.0:0              LISTENING
  TCP    127.0.0.1:4573         0.0.0.0:0              LISTENING
  TCP    127.0.0.1:4573         127.0.0.1:1039         ESTABLISHED
  TCP    127.0.0.1:5354         0.0.0.0:0              LISTENING
  TCP    127.0.0.1:5354         127.0.0.1:1033         ESTABLISHED
  TCP    127.0.0.1:27015        0.0.0.0:0              LISTENING
  TCP    127.0.0.1:27015        127.0.0.1:1035         ESTABLISHED
  TCP    127.0.0.1:27018        0.0.0.0:0              LISTENING
  TCP    192.168.1.103:139      0.0.0.0:0              LISTENING
  TCP    192.168.131.1:139      0.0.0.0:0              LISTENING
  TCP    192.168.230.1:139      0.0.0.0:0              LISTENING
  UDP    0.0.0.0:445            *:*
```

图 4-3　用命令检查木马

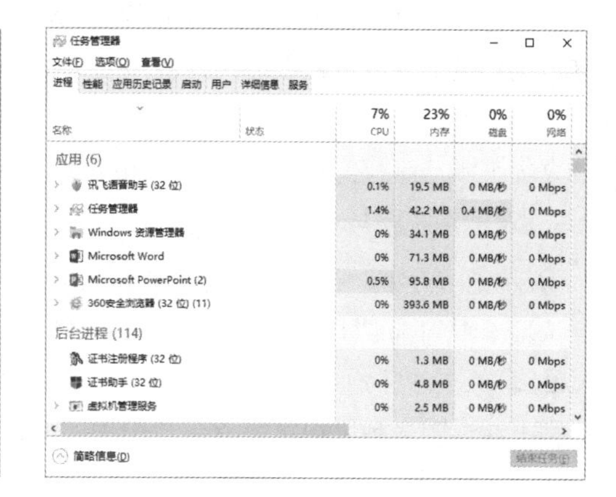

图 4-4　查看系统进程

通过查看系统进程这种方法来检测木马非常简便易行，但是对系统必须熟悉，因为 Windows 系统在运行时本身就有一些我们不是很熟悉的进程在运行着。因此这个时候“眼睛一定要擦亮”。不过木马总是可以通过这种方法被检测出来的。

3. 禁用不明服务

有些计算机在系统重新启动后会发现速度变慢了，不管怎么优化都慢，用杀毒软件也查不出问题，这种情况很可能是别人在入侵你的计算机后开放了某种特别的服务，如因特网信息服务器（IIS）信息服务等，这样你的杀毒软件是查不出来的。可以通过“net start”来查看系统中究竟有什么服务启动了，如图 4-5 所示。如果发现了不是自己开放的服务，就可以有针对性地进行处理了，如用“net stop server”来禁用服务。

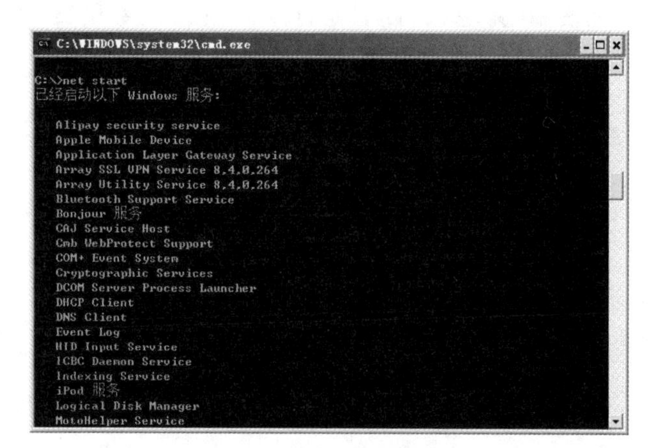

图 4-5　用命令查看服务

4. 检查系统账户

恶意的攻击者喜欢使用克隆账号的方法来控制你的计算机。他们采用的方法就是激活一个系统中的默认账户，但这个账户是不经常用的，然后使用工具把这个账户提升到管理员权限，从表面上看这个账户还是和原来一样，但是这个克隆的账户却是系统中最大的安全隐患。恶意的攻击者可以通过这个账户控制你的计算机。

为了避免出现这种情况，可以用很简单的方法对账户进行检测。

首先在命令行执行命令 net user，查看计算机上有些什么用户，然后使用“net user 用户名”查看这个用户是属于什么权限的，一般只有 Administrator 是 administrators 组的，其他都不是。如果发现一个系统内置的用户是属于 administrators 组的，那几乎可以肯定被入侵了，而且别人在你的计算机上克隆了账户。我们可以使用“net user 用户名/del”来删掉相应用户。

5. 对比系统服务项

① 单击“开始→运行”，输入“msconfig”后按 Enter 键，打开系统配置实用程序，然后在“服务”选项卡中勾选“隐藏所有 Microsoft 服务”，这时列表中显示的服务项都是非系统程序。

② 再单击“开始→运行”，输入“Services.msc”后按 Enter 键，打开系统服务管理程序，对比两个列表，在该服务列表中可以逐一找出刚才显示的非系统服务项。

③ 在“服务”窗口中，找到那些服务后，双击打开，在“常规”选项卡中的可执行文件路径中可以看到服务的可执行文件位置，一般正常安装的程序（如杀毒软件、MSN、防火墙等）都会建立自己的系统服务，不在系统目录下。如果有第三方服务指向的路径在系统目录下，那么它可能就是木马。选中它，选择窗口中的“停止”，重新启动计算机即可。

④ 在窗口的左侧有被选中的服务程序说明，如果没有说明，它可能就是木马。

4.4 蠕虫病毒

蠕虫是一种可以自我复制的代码，并且通过网络传播，通常无须人为干预就能传播。蠕虫病毒入侵并完全控制一台计算机之后，就会把这台计算机作为宿主，进而扫描并感染其他计算机。当这些新的被蠕虫入侵的计算机被控制之后，蠕虫会以这些计算机为宿主继续扫描并感染其他计算机，这种行为会一直延续。蠕虫使用这种递归的方法进行传播，按照指数增长的规律分布自己，进而控制越来越多的计算机。

4.4.1 蠕虫病毒的特点

蠕虫病毒主要具备以下特点。

1. 较强的独立性

计算机病毒一般都需要宿主程序，病毒将自己的代码写到宿主程序中，当该程序运行时先执行写入的病毒程序，从而造成感染和破坏。而蠕虫病毒不需要宿主程序，它是一段独立的程序或代码，因此也就避免了被宿主程序限制，可以不依赖于宿主程序而独立运行，从而主动地实施攻击。

2. 利用漏洞主动攻击

由于不受宿主程序的限制，蠕虫病毒可以利用操作系统的各种漏洞进行主动攻击。“尼姆达”病毒利用 IE 浏览器的漏洞，使感染了病毒的邮件附件在不被打开的情况下就能激活病毒；“红色代码”病毒利用微软 IIS 软件的漏洞（idq.dll 远程缓存区溢出）来传播；而“蠕虫王”病毒则利用微软数据库系统的一个漏洞进行攻击。

3. 传播更快更广

蠕虫病毒比传统病毒具有更大的传染性，它不仅感染本地计算机，而且会以本地计算机为基础，感染网络中所有的服务器和客户端。蠕虫病毒可以通过网络中的共享文件夹、电子邮件、恶意网页以及存在着大量漏洞的服务器等途径肆意传播，几乎所有的传播手段都被蠕虫病毒运用得淋漓尽致。因此，蠕虫病毒的传播速度可以达到传统病毒的几百倍，甚至可以在几小时内蔓延全球，造成难以估量的损失。

我们可以做一个简单的计算：如果某台被蠕虫感染的计算机的地址簿中有 100 个人的邮件地址，那么病毒就会自动给这 100 个人发送带有病毒的邮件；假设这 100 个人中每个人的地址簿中又都有 100 个人的联系方式，那很快就会有 100 × 100 = 10 000 个人的计算机感染该病毒；如果病毒再次按照这种方式传播就会有 100 × 100 × 100=1 000 000 个人的计算机感染，而整个感染过程很可能会在几个小时内完成。由此可见，蠕虫病毒的传播速度非常惊人。

4. 更好的伪装和隐藏

为了使蠕虫病毒在更大范围内传播，病毒的编制者非常注重病毒的伪装和隐藏。通常情况下，用户在接收、查看电子邮件时，都采取双击打开邮件主题的方式浏览邮件内容，如果邮件中带有病毒，用户的计算机就会立刻被病毒感染。

因此，通常的经验是不运行邮件的附件就不会感染蠕虫病毒。但是，目前比较流行的蠕虫病毒将病毒文件通过 Base64 编码隐藏到邮件的正文中，并且通过 mine 的漏洞在用户单击邮件时，自动解码到硬盘上并运行。此外，诸如“尼姆达”和“求职信”（Klez）等病毒及其变种还利用添加带有双扩展名的附件等形式来迷惑用户，使用户放松警惕，从而进行更为广泛的传播。

5. 技术更加先进

一些蠕虫病毒与网页的脚本相结合，利用 VBScript、Java、ActiveX 等技术隐藏在 HTML 页面里。当用户上网浏览含有病毒代码的网页时，病毒会自动驻留内存并伺机发作。还有一些蠕虫病毒与后门程序或木马程序相结合，比较典型的是“红色代码”病毒，它会在被感染计算机 Web 目录下的\scripts 下生成一个 root.exe 后门程序，病毒的传播者可以通过这个程序远程控制该计算机。这类与“黑客”技术相结合的蠕虫病毒具有更大的潜在威胁。

6. 追踪更加困难

当蠕虫病毒感染了大部分系统之后，攻击者便能发动多种其他攻击方式对付一个目标站点，并通过蠕虫网络隐藏攻击者的位置，这样要抓住攻击者会非常困难。

4.4.2　蠕虫病毒的原理

网络蠕虫具有与计算机病毒一样的感染过程：隐匿阶段、传播阶段、触发阶段和执行阶段。

传播阶段主要执行以下操作。

① 通过检查已感染主机的地址簿或其他类似存放远程系统地址的相应文件，得到下一步要感染的目标。

② 建立和远程系统的连接。

③ 将自身复制到远程系统并执行此副本。

在将自身复制到某系统之前，网络蠕虫可以判断该系统是否已经被感染。在多进程系统中，蠕虫还可以将自身命名为系统进程名或其他不容易被系统操作人员注意到的名字，防止被检测出来。

和病毒一样，网络蠕虫也是难以防范的。但是，如果能够对网络安全设施和单机系统安全功能进行正确的设计和实现，就可以将蠕虫的危害降到最低。

1. 蠕虫病毒的功能结构

所有蠕虫病毒都具有相似的功能结构，我们将蠕虫病毒分解为基本功能模块和扩展功能模块。实现了基本功能模块的蠕虫病毒就能完成复制传播流程，包含扩展功能模块的蠕虫病毒则具有更强的生存能力和破坏能力，如图 4-6 所示。

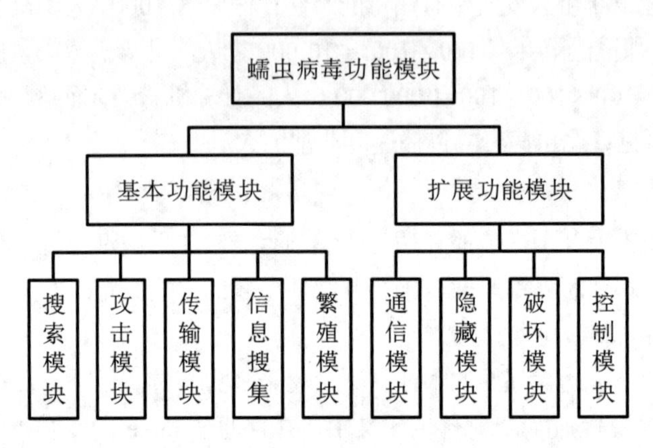

图 4-6　蠕虫病毒功能模块

基本功能模块由 5 个功能模块构成。

① 搜索模块。寻找下一台要传染的计算机；为提高搜索效率，可以采用一系列的搜索算法。

② 攻击模块。在被感染的计算机上建立传输通道（传染途径）；为减少第一次传染数据传输量，可以采用引导式结构。

③ 传输模块：计算机间的蠕虫程序复制。

④ 信息搜集：搜集被传染计算机上的信息。

⑤ 繁殖模块：建立自身的多个副本；在同一台计算机上提高传染效率、避免重复传染。

扩展功能模块由 4 个功能模块构成。

① 通信模块。蠕虫间、蠕虫同“黑客”之间进行交流，可能是未来蠕虫发展的侧重点。

② 隐藏模块。隐藏蠕虫程序，不被简单的检测发现。

③ 破坏模块。摧毁或破坏被感染的计算机；或在被感染的计算机上留下后门程序等。

④ 控制模块。调整蠕虫行为，更新其他功能模块，控制被感染计算机，可能是未来蠕虫发展的侧重点。

2. 蠕虫的工作流程

蠕虫病毒的工作流程可以分为扫描、攻击、现场处理、复制 4 个部分，如图 4-7 所示，当扫描到有漏洞的计算机系统后，进行攻击，攻击部分完成蠕虫主体的迁移工作；进入被感染的系统后，要做现场处理工作，现场处理部分工作包括隐藏、信息搜集等；生成多个副本后，重复上述流程。

3. 常见的蠕虫病毒

① CodeRed。该蠕虫感染运行 Microsoft Index Server 2.0 的系统，或是在 Windows 2000、IIS 中启用了 Indexing Service（索引服务）的系统。该蠕虫利用了一个缓冲区溢出漏洞进行传播（未加限制的 Index Server ISAPI Extension 缓冲区使 Web 服务器变得不安全）。蠕虫只存在于内存中，并不向

硬盘复制文件。

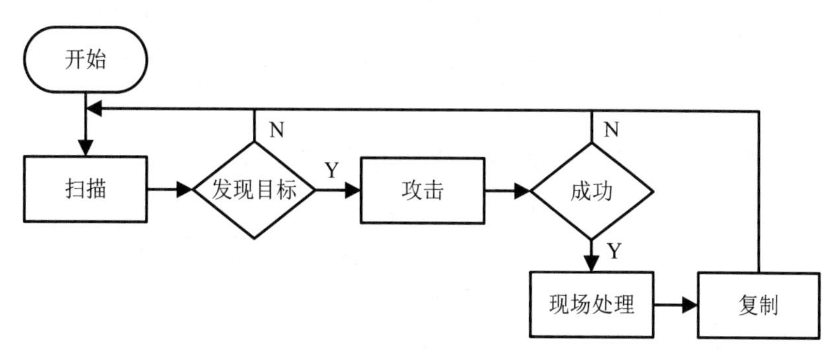

图 4-7　蠕虫工作流程

② Slammer。Slammer 是针对 Microsoft SQL Server 2000 和 Microsoft Desktop Engine （MSDE）2000 的一种蠕虫。该蠕虫利用 MS-SQL 的一个漏洞进行传播。由于蠕虫发送大量的 udp 包，因此会造成网络 DoS 攻击。

③ “冲击波”（Blaster）、“震荡波”（Sasser）是著名的影响网络正常运行的蠕虫病毒，这些病毒流行时期，曾经造成了大面积的网络中断。

4.4.3　蠕虫病毒的防治

蠕虫也是一种病毒，因此具有病毒的共同特征。一般的病毒是需要寄生的，它们可以修改 Windows 下可执行文件的格式为 PE（Portable Executable）格式，当它们感染 PE 文件时，就会在宿主程序中建立一个新节，将病毒代码写到新节中，修改程序入口点等，这样，在宿主程序执行的时候，就可以先执行病毒程序，病毒程序运行完之后，再把控制权交给宿主原来的程序指令。可见，病毒主要是感染文件，当然也有像 DIR II 这种链接型病毒，还有引导扇区病毒。引导扇区病毒感染的是磁盘的引导区，如果是软盘被感染，这个软盘用在其他计算机上后，同样也会感染其他计算机，所以传播方式是用软盘等。

蠕虫一般不采取利用 PE 格式插入文件的方法，而是复制自身在互联网环境下进行传播，病毒的传染能力主要是针对计算机内的文件系统而言，而蠕虫病毒的传染目标是互联网内的所有计算机。局域网条件下的共享文件夹、电子邮件 E-mail、网络中的恶意网页、存在大量漏洞的服务器等都可以成为蠕虫传播的良好途径。网络的发展也使得蠕虫病毒可以在几小时内蔓延全球，而且蠕虫的主动攻击性和突然爆发性将令人们手足无措。

蠕虫病毒的一般防治方法是使用具有实时监控功能的杀毒软件，防范邮件蠕虫的最好办法是增强自己的安全意识，不轻易打开带有附件的电子邮件。另外，可以启用杀毒软件的“邮件发送监控”和“邮件接收监控”功能，提高对病毒邮件的防范能力。

1. 选购合适的杀毒软件

网络蠕虫病毒的发展已经使传统的杀毒软件的“文件级实时监控系统”落伍，杀毒软件必须向内存实时监控和邮件实时监控发展。另外，防不胜防的网页病毒也使用户对杀毒软件的要求越来越高。

2. 经常升级病毒库

杀毒软件对病毒的查杀是以病毒的特征码为依据的，而病毒每天都层出不穷，尤其是在网络时代，蠕虫病毒的传播速度快、变种多。所以必须及时更新病毒库，以便能够查杀最新的病毒。

3. 增强防范意识

不要轻易单击陌生的站点，有可能里面就含有恶意代码！当运行 Chrome 浏览器时，单击“设置/隐私和安全/网站设置/JavaScript”，选择“不允许网站使用 JavaScript”。另外，单击“设置/隐私和安全/安全”，选择“增强型保护”。因为这一类网页主要是含有恶意代码的 ActiveX 或 Applet、JavaScript 的网页文件，所以在 Chrome 中进行设置，就可以大大减少被网页恶意代码感染的概率。

4. 不随意查看陌生邮件

利用电子邮件传播是近年来病毒编制者青睐的传播方式之一，像“恶鹰”“网络天空”等都是危害巨大的邮件蠕虫病毒。这样的病毒往往会频繁大量地出现变种，用户计算机中毒后往往会造成数据丢失、个人信息失窃、系统运行变慢等。

防范邮件蠕虫的最好办法就是增强自己的安全意识，不要轻易打开带有附件的电子邮件。另外，启用杀毒软件的“邮件发送监控”和“邮件接收监控”功能，也可以提高自己对病毒邮件的防范能力。

5. 及时为操作系统打补丁

针对通过系统漏洞传播的病毒，可以启用 Windows Update 自动升级功能，使主机能够及时安装系统补丁，防患于未然。定期通过漏洞扫描产品查找主机存在的漏洞，发现漏洞，及时升级；关注系统提供商、安全厂商的安全警告，如有问题，则采取相应措施。

随着网络和病毒编写技术的发展，综合利用多种途径传播的蠕虫也越来越多，如某些蠕虫病毒就是通过电子邮件传播，同时利用系统漏洞侵入用户系统。还有的病毒会同时通过邮件、聊天软件等多种渠道传播。

4.5 其他恶意代码

恶意代码又称恶意软件。这些软件也可称为广告软件（Adware）、间谍软件（Spyware）、恶意共享软件（Malicious Shareware），是指在未明确提示用户或未经用户许可的情况下，在用户计算机或其他终端上安装运行、侵犯用户合法权益的软件。有时也称作流氓软件。

恶意代码的共同特征是恶意的目的、本身是计算机程序、通过执行发生作用。

4.5.1 恶意移动代码

恶意移动代码是一段计算机程序，能够在计算机或网络之间传播，在未经授权的情况下故意修改计算机系统。一般来说，公认的恶意移动代码的变异型可以分为 3 类：病毒类、蠕虫类和木马程序。很多恶意程序的组件就像这些类型中的两个或者更多，称作混合威胁。

移动终端恶意代码是以移动终端为感染对象，以移动终端网络和计算机网络为平台，通过无线或有线通信等方式，对移动终端进行攻击，从而造成移动终端异常的各种不良程序代码。

恶意移动代码可以利用系统的漏洞进行入侵，例如非法的数据访问和盗取 root 账号。通常用于编写移动代码的工具包括 Android Studio、Firebase、AppsGeyser 和 Parse 等。

1. 恶意移动代码攻击方式

① 短信息攻击。主要是以“病毒短信”的方式发起攻击。

② 直接攻击手机。直接攻击相邻手机，Cabir 病毒就是这种病毒。

③ 攻击网关。控制无线接入点或短信平台，并通过网关向手机发送垃圾信息，干扰手机用户，甚至导致网络运行瘫痪。

④ 攻击漏洞。攻击字符格式漏洞，攻击智能手机操作系统漏洞，攻击应用程序运行环境漏洞，攻击应用程序漏洞。

⑤ 木马型恶意代码。利用用户的疏忽，以合法身份侵入移动终端，并伺机窃取资料。例如，Skulls 病毒是典型木马病毒。

2. 恶意移动代码生存环境

① 系统相对封闭。移动终端操作系统是专用操作系统，不对普通用户开放（不像计算机操作系统容易学习、调试和程序编写），而且它所使用的芯片等硬件也都是专用的，平时很难接触到。

② 创作空间狭窄。移动终端设备中可以“写”的地方太少。例如，在初期的手机设备中，用户是不可以在手机里面写数据的，唯一可以保存数据的只有用户标志模块（SIM）卡。这么一点容量要想保存一个可以执行的程序非常困难，况且保存的数据还要绕过 SIM 卡的格式。

③ 数据格式单调。以初期的手机设备为例，这些设备接收的数据基本上都是文本格式数据。文本格式是计算机系统中最难附带病毒的文件格式。同理，在移动终端中，病毒也很难附加在文本内容上进行传播。

3. 恶意移动代码的防范

① 注意来电信息。当对方的电话打过来时，正常情况下，屏幕上显示的应该是来电号码。如果发现显示别的字样或奇异的符号，接电话者应不回答或立即把电话挂断。

② 谨慎进行网络下载。病毒要想侵入终端设备，捆绑到下载程序上是一个重要途径。因此，当用户经手机上网时，尽量不要下载信息和资料，如果需要下载手机铃声或图片，应该到正规网站下载，即使出现问题也可以找到源头。

③ 不接收怪异短信。短信（彩信）中可能存在病毒，当用户接到怪异的短信时应当立即删除。

④ 关闭无线连接。采用蓝牙技术和红外线技术的手机与外界（包括手机与手机之间、手机与计算机之间）传输数据更加便捷和频繁，但对自己不了解的信息来源，应该关掉蓝牙或红外线等无线设备。

⑤ 关注安全信息。关注主流信息安全厂商提供的资讯信息，及时了解手持设备的发展现状和病毒发作现象，做到防患于未然。

4.5.2 陷门

陷门是指进入程序的秘密入口，它使得知道陷门的人可以不经过通常的安全检查访问过程而获得访问权限。陷门并不是一种新技术，事实上很多年以来程序设计人员一直使用该技术调试或测试程序。当程序开发者在设计一个包含认证机制或者要用户输入很多不同的值才可以运行的程序的时候，为避开这些烦琐的认证机制以便于开发和调试的顺利进行，程序设计者通常会设置这样的陷门。

陷门通常是识别特定输入序列的代码段，可以由某一特定用户ID或者特定的事件序列激活。

如果一个登录处理系统允许一个特定的用户识别码，通过该识别码可以绕过通常的口令检查，即可以通过一个特殊的用户名和密码登录进行修改等操作。这种安全危险称为陷门，又称为非授权访问。当陷门被恶意程序设计者利用，作为获得未授权的访问权限的工具时，就变成一种安全威胁。

4.5.3 逻辑炸弹

逻辑炸弹是指在特定逻辑条件满足时，实施破坏的计算机程序，该程序触发后造成计算机数据丢失、计算机不能从硬盘或者软盘引导，甚至会使整个系统瘫痪，并出现物理损坏的虚假现象。

逻辑炸弹是出现最早的程序威胁类型之一，在时间上早于病毒和蠕虫。逻辑炸弹引发时的症状与某些病毒的作用结果相似，并会对社会产生连带性的灾难。与病毒相比，它强调破坏作用本身，而实施破坏的程序不具有传染性。最常见激活逻辑炸弹的条件是日期，当满足约定的日期条件时，逻辑炸弹被激活并执行它的代码。

4.5.4 僵尸病毒

僵尸网络病毒通过连接IRC服务器进行通信从而控制被攻陷的计算机。僵尸程序秘密接管对网络上其他计算机的控制权，之后以被劫持的计算机为跳板实施攻击行为，这使得发现真正的攻击者变得较为困难。僵尸程序可以应用于拒绝服务攻击，这种攻击的一个典型实例是攻击Web站点。攻击者将僵尸程序植入数百台可信的第三方团体的计算机中，之后控制这些计算机一起向受攻击的Web站点发动难以抵挡的流量冲击，使得该站点陷入拒绝服务状态，达到攻击的目的。

僵尸网络是互联网上受到“黑客”集中控制的一群计算机，往往被“黑客”用来发起大规模的网络攻击，如分布式拒绝服务攻击、海量垃圾邮件等，同时“黑客”控制的这些计算机所保存的信息也都可被“黑客”随意“取用”。因此，不论是对网络安全运行还是用户数据安全来说，僵尸网络都是极具威胁的隐患。

僵尸手机病毒是一类专门针对移动通信终端的恶意软件的总称。被这种恶意程序感染的手机，成为“僵尸手机”，自动向其他手机用户发送短信，传播病毒，用户一旦阅读这种带有恶意链接的短信，手机就会感染而成为“僵尸手机”，并再次对外传播这种病毒。

手机僵尸病毒具有隐秘性强、传播迅速、主动攻击、危险性大的特点。手机僵尸病毒隐藏在手机下载的软件中，而该软件的官方版本是不含病毒的，有人将病毒插件植入了软件中供用户下载。病毒一旦被激活，就会将手机的SIM卡信息传回病毒服务器，然后病毒服务器会向手机通讯录中的联系人发送含有病毒的广告短信，这样病毒将会继续传播下去。

4.5.5 复合型病毒

复合型病毒就是通过多种方式传播的恶意代码。著名的“尼姆达”蠕虫病毒实际上就是复合型病毒的一个例子，它通过4种方式传播。

① E-mail。如果用户在一台存在漏洞的计算机上打开一个被“尼姆达”病毒感染的邮件附件，病毒就会搜索这台计算机上存储的所有邮件地址，然后向它们发送病毒邮件。

② 网络共享。“尼姆达”病毒会搜索与被感染计算机连接的其他计算机的共享文件，然后以 NetBIOS 作为传送工具，来感染远程计算机上的共享文件，一旦那台计算机的用户运行这个被感染文件，那么那台计算机的系统也会被感染。

③ Web 服务器。“尼姆达”病毒会搜索 Web 服务器，寻找 Microsoft IIS 存在的漏洞，一旦找到存在漏洞的服务器，就会复制自己的副本过去，并感染它和它的文件。

④ Web 终端。如果一个 Web 终端访问了一台被“尼姆达”病毒感染的 Web 服务器，那么它也会被感染。

除了以上这些方法，复合型病毒还会通过其他的一些服务来传播，如直接传送信息和点到点的文件共享。人们通常将复合型病毒当成蠕虫，同样许多人认为“尼姆达”病毒是一种蠕虫，但是从技术的角度来讲，它同时具备了病毒、蠕虫和移动代码的特征。

4.6　病毒的预防、检测和清除

4.6.1　病毒的预防

计算机病毒的防范措施主要有以下几点。

（1）操作系统层面的安全防范。及时更新操作系统的补丁，修补操作系统本身存在的安全漏洞，禁用不需要的功能、账号、端口等。

（2）应用系统层面的安全防范。通过安装软件补丁、优化软件设计，提高应用软件的安全性。

（3）安装安全防护软件。通过安装防火墙、杀毒软件、入侵检测等安全防护软件，提高计算机的防护能力。

（4）提防问题网站。目前“黑客”等不法分子会把病毒、木马等挂在网页上，只要浏览网页，就有可能会被植入木马或感染病毒。因此在浏览网页时需要加以提防，不要登录不正规的网站。

（5）提防利用电子邮件传播的病毒。收到陌生可疑邮件时尽量不要打开，特别是对带有附件的电子邮件要格外小心，打开前对邮件进行杀毒。

（6）及时查杀病毒。对于来路不明的光盘、软盘、U 盘等介质，使用前进行查杀；对于从网络上下载的文件也要先查杀病毒；计算机需要安装杀毒软件并及时更新病毒库。

（7）预防病毒暴发。经常关注一些网站发布的病毒报告，及时了解病毒暴发情况，提前做好预防。

（8）定期备份。对于重要的文件、数据要定期备份，以免丢失。

对于计算机病毒，有病毒防范意识的人和没有病毒防范意识的人会采取完全不同的态度。例如，反病毒研究人员可以对计算机内存储的上千种病毒进行研究，而不怕对计算机系统造成破坏。但对病毒毫无警惕意识的人员可能连计算机显示器上出现的病毒信息都不会仔细观察一下，导致病毒在磁盘中任意进行破坏。其实，只要稍有警惕，病毒在传染时和传染后留下的蛛丝马迹总是能被发现的，再运用病毒检测程序进行人工检测完全可以提前或在病毒进行传染的过程中发现病毒。

网络系统管理员应牢记下列几条应急措施。

① 在互联网中，由于不可能有绝对的把握阻止某些未来可能出现的计算机病毒的传染，因此，当出现病毒传染迹象时，应立即隔离被感染的系统和网络并进行处理。不应让带病毒的系统继续工

作下去，要按照特别情况的处理方式查清整个网络，使病毒无法反复出现，干扰工作。

② 由于计算机病毒在网络中传播得非常迅速，很多用户不知应如何处理。此时，应立即请求专家的帮助。由于技术上的防病毒方法尚不完美，难免有新病毒会突破防护系统的保护，从而感染计算机。因此，及时发现异常情况，可防止病毒传染到整个磁盘和相邻的计算机，所以对可能由病毒引起的现象应予以注意。

③ 注意观察下列现象。

- 经常死机：病毒打开了许多文件或占用了大量内存。
- 系统无法启动：病毒修改了硬盘的引导信息，或删除了某些启动文件。
- 文件打不开：病毒修改了文件格式、文件链接位置。
- 经常报告内存不够：病毒非法占用了大量内存。
- 提示硬盘空间不够：病毒复制了大量的病毒文件，一安装软件就提示硬盘空间不够。
- 键盘或鼠标无端地锁死：病毒作怪，特别要留意木马。
- 出现大量来历不明的文件：病毒复制的文件。
- 系统运行速度慢：病毒占用了内存和CPU资源，在后台执行了大量非法操作。

4.6.2 病毒的检测

检测磁盘中的病毒可分成检测引导扇区型病毒和检测文件型病毒。这两种检测从原理上来说基本是一样的，但由于各自的存储方式不同，检测方法是有差别的。

1. 病毒的检查方法

病毒检测的方法主要有下列 4 种：比较被检测对象与原始备份的比较法，利用病毒特征代码串的扫描法，病毒体内特定位置的特征字识别法以及运用反汇编技术分析被检测对象是否为病毒的分析法。下面详细讨论各自的原理及优缺点。

（1）比较法

比较法是用原始备份与被检测的引导扇区或被检测的文件进行比较。比较时可以靠输出的代码清单进行比较，或用程序来进行比较。这种比较法不需要专门的查病毒程序，用这种比较法还可以发现那些尚不能被现有的查病毒程序发现的计算机病毒。因为病毒传播得很快，新病毒层出不穷，所以目前还没有做出通用的能查出一切病毒，或通过代码分析可以判定某个程序中是否含有病毒的查毒程序，发现新病毒就只有靠比较法和分析法，有时必须结合这两者工作。

使用比较法能发现异常，如文件长度的变化，或文件长度未发生变化但文件内的程序代码发生了变化。对硬盘主引导扇区或对DOS的引导扇区进行检测，通过比较法能发现其中的程序代码是否发生了变化。由于要进行比较，保留好原始备份是非常重要的，必须在无计算机病毒的环境里制作备份，制作好的备份必须妥善保管、写好标签和设置写保护。

比较法的优点是简单、方便和不需专用软件，缺点是无法确认病毒的种类名称。另外，造成被检测程序与原始备份之间差别的原因尚需进一步验证，以查明是计算机病毒造成的，还是数据被偶然原因，如突然停电、程序失控或恶意程序等破坏了。这些要用到以后所讲的分析法，通过查看变化部分代码的性质，以此来判断是否存在病毒。另外，当找不到原始备份时，用比较法就不能马上得到结论。从这里可以看出制作和保留原始主引导扇区和其他数据备份的重要性。

（2）扫描法

扫描法是用每一种病毒体含有的特定字符串对被检测的对象进行扫描。如果在被检测对象内部发现了某一种特定字符串，则表明发现了该字符串所代表的病毒。国外把这种按扫描法工作的病毒扫描软件叫 Scanner。病毒扫描软件由两部分组成：一部分是病毒代码库，含有经过特别选定的各种计算机病毒的代码串；另一部分是利用该代码库进行扫描的扫描程序。病毒扫描程序能识别的计算机病毒的数目完全取决于病毒代码库内所含病毒的种类有多少。显而易见，库中病毒代码种类越多，扫描程序能辨认出的病毒也就越多。病毒代码串的选择是非常重要的。短小的病毒只有 100 多个字节，病毒代码长的则达到几十 KB。如果随意从病毒体内选一段代码作为代表该病毒的特征代码串，可能在不同的环境中，该特征串并不真正具有代表性，不能用于将该特征串所对应的病毒检查出来，选这种代码串作为病毒代码库的特征串就是不合适的。

（3）计算机病毒特征字的识别法

计算机病毒特征字的识别法是基于特征串扫描法发展起来的一种新方法。它工作起来速度更快、误报警更少，但扫描法所具有的对病毒特征代码串的识别错误也仍然存在。特征字识别法只需从病毒体内抽取很少几个关键的特征字来组成特征字库。由于需要处理的字节很少，而又不必进行串匹配，大大加快了识别速度，当被处理的程序很大时，表现更突出。类似于检测生物病毒的生物活性，特征字识别法更注意计算机病毒的“程序活性”，减少了错报的可能性。

使用基于特征串扫描法的查病毒软件方法与使用基于特征字识别法的查病毒软件方法原理是一样的，只要运行查毒程序，就能将已知的病毒检查出来。将这两种方法应用到实际中，还需要不断地对病毒库进行扩充，一旦捕捉到病毒，经过提取特征并加入病毒库，就能使查病毒程序多检查出一种新病毒。

（4）分析法

使用分析法的目的有以下 4 个。

① 确认被观察的磁盘引导扇区和程序中是否含有病毒。

② 确认病毒的类型和种类，判定其是否是一种新病毒。

③ 搞清楚病毒体的大致结构，提取特征识别用的字符串或特征字，用于增添到病毒代码库供病毒扫描和识别程序用。

④ 详细分析病毒代码，为制定相应的反病毒措施制定方案。

上述 4 个目的的排列顺序大致是使用分析法的工作顺序。使用分析法要求具有比较全面的有关计算机操作系统结构和功能调用以及病毒方面的各种知识，这是与检测病毒的前 3 种方法不一样的地方。

病毒检测的分析法是反病毒工作中不可缺少的重要技术，任何一个性能优良的反病毒系统的研制和开发都离不开专门人员对各种病毒进行详尽而认真的分析。

2. 病毒扫描程序

可以用病毒扫描程序来检测系统。这种程序找到病毒的主要办法之一就是寻找扫描串，也被称为病毒特征。这些病毒特征可用于唯一地识别某种类型的病毒，扫描程序能在程序中寻找这种病毒特征。病毒扫描程序优良的一个重要标志就是“误诊”率低，否则会出现很多的误报。

由于新的病毒不断涌现，加之使用变异引擎的病毒和多态病毒不停地产生新的品种，所以反病毒扫描程序也必须是最新的，否则会漏掉许多新的病毒，或将找到的病毒标为“未知”。如果病毒实际上是已知的，而反病毒软件不能识别或不能正确地处理，这会导致计算机系统被感染。

3. 完整性检查程序

完整性检查程序是另一类反病毒程序，它是通过识别文件和系统的改变来发现病毒或病毒的影响的。

这种程序可以用来监视文件的改变，当病毒破坏了用户的文件，这种程序就可以帮助用户发现病毒。这种程序会导致多于期望数目的“误诊”，如由于软件的正常升级或程序设置的改变而导致的“误诊”。因为完整性检查程序主要查看文件的改变，所以它更适合于对付多态和变异病毒。

完整性检查程序只有当病毒正在工作并做了些什么事情时才能起作用，这是这类程序最大的一个缺点。另外，系统或网络可能在完整性检查程序开始检测病毒之前已感染了病毒，潜伏的病毒也可以避开完整性检查程序的检查。

4. 行为封锁软件

行为封锁软件的目标是防止病毒进行破坏。通常，这种软件试图在病毒马上就要开始工作时阻止它。每当某一反常的事情将要发生时，行为封锁软件就会检测到病毒并警告用户。

由于“可疑”的行为有时可能是完全正常的，所以“误诊”的发生也是不可避免的。一个文件调用另一个可执行文件可能是伴随型病毒存在的征兆，或者也可能是某个软件包要求的一种操作，此时，用户必须对问题进行调查以后才能做出决定。

另外，行为封锁软件可以在病毒对系统进行破坏之前将其识别出来并向用户发出警告。

4.6.3 计算机病毒的免疫

计算机病毒的免疫就是通过一定的方法，使计算机自身具有防御计算机病毒感染的能力。没有人能预见以后会产生什么样的病毒，因此，一个真正的免疫软件应使计算机具有一定的对付新病毒的能力。分析计算机病毒的特点，就不难找出病毒的免疫措施。

1. 建立程序的特征值档案

这是对付病毒的最有效方法。例如对每一个指定的可执行的二进制文件，在确保它没有被感染的情况下进行登记，然后计算出它的特征值填入表中。以后，每当系统的命令处理程序执行它的时候，先将程序读入内存，检查其特征值是否有变化，由此决定是否运行该程序。对于那些特征值无故变化的程序，均应当作被病毒感染。但是，本方法只能在操作系统引导以后发生作用，因此其主要缺点是不能阻止操作系统引导之前的引导记录病毒及引导过程中的病毒，但是可以通过配合别的方法加以弥补。

2. 严格管理内存

PC系列计算机启动过程中，ROM BIOS初始化程序将测试到的系统主内存大小以千字节为单位，记录在RAM区的0040:0013单元里，以后的操作系统和应用程序都是通过直接或间接（INT 12H）的手段读取该单元的内容，以确定系统的内存大小。由于本单元内容可以随便改动，许多抢在DOS之前进入内存的病毒都是通过减少该单元值的大小，从而在内存高端空出一块死角，给自身留下了栖身之处。一种应对的方法是自己编制一个系统外围接口芯片直接读出内存大小的INT 12H中断处理程序。当然，它必须在系统调用INT 12H之前设置完毕。另一种应对的方法是做一个记录内存大小的备份。

3. 管理中断向量

病毒驻留内存时常常会修改一些中断向量，因此中断向量的检查和恢复是必要的。为使这项工作简单一些，只要事先保存 ROM BIOS 和 DOS 引导后设立的中断向量表备份就行了，因为同一台计算机，在同一种操作系统版本下，其 ROM 和操作系统设立的中断向量一般都是不变的。

4.6.4 计算机病毒的清除

消除病毒的方法较多，最简单的方法就是使用杀毒软件，下面介绍几种清除计算机病毒的方法。

1. 引导扇区病毒的清除

清理引导扇区病毒的办法是格式化磁盘，但这种方法的缺点是当用户格式化磁盘后，不但病毒被杀掉了，而且数据也被清除掉了。下面介绍一种不用格式化磁盘的方法，不过还需要一些相应知识。

与引导扇区病毒有关的扇区大概有以下 3 部分。

① 硬盘的物理第一扇区，即 0 柱面、0 磁头和 1 扇区。这个扇区称为“硬盘主引导扇区”，上面包括两个独立的部分，第一部分是开机后硬盘上所有可执行代码中最先执行的部分，在该扇区的前半部分，称为“主引导记录”（MBR）。

②. 第二部分不是程序，而是非执行的数据，记录硬盘分区的信息，即人们常说的“硬盘分区表”，从偏移量 1BEH 开始，到 1FDH 结束。

③ 硬盘活动分区（除 Compaq 计算机外，大多是第一个分区）的第一个扇区。一般位于 0 柱面、1 磁头和 1 扇区，这个扇区称为“活动分区的引导记录”，它是开机后继 MBR 运行的第二段代码的所在之处。其他分区也具有一个引导记录，但是其中的代码不会被执行。

用无病毒的 DOS 引导软盘启动计算机后，可运行下面的程序来分担不同的工作。

①“Fdisk/MBR”用于重写一个无毒的 MBR。

②“Fdisk”用于读取或重写硬盘分区表。

③“Format C：/S”或“SYS C：”会重写一个无毒的活动分区的引导记录。对于可以更改活动分区的情况，需要另外特殊对待。

2. 宏病毒清除方法

对于宏病毒最简单的清除步骤如下。

① 关闭 Word 中的所有文档。

② 选择“视图/宏/查看宏”命令。

③ 删除列表框中所有的宏（除了自己定义的，一般病毒宏为 AutoOpen、AutoNew 或 AutoClose）。

④ 关闭对话框。

⑤ 选择“视图/宏/查看宏”命令。若有 AutoOpen、AutoNew 或 AutoClose 等宏，删除它们。

以上步骤清除了 Word 系统的病毒，下面打开.docx 文件，选择“视图/宏/查看宏”命令，若列表框中列有非用户定义的宏，则证明该.docx 文件有病毒，执行上述的步骤③和④，然后将文件存盘，则该.docx 文件的病毒被清除了。

有时病毒会感染其他的.dotm 文件，如“台湾 1 号”宏病毒，如果感染.dotm，会在每月 13 号弹出猜数游戏，可在“视图/宏/查看宏”选项里任一列表框下关闭 Normal.dotm，再打开其他的.dotm 文件，看看是否有可疑的宏，如 AutoOpen、AutoNew 或 AutoClose 等，若有则可以删除它们。

一般来说，Word 宏病毒编制很简单，只要用户学习过 Basic 简单的编程就可以阅读病毒源程序，这样就可以找出病毒标志，不仅可以杀毒，而且可以预防文档中毒。

3. 杀毒程序

杀毒程序是许多反病毒程序中的一员，但它在处理病毒时，必须知道某种特别的病毒的信息，然后才能按需对磁盘进行杀毒。

对于文件型病毒，杀毒程序需要知道病毒的操作过程，如病毒代码是依附在文件头部还是尾部。一旦病毒被清除出文件，文件便恢复到原先的状态，而且保存病毒的扇区也会被覆盖，从而消除了病毒被重新使用的可能性。

对于引导扇区病毒，在使用杀毒程序时需格外小心谨慎，因为在重新建立引导扇区和主引导记录 MBR 时，如果出现错误，其后果是灾难性的，不但会导致磁盘分区的丢失，甚至会丢失硬盘上的所有文件，使系统再也无法引导了。产生这个致命错误的原因是替换的 MBR 信息从错误的位置上取来，或者是被病毒引导到错误的位置。出错的 MBR 信息被写到引导扇区，使磁盘无法启动和使用。另外，有时可能同时感染多种病毒，这样会进一步使反病毒程序发生混乱，不能找到正确的引导扇区的位置，这可能使磁盘完全失去使用的价值。

目前，国内外主流的杀毒软件如下。

（1）卡巴斯基反病毒软件

特点：产品采用第二代启发式代码分析技术、iChecker 实时监控技术和独特的脚本病毒拦截技术等多种尖端的反病毒技术，能够有效查杀近 8 万种病毒，并可防范未知病毒。另外，该软件的界面简单、集中管理、提供多种定制方式、自动化程度高，而且几乎所有的功能都是在后台模式下运行，占用系统资源少。

（2）诺顿防病毒软件

特点：赛门铁克公司推出的诺顿防病毒软件，凭借其独创的基于信誉评级的诺顿全球智能云防护等创新科技，重新定义了全球安全行业最新技术和发展趋势。它可严密防范“黑客”、病毒、木马、间谍软件和蠕虫等攻击。全面保护信息资产，如账号密码、网络财产、重要文件等。另外，该软件具有智能病毒分析技术，能够自动提取该病毒的特征值，自动升级本地病毒特征值库，实现对未知病毒“捕获、分析、升级”的智能化。

（3）微软免费防病毒软件

特点：微软免费防病毒软件（Microsoft Security Essentials，MSE）是一款通过正版验证的 Windows 计算机可以免费使用的微软安全防护软件，它采用了与所有微软的安全产品相同的安全技术。它会保护计算机免受病毒、间谍和其他恶意软件的侵害。MSE 可直接从 Microsoft 网站免费下载，易安装易使用，并保持自动更新。你不需要注册和提供个人信息。MSE 在后台静默高效地运行，提供实时保护。你可以如往常一样使用 Windows 计算机，而不用担心会被打扰。该软件为通过正版验证的 Windows 计算机专享提供，可以免费终身使用。

（4）迈克菲防病毒软件

特点：迈克菲（McAfee）防病毒软件是全球最畅销的防病毒软件之一，迈克菲防病毒软件除了操作界面更新外，也结合该公司的 WebScanX 功能，增加了许多新功能。除了检测和清除病毒外，它还有 VShield 自动监视系统，会常驻内存，当用户从磁盘、网络、E-mail 中开启文件时，McAfee 便会自动检测文件的安全性，若文件内含有病毒，便会立即报警，并做适当的处理，而且它支持鼠标右键的快速选单功能，并可使用密码将个人的设定锁住使非法用户无法修改。

（5）360 杀毒软件

特点：360 杀毒无缝整合了国际知名的 BitDefender 病毒查杀引擎和 360 安全中心潜心研发的木马云查杀引擎。360 杀毒精心优化的技术架构对系统资源占用很少，不会影响系统的速度和性能。双引擎机制使它拥有完善的病毒防范体系，不但查杀能力出色，而且对新产生病毒木马能够第一时间进行防御。360 杀毒集成上网加速、磁盘空间清理、启动项建议禁止、黑 DNS 等扩展扫描功能，能迅速发现问题，进行便捷修复。

（6）腾讯电脑管家

特点：腾讯公司推出的免费安全软件，拥有云查杀木马、系统加速、漏洞修复、实时防护、网速保护、电脑诊所、健康小助手等功能，首创“管理+杀毒”二合一的开创性功能，依托管家云查杀引擎、第二代自研反病毒引擎“鹰眼”、小红伞（antivir）杀毒引擎和管家系统修复引擎，拥有 QQ 账号全景防卫系统，在防范网络钓鱼欺诈及打击盗号方面的能力已达到国际一流杀毒软件水平。

4.7　本章小结

1. 计算机病毒

计算机病毒是一种“计算机程序”，它不仅能破坏计算机系统，而且能够传播并感染其他系统。它通常隐藏在其他看起来无害的程序中，能复制自身并将其插入其他的程序中，执行恶意的行动。

计算机病毒可分为文件病毒、引导扇区病毒、多裂变病毒、秘密病毒、异形病毒和宏病毒等。

2. 计算机病毒的传播

病毒进入系统以后，通常用两种方式传播：通过磁盘的关键区域进行传播，在可执行的文件中传播。

病毒能表现出的几种特性或功能有感染、变异、触发、破坏以及高级功能（如隐身和多态）等。

3. 计算机病毒的特点及破坏行为

根据对计算机病毒的产生、传染和破坏行为的分析，计算机病毒具有的特点主要为刻意编写人为破坏、有自我复制能力、夺取系统控制权、隐蔽性、潜伏性、不可预见性。

计算机病毒的破坏性表现为病毒的杀伤能力。根据有关病毒资料可以把病毒的破坏目标和攻击部位归纳如下：攻击系统数据区；攻击文件；攻击内存；干扰系统运行，使运行速度下降；干扰键盘、喇叭或屏幕；攻击 CMOS；干扰打印机；破坏网络系统，非法使用网络资源，破坏电子邮件，发送垃圾信息，占用网络带宽等。

4. 宏病毒及网络病毒

宏病毒就是利用软件所支持的宏命令编写成的具有复制、传染能力的宏。宏病毒特征如下。

① 宏病毒会感染.docx 文档和.dotm 模板文件。

② 宏病毒的传染通常发生在 Word 打开一个带宏病毒的文档或模板时，此时宏病毒被激活。

③ 多数宏病毒包含 AutoOpen、AutoClose、AutoNew 和 AutoExit 等自动宏，病毒通过这些自动宏取得文档（模板）操作权。

④ 宏病毒中总是含有对文档读写操作的宏命令。

⑤ 宏病毒在.docx 文档、.dotm 模板中以.BFF 格式存放。

网络病毒是由互联网衍生出的新一代病毒。它不需要停留在硬盘中且可以与传统病毒混杂在一起，不被人们察觉。它们可以跨操作平台。

病毒入侵网络的主要途径是通过工作站传播到服务器硬盘，再由服务器的共享目录传播到其他工作站。

恶意代码总体上可以分为两个类别：一类需要驻留在宿主程序，另一类独立于宿主程序。前一类实质上是一些必须依赖于一些实际应用程序或系统程序才可以起作用的程序段，后者是一些可以由操作系统调度和运行的独立程序。

特洛伊木马是包含在有用的或者看起来有用的程序或命令过程中的隐秘代码段，当该程序被调用的时候，特洛伊木马将执行一些有害的操作。

网络蠕虫可以像计算机病毒一样运作，还可以向系统植入特洛伊木马，或者执行一些破坏性的操作。

恶意移动代码是能够从主机传输到客户端计算机上并执行的代码，它通常是作为病毒、蠕虫或是特洛伊木马的一部分被传送到客户端计算机上的。

陷门是程序的秘密入口，知情者可以绕开通常的安全控制机制而直接通过该入口访问程序。

逻辑炸弹实际上是嵌在合法程序中的代码段，在某些条件满足的时候该炸弹将引爆。

僵尸程序秘密接管对网络上其他计算机的控制权，之后以被劫持的计算机为跳板实施攻击行为。

5. 病毒的预防、检查和清除

病毒检测的方法主要有下列 4 种：比较被检测对象与原始备份的比较法，利用病毒特征代码串的扫描法，病毒体内特定位置的特征字识别法以及运用反汇编技术分析被检测对象是否为病毒的分析法。

病毒扫描程序找到病毒的主要方法之一就是寻找扫描串，也被称为病毒特征。这些病毒特征可用于唯一地识别某种类型的病毒，扫描程序能在程序中寻找这种病毒特征。

完整性检查程序是另一类反病毒程序，它是通过识别文件和系统的改变来发现病毒或病毒的影响的。

计算机病毒的免疫就是通过一定的方法，使计算机自身具有防御计算机病毒感染的能力。主要从以下 3 点着手。

① 建立程序的特征值档案。

② 严格管理内存。

③ 对中断向量进行管理。

计算机感染病毒后最简单的方法是使用杀毒软件。

习　　题

1. 什么是计算机病毒?
2. 计算机病毒的基本特征是什么?
3. 简述计算机病毒攻击的对象及所造成的危害。
4. 按入侵方式病毒可分为哪几类?
5. 计算机病毒一般由哪几部分构成，各部分的作用是什么?计算机病毒的预防有哪几方面?
6. 简述检测计算机病毒的常用方法。
7. 简述宏病毒的特征及其清除方法。
8. 什么是计算机病毒免疫?
9. 简述计算机病毒的防治措施。
10. 什么是网络病毒，防治网络病毒的要点是什么?

05 第5章　数据加密与认证技术

数据加密是计算机安全的重要部分。计算机的口令是加密过的，文件也可以加密。文件加密主要应用于互联网上的文件传输。电子邮件给人们提供了一种快捷的通信方式，但电子邮件是不安全的，很容易被别人偷看或伪造。为了保证电子邮件的安全，人们采用了数字签名这样的加密技术，并提供了基于加密的身份认证技术，这样可以保证发信人就是信上声称的人。数据加密也使电子商务成为现实。

本章将介绍数据加密基本概念，数据加密的历史、定义、种类和应用。还会讨论当前密码学的状况，包括 DES、IDEA、RC5、RSA 等算法，哈希函数，公开密钥/私有密钥等。

5.1　数据加密概述

5.1.1　密码学的发展

1. 加密的历史

作为保障数据安全的一种方式，数据加密起源于约公元前 2000 年，埃及人使用特别的象形文字进行信息编码。随着时间推移，巴比伦人、美索不达米亚人和希腊人都开始使用一些方法来保护他们的书面信息。对信息进行编码的方法曾被凯撒大帝使用，也曾用于历次战争中，包括美国独立战争、美国内战和两次世界大战。最广为人知的编码机器是 German Enigma，在第二次世界大战中德国人利用它创建了加密信息。此后，由于 Alan Turing 和 Ultra 计划以及其他人的努力，终于对德国人的密码完成了破解。当初，计算机的研究就是为了破解德国人的密码，人们并没有想到计算机给今天带来的信息革命。随着计算机的发展，运算能力的增强，过去的密码都显得十分简单了。于是人们又不断地研究出了新的数据加密方式，如私有密钥算法和公开密钥算法。可以说，是计算机推动了数据加密技术的发展。

2. 密码学的发展历史

根据计算机密码学的发展历史，密码学的发展可以分为两个阶段。第一个阶段是传统密码学阶段，基本上靠人工对消息加密、传输和防破译。第二阶段是计算机密码学阶段，它又可以细分为两个阶段。第一个阶段称为传统方法的计算机密码学阶段。此时，计算机密码工作者继续沿用传统密码学的基本观念，即解密是加密的简单逆过程，两者所用的密钥是可以简单地互相推导的，因此无论加密密钥还是解密密钥都必须严格保密。这种方案对于集中式系统是行之有效的。计算机密码学的第二个阶段包括两个方向：一个方向是公开密钥密码体制（RSA），另一个方向是传统方法的计算机密码体制——数据加密标准（DES）。

3. 什么是密码学

密码学包括密码编码学和密码分析学。密码体制的设计是密码编码学的主要内容，密码体制的破译是密码分析学的主要内容。密码编码技术和密码分析技术是相互依存、相互支持、密不可分的两个方面。

密码学不仅是编码与破译的学问，还包括安全管理、安全协议设计、秘密分存、散列函数等内容。到目前为止，密码学中出现了大量的新技术和新概念，例如，零知识证明技术、盲签名、比特承诺、遗忘传递、数字化现金、量子密码技术和混沌密码等。

基于密码技术的访问控制是防止数据传输泄密的主要防护手段。访问控制的类型可分为两类：初始保护和持续保护。初始保护只在入口处检查存取控制权限，一旦被获准，则此后的一切操作都不在安全机制控制之下，防火墙可提供初始保护。持续保护指在网络中的入口及数据传输过程中都进行存取权限的检查，这是为了防范监听、重发和篡改链路上的数据等。

5.1.2　数据加密

数据加密的基本过程包括对称为明文的可读信息进行处理，形成称为密文或密码的代码形式。该过程的逆过程称为解密，即将该编码信息转化为其原来形式的过程。

1. 为什么需要进行加密

一方面互联网是危险的，而且这种危险是TCP/IP所固有的，一些基于TCP/IP的服务也是极不安全的；另一方面，互联网给众多的商家带来了无限的商机，因为互联网把全世界连在了一起，走向互联网就意味着走向了世界。为了使互联网变得安全并充分利用其商业价值，人们选择了数据加密和基于加密技术的身份认证。

加密在网络上的作用就是防止有价值的信息在网络上被拦截和窃取。一个简单的例子就是密码的传输。计算机密码极为重要，许多安全防护体系是基于密码的，密码的泄露就意味着安全体系的崩溃。通过网络进行登录时，所输入的密码以明文的形式被传输到服务器，而在网络上进行偷窃是一件极为容易的事情，所以很有可能“黑客”会捕捉到用户的密码，如果用户是root用户或Administrator用户，那么后果可能是极为严重的。解决这个问题的方式就是加密，加密后的口令即使被“黑客”获得也是不可读的，除非加密密钥或加密方式十分脆弱，被“黑客”破解。无论如何，加密的使用使“黑客”不会轻易获得口令。

身份认证是基于加密技术的，它的作用就是用来确定用户是否是真实的。简单的例子就是电子邮件，当用户收到一封电子邮件时，邮件上面标有发信人的姓名和邮箱地址。很多人可能会简单地认为发信人就是信上说明的那个人，但实际上伪造一封电子邮件对一个通晓网络的人来说是极为容易的事。

在这种情况下，用户需要用电子邮件身份认证技术来防止电子邮件被伪造，这样就有理由相信给用户写信的人就是信上说明的人。有些站点提供入站的FTP和WWW服务，当然用户通常接触的这类服务是匿名服务，用户的权力要受到限制，但也有不是匿名的，如公司为了信息交流提供用户的合作伙伴非匿名的FTP服务，或开发小组把他们的Web网页上载到用户的WWW服务器上。现在的问题就是，用户如何确定正在访问用户服务器的人就是用户认为的那个人，身份认证可以为这个问题提供一个好的解决方案。

有些时候，用户可能需要对一些机密文件进行加密，不一定因为要在网络上传输该文件，还可能因为担心有人会窃得计算机密码而获得该机密文件。对文件实行加密，从而实现多重保护显然会使用户感到安心。例如，在UNIX操作系统中可以用crypt命令对文件进行加密，尽管这种加密手段已不是那么先进，甚至有较大的被破解的可能性。

2. 加密密钥

加密算法通常是公开的，如DES和IDEA等。一般把受保护的原始信息称为明文，加密后的信息称为密文。尽管大家都知道使用的加密方法，但对密文进行解码必须有正确的密钥，而密钥是保密的。

（1）对称密钥和非对称密钥

有两类基本的加密技术：对称密钥和非对称密钥，对称密钥又称为保密密钥；非对称密钥又称为公开/私有密钥。在对称密钥中，加密和解密使用相同的密钥，这类算法有DES和IDEA。这类加密算法的问题是，用户必须让接收人知道自己所使用的密钥，这个密钥需要双方共同保密，任何一方的失误都会导致机密的泄露，而且在告诉收件人密钥的过程中，还需要防止其他人发现或偷听密钥，这个过程被称为密钥发布。有些认证系统在会话初期用明文传送密钥，这就存在密钥被截获的可能性。

另一类加密技术是非对称密钥，与对称密钥不同，它使用相互关联的一对密钥，一个是公用的密钥，任何人都可以知道；另一个是私有的密钥，只有拥有该密钥对的人知道。如果发送信息给拥有该密钥对的人，就用收信人的公用密钥对信件进行加密，当收信人收到信后，就可以用他的私有密钥进行解密，而且只有他持有的私有密钥可以解密。这种加密方式的好处显而易见。密钥只有一个人持有，也就更加容易进行保密；因为不需在网络上传送私人密钥，也就不用担心别人在认证会话初期截获密钥。公用/私有密钥技术具有以下几个特点。

① 公用密钥和私有密钥有两个相互关联的密钥。

② 公用密钥加密的文件只有私有密钥能解开。

③ 私有密钥加密的文件只有公用密钥能解开，这一特点被用于 PGP。

摘要函数

（2）摘要函数（MD5）

摘要是一种防止信息被改动的方法，其中用到的函数叫摘要函数。这些函数的输入可以是任意大小的消息，而输出是一个固定长度的摘要。摘要有这样一个性质，如果改变了输入消息中的任何一点，甚至只有一位，输出的摘要将会发生不可预测的改变，也就是说输入消息的每一位对输出摘要都有影响。总之，摘要算法从给定的文本块中产生一个数字签名（Fingerprint 或 Message Digest），数字签名可以用于防止有人从一个签名上获取文本信息或改变文本信息内容。摘要算法的数字签名原理在很多加密算法中都被使用，如 PGP。

MD5 是目前流行的摘要函数，MD5 以 512 位分组来处理输入的信息，每一个分组又被划分为 16 个子分组，经过一系列的处理后，算法的输出由 4 个 32 位分组组成，将这 4 个 32 位分组级联后生成 128 位散列值。

MD5 的特点是输入任意长度的信息，经过处理，输出为 128 位的信息（数字指纹），不同的输入得到不同的结果（唯一性），根据 128 位输出的结果不可能反推出输入的信息（不可逆）。

MD5 算法分为 4 步：处理原文、设置初始值、循环加工、拼接结果。

① 处理原文。首先计算出原文长度（bit）对 512 求余的结果，如果不等于 448，就需要填充原文使得原文长度对 512 求余的结果等于 448。填充的方法是第一位填充 1，其余位填充 0。填充完后，信息的长度就是 $512 \times N+448$。之后，用剩余的 $512-448=64$（位）记录原文的真正长度，把长度的二进制值补在最后。这样处理后的信息长度就是 $512 \times (N+1)$。

② 设置初始值。MD5 的哈希结果长度为 128 位，按每 32 位分成一组共 4 组。这 4 组结果是由 4 个初始值 A、B、C、D 经过不断演变得到的。MD5 的 A、B、C、D 的初始值如下（十六进制）。

A=0x01234567

B=0x89ABCDEF

C=0xFEDCBA98

D=0x76543210

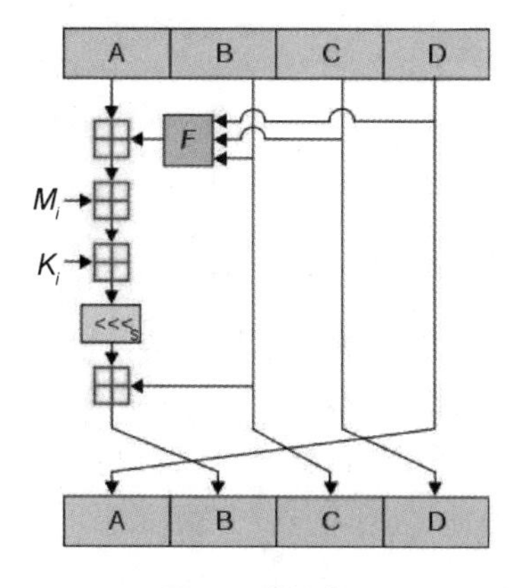

图 5-1　循环加工

③ 循环加工。图 5-1 中，A、B、C、D 就是哈希值的 4 个分组。每一次循环都会产生新的 A、B、C、D。一共进行多少次循环呢？由处理后的原文长度决定。假设处理后的原文长度是 M，主循环次数 $=M/512$。每个主循环中包含 $512/32 \times 4=64$ 次子循环。

④ 拼接结果。把循环加工最终产生的 A、B、C、D 这 4 个值拼接在一起，转换成字符串即可。

3. 密钥的管理和分发

（1）使用同样密钥的时间范围

用户可以一次又一次地使用同样的密钥与别人交换消息，但要考虑以下情况。

① 如果某人偶然地接触到了用户的密钥，那么用户曾经和另一个人交换的每一条消息都不再是保密的了。

② 使用一个特定密钥加密的消息越多，提供给偷窃者的材料也就越多，这就增加了他们成功的机会。

因此，一般强调仅将一个对话密钥用于一条消息或一次对话中，或者建立一种按时更换密钥的机制以降低密钥暴露的可能性。

（2）保密密钥的分发

假设在某机构中有 100 个人，如果他们任意两人之间可以进行秘密对话，那么总共需要多少密钥呢？每个人需要知道多少密钥呢？也许很容易得出答案，如果任何两个人之间要不同的密钥，则总共需要 4950 个密钥，而且每个人应记住 99 个密钥。如果机构的人数是 1000 人、10000 人或更多，这种办法就显然过于复杂了。

Kerberos 提供了一种解决这个问题的较好方法，它是由麻省理工学院发明的，使保密密钥的管理和分发变得十分容易。但这种方法本身还存在一定的缺点，不能在互联网上提供实用的解决方案。

Kerberos 建立了一个安全的、可信任的密钥分配中心（KDC），每个用户只要知道一个和 KDC 进行通信的密钥就可以了，而不需要知道与各个用户通信的密钥。

5.1.3 基本概念

1. 消息和加密

消息被称为明文。用某种方法伪装消息以隐藏它的内容的过程称为加密（Encryption），被加密的消息称为密文，而把密文转变为明文的过程称为解密（Decryption）。图 5-2 表现了这个过程。

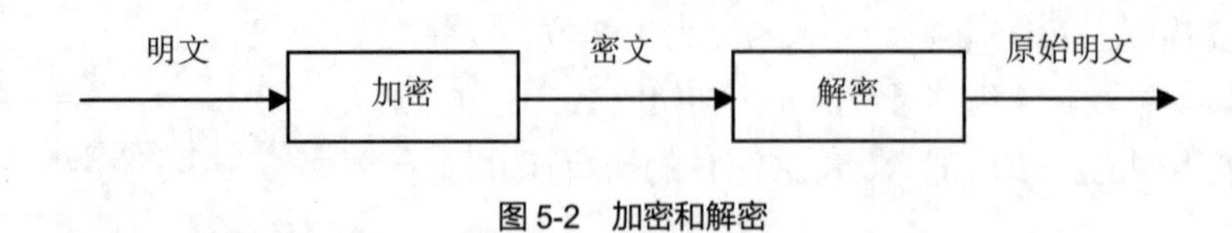

图 5-2 加密和解密

对消息进行加密和解密的技术和科学叫密码编码学（Cryptography），从事此行的人叫密码编码者（Cryptographer），密码分析者是从事密码分析的专业人员，密码分析（Cryptanalysis）学就是破译密文的科学和技术，即揭穿伪装。密码学（Cryptology）作为数学的一个分支，包括密码编码学和密码分析学两部分，精于此道的人称为密码学家（Cryptologist），现代的密码学家通常也是理论数学家。

明文用 M 或 P 表示，它可能是位序列、文本文件、位图、数字化的话音序列或数字化的视频图像等。对于计算机，M 指简单的二进制数据。明文可被传送或存储，无论是哪种情况，M 指待加密的消息。

密文用 C 表示，它也是二进制数据，有时和 M 一样大，有时稍大（通过压缩和加密的结合，C

有可能比 M 小些）。加密函数 E 作用于 M 得到密文 C，用数学公式表示如下。

$$E(M)=C$$

相反地，解密函数 D 作用于 C 产生 M。

$$D(C)=M$$

先加密后再解密，原始的明文将恢复，故下面的等式必须成立。

$$D(E(M))=M$$

2. 鉴别、完整性和抗抵赖

除了提供机密性外，密码学通常还有其他的作用。

① 鉴别。消息的接收者应该能够确认消息的来源，入侵者不可能伪装成他人。

② 完整性。消息的接收者应该能够验证在传送过程中消息没有被修改，入侵者不可能用假消息代替合法消息。

③ 抗抵赖。发送者事后不可能否认他发送过的消息。

这些功能是通过计算机进行交流至关重要的需求，就像面对面交流一样。某人是否就是他说的人，某人的身份证明文件（驾驶执照、学历或者护照）是否有效，声称从某人那里来的文件是否确实从那个人那里来的，这些事情都是通过鉴别、完整性和抗抵赖来实现的。

3. 算法和密钥

密码算法（Algorithm）是用于加密和解密的数学函数。通常情况下，有两个相关的函数，一个用作加密，另一个用作解密。

如果算法的保密性是基于保持算法的秘密，这种算法称为受限制的算法。受限制的算法具有历史意义，但按现在的标准，它们的保密性已远远不够。大的或经常变换的用户组织不能使用它们，因为如果有一个用户离开这个组织，其他的用户就必须更换不同的算法。如果有人无意暴露了这个秘密，所有人都必须改变他们的算法。

受限制的密码算法不可能进行质量控制或标准化。每个用户组织必须有他们自己的唯一算法。这样的组织不可能采用流行的硬件或软件产品，因为偷窃者可以买到这些流行产品并学习算法，于是用户不得不自己编写算法并予以实现，如果这个组织中没有好的密码学家，那么他们就无法知道他们是否拥有安全的算法。

尽管有这些主要缺陷，受限制的算法对低密级的应用来说还是很流行的，用户或者没有认识到或者不在乎他们系统中存在的问题。

现代密码学用密钥（Key）解决了这个问题，密钥用 K 表示。K 可以是很多数值里的任意值。密钥 K 的可能值的范围叫作密钥空间。加密和解密运算都使用这个密钥（即运算都依赖于密钥，并用 K 作为下标表示），这样，加/解密函数改变如下。

$$E_K(M)=C$$

$$D_K(C)=M$$

这些函数具有下面的特性（见图 5-3）。

$$D_K(E_K(M))=M$$

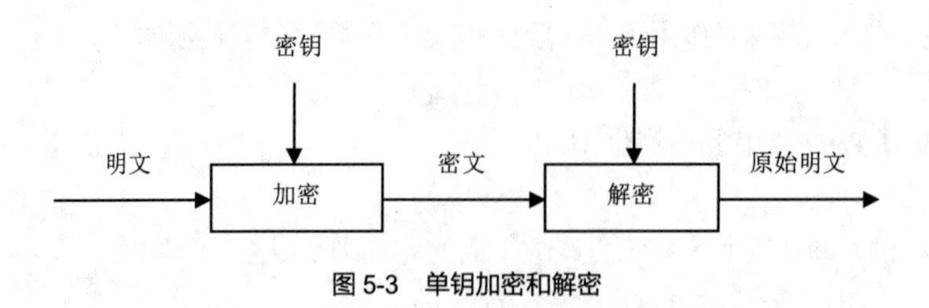

图 5-3　单钥加密和解密

有些算法使用不同的加密密钥和解密密钥（见图 5-4），也就是说加密密钥 K_1 与相应的解密密钥 K_2 不同，在这种情况下可得到下列函数。

$$E_{K_1}(M)=C$$

$$D_{K_2}(C)=M$$

$$D_{K_2}(E_{K_1}(M))=M$$

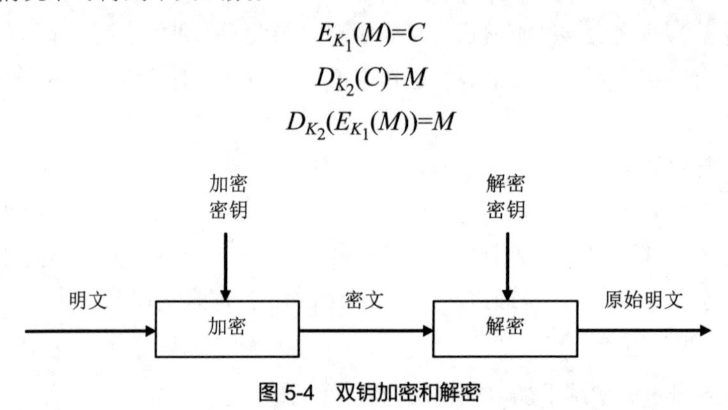

图 5-4　双钥加密和解密

所有这些算法的安全性都基于密钥的安全性，而不是基于算法的细节的安全性。这就意味着算法可以公开，也可以被分析，可以大量生产使用算法的产品，即使偷窃者知道用户的算法也没有关系。如果他不知道用户使用的具体密钥，他就不可能阅读用户的消息。

密码体制（Cryptosystem）由算法以及所有可能的明文、密文和密钥组成。

4. 对称算法

基于密钥的算法通常有两类：对称算法和非对称算法。

对称算法有时又叫传统密码算法，就是加密密钥能够从解密密钥中推导出来，反过来也成立。在大多数对称算法中，加解密密钥是相同的。这些算法也叫秘密密钥算法或单密钥算法，它要求发送者和接收者在安全通信之前，商定一个密钥。对称算法的安全性依赖于密钥，泄露密钥就意味着任何人都能对消息进行加解密。只要通信需要保密，密钥就必须保密。

对称算法的加密和解密表示如下。

$$E_K(M)=C$$

$$D_K(C)=M$$

对称算法可分为两类。一类算法是一次只对明文中的单个位（有时对字节）运算的算法称为序列算法或序列密码。另一类算法是对明文的一组位进行运算，这些位组称为分组，相应的算法称为分组算法或分组密码。

现代计算机密码算法的典型分组长度为 64 位，这个长度足以防止分析破译，并且方便使用（在计算机出现前，算法普遍每次只对明文的一个字符运算，可认为是序列密码对字符序列的运算）。

5. 非对称算法

非对称算法也叫公开密钥算法（Public-Key Algorithm），它是这样设计的：用作加密的密钥不同于用作解密的密钥，而且解密密钥不能根据加密密钥计算出来。之所以叫公开密钥算法，是因为加密密钥能够公开，即任何人都能用加密密钥加密消息，但只有用相应的解密密钥才能解密消息。在这些系统中，加密密钥叫作公用密钥，解密密钥叫作私有密钥。私有密钥有时也叫作秘密密钥。

用公用密钥 K_1 加密表示如下。

$$E_{K_1}(M) = C$$

虽然公用密钥和私有密钥不同，但用相应的私有密钥 K_2 解密可表示如下。

$$D_{K_2}(C) = M$$

有时消息用私有密钥加密而用公用密钥解密，这用于数字签名，尽管可能产生混淆，但这些运算可分别表示如下。

$$E_{K_1}(M) = C$$
$$D_{K_2}(C) = M$$

6. 密码分析

密码编码学的主要目标是保持明文（或密钥，或明文和密钥）的秘密以防止偷听者知晓。这里假设偷听者完全能够截获收发者之间的通信。

密码分析学是在不知道密钥的情况下，恢复出明文的科学。成功的密码分析能恢复出消息的明文或密钥。密码分析也可以发现密码体制的弱点，最终得到上述结果。密钥通过非密码分析方式的丢失叫作泄露。

对密码进行分析的尝试称为攻击。常用的密码分析攻击有以下 4 类，当然，每一类都假设密码分析者知道所用的加密算法的全部知识。

① 唯密文攻击（Cipher Text-Only Attack）。在唯密文攻击中，密码分析者知道密码算法，但仅能根据截获的密文进行分析，以得出明文或密钥。由于密码分析者所能利用的数据资源仅为密文，这是对密码分析者最不利的情况。密码分析者的任务是恢复尽可能多的明文，或者最好是能推算出加密消息的密钥来，以便采用相同的密钥解出其他被加密的消息。

已知：$C_1 = E_K(P_1), C_2=E_K(P_2), \cdots, C_i=E_K(P_i)$。

推导出：$P_1, P_2,\cdots, P_i$；密钥 K。或者找出一个算法从 $C_{i+1}=E_K(P_{i+1})$推导出 P_{i+1}。

② 已知明文攻击（Known-Plaintext Attack）。已知明文攻击是指密码分析者除了有截获的密文外，还有一些已知的“明文-密文对”来破译密码。密码分析者的任务目标是推出用来加密的密钥或某种算法，这种算法可以对用该密钥加密的任何新的消息进行解密。分析者的任务就是用加密消息推出用来加密的密钥或推导出一个算法，此算法可以对用同一密钥加密的任何新的消息进行解密。

已知：$P_1,C_1=E_K(P_1),P_2,C_2=E_K(P_2), \cdots, P_i,C_i=E_K(P_i)$。

推导出：密钥 K，或从 $C_{i+1}=E_K(P_{i+1})$推导出 P_{i+1} 的算法。

③ 选择明文攻击（Chosen-Plaintext Attack）。选择明文攻击是指密码分析者不仅可得到一些“明文-密文对”，还可以选择被加密的明文，并获得相应的密文。这时密码分析者能够选择特定的明文数据块去加密，并比较明文和对应的密文，以分析和发现更多的与密钥相关的消息。密码分析者的任务目标也是推出用来加密的密钥或某种算法，该算法可以对用该密钥加密的任何新的消息进行解密。

已知：$P_1,C_1=E_K(P_1),P_2,C_2=E_K(P_2),\cdots,P_i,C_i=E_K(P_i)$，其中 $P_1,P_2,\cdots,P_i$ 只可由密码分析者选择。

推导出：密钥 K，或从 $C_{i+1}=E_K(P_{i+1})$推导出 P_{i+1} 的算法。

④ 选择密文攻击（Chosen-Cipher Text Attack）。选择密文攻击是指密码分析者可以选择一些密文，并得到相应的明文。密码分析者的任务目标是推出密钥。

已知：$C_1,P_1=D_K(C_1),C_2,P_2=D_K(C_2),\cdots,C_i,P_i=D_K(C_i)$。

推导出：密钥 K。

这种密码分析多用于攻击公钥密码体制。“选择密文攻击”有时也可有效地用于对称算法。有时将选择明文攻击和选择密文攻击一起称作选择文本攻击（Chosen-Text Attack）。

7. 算法的安全性

根据被破译的难易程度，不同的密码算法具有不同的安全等级。如果破译算法的代价大于加密数据的价值，破译算法所需的时间比加密数据保密的时间更长，用单密钥加密的数据量比破译算法需要的数据量少得多，那么这种算法可能是安全的。

破译算法可分为不同的类别，安全性的递减顺序如下。

① 全部破译。密码分析者找出密钥 K，这样 $D_K(C)=M$。

② 全盘推导。密码分析者找到一个代替算法，在不知道密钥 K 的情况下，等价于 $D_K(C)=M$。

③ 实例（或局部）推导。密码分析者从截获的密文中找出明文。

④ 信息推导。密码分析者获得一些有关密钥或明文的信息。这些信息可能是密钥的几个位、有关明文格式的信息等。

如果不论密码分析者有多少密文，都没有足够的信息恢复出明文，那么这个算法就是无条件保密的，理论上，只有一次一密才是不可破译的。所有其他的密码体制在唯密文攻击中都是可破的，只需要简单地一个接一个地去尝试每种可能的密钥，并且检查所得明文是否有意义，这种方法叫作蛮力攻击（Brute-Force Attack）。

密码学更关心在计算上不可破译的密码体制。如果一个算法用可得到的资源都不能破译，这个算法则被认为在计算上是安全的。准确地说，“可用资源”就是公开数据的分析整理。

可以用下列不同方式衡量攻击方法的复杂性。

① 数据复杂性。

② 处理复杂性。

③ 存储需求。

作为一个法则，攻击的复杂性取这 3 个因数的最小值。有些攻击包括这 3 种复杂性的折中：存储需求越大，攻击可能越快。

复杂性用数量级来表示。如果算法的处理复杂性是 2^{128}，那么破译这个算法也需要 2^{128} 次运算（这些运算可能非常复杂和耗时）。假设有足够的计算速度去完成每秒 100 万次运算，并且用 100 万个并行处理器完成这个任务，那么仍需花费 1×10^{19} 年以上才能找出密钥。

5.2 传统密码技术

5.2.1 数据表示方法

数据的表示有多种形式，如文字、图形、声音和图像等。这些信息在计算机系统中都是以某种编码的方式存储的。我们今天所研究的加密技术，都是以对这些数字化信息的加密、解密方法作为研究对象，不同于传统加密技术的主要对象是文字书信，书信的内容基于某个字母表，如标准英语字母表。现代密码学是在计算机科学和数学的基础上发展起来的，所以现代密码技术可以应用于所有在计算机系统中运用的数据。在计算机系统中普遍采用的是二进制数据，所以二进制数据的加密方法在计算机信息安全中有着广泛的应用，也正是现代密码学研究的主要应用对象。

传统加密方法的主要应用是对文字信息进行加密、解密。文字由字母表中的一个个字母组成，字母表可以按照排列顺序进行一定的编码，把字母从前到后都用数字表示如下。

字母：	A	B	C	D	E	F	G	H	I	J	K	L	M	N
数字：	1	2	3	4	5	6	7	8	9	10	11	12	13	14
字母：	O	P	Q	R	S	T	U	V	W	X	Y	Z		
数字：	15	16	17	18	19	20	21	22	23	24	25	26		

大多数加密算法都有数学属性，这种表示方法可以对字母进行算术运算，字母的加减法将形成对应的代数码。若把字母表看成循环的，那么字符的运算就可以用求模运算来表示。

$$c = x \bmod n$$

在标准英语字母表中，n=26。例如 A+3=D、T−3=Q、X+4=B，算法如下。

1+3=4，4 mod 26=4，对应字母为 D；

20−3=17，17 mod 26=17，对应字母为 Q；

24+4=28，28 mod 26=2，对应字母为 B。

5.2.2　替代密码

替代密码

替代密码（Substitution Cipher）是使用替代法进行加密所产生的密码。替代密码就是明文中每一个字符被替换成密文中的另外一个字符。接收者对密文进行逆替换就能恢复出明文。替代法加密是用另一个字母表中的字母替代明文中的字母。在替代法加密体制中，使用了密钥字母表。它可以由明文字母表构成，也可以由多个字母表构成。如果是由一个字母表构成的替代密码，称为单表密码，其替代过程是在明文和密码字符之间进行一对一的映射。如果是由多个字母表构成的替代密码，称为多表密码，其替代过程与前者不同之处在于明文的同一字符可在密文中表现为多种字符，因此在明文与密文字符之间的映射是一对多的。

在经典密码学中，有以下 4 种类型的替代密码。

① 简单替代密码（Simple Substitution Cipher）或单字母密码（Mono-Alphabetic Cipher），就是明文的一个字符用相应的一个密文字符代替。报纸中的密报就是简单的替代密码。

② 多名码替代密码（Homophonic Substitution Cipher），它与简单替代密码相似，唯一的不同是单个明文字符可以映射成密文的几个字符之一。例如，A 可能对应于 5、13、25 或 56，B 可能对应于 7、19、31 或 42 等。

③ 多字母替代密码（Poly Gram Substitution Cipher），字符块被成组加密。例如，ABA 可能对应于 RTQ，ABB 可能对应于 SLL 等。

④ 多表替代密码（Poly Alphabetic Substitution Cipher）由多个简单的替代密码构成。例如，可能使用 5 个不同的简单替代密码，单独的一个字符用来改变明文的每个字符的位置。

下面介绍两种具体的替代加密法。

1. 单表替代密码

单表替代密码属于简单替代密码，是一种典型方法是凯撒（Caesar）密码，又叫循环移位密码。它的加密方法就是把明文中所有字母都用它右边的第 k 个字母替代，并认为 Z 后边又是 A。这种映射关系表示为如下函数。

$$F(a)=(a+k) \bmod n$$

其中，a 表示明文字母；n 为字符集中字母个数；k 为密钥。

映射表中，明文字母在字母表中的相应位置数为 C（如 A=1,B=2,⋯），形式如下。

设 $k=3$；对于明文 P = COMPUTE SYSTEMS，算法如下。

$f(\mathrm{C})=(3+3) \bmod 26=6=\mathrm{F}$

$f(\mathrm{O})=(15+3) \bmod 26=18=\mathrm{R}$

$f(\mathrm{M})=(13+3) \bmod 26=16=\mathrm{P}$

⋮

$f(\mathrm{S})=(19+3) \bmod 26=22=\mathrm{V}$

所以，密文 $C=E_k(P)$=FRPSXWH VBVWHPV。事实上，对于 k=3 的凯撒密码，其字母映射关系如下。

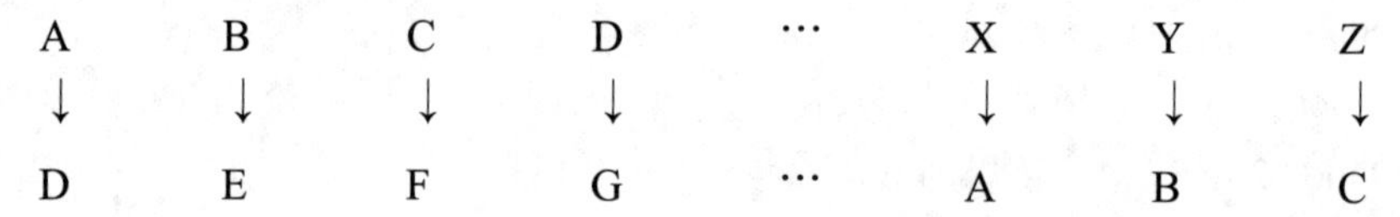

因此，由密文 C 恢复明文 P 是很容易实现的。显然，只要知道密钥 k，就可造出一张字母对应表，加密和解密就都可以用此对应表进行。

凯撒密码的优点是密钥简单易记。但它的密文与明文的对应关系过于简单，故安全性很差。

除了凯撒密码，在其他的单表替代法中，有的字母表被打乱。例如，在字母表中首先排列出密钥中出现的字母，然后在密钥后面填上剩余的字母。如密钥是 HOW，那么新的字母表如下。

HOWABCDEFGIJKLMNPQRSTUVXYZ

这个密钥很短，多数明文字母离开其密文等价字母，仅有一个或几个位置。若用长的密钥，则距离变大，因而便难于判断是何文字密钥。

用这种算法进行加密或解密可以看成直接查找类似上面的表来实现。变换一个字符只需要一个固定的时间，这样加密 n 个字符的时间与 n 成正比。短字、有重复模式的单词，以及常用的起始和结束字母都给出猜测字母表排列的线索。英文字母的使用频率可以明显地在密文中体现出来，这是单表密码替代法的主要缺点。因为单表替代法是明文字母与密文字母集之间的映射，所以在密文中仍然保存了明文中的单字母频率分布，这使其安全性大大降低。而多表替代密码通过给每个明文字母定义密文元素消除了这种分布。

2. 周期替代密码

周期替代密码是一种常用的多表替代密码，又称为维吉尼亚（Vigenere）密码。这种替代法是循环地使用有限个字母来实现替代的一种方法。若明文 $m_1\ m_2\ m_3 \cdots m_n$ 采用 n 个字母（n 个字母为 $B_1,B_2,\cdots,B_n$）替代法，那么，m_1 将根据字母 B_n 的特征来替代，m_{n+1} 又将根据 B_1 的特征来替代，m_{n+2} 又将根据 B_2 的特征来替代……如此循环。可见 $B_1,B_2,\cdots,B_n$ 就是加密的密钥。

这种加密的加密表是以字母表移位为基础把26个英文字母进行循环移位排列在一起形成 26×26 的方阵。该方阵被称为维吉尼亚表。采用的算法如下。

$$f(a)=(a+B_i) \bmod n \ (i=1,2,\cdots,n)$$

实际使用时，往往把某个容易记忆的词或词组当作密钥。给一个消息加密时，只要把密钥反复写在明文下方（或上方），每个明文字母下面（或上面）对应的密钥字母就说明该明文字母应该用维吉尼亚表的哪一行加密，如表 5-1 所示。

表 5-1　维吉尼亚表

	A	B	C	D	E	F	G	H	I	J	K	L	M	N	O	P	Q	R	S	T	U	V	W	X	Y	Z
A	A	B	C	D	E	F	G	H	I	J	K	L	M	N	O	P	Q	R	S	T	U	V	W	X	Y	Z
B	B	C	D	E	F	G	H	I	J	K	L	M	N	O	P	Q	R	S	T	U	V	W	X	Y	Z	A
C	C	D	E	F	G	H	I	J	K	L	M	N	O	P	Q	R	S	T	U	V	W	X	Y	Z	A	B
D	D	E	F	G	H	I	J	K	L	M	N	O	P	Q	R	S	T	U	V	W	X	Y	Z	A	B	C
E	E	F	G	H	I	J	K	L	M	N	O	P	Q	R	S	T	U	V	W	X	Y	Z	A	B	C	D
F	F	G	H	I	J	K	L	M	N	O	P	Q	R	S	T	U	V	W	X	Y	Z	A	B	C	D	E
G	G	H	I	J	K	L	M	N	O	P	Q	R	S	T	U	V	W	X	Y	Z	A	B	C	D	E	F
H	H	I	J	K	L	M	N	O	P	Q	R	S	T	U	V	W	X	Y	Z	A	B	C	D	E	F	G
I	I	J	K	L	M	N	O	P	Q	R	S	T	U	V	W	X	Y	Z	A	B	C	D	E	F	G	H
J	J	K	L	M	N	O	P	Q	R	S	T	U	V	W	X	Y	Z	A	B	C	D	E	F	G	H	I
K	K	L	M	N	O	P	Q	R	S	T	U	V	W	X	Y	Z	A	B	C	D	E	F	G	H	I	J
L	L	M	N	O	P	Q	R	S	T	U	V	W	X	Y	Z	A	B	C	D	E	F	G	H	I	J	K
M	M	N	O	P	Q	R	S	T	U	V	W	X	Y	Z	A	B	C	D	E	F	G	H	I	J	K	L
N	N	O	P	Q	R	S	T	U	V	W	X	Y	Z	A	B	C	D	E	F	G	H	I	J	K	L	M
O	O	P	Q	R	S	T	U	V	W	X	Y	Z	A	B	C	D	E	F	G	H	I	J	K	L	M	N
P	P	Q	R	S	T	U	V	W	X	Y	Z	A	B	C	D	E	F	G	H	I	J	K	L	M	N	O
Q	Q	R	S	T	U	V	W	X	Y	Z	A	B	C	D	E	F	G	H	I	J	K	L	M	N	O	P
R	R	S	T	U	V	W	X	Y	Z	A	B	C	D	E	F	G	H	I	J	K	L	M	N	O	P	Q
S	S	T	U	V	W	X	Y	Z	A	B	C	D	E	F	G	H	I	J	K	L	M	N	O	P	Q	R
T	T	U	V	W	X	Y	Z	A	B	C	D	E	F	G	H	I	J	K	L	M	N	O	P	Q	R	S
U	U	V	W	X	Y	Z	A	B	C	D	E	F	G	H	I	J	K	L	M	N	O	P	Q	R	S	T
V	V	W	X	Y	Z	A	B	C	D	E	F	G	H	I	J	K	L	M	N	O	P	Q	R	S	T	U
W	W	X	Y	Z	A	B	C	D	E	F	G	H	I	J	K	L	M	N	O	P	Q	R	S	T	U	V
X	X	Y	Z	A	B	C	D	E	F	G	H	I	J	K	L	M	N	O	P	Q	R	S	T	U	V	W
Y	Y	Z	A	B	C	D	E	F	G	H	I	J	K	L	M	N	O	P	Q	R	S	T	U	V	W	X
Z	Z	A	B	C	D	E	F	G	H	I	J	K	L	M	N	O	P	Q	R	S	T	U	V	W	X	Y

例如，以 YOUR 为密钥，加密明文 HOWAREYOU。

$$P=\text{HOWAREYOU}$$

$$K=\text{YOURYOURY}$$

$$E_k(P)=\text{FCQRPSSFS}$$

其加密过程就是以明文字母选择列，以密钥字母选择行，两者的交点就是加密生成的密文字母。解密时，以密钥字母选择行，从中找到密文字母，密文字母所在列的列名即明文字母。

5.2.3 换位密码

换位密码是采用移位法进行加密的。它把明文中的字母重新排列，本身不变，但位置变了。例如把明文中字母的顺序倒过来，然后以固定长度的字母组发送或记录。

明文：computer systems。

密文：sm etsy sretupmoc。

① 列换位法将明文字符分割成为5个一列的分组并按一组后面跟着另一组的形式排好，形式如下。

$$\begin{matrix} C_1 & C_2 & C_3 & C_4 & C_5 \\ C_6 & C_7 & C_8 & C_9 & C_{10} \\ C_{11} & C_{12} & C_{13} & C_{14} & C_{15} \\ \cdots \end{matrix}$$

最后不全的组可以用不常使用的字符填满。

密文是取各列来产生的：$C_1\ C_6\ C_{11}\cdots C_2\ C_7\ C_{12}\cdots C_3\ C_8\ C_{13}\cdots$

如明文是 WHAT YOU CAN LEARN FROM THIS BOOK，分组排列如下。

W	H	A	T	Y
O	U	C	A	N
L	E	A	R	N
F	R	O	M	T
H	I	S	B	O
O	K	X	X	X

密文则以下面的形式读出：WOLFHOHUERIKACAOSXTARMBXYNNTOX。这里的密钥是数字 5。

② 矩阵换位法这种加密方式是把明文中的字母按给定的顺序安排在一个矩阵中，然后用另一种顺序选出矩阵的字母来产生密文。如将明文 ENGINEERING 按行排在 3×4 矩阵中，如下所示。

1	2	3	4
E	N	G	I
N	E	E	R
I	N	G	

给定一个置换如下。

$$f=\begin{pmatrix}1234\\2413\end{pmatrix}$$

现在根据给定的置换，按第 2 列、第 4 列、第 1 列、第 3 列的次序排列，就得出以下矩阵。

1	2	3	4
N	I	E	G
E	R	N	E
N		I	G

得到密文：NIEGERNEN IG。

在这个加密方案中，密钥就是矩阵的行数 m 和列数 n，即 $m\times n=3\times4$，以及给定的置换矩阵。

$$f=\begin{pmatrix}1234\\2413\end{pmatrix}$$

也就是 $k=(m\times n,f)$。

其解密过程是将密文根据 3×4 矩阵，按行、列的顺序写出。

1	2	3	4
N	I	E	G
E	R	N	E
N		I	G

再根据给定置换产生新的矩阵。

1	2	3	4
E	N	G	I
N	E	E	R
I	N	G	

恢复明文：ENGINEERING。

5.2.4　简单异或

异或（XOR）在 C 语言中是“^”操作，或者用⊕表示。它是对位的标准操作，有以下一些运算。

$$0\oplus0=0$$

$$0\oplus1=1$$

$$1\oplus0=1$$

$$1\oplus1=0$$

简单异或

注意事项如下。

$$a\oplus a=0$$

$$a\oplus b\oplus b=a$$

简单异或算法实际上并不复杂，并不比维吉尼亚密码复杂。之所以讨论它，是因为它在商业软件包中很流行。如果一个软件保密程序宣称它有一个“专有”加密算法（该算法比 DES 更快），该算法可能是下述算法的一个变种。

```
/* Usage: crypto_key input_file output_file */
#include "stdio.h"
void main(int argc,char *argv[])
{
    FILE *fi,*fo;
    char *cp;
    int c;
    if ((cp=argv[1]) && *cp!='\0'){
        if ((fi=fopen(argv[2],"rb"))!=NULL){
            if ((fo=fopen(argv[3],"wb"))!=NULL){
                while ((c=getc(fi))!=EOF){
                    if (!*cp)cp=argv[1];
                    c^=*(cp++);
                    putc(c,fo);
                }
                fclose(fo);
```

```
            }
            fclose(fi);
        }
    }
}
```

这是一个对称算法。明文用一个关键字做异或运算以产生密文。因为对同一值做两次异或运算就能恢复原来的值，所以加密和解密都严格采用同一程序。

$$P \oplus K=C$$

$$C \oplus \mathrm{K}=P$$

这种方法没有实际的保密性，它易于破译，甚至没有计算机也能破译，如果用计算机则只需花费几秒的时间就可破译。

假设明文是英文，而且假设密钥长度是一个任意小的字节数，下面是它的破译方法。

① 用重合码计数法（Counting Coincidence）找出密钥长度，用密文异或相对其本身的各种字节的位移，统计那些相等的字节数。如果位移是密钥长度的倍数，那么超过6%的字节将是相等的；如果不是，则至多只有0.4%的字节是相等的（这里假设用一随机密钥来加密标准ASCII文本，其他类型的明文将有不同的数值），这叫作重合指数（Index of Coincidence）。指出密钥长度倍数的最小位移即密钥的长度。

② 按此长度移动密文，并且和自身异或，这样就消除了密钥，留下了明文。

5.2.5 一次一密

有一种理想的加密方案，叫作一次一密（One-Time Pad）。一般来说，一次一密是一个大的、不重复的真随机密钥字母集，这个密钥字母集被写在几张纸上，并被粘成一个密码本。它最初用于电传打字机，发送者用密码本中的每一密钥字母准确地加密一个明文字符。加密是明文字符和一次密码本密钥字符进行模26加法。

每个密钥仅使用一次。发送者对所发送的信息加密，然后销毁密码本中用过的一页或磁带部分。接收者有一个同样的密码本，并依次使用密码本上的每个密钥去解密密文的每个字符。接收者在解密信息后销毁密码本中用过的一页或磁带部分，新的信息则用密码本中新的密钥加密。

例如，如果信息如下。

ONE TIME PAD

而取自密码本的密钥序列如下。

TBF RGFA RFM

那么密文如下。

IPK LPSF HGQ

算法如下。

O+T mode 26=I

N+B mode 26=P

E+F mode 26=K

如果破译者不能得到用来加密消息的一次密码本，这个方案是完全保密的，给出的密文消息相当于同样长度的任何可能的明文消息。

由于每一密钥序列都是等概率的（注意，密钥是以随机方式产生的），破译者没有任何信息用来对密文进行密码分析，密钥序列也可能如下。

POYYAEAAZX

解密出来如下。

SALMONEGGS

或密钥序列如下。

BXFGBMTMXM

解密出来的明文如下。

GREENFLUID

值得注意的是，由于明文是等概率的，所以密码破译者没有办法确定哪一个明文是正确的。随机密钥序列异或一个非随机的明文，产生一个完全随机的密文，再大的计算能力也无能为力。

密钥字母必须是随机产生的。对这种方案的攻击实际上依赖于产生密钥序列的方法。不要使用伪随机数发生器，因为它们通常具有非随机性。如果采用真随机数发生器，就是安全的。

一次密码本的想法很容易推广到二进制数据的加密，只需用由二进制数字组成的一次密码本代替由字母组成的一次密码本，用异或代替一次密码本的明文字符加法即可。为了解密，用同样的一次密码本对密文异或，其他保持不变，保密性也很完善。

即使解决了密钥的分配和存储问题，还需确保发送者和接收者是完全同步的。如果接收者有 1 位的偏移（或者一些位在传送过程中丢失了），信息就变得不可识别了。另外，如果某些位在传送中被改变了（没有增减任何位，更像由于随机噪声引起的），那些改变了的位就不能正确地解密。

一次密码本在今天仍有应用场合，主要用于高度机密的低带宽信道。

5.3 对称密钥密码技术

5.3.1 Feistel 密码结构

在密码学研究中，Feistel 密码结构是用于分组密码中的一种对称结构。以它的发明者 Horst Feistel 的名字命名，而 Horst Feistel 本人是一位物理学家兼密码学家，他在为 IBM 工作的时候，为 Feistel 密码结构的研究奠定了基础。很多密码标准都采用了 Feistel 结构，其中包括 DES。如图 5-5 所示，加密算法的输入是长度为 $2W$ 位的明文块和密钥 K_0，把明文块分成 L_0 和 R_0 两部分。数据的这两个部分经过 n 次循环处理后结合在一起产生密文块。每个循环 i 都以上一次循环产生的结果 L_{i-1} 和 R_{i-1} 和总密钥 K 产生的子密钥 K_i 作为输入。在一般情况下，子密钥 K_i 是总密钥 K 经过一定的算法产生的。

所有的循环都具有相同的结构。每次循环都对左半部分数据执行取代，具体做法是用循环函数 F 对右半部分的数据进行运算，然后对函数的输出结果与数据的左半部分进行异或（XOR）操作。对每次循环来说，循环函数都具有通用的结构，只是使用不同的循环子密钥 K_i 为参数。在执行了取代之后，就已经执行了包含两部分数据交换信息的置换了。

Feistel 网络的精确实现取决于对下列参数和设计特征的选择。

（1）块大小（Block Size）

在所有其他参数都相等的情况下，块越大就意味着具有更好的安全性，但是会降低加密/解密的速度。块大小为64位就是一个很好的折中，而且在块密码设计中几乎是通用的。

（2）密钥长度（Key Size）

密钥越长就意味着具有更好的安全性，但是会降低加密/解密的速度。在现在的加密算法中最通用的密钥长度是128位。

（3）循环次数（Number of Rounds）

Feistel 密码的本质就是单个循环不能提供足够的安全性，而多个循环能够提供更多的安全性。循环次数的典型大小是16次。

（4）子密钥产生算法（Subkey Generation Algorithm）

该算法的复杂性越大，那么密码分析就会越困难。

（5）循环函数（Round Function）

循环函数越复杂，就意味着能够更好地抵抗密码分析。

对 Feistel 密码的解密过程实质上与加密过程相同。规则如下：使用密文作为算法的输入，但是按照相反的顺序使用子密钥 K_i。也就是说，在第一次循环中使用 K_n，在第二次循环中使用 K_{n-1}，依此类推，在最后一次循环中使用 K_1。

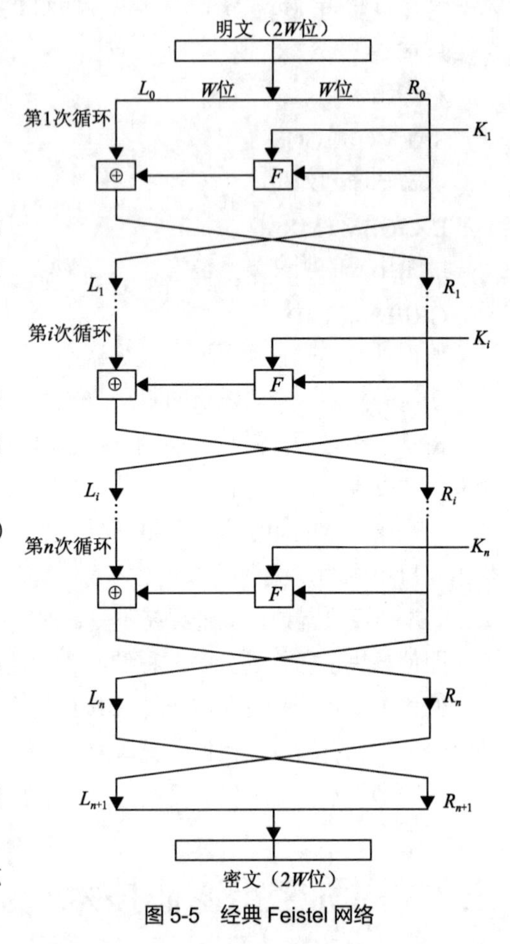

图 5-5　经典 Feistel 网络

5.3.2　数据加密标准

数据加密标准（Data Encryption Standard，DES）是美国国家标准局（NBS）发布的除国防部以外的其他部门的计算机系统的数据加密标准，1973 年美国国家标准局宣布公开征求加密标准。要求加密算法要达到以下几点。

① 必须提供高度的安全性。

② 具有相当高的复杂性，使得破译的开销超过可能获得的利益，同时又便于理解和掌握。

③ 安全性应不依赖于算法的保密，其加密的安全性仅以加密密钥的保密为基础。

④ 必须适用于不同的用户和不同的场合。

⑤ 实现算法的电子器件必须很经济、运行有效。

⑥ 必须能够验证，允许出口。

DES是一个分组加密算法，它以64位为分组对数据加密。64位一组的明文从算法的一端输入，64位的密文从另一端输出。DES是一个对称算法，加密和解密用的是同一算法（除密钥编排不同以外）。密钥的长度为56位（密钥通常表示为64位的数，但每个第8位都用作奇偶校验）。密钥可以是任意的56位的数，且可在任意的时候改变。其中极少量的数被认为是弱密钥，但能容易地避开它们。所有的保密性依赖于密钥。

简单地说，算法只不过是加密的两个基本技术——混乱和扩散的组合。DES 基本组成是这些技术的一个组合（先代替后置换），它基于密钥作用于明文，这是众所周知的轮（Round）。DES 有 16 轮，这意味着要在明文分组上 16 次实施相同的组合技术，如图 5-6 所示。

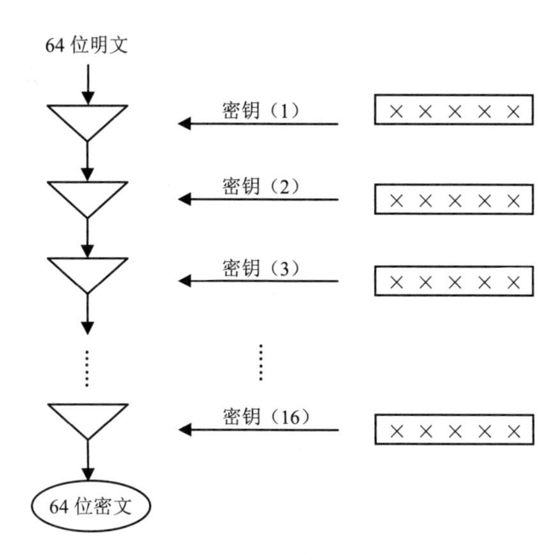

图 5-6　DES 加密过程

1. 加密过程

DES 加密过程如图 5-6 所示。

DES 使用 56 位密钥对 64 位数据块进行加密，需要进行 16 轮编码。在每轮编码时，一个 48 位的“每轮”密钥值由 56 位的完整密钥得出。在每轮编码过程中，64 位数据和每轮密钥值被输入一个称为“S”的盒中，由一个压码函数对数位进行编码。另外，在每轮编码开始、过后以及每轮之间，64 位数码被以一种特别的方式置换（数位顺序被打乱）。在每一步处理中都要从 56 位的主密钥中得出一个唯一的轮次密钥。最后，输入的 64 位原始数据被转换成 64 位看起来被完全打乱了的输出数据，但可以用解密算法（实际上是加密过程的逆过程）将其转换成输入时的状态。当然，这个解密过程要使用加密数据时所使用的同样的密钥。

由于每轮之前、之间和之后的变换，DES 用软件执行起来比硬件慢得多，用软件执行一轮变换时，必须做一个 64 次的循环，每次将 64 位数的一位放到正确的位置。使用硬件进行变换时，只需用 64 个输入“管脚”到 64 个输出“管脚”的模块，输入“管脚”和输出“管脚”之间按定义的变换进行连接。这样，结果就可以直接从输出“管脚”得到。

2. 算法概要

DES 对 64 位的明文分组进行操作。通过一个初始置换，将明文分组成为左半部分和右半部分，各 32 位长。然后进行 16 轮完全相同的运算，这些运算被称为函数 f，在运算过程中数据与密钥结合。经过 16 轮后，左、右半部分合在一起，经过一个末置换（初始置换的逆置换），这样该算法就完成了。

在每一轮（见图 5-7）中，密钥位移位，然后从密钥的 56 位中选出 48 位。通过一个扩展置换将数据的右半部分扩展成 48 位，并通过一个异或操作与 48 位密钥结合，通过 8 个 S 盒将这 48 位替代成新的 32 位数据，再将其置换一次。这 4 步运算构成了函数 f。然后，通过另一个异或运算，函数 f 的输出与左半部分结合，其结果即成为新的右半部分，原来的右半部分成为新的左半部分。将该操作重复 16 次，便实现了 DES 的 16 轮运算。

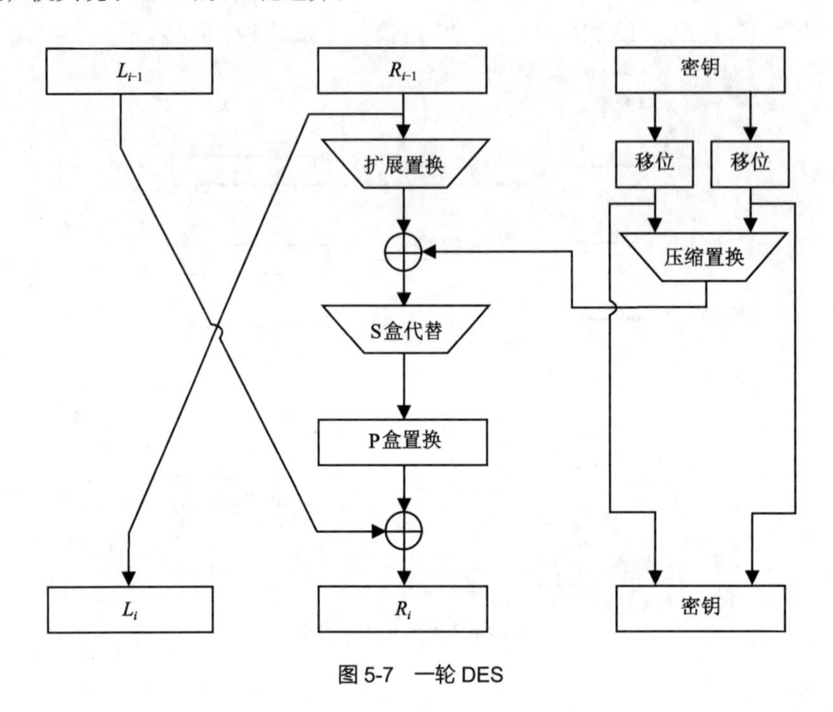

图 5-7　一轮 DES

假设 B_i 是第 i 次迭代的结果，L_i 和 R_i 分别是 B_i 的左半部分和右半部分，K_i 是第 i 轮的 48 位密钥，且 f 是实现代替、置换及密钥异或等运算的函数，那么每一轮如下。

$$L_i=R_{i-1}$$

$$R_i=L_{i-1}\oplus f(R_{i-1},K_i)$$

3. 初始置换

初始置换在第一轮运算之前执行，对输入分组实施如表 5-2 所示的变换。此表应从左向右、从上向下读。例如，初始置换把明文的原第 58 位换到现在的第 1 位的位置，把原第 50 位换到现在的第 2 位的位置，把原第 42 位换到现在的第 3 位的位置等。

表 5-2　初始置换

58	50	42	34	26	18	10	2	60	52	44	36	28	20	12	4
62	54	46	38	30	22	14	6	64	56	48	40	32	24	16	8
57	49	41	33	25	17	9	1	59	51	43	35	27	19	11	3
61	53	45	37	29	21	13	5	63	55	47	39	31	23	15	7

初始置换和对应的末置换并不影响 DES 的安全性。它的主要目的是更容易地将明文和密文数据以字节为单位放入 DES 芯片中，因为这种位方式的置换用软件实现很困难（用硬件实现较容易），故 DES 的许多软件实现方式删去了初始置换和末置换。尽管这种新算法的安全性不比 DES 差，但它并未遵循 DES 标准，所以不应叫作 DES。

4. 密钥置换

一开始，由于不考虑每个字节的第 8 位，DES 的密钥由 64 位减至 56 位，如表 5-3 所示。每个字节的第 8 位可作为奇偶校验位以确保密钥不发生错误。在 DES 的每一轮中，从 56 位密钥产生出不同的 48 位子密钥（Sub Key），这些子密钥 K_i 由下面的方式确定。

表 5-3　密钥置换

57	49	41	33	25	17	9	1	58	50	42	34	26	18
10	2	59	51	43	35	27	19	11	3	60	52	44	36
63	55	47	39	31	23	15	7	62	54	46	38	30	22
14	6	61	53	45	37	29	21	13	5	28	20	12	4

首先，56 位密钥被分成两部分，每部分 28 位。然后，根据轮数，这两部分分别循环左移 1 位或 2 位。表 5-4 给出了每轮移动的位数。

表 5-4　每轮移动的位数

轮	1	2	3	4	5	6	7	8	9	10	11	12	13	14	15	16
位数	1	1	2	2	2	2	2	2	1	2	2	2	2	2	2	1

移动后，就从 56 位中选出 48 位。因为这个运算不仅置换了每位的顺序，也选择子密钥，因而被称作压缩置换。这个运算提供了一组 48 位的集。表 5-5 定义了压缩置换（也称为置换选择）。例如，处在第 33 位位置的那一位在输出时移到了第 35 位的位置，而处在第 18 位位置的那一位被略去了。

表 5-5　压缩置换

14	17	11	24	1	5	3	28	15	6	21	10
23	19	12	4	26	8	16	7	27	20	13	2
41	52	31	37	47	55	30	40	51	45	33	48
44	49	39	56	34	53	46	42	50	36	29	32

因为有移动运算，在每一个子密钥中使用了不同的密钥子集的位。虽然不是所有的位在子密钥中使用的次数均相同，但在 16 个子密钥中，每一位大约使用了其中 14 个子密钥。

5. **扩展置换**

这个运算将数据的右半部分 R_i 从 32 位扩展到了 48 位。由于这个运算改变了位的次序，重复了某些位，故被称为扩展置换。这个操作有两个方面的目的：它产生了与密钥同长度的数据以进行异或运算；它提供了更长的结果，使得在替代运算时能进行压缩。但是，以上的两个目的都不是它在密码学上的主要目的。由于输入的一位将影响两个替换，所以输出对输入的依赖性将传播得更快，这叫作雪崩效应。故 DES 的设计应着重于尽可能快地使得密文的每一位依赖明文和密钥的每一位。

图 5-8 所示为扩展置换，有时它也叫作 E 盒。对每个 4 位输入分组，第 1 和第 4 位分别表示输出分组中的两位，而第 2 和第 3 位分别表示输出分组中的一位。表 5-6 给出了哪一输出位对应哪一输入位。例如，处于输入分组中第 3 位位置的位移到了输出分组中第 4 位的位置，而处于输入分组中第 21 位位置的位移到了输出分组中第 30 和第 32 位的位置。

表 5-6　扩展置换

32	1	2	3	4	5	4	5	6	7	8	9
8	9	10	11	12	13	12	13	14	15	16	17
16	17	18	19	20	21	20	21	22	23	24	25
24	25	26	27	28	29	28	29	30	31	32	1

尽管输出分组大于输入分组，但每一个输入分组产生唯一的输出分组。

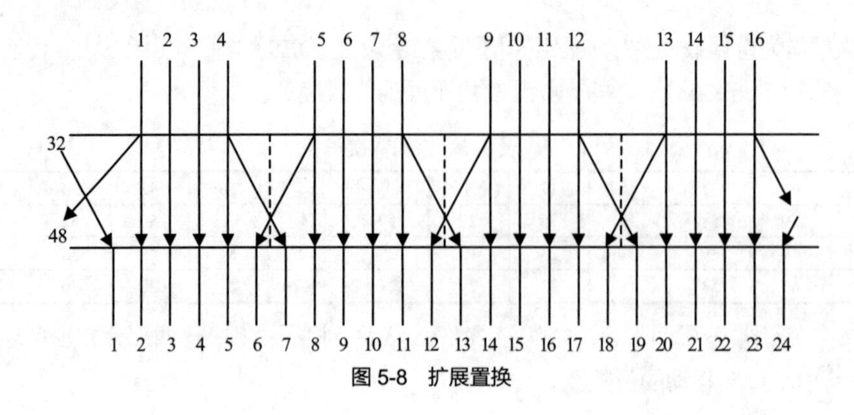

图 5-8 扩展置换

6. S 盒代替

压缩后的密钥与扩展分组异或以后，将 48 位的结果送入，进行代替运算。替代由 8 个代替盒或 S 盒完成。每一个 S 盒都有 6 位输入，4 位输出，且这 8 个 S 盒是不同的（DES 的这 8 个 S 盒占的存储空间为 256 字节）。48 位的输入被分为 8 个 6 位的分组，每一分组对应一个 S 盒代替操作：分组 1 由 S 盒 1 操作，分组 2 由 S 盒 2 操作，依此类推，如图 5-9 所示。

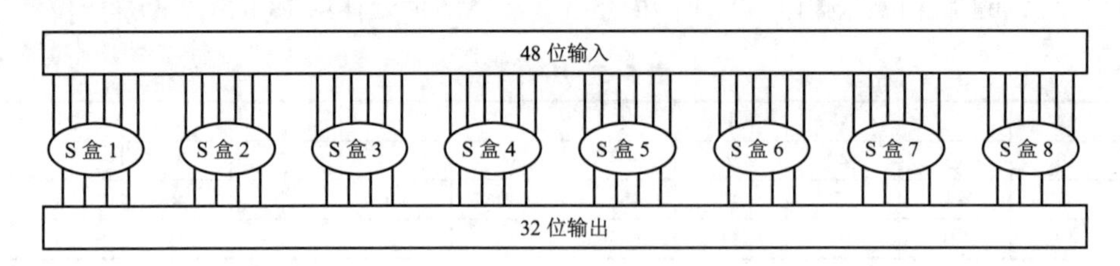

图 5-9 S 盒代替

每个 S 盒是一个 4 行、16 列的表。盒中的每一项都是一个 4 位的数。S 盒的 6 个位输入确定了其对应的输出在哪一行哪一列。表 5-7 列出了所有 S 盒。

表 5-7 S 盒

S 盒 1

14	4	13	1	2	15	11	8	3	10	6	12	5	9	0	7
0	15	7	4	14	2	13	1	10	6	12	11	9	5	3	8
4	1	14	8	13	6	2	11	15	12	9	7	3	10	5	0
15	12	8	2	4	9	1	7	5	11	3	14	10	0	6	13

S 盒 2

15	1	8	14	6	11	3	4	9	7	2	13	12	0	5	10
3	13	4	7	15	2	8	14	12	0	1	10	6	9	11	5
0	14	7	11	10	4	13	1	5	8	12	6	9	3	2	15
13	8	10	1	3	15	4	2	11	6	7	12	0	5	14	9

S 盒 3

10	0	9	14	6	3	15	5	1	13	12	7	11	4	2	8
13	7	0	9	3	4	6	10	2	8	5	14	12	11	5	1
13	6	4	9	8	15	3	0	11	1	2	12	5	10	14	7
1	10	13	0	6	9	8	7	4	15	14	3	11	5	2	12

S 盒 4

7	13	14	3	0	6	9	10	1	2	8	5	11	12	4	15
13	8	11	5	6	5	0	3	4	7	2	12	1	10	14	9

续表

10	6	9	0	12	11	7	13	15	1	3	14	5	2	8	4
3	15	0	6	10	1	13	8	9	4	5	11	12	7	2	14
S 盒 5															
2	12	4	1	7	10	11	6	8	5	3	15	13	0	14	9
14	11	2	12	4	7	13	1	5	0	15	10	3	9	8	6
4	2	1	11	10	13	7	8	15	9	12	5	6	3	0	14
1	8	12	7	1	14	2	13	6	15	0	9	10	4	5	3
S 盒 6															
12	1	10	15	9	2	6	8	0	13	3	4	14	7	5	11
10	15	4	2	7	12	9	5	6	1	13	14	0	11	3	8
9	14	15	5	2	8	12	3	7	0	4	10	1	13	11	6
4	3	2	12	9	5	15	10	11	14	1	7	6	0	8	13
S 盒 7															
4	11	2	14	15	0	8	13	3	12	9	7	5	10	6	1
13	0	11	7	4	9	1	10	14	3	5	12	2	15	8	6
1	4	11	13	12	3	7	14	10	15	6	8	0	5	9	2
6	11	13	8	1	4	10	7	9	5	0	15	14	2	3	12
S 盒 8															
13	2	8	4	6	15	11	1	10	9	3	14	5	0	12	7
1	15	13	8	10	3	7	4	12	5	6	11	0	14	9	2
7	11	4	1	9	12	14	2	0	6	10	13	15	3	5	8
2	1	14	7	4	10	8	13	15	12	9	0	3	5	6	11

输入位以一种非常特殊的方式确定了 S 盒中的项。假定将 S 盒的 6 位输入标记为 b_1、b_2、b_3、b_4、b_5、b_6，则 b_1 和 b_6 组合构成了一个两位的数，从 0 到 3，它对应着表中的一行。从 b_2 到 b_5 构成了一个 4 位的数，从 0 到 15，对应着表中的一列。

例如，假设第 6 个 S 盒的输入（即异或函数的第 31 位到 36 位）为 110011。第 1 位和最后一位组合形成了 11，它对应着第 6 个 S 盒的第 3 行。中间的 4 位组合在一起形成了 1001，它对应着同一个 S 盒的第 9 列。S 盒 6 的第 3 行第 9 列处的数是 14（注意：行、列的记数均从 0 开始而不是从 1 开始），则值 1110 就代替了 110011。

当然，用软件实现 64 项的 S 盒更容易。仅需要花费一些精力重新组织 S 盒的每一项，这并不困难（S 盒的设计必须非常仔细，不要仅改变查找的索引，而不重新编排 S 盒中的每一项）。然而，S 盒的这种描述使它的工作过程可视化了。每个 S 盒可被看作一个 4 位输入的代替函数，b_2 到 b_5 直接输入，输出结果为 4 位。b_1 和 b_6 位来自临近的分组，它们从特定的 S 盒的 4 个代替函数中选择一个。

这是该算法的关键步骤。所有其他的运算都是线性的，易于分析，而 S 盒是非线性的，它比 DES 的其他任何一步提供了更好的安全性。

这个代替过程的结果是 8 个 4 位的分组，它们重新合在一起形成了一个 32 位的分组。这个分组将进行下一步：P 盒置换。

7. P 盒置换

S 盒代替运算后的 32 位输出依照 P 盒进行置换。该置换把每输入位映射到输出位，任意一位不能被映射两次，也不能被略去，这个置换叫作直接置换。表 5-8 给出了每位移到的位置。例如，第 21 位移到了第 4 位处，同时第 4 位移到了第 31 位处。

表 5-8　P 盒置换

16	7	20	21	29	12	28	17	1	15	23	26	5	18	31	10
2	8	24	14	32	27	3	9	19	13	30	6	22	11	4	25

最后，将 P 盒置换的结果与最初的 64 位分组的左半部分异或，然后左、右半部分交换，接着开始另一轮。

8. 末置换

末置换是初始置换的逆过程，表 5-9 列出了该置换。应注意 DES 在最后一轮后，左半部分和右半部分并未交换，而是将 R_{16} 与 L_{16} 并在一起形成一个分组作为末置换的输入。到此，不再进行别的事。其实交换左、右两半部分并循环移动，仍将获得完全相同的结果，但这样做，就使该算法既能用作加密，又能用作解密。

表 5-9　末置换

40	8	48	16	56	24	64	32	39	7	47	15	55	23	63	31
38	6	46	14	54	22	62	30	37	5	45	13	53	21	61	29
36	4	44	12	52	20	60	28	35	3	43	11	51	19	59	27
34	2	42	10	50	18	58	26	33	1	41	9	49	17	57	25

9. DES 解密

在经过所有的代替、置换、异或和循环移动之后，读者或许认为解密算法与加密算法完全不同，且也如加密算法一样有很强的混乱效果。恰恰相反，经过精心选择各种操作，会获得这样一个非常有用的性质：加密和解密可使用相同的算法。

DES 使用相同的函数来加密或解密每个分组成为可能，二者唯一不同之处是密钥的次序相反。这就是说，如果各轮的加密密钥分别是 $K_1,K_2,K_3,\cdots,K_{16}$，那么解密密钥就是 $K_{16},K_{15},K_{14},\cdots,K_1$。为各轮产生密钥的算法也是循环的。密钥向右移动，每次移动的个数为 0、1、2、2、2、2、2、2、1、2、2、2、2、2、2、1。

10. 三重 DES

DES 的唯一密码学缺点就是密钥长度较短。解决密钥长度问题的办法之一是采用三重 DES。三重 DES 方法需要执行 3 次常规的 DES 加密步骤，但最常用的三重 DES 算法中仅用两个 56 位 DES 密钥。设这两个密钥为 K_1 和 K_2，其算法的步骤如下。

① 用密钥 K_1 进行 DES 加密。

② 用步骤①的结果使用密钥 K_2 进行 DES 解密。

③ 用步骤②的结果使用密钥 K_1 进行 DES 加密。

这个过程称为 EDE，因为它是由加密—解密—加密（Encrypt Decrypt Encrypt）步骤组成的。在 EDE 中，中间步骤是解密，所以，可以使 K_1=K_2 来用三重 DES 方法执行常规的 DES 加密。图 5-10 所示是三重 DES 算法的工作。

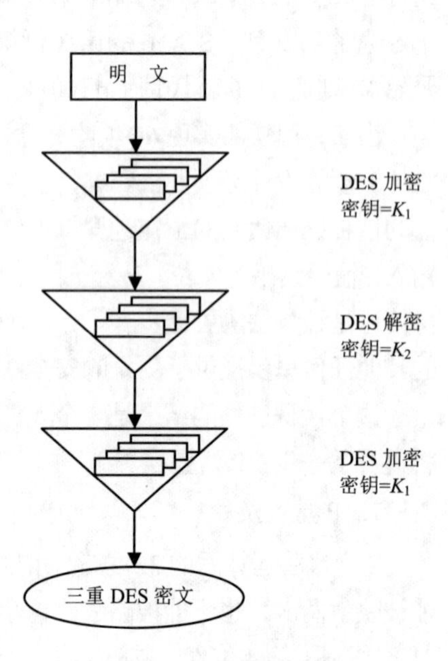

图 5-10　三重 DES 加密

三重 DES 的缺点是时间开销较大，三重 DES 的时间是 DES 算法的 3 倍。但从另一方面看，三重 DES 的 112 位密钥长度在可以预见的将来可认为是合适的。

DES 被认为是安全的，这是因为要破译它可能需要尝试 256 个不同的 56 位密钥直到找到正确的密钥。

11. DES 举例

已知明文 m=computer，密钥 k=program，用 ASCII 表示如下。

m=01100011 01101111 01101101 01110000 01110101 01110100 01100101 01110010

k=01110000 01110010 01101111 01100111 01110010 01100001 01101101

因为 k 只有 56 位，必须插入第 8、16、24、32、40、48、56、64 位奇偶校验位，合成 64 位。而这 8 位对加密过程没有影响。

m 经过 IP 置换后如下。

L_0= 11111111　10111000　01110110　01010111

R_0= 00000000　11111111　00000110　10000011

密钥 k 通过 PC-1 得到如下结果。

C_0= 11101100　10011001　00011011　1011

D_0= 10110100　01011000　10001110　0110

再各自左移一位，通过 PC-2 得到 48 位。

k_1=00111101 10001111 11001101 00110111 00111111 00000110

R_0（32 位）经 E 作用膨胀为 48 位。

10000000 00010111 11111110 10000000 11010100 00000110

再和 k_1 进行异或运算得到（分成 8 组）如下结果。

101111 011001 100000 110011 101101 111110 101101 001110

通过 S 盒后输出的 32 位如下。

01110110 00110100 00100110 10100001

S 盒的输出又经过 P 置换得到如下结果。

01000100 00100000 10011110 10011111

这时 $f(R_0, K_1)$ $R_1=L_0 \oplus f(R_0, K_1)$ $L_1=R_0$，所以，第一次的结果如下。

00000000 11111111 00000110 10000011 10111011 10011000 11101000 11001000

如此，迭代 16 次以后，得到密文如下。

01011000 10101000 01000001 10111000 01101001 11111110 10101110 00110011

明文或密钥每改变一位，都会对结果密文产生剧烈的影响。任意改变一位，其结果有将近一半的位发生了变化。

5.3.3　国际数据加密算法

国际数据加密算法（International Data Encryption Algorithm，IDEA）是来学嘉和詹姆斯·L.马西（James L.Massey）在苏黎世联邦理工学院开发的，在 1990 年公布并在 1991 年得到增强。这种算法是在 DES 算法的基础上发展出来的，类似于三重 DES，发展 IDEA 也是因为感到 DES 具有密钥太短等缺点。

IDEA 与 DES 一样，是一种使用一个密钥对 64 位数据块进行加密的常规共享密钥加密算法。同样的密钥用于将 64 位的密文数据块恢复成原始的 64 位明文数据块。IDEA 使用 128 位（16 字节）密钥进行操作，这么长的密钥即使在多年后仍被认为是有效的。

IDEA 的加密过程包括以下两部分，如图 5-11 所示。

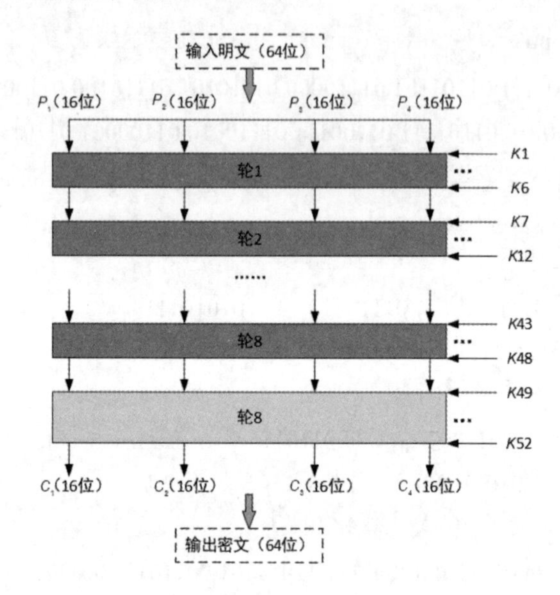

图 5-11 IDEA 的加密过程

① 输入的 64 位明文组分成 4 个 16 位子分组：P_1、P_2、P_3 和 P_4。4 个子分组作为算法第 1 轮的输入，总共进行 8 轮的迭代运算，产生 64 位的密文输出。

② 输入的 128 位会话密钥产生 8 轮迭代所需的 52 个子密钥（8 轮运算中每轮需要 6 个，还有 4 个用于输出变换）。

子密钥产生：输入的 128 位密钥分成 8 个 16 位子密钥（作为第一轮运算的 6 个和第二轮运算的前两个密钥）；将 128 位密钥循环左移 25 位后再得 8 个子密钥（前面 4 个用于第二轮，后面 4 个用于第 3 轮）。这一过程一直重复，直至产生所有密钥。

IDEA 通过一系列的加密轮次进行操作，每轮都使用从完整的加密密钥中生成的一个子密钥，而且也如 DES 一样，使用一个称为“压码”的函数在每轮中对数据位进行编码。与 DES 不同的是 IDEA 不使用置换，从这一点来看，它意味着该算法采用软件执行与采用硬件执行一样容易。

5.3.4 Blowfish 算法

Blowfish 算法是由布鲁斯·施奈尔（Bruce Schneier）设计的，是一个 64 位分组及可改变密钥长度的分组密码算法。

Blowfish 是一个 16 轮的分组密码，明文分组长度为 64 位，使用变长密钥（从 32 位到 448 位）。Blowfish 算法由两部分组成：数据加密和密钥扩展。

1. 数据加密

数据加密总共进行 16 轮的迭代，如图 5-12 所示。伪代码如下（将明文 X 分成 32 位的两个部分：X_L、X_R）。

```
for i=1 to 16
{
   XL=XL XOR Pi
   XR=F(XL)XOR XR
   if i≠16
   {
      交换 XL 和 XR
   }
}
XR = XR XOR P17
XL = XL XOR P18
合并 XL 和 XR
```

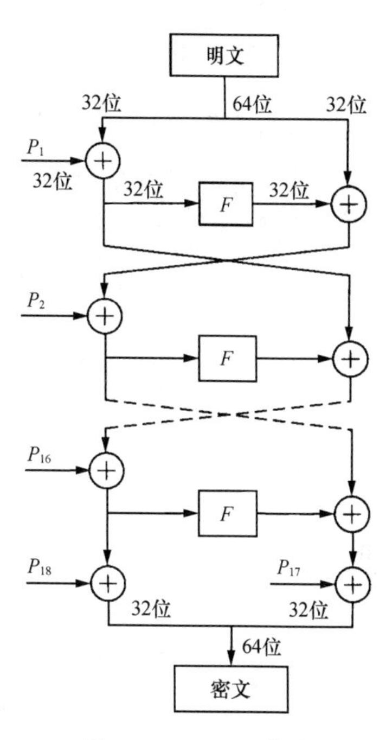

图 5-12　Blowfish 算法

其中，P 阵为 18 个 32 位子密钥：$P_1,P_2,\cdots,P_{18}$。

解密过程和加密过程完全一样，只是密钥 $P_1,P_2,\cdots,P_{18}$ 以逆序使用。

2. 函数 F

在加密过程中，函数 F 的作用是把 X_L 分成 4 个 8 位子分组 a、b、c 和 d，分别送入 4 个 S 盒，每个 S 盒为 8 位输入，32 位输出。4 个 S 盒的输出经过一定的运算组合出 32 位输出，运算如下。

$$F(X_L)=((S_{1,a}+S_{2,b} \bmod 2^{32}) \text{ XOR } S_{3,c})+S_{4,d} \bmod 2^{32}$$

其中，$S_{i,x}$ 表示子分组 x（x=a、b、c 或 d）经过 S_i（i=1、2、3 或 4）盒的输出。其中，每个 S 盒有 256 个单元，每个单元 32 位。

$$S_{1,0},S_{1,1},\cdots,S_{1,255}$$
$$S_{2,0},S_{2,1},\cdots,S_{2,255}$$
$$S_{3,0},S_{3,1},\cdots,S_{3,255}$$
$$S_{4,0},S_{4,1},\cdots,S_{4,255}$$

3. 密钥扩展

密钥扩展要将密钥（密钥长度可为 32 位到 448 位）转变成 18 个 32 位的子密钥，计算方法如下。

① 初始化 P 阵，然后用固定的字符串（π 的十六进制表示）依次初始化 4 个 S 盒，如下。

$$P_1\text{=0X243f6a88},\ P_2\text{=0X85a308d3},\ P_3\text{=0X13198a2e},\ P_4\text{=0X03707344}$$

② 将密钥按 32 位分段，依次与 $P_1,P_2,\cdots,P_{18}$ 进行异或（密钥长度最长为 448 位，因此最多可完成与 P_{14} 的异或）。循环使用密钥直到整个 P 阵全部与密钥相异或。

③ 利用 Blowfish 算法和第①步、第②步得到的子密钥对全 0 字符串进行加密。

④ 用第③步的输出代替 P_1、P_2。

⑤ 利用 Blowfish 算法和修正过的子密钥对第③步的输出进行加密。

⑥ 用第⑤步的结果代替 P_3、P_4。

⑦ 重复上述操作，直到 P 阵的所有元素被更新。然后，依次以 Blowfish 算法输出更新 4 个 S 盒。总共需要 521 次迭代来产生所需的全部子密钥。可以将此扩展密钥存储而无须每次重新计算。

5.3.5 GOST 算法

GOST 是苏联设计的分组密码算法，标准号为 28147-89。

GOST 的消息分组为 64 位，密钥长度为 256 位，此外还有一些附加密钥，采用 32 轮迭代。加密时，首先将输入的 64 位明文分成左、右两半部分 L、R。设第 i 轮的子密钥为 K，则算法如下。

$$L_i = R_{i-1}$$

$$R_i = L_{i-1} \oplus F(R_{i-1}, K_i)$$

第 i 轮变换如图 5-13 所示。首先，右半部分与第 i 轮的子密钥进行模 2^{32} 加，其结果分成 8 个 4 位分组，每个分组输入不同的 S 盒。S 盒将输入的数字（0 ~ 15）进行置换。然后将 8 个 S 盒的输出重组成 32 位字；接下来将 32 位结果循环左移 11 位后与上一轮的左半部分异或得到本轮运算结果的右半部分 R_i，而原右半部分作为本轮运算结果的左半部分 L_i。至此，一轮运算结束，开始下一轮运算。

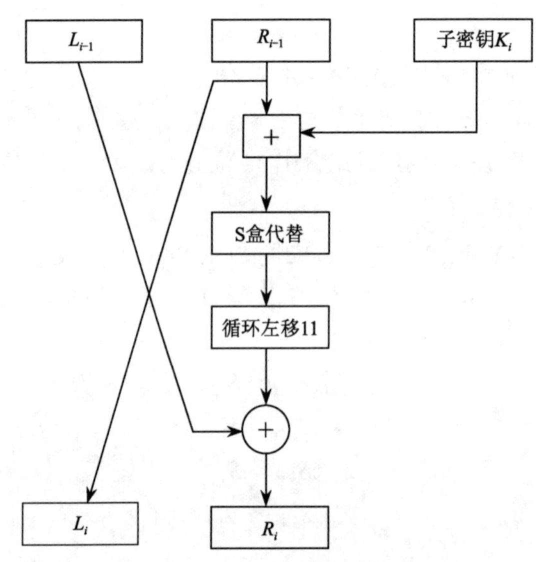

图 5-13　GOST 的轮变换

GOST 子密钥的产生很简单，256 位密钥被划分为 8 个 32 位分组：$K_1,K_2,\cdots,K_8$。各轮按表 5-10 采用不同的子密钥。解密时，子密钥采用相反的顺序。

表 5-10　GOST 各轮的子密钥

轮次	1	2	3	4	5	6	7	8	9	10	11	12	13	14	15	16
子密钥	1	2	3	4	5	6	7	8	1	2	3	4	5	6	7	8
轮次	17	18	19	20	21	22	23	24	25	26	27	28	29	30	31	32
子密钥	1	2	3	4	5	6	7	8	8	7	6	5	4	3	2	1

5.3.6 PKZIP 算法

PKZIP 加密算法是一个一次加密一个字节的、密钥长度可变的序列密码算法，它被嵌入在 PKZIP 数据压缩程序中。

该算法使用了 3 个 32 位变量的 key0、key1、key2 和一个从 key2 派生出来的 8 位变量 key3。由密钥初始化 key0、key1 和 key2，并在加密过程中由明文更新这 3 个变量。

PKZIP 序列密码的主函数为 update_keys()。该函数根据输入字节（一般为明文）更新 3 个 32 位的变量并获得 key3。描述如下。

```
update_keys(Chat)
{
unsigned short temp;
key0i+1 = CRC32(key0i, char);
key1i+1=[(key1i+LSB(key0i+1))*134775813+1]mod 2^32;
key2i+1 = CRC32(key2i, MSB(key1i+1));
temp=key2i+1|3;
key3i+1=LSB((temp*(temp⊕1)>>8);
}
```

其中，LSB 和 MSB 分别表示最低位字节和最高位字节；“|”表示按位或。需要说明的是，代码中的下标并不是算法的一部分，只是表示一种先后关系。如 $key0_{i+1}$ = CRC32($key0_i$,char)表示利用当前的 key0 和输入 char 经 CRC32 操作获得下一次加密使用的 key0。

在加密之前用密钥 key 初始化 3 个 32 位变量。设 key 为 t 字节，初始化过程如下。

```
process_keys(key)
{
key01-t=0X12345678;
key11-t=0X23456789;
key21-t=0X34567890;
for i=i to t
update_keyi-t(keyi);
}
```

执行完这个过程后就得到 $key0_1$、$key1_1$、$key2_1$ 和 $key3_1$。

对明文 P_1 到 P_n（P_i 为明文的第 i 个字节）加密之前，首先对随机产生的 12 字节随机数进行加密，然后对明文加密。加密算法如下。

```
//产生 12 字节随机数 Buffer[0]到 Buffer[11]
for i=1 to 12
{
Ci=Buffer[i-1] key3i;
update_keysi(Buffer[i-1]);
}
for i=1 to n
{
Ci+12=Pi⊕key3i;
Update_keysi(Pi);
}
```

在加密过程中，要用明文不断更新变量以得到新的 key3。

解密时，首先读取密文前 12 个字节放在 Buffer[0]至 Buffer[11]中，利用密钥初始化获得的 $key0_1$、$key1_1$、$key2_1$ 和 $key3_1$ 对 Buffer 解密，并更新密钥。由于对这部分密文解密得到的是加密时产生的随机数，不是实际的明文，故对此部分密文解密只是为了更新密钥，得到的明文被丢弃。

```
for i=0 to 11
P=Buffer[i] ⊕key3i;
```

```
update_keysi(P)
end loop
```

然后，依次对后续的密文解密，并根据解密获得的明文更新密钥。

```
for i=1 to n
{
Pi=Ci⊕key3i;
update_keysi(Pi);
}
```

CRC32操作将前一个值和一个字节相异或，然后用由0xedb8832表示的CRC多项式计算下一个值。实际上，可以预先计算一个256项的表，则CRC32计算如下。

```
CRC32(a,b)=(a>>8)^ table[LSB(a) ⊕b]
```

5.3.7 RC5算法

RC5 算法是一种分组长度、密钥长度和加密迭代轮数都可变的分组密码体制。它使用了异或、加、循环这3种基本运算及其逆运算。RC5算法包括3部分：加密算法、解密算法和密钥扩展。RC5算法的安全性依赖于循环运算与不同运算的混合使用。

设选用的数据分组长度为2*w*位，迭代次数为*r*轮（*r*的允许值为0~255），加密需要2*r*+2个*w*位子密钥，分别记为S0,S1,…,S2*r*+1。首先将明文划分成两个*w*位的字A和B（将明文放入寄存器A和B时采用第一个字节放入寄存器A的低位，依此类推；最后一个字节放到寄存器B的最高位），然后进行运算。

1. 加密算法

加密使用2*r*+2个密钥相关的32位字，并在加密之前先将明文划分为两个32位字（分别记为 A和 B）。

```
A=A+S0
B=B+S1
For i=1 to r
   A=((A⊕B)<<<B)+S2i
B=((B⊕A)<<<A)+S2i+1
```

输出在寄存器A和B中。

2. 解密算法

解密是加密的逆运算。首先将明文划分为两个32位字（分别记为 A和 B）。

```
For i=r to 1
B=((B-S2i+1)>>>A) ⊕A
A=((A-Si)>>>B) ⊕B
B=B-S1
A=A-S0
```

对循环运算来说，*x*<<<*y*表示*x*循环左移，移位次数由*y*的lg2*w*个低位确定；*x*>>>*y*表示*x*循环右移；⊕表示异或运算。

3. 密钥扩展

通过密钥扩展把用户提供的会话密钥*K*扩展成密钥阵*S*，它由*K*所决定的*t*=2(*r*+1)个随机二进制字构成。密钥扩展算法利用了两个幻常数，幻常数定义如下。

P=0xb7e15163；Q=0x9e3779b9

首先，将密钥字节复制到 32 位字的数组 *L* 中，然后，利用线性同余发生器（模 232）初始化数组 *S*；

```
S0=P
For i=1 to 2(r+1)-1
   Si=(Si-1+Q) mod 232
```

最后，将数组 *L* 与数组 *S* 进行合并。

```
i=j=0
A=B=0
n=max(2(r+1),c)
```

做 3*n* 次。

```
A=Si=(Si+A+B)<<<3
B=Lj=(Lj+A+B)<<<(A+B)
i=(i+1) mod 2(r+1)
j=(j+1) mod c
```

5.4　公钥密码体制

公钥基础设施（Public Key Infrastructure，PKI）是 1976 年由斯坦福大学的惠特菲尔德·迪菲（Whitfield Diffie）和马丁·赫尔曼（Martin Hellman）提出的。公钥密码体制的原理主要基于陷门单向函数的概念，公钥密码体制可用于通信保密、数字签名和密钥交换这 3 个方面。

本节首先讨论公钥加密原理，接着讨论 Diffie-Hellman 密钥交换算法和 RSA 密码体制，最后讨论数字信封技术。

5.4.1　公钥加密原理

公用密钥/私有密钥密码体制又称公用密钥密码体制，它通过使用两个数字互补密钥，绕过了排列共享的问题。这两个密钥，一个是尽人皆知的，而另一个只有拥有者才知道，前者被叫作公用密钥，后者被称为私有密钥。这两种密钥合在一起称为密钥对。公用密钥可以解决安全分配密钥问题，因为它不需要与保密密钥通信，所需传输的只有公用密钥。这种公用密钥不需要保密，但保证其真实性和完整性却非常重要。

如果某一信息用公用密钥加密，则必须用私有密钥解密，这就是实现保密的方法。如果某一信息用私有密钥加密，那么，它必须用公用密钥解密。这就是实现验证的方法。

公钥密码体制基于陷门单向函数的概念。单向函数是易于计算但求逆困难的函数，而陷门单向函数是在不知道陷门信息情况下求逆困难，而在知道陷门信息时易于求逆的函数。

公钥密码体制可用于以下 3 个方面。

① 通信保密：此时将公钥作为加密密钥，私钥作为解密密钥，通信双方不需要交换密钥就可以实现保密通信。这时，通过公钥或密文分析出明文或私钥是不可行的。如 A 拥有多个人的公钥，当他需要向 B 发送机密消息时，他用 B 公布的公钥对明文消息加密，当 B 接收到后用他的私钥解密。由于私钥只有 B 本人知道，所以能实现通信保密。

② 数字签名：将私钥作为加密密钥，公钥作为解密密钥，可实现由一个用户对数据加密而使多个用户解读。如 A 用私钥对明文进行加密并发布，B 收到密文后用 A 公布的公钥解密。由于 A 的私

钥只有A本人知道，因此，B看到的明文肯定是A发出的，从而实现了数字签名。

③ 密钥交换：通信双方交换会话密钥，以加密通信双方后续连接所传输的信息。每次逻辑连接使用一把新的会话密钥，用完就丢弃。

公用密钥体制的最流行的例子是由麻省理工学院的罗纳德·李维斯特（Ronald Rivest）、阿迪·沙米尔（Adi Shamir）和伦纳德·阿德尔曼（Leonard Adleman）开发的RSA体制。另一个体制叫作Diffie-Hellman。

5.4.2 Diffie-Hellman 密钥交换算法

公用密钥/私有密钥密码体制的结构在数学上要比普通系统的结构复杂一些，它基于在长时期内具有抗破解法的数学问题而构建。这类问题的例子又把大数因子分解成素数（用于RSA）和在无限域上取对数（用于Diffie-Hellman）。这样可用来形成“一向函数”，即在一个方向要比另一个方向容易计算得多的函数。

1. Diffie–Hellman 算法

Diffie-Hellman算法是第一个公开密钥算法，发明于1976年。Diffie-Hellman算法能够用于密钥分配，但不能用于加密或解密信息。

Diffie-Hellman算法的安全性在于在有限域上计算离散对数非常困难。我们简单介绍一下离散对数的概念。定义素数p的本原根（Primitive Root）为一种能生成1 ~ $(p-1)$所有数的一个数，即如果a为p的本原根，则可以得到以下排列。

$$a \bmod p，a^2 \bmod p，\cdots，a^{p-1} \bmod p$$

两两互不相同，构成1 ~ $(p-1)$的全体数的一个排列（例如p=11，a=2）。对于任意数b及素数p的本原根a，可以找到一个唯一的指数i，满足以下条件。

$$b=a^i \bmod p，0 \leqslant i \leqslant p-1$$

称指数i为以a为底模p的b的离散对数。

如果A和B想在不安全的信道上交换密钥，它们可以采用如下步骤。

① A和B协商一个大素数p及p的本原根a，a和p可以公开。

② A秘密产生一个随机数x，计算$X=a^x \bmod p$，然后把X发送给B。

③ B秘密产生一个随机数y，计算$Y=a^y \bmod p$，然后把Y发送给A。

④ A计算$k=Y^x \bmod p$。

⑤ B计算$k'=X^y \bmod p$。

k和k'是恒等的，原因如下。

$$k = Y^x \bmod p=(a^y)^x \bmod p=(a^x)^y \bmod p = X^y \bmod p = k'$$

窃听者只能得到a、p、X和Y的值，除非能计算离散对数，恢复出x和y，否则就无法得到k，因此，k为A和B独立计算的秘密密钥。

下面用一个例子来说明上述过程。A和B需进行密钥交换，步骤如下。

① 二者协商后决定采用素数p=353及其本原根a=3。

② A选择随机数x=97，计算$X=3^{97} \bmod 353=40$，并发送给B。

③ B选择随机数y=233，计算$Y=3^{233} \bmod 353=248$，并发送给A。

④ A 计算 $k=Y^x \bmod p=248^{97} \bmod 353=160$。

⑤ B 计算 $k'=X^y \bmod p=40^{233} \bmod 353=160$。

k 和 k'即秘密密钥。

2. 中间人的攻击

Diffie-Hellman 密钥交换容易遭受中间人的攻击。

① A 发送公开值（a 和 p）给 B，攻击者 C 截获这些值并把自己产生的公开值发送给 B。

② B 发送公开值给 A，C 截获它然后把自己的公开值发送给 A。

③ A 和 C 计算出二人之间的共享密钥 K_A。

④ B 和 C 计算出另外一对共享密钥 K_B。

这时，B 用密钥 K_B 给 A 发送消息，C 截获消息后用 K_B 解密就可读取消息；然后将获得的明文消息用 K_A 加密（加密前可能会对消息做某些修改）后发送给 A。对 A 发送给 B 的消息，C 同样可以读取和修改，如图 5-14 所示。造成中间人攻击的原因是 Diffie-Hellman 密钥交换不认证对方，利用数字签名技术就可以挫败中间人的攻击。

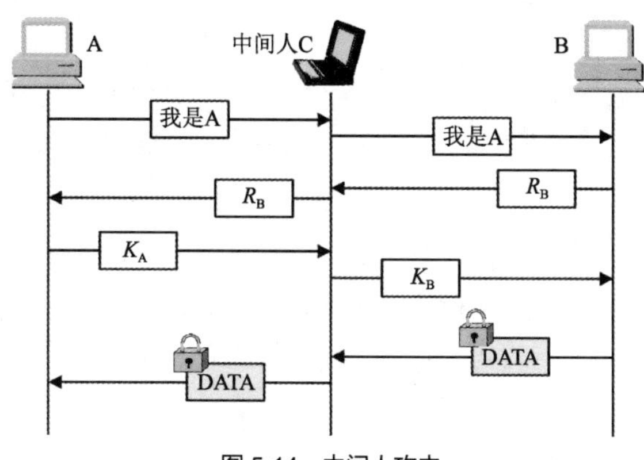

图 5-14 中间人攻击

3. 三方或多方 Diffie–Hellman

Diffie-Hellman 密钥交换协议很容易扩展到三方或多方的密钥交换。下例中，A、B 和 C 一起产生秘密密钥。

① A 选取一个大随机整数 x，计算 $X=a^x \bmod p$，然后把 X 发送给 B；

② B 选取一个大随机整数 y，计算 $Y=a^y \bmod p$，然后把 Y 发送给 C；

③ C 选取一个大随机整数 z，计算 $Z=a^z \bmod p$，然后把 Z 发送给 A；

④ A 计算 $Z'=Z^x \bmod p$ 并发送 Z'给 B；

⑤ B 计算 $X'=X^y \bmod p$ 并发送 X'给 C；

⑥ C 计算 $Y'=Y^z \bmod p$ 并发送 Y'给 A；

⑦ A 计算 $k=Y'^x \bmod p$；

⑧ B 计算 $k=Z'^y \bmod p$；

⑨ C 计算 $k=X'^z \bmod p$。

共享秘密密钥 k 等于 $a^{xyz} \bmod p$。这个协议很容易扩展到更多方。

5.4.3 RSA密码体制

RSA 是在 Diffie-Hellman 算法问世一年之后，由李维斯特、沙米尔和阿德尔曼在麻省理工学院研究出的，并于 1978 年公布。

RSA 体制利用这样的事实：模运算中幂的自乘数是易解的。RSA 的加密方程如下。

$$C = m^e \bmod n$$

这里，密文 C 是信息 m 自乘加密指数幂 e 并除以模数 n 后的余数。这可以由任何一台知道信息 m、模数 n 和加密指数 e 的计算机迅速完成。另外，将这一过程颠倒过来，对任何一个不知道 n 因子的人来说，这是极其困难的。

RSA 体制非常适用于制作数字特征和某些加密应用。但是，其常常被要求制作保密密钥，以便直接用于保密密钥加密系统。这需使用另一个一向函数。

计算下列方程中的 y 相当容易，即使所有的数有几百字长也如此。

$$y = g^x \bmod p$$

即 g 自乘幂 x 后除以 p，y 为余数。

如果知道 g、x 和 p，则很容易计算 y。但是，如果知道 y、g 和 p，则很难在合理的时间内以类似规模的数计算 x。在这种情况下，当所有的数都很大时，p 是很大的素数。在此情况下，数 y 叫作公用分量，而 x 叫作私有分量或专用分量。这些分量本身不是密钥，但是，它们可以用来制作共享保密密钥。

公用密钥/私有密钥密码体制的优点是保密分量不必共享，以便能安全地交换信息。私有部分永远不向任何一个人公开，而且，它不可能由公用部分方便地计算出来。但是，仍然存在着将公用信息提供给那些需要这种信息的用户的问题。这些用户需要以一种他们确信的方式来获得这种信息。

1. RSA 公开密钥密码体制

RSA 要求每一个用户拥有自己的一种密钥。

① 公开的加密密钥，用以加密明文。

② 保密的解密密钥，用于解密密文。

这是一对非对称密钥，又称为公用密钥体制（Public Key Cryptosystem）。

在 RSA 密码体制的运行中，当 A 用户发文件给 B 用户时，A 用户用 B 用户公开的密钥加密明文，B 用户则用解密密钥解读密文，其特点如下。

① 密钥配发十分方便，用户的公用密钥可以像电话号码簿那样公开，使用方便，这使网络环境下对众多用户的系统进行密钥管理更加简便，每个用户只需持有一对密钥即可实现与网络中任何一个用户的保密通信。

② RSA 加密原理基于单向函数，非法接收者利用公用密钥不可能在有限时间内推算出秘密密钥，这种算法的保密性能较好。

③ RSA 在用户确认和实现数字签名方面优于现有的其他加密机制。

速度一直是 RSA 的缺陷。限制 RSA 使用的最大问题是加密速度，由于进行的都是大数计算，RSA 最快的情况也比 DES 慢很多。由于这些限制，RSA 目前主要用于网络环境中少量数据的加密。

RSA 数字签名是一种强有力的认证鉴别方式，可保证接收方能够判定发送方的真实身份。另外，如果信息离开发送方后发生变更，它可以确保这种变更能被发现。更为重要的是，当收发方发生争执时，数字签名提供了不可抵赖的事实。

接下来用一个简单的例子来说明 RSA 公开密钥密码体制的工作原理。取两个质数 $p=11$，$q=13$，p 和 q 的乘积为 $n=p\times q=143$，算出另一个数 $z=(p-1)\times(q-1)=120$；再选取一个与 $z=120$ 互质的数，例如 $e=7$（称为“公开指数”），对于这个 e 值，可以算出另一个值 $d=103$（称为“秘密指数”）满足 $e\times d=1 \bmod z$；其实 $7\times 103=721$ 除以 120 确实余 1。(n,e)和(n,d)这两组数分别为公开密钥和私有密钥。

设想 S 需要发送机密信息（明文，即未加密的报文）$s=85$ 给 Y，S 已经从公开媒体中得到了 Y 的公开密钥$(n,e)=(143,7)$，于是 S 算出加密值如下。

$$c=s^e \bmod n=85^7 \bmod 143=123$$

将 c 发送给 Y。Y 在收到“密文”（即经加密的报文）$c=123$ 后，利用只有 Y 自己知道的秘密密钥$(n,d)=(143,123)$计算 $123^{103} \bmod 143$，得到的值就是明文（值）85，实现了解密。所以 Y 可以得到 S 发给他的真正信息 $s=85$。

上面例子中的 $n=143$ 只是示意用的，用来说明 RSA 公开密钥密码体制的计算过程，从 143 找出它的质数因子 11 和 13 是毫不困难的。对于巨大的质数 p 和 q，计算乘积 $n=p\times q$ 非常简便，而逆运算却难而又难，这是一种“单向性”运算。相应的函数称为“单向函数”。任何单向函数都可以作为某一种公开密钥密码体制的基础，而单向函数的安全性也就是这种公开密钥密码体制的安全性。

公开密钥密码体制的一大优点是不仅可以用于信息的保密通信，而且可以用于信息发送者的身份认证（Authentication）或数字签名（Digital Signature）。

例如，Y 要向 S 发送信息 m（表示他的身份，可以是他的身份证号码或其名字的汉字的某一种编码值），必须让 S 确信该信息是真实的，是由 Y 本人所发的。为此 Y 使用自己的私有密钥(n,d)计算 $s=m^d \bmod n$ 建立一个数字签名，通过公开的通信途径发给 S。

S 则使用 Y 的公开密钥(n,e)对收到的 s 值进行计算。

$$s^e \bmod n=(m^d)^e \bmod n=m$$

这样，S 经过验证，知道信息 s 确实代表了 Y 的身份，只有他本人才能发出这一信息，因为只有他自己知道私有密钥(n,d)。其他任何人即使知道 Y 的公开密钥(n,e)，也无法猜出或算出他的私有密钥来冒充他的“签名”。

2. RSA 的安全性

RSA 公开密钥密码体制的安全性取决于从公开密钥(n,e)计算出秘密密钥(n,d)的困难程度，而后者则等同于从 n 找出它的两个质因数 p 和 q。因此，寻求有效的因数分解的算法就是寻求一把锐利的“矛”，来击穿 RSA 公开密钥密码体制这个“盾”。数学家和密码学家们一直在努力寻求更锐利的“矛”和更坚固的“盾”。

最简单的考虑是 n 取更大的值。RSA 实验室认为，512 位的 n 已不够安全，他们建议，个人应用 768 位的 n，组织机构要用 1024 位的 n，在极其重要的场合应该用 2048 位的 n。

1977 年，《科学的美国人》杂志征求分解一个 129 位十进制数，直至 1994 年 3 月，由阿特金斯（Atkins）等人动用 1600 台计算机，前后花了 8 个月的时间，才找出答案。然而，这种“困难性”在理论上至今未能严格证明，但又无法否定。

总之，随着硬件资源的迅速发展和因数分解算法的不断改进，为保证 RSA 公开密钥密码体制的安全性，最实际的做法是不断增加模 n 的位数。

3. RSA 的实用考虑

非对称密钥密码体制（即公开密钥密码体制）与对称密钥密码体制相比较，确实有其不可取代的优点，但它的运算量远大于后者，超过后者几百倍、几千倍甚至上万倍。

在网络上全都用公开密钥密码体制来传送机密信息是没有必要的，也是不现实的。在计算机系统中使用对称密钥密码体制已有多年，既有比较简便可靠的、久经考验的方法，如以 DES 为代表的数据分组加密算法（及其扩充 DES X 加密算法和三重 DES 加密算法），也有一些新发表的方法，如由 RSA 公司的李维斯特研制的专有算法 RC2、RC4 和 RC5 等，其中 RC2 和 RC5 是数据分组加密算法，RC4 是数据流加密算法。

传送机密信息的网络用户，如果使用某个对称密钥密码体制（如 DES），同时又使用 RSA 非对称密钥密码体制来传送 DES 的密钥，就可以综合发挥两种密码体制的优点，即 DES 的高速简便性和 RSA 密钥管理的方便和安全性。

5.4.4 数字信封技术

数字信封技术

数字信封是公钥密码体制在实际中的一个应用，它用加密技术来保证只有规定的特定收信人才能阅读通信的内容。图 5-15 给出了数字信封的工作原理。

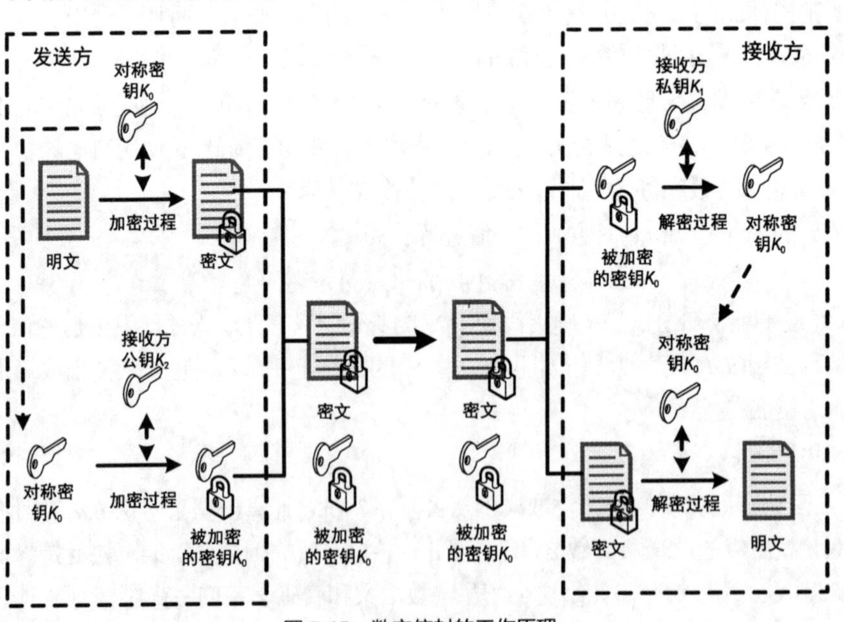

图 5-15　数字信封的工作原理

数字信封技术使用两层加密体制，内层使用对称加密技术，外层使用非对称加密技术。具体过程为信息发送方采用对称密钥来加密信息内容，将此对称密钥用接收方的公开密钥加密（这部分称数字信封）之后，将它和加密后的信息一起发送给接收方；接收方先用相应的私有密钥打开数字信封，得到对称密钥，然后使用对称密钥解开加密信息。这种技术的安全性相当高。数字信封主要包括数字信封打包和数字信封拆解，数字信封打包是使用对方的公钥将加密密钥进行加密的过程，只有对方的私钥才能将加密后的数据（通信密钥）还原；数字信封拆解是使用私钥将加密过的数据解密的过程。

5.5　数字签名技术

5.5.1　数字签名技术基本概念

在计算机通信中，当接收者接收到一个消息时，往往需要验证消息在传输过程中有没有被篡改；有时接收者需要确认消息发送者的身份。所有这些都可以通过数字签名来实现。数字签名是非对称加密技术的一种应用。

其使用方式是：报文的发送方从报文文本中生成一个 128 位的散列值（根据报文文本而产生的固定长度的单向哈希值。有时这个单向值也叫作报文摘要，与报文的数字指纹或标准校验相似）。发送方用自己的私有密钥对这个散列值进行加密来形成发送方的数字签名。然后，这个数字签名将作为报文的附件和报文一起发送给报文的接收方。报文的接收方首先从接收到的原始报文中计算出 128 位的散列值（或报文摘要），接着再用发送方的公开密钥来对报文附加的数字签名进行解密。如果两个散列值相同，那么接收方就能确认该数字签名是发送方的。

数字签名可以用来证明消息确实是由发送者签发的，而且，当数字签名用于存储的数据或程序时，可以用来验证数据或程序的完整性。它和传统的手写签名类似，应满足以下条件。

① 签名是可以被确认的，即收方可以确认或证实签名确实是由发方签名的。

② 签名是不可伪造的，即收方和第三方都不能伪造签名。

③ 签名不可重用，即签名是消息（文件）的一部分，不能把签名移到其他消息（文件）上。

④ 签名是不可抵赖的，即发方不能否认他所签发的消息。

⑤ 第三方可以确认收发双方之间的消息传送但不能篡改消息。

使用对称密钥密码体制可以对文件进行签名，但此时需要可信任的第三方仲裁。公开密钥算法也能用于数字签名。此时，发方用私钥对文件进行加密就可以获得安全的数字签名。

在实际应用中，由于公开密钥算法的效率较低，发送方并不对整个文件签名，而只对文件的散列值签名。

一个数字签名方案一般由两部分组成：签名算法和验证算法。其中，签名算法或签名密钥是秘密的，只有签名人知道，而验证算法是公开的。

5.5.2　安全哈希函数

哈希函数的主要功能是把任意长度的输入通过散列算法变换成固定长度的输出，该输出就是散列值。或者说它就是一种将任意长度的消息压缩为某一固定长度的报文摘要的函数。

单向哈希函数用于产生报文摘要。报文摘要简要地描述了一份较长的信息或文件，它可以被看作一份长文件的“数字指纹”。报文摘要用于创建数字签名，对特定的文件而言，报文摘要是唯一的。报文摘要可以被公开，它不会透露相应文件的任何内容。MD4 和 MD5（MD 表示报文摘要，Message Digest）是由李维斯特设计的专门用于加密处理的，并被广泛使用的哈希函数。

MD5 以 512 位分组来处理输入的信息，且每一分组又被划分为 16 个 32 位子分组，经过一系列的处理后，算法的输出由4个32位分组组成，将这4个32位分组级联后将生成一个128位散列值（即128位的报文摘要）。MD5可以对任何文件产生一个唯一的MD5验证码，每个文件的MD5码就如同每个人的指纹一样，都是不同的，这样，一旦这个文件在传输过程中，其内容被损坏或者被修改的话，那么这个文件的MD5码就会发生变化，通过对文件MD5码的验证，可以得知获得的文件是否完整。

5.5.3 直接方式的数字签名技术

直接方式的数字签名只有通信双方参与，并假定接收一方知道发方的公开密钥。数字签名的形成方式可以为用发送方的密钥加密整个消息。

如果发送方用接收方的公开密钥（公钥加密体制）或收发双方共享的会话密钥（单钥加密体制）对整个消息及其签名进一步加密，就对消息及其签名提供了更好的保密性。而此时的外部保密方式（即数字签名是直接对需要签名的消息生成而不是对已加密的消息生成，否则称为内部保密方式）则对解决争议十分重要，因为在第三方处理争议时，需要得到明文消息及其签名才行。但如果采用内部保密方式，那么，第三方必须在得到消息的解密密钥后才能得到明文消息。如果采用外部保密方式，那么，接收方就可将明文消息及其数字签名存储下来以备争议时使用。

直接方式的数字签名有一个弱点，即方案的有效性取决于发送方密钥的安全性。如果发送方想对自己已发出的消息予以否认，就可声称自己的密钥已丢失或被盗，认为自己的签名是他人伪造的。对这一弱点采取某些行政手段，在某种程度上可减弱这种威胁，例如，要求每一被签的消息都包含有一个时间戳（日期和时间），并要求密钥丢失后立即向管理机构报告。这种方式的数字签名还存在发送方的密钥真的被偷的危险，例如，偷窃方在时刻 T 偷得发送方的密钥，然后可伪造一消息，用偷得的密钥为其签名并加上 T 以前的时刻作为时间戳。

5.5.4 数字签名算法

DSA（Digital Signature Algorithm，数字签名算法）是DSS（Digital Signature Standard，数字签名标准）的核心算法。DSA是一种公开密钥算法，不能用来加密数据，一般用于数字签名和认证。

DSA算法中不单有公钥、私钥，还有数字签名。私钥加密生成数字签名，公钥验证数据及签名。在DSA数字签名和认证中，发送者使用自己的私钥对文件或消息进行签名，接受者收到消息后使用发送者的公钥来验证签名的真实性，包括数据的完整性以及数据发送者的身份，如果数据和签名不匹配则认为验证失败。

DSA 可以理解为是单向加密的升级，不仅校验数据完整性，还校验发送者身份，同时由于其使用了非对称的密钥来保证密钥的安全，所以相比报文摘要算法更安全。

DSA 和 RSA 不同之处在于它不能用作加密和解密，也不能进行密钥交换，只用于签名。DSA比RSA要快很多。

DSA中用到了以下参数。

① p 为 L 位长的素数，其中，L 介于 512～1024 之间，且是 64 倍数的数。

② q 是 160 位长的素数，且为 $p-1$ 的因子。

③ $g=h^{(p-1)/q} \bmod p$，其中，h 是满足 $1<h<p-1$ 且 $h^{(p-1)/q} \bmod p$ 大于 1 的整数。

④ x 是随机产生的大于 0 而小于 q 的整数。

⑤ $y=g^x \bmod p$。

⑥ k 是随机产生的大于 0 而小于 q 的整数。

前 3 个参数 p、q、g 是公开的；x 为私钥，y 为公钥；x 和 k 用于数字签名，必须保密；对于每一次签名都应该产生一次 k。

对消息 m 签名如下。

$$r=(gk \bmod p) \bmod q$$

$$s=k^{-1}(\text{SHA}-1(m)+xr) \bmod q$$

r 和 s 就是签名。验证签名时，计算过程如下。

$$w=s^{-1} \bmod q$$

$$u1=(\text{SHA}-1(m)\times w) \bmod q$$

$$u2=(rw) \bmod q$$

$$v=((g^{u1} \times y^{u2}) \bmod p) \bmod q$$

如果 $v=r$，则签名有效。

DSA 算法签名过程如下。

① 使用报文摘要算法将要发送数据加密生成报文摘要。

② 发送方用自己的 DSA 私钥对报文摘要再加密，形成数字签名。

③ 将原报文和加密后的数字签名一并通过互联网传给接收方。

④ 接收方用发送方的公钥对数字签名进行解密，同时对收到的数据用报文摘要算法产生同一报文摘要。

⑤ 将解密后的报文摘要和收到的数据与接收方重新加密产生的摘要进行比对校验，如果两者一致，则说明在传送过程中信息没有破坏和篡改；否则，则说明信息已经失去安全性和保密性。

5.5.5 其他数字签名技术

1. 数字摘要的数字签名

这一方法要使用单向检验和（One-Way Check Sum）的函数 CK（ChecKsum）。若明文 m 是数字摘要，则计算出 CK(m)，这种数字签名同样确认了：报文是由签名者发送的；报文自签发到收到为止未被修改过。

其实现过程如下。

① 被发送明文 m 用安全哈希算法（SHA）编码加密产生 128 位的数字摘要。

② 发送方用自己的私有密钥对摘要再加密，形成数字签名。

③ 将原文 m 和加密的摘要同时传给对方。

④ 接收方用发方的公钥 EA 对摘要解密，同时对收到的文件用 SHA 编码加密产生摘要。

⑤ 接收方将解密后的摘要和收到的原明文重新与 SHA 加密产生的摘要进行对比，如果两者一致，则明文信息在传送过程中没有被破坏或篡改，否则反之。

2. 电子邮戳

在交易文件中，时间是十分重要的因素，需要对电子交易文件的日期和时间采取安全措施，以防文件被伪造或篡改。电子邮戳服务是计算机网络上的安全服务项目，由专门机构提供。电子邮戳是时间戳，是一个经加密后形成的凭证文档，它包括以下3个部分。

① 需加邮戳的文件的摘要（Digest）。

② ETS（Electronic Timestamp Server，电子时间戳服务器）收到文件的日期和时间。

③ ETS的数字签名。

时间戳产生过程为：用户首先将需要加时间戳的文件用哈希编码加密形成摘要，然后将该摘要发送到数字时间戳服务（Digital Time Stamp Service，DTS），DTS在加入了收到文件摘要的日期和时间信息后再对该文件加密（数字签名），最后送回用户。由Bell core创造的DTS采用下面的过程：加密时将摘要信息归并到二叉树的数据结构，再将二叉树的根值发表在报纸上，这样便有效地为文件发表时间提供了佐证。注意，书面签署文件的时间是由签署人自己写上的，而数字时间戳则不然，它是由认证单位DTS加上的，以DTS收到文件的时间为依据。因此，时间戳也可作为科学家的科学发明文献的时间认证。

3. 数字证书

数字签名很重要的机制是数字证书（Digital Certificate，或Digital ID），数字证书又称为数字凭证，是用电子手段来证实一个用户的身份和对网络资源访问的权限的。在网上的电子交易中，如双方出示了各自的数字凭证，并用它来进行交易操作，那么双方都不必为对方身份的真伪担心。数字凭证可用于电子邮件、电子商务、群件和电子基金转移等各种用途。数字证书是一个经证书授权中心数字签名的包含公开密钥拥有者信息以及公开密钥的文件。最简单的数字证书包含一个公开密钥、名称以及证书授权中心的数字签名。一般情况下，数字证书中还包括密钥的有效时间、发证机关（证书授权中心）的名称和证书的序列号等信息，证书的格式遵循ITU-T X.509国际标准。

（1）X.509数字证书包含的内容

① 证书的版本信息。

② 证书的序列号，每个证书都有一个唯一的证书序列号。

③ 证书所使用的签名算法。

④ 证书的发行机构名称，命名规则一般采用X.509格式。

⑤ 证书的有效期，现在通用的证书一般采用UTC时间格式，它的计时范围为1950～2049。

⑥ 证书所有人的名称，命名规则一般采用X.509格式。

⑦ 证书所有人的公开密钥。

⑧ 证书发行者对证书的签名。

（2）数字证书的3种类型

① 个人凭证（Personal ID），它仅为某一个用户提供凭证，以帮助个人在网上进行安全交易操作。个人身份的数字凭证通常是安装在客户端的浏览器内的，并通过安全的电子邮件来进行交易操作。

② 服务器凭证（Server ID），它通常为网上的某个Web服务器提供凭证，拥有Web服务器的组织就可以用具有凭证的Web站点（Web Site）来进行安全电子交易。有凭证的Web服务器会自动地将其与客户端Web浏览器通信的信息加密。

③ 软件（开发者）凭证（Developer ID），它通常为互联网中被下载的软件提供凭证，该凭证用于微软公司的Authenticode技术（合法化软件）中，以使用户在下载软件时能获得所需的信息。

5.6 验证技术

验证技术是用于确认一个被检查项是否符合指定要求或标准的方法。在信息安全领域中，验证技术广泛应用于身份验证、数据完整性验证等方面。例如，通过密码验证、指纹识别等手段来确认一个人的身份是否合法。

信息经验证后表明，它在发送期间没有被篡改，发送者经验证后表明，他就是合法的发送者。

网络中的通信除需要进行消息的验证外，还需要建立一些规范的协议对数据来源的可靠性、通信实体的真实性加以认证，以防范欺骗、伪装等攻击。例如，A 和 B 是网络的两个用户，他们想通过网络先建立安全的共享密钥再进行保密通信，那么 A 如何确信自己正在和 B 通信而不是和 C 通信呢？这种通信方式为双向通信，因此此时的认证称为互相认证。类似地，对单向通信来说，认证称为单向认证。

CA（Certificate Authority，认证中心）在网络通信认证技术中具有特殊的地位，例如电子商务。CA 是为了从根本上保障电子商务交易活动顺利进行而设立的，主要是实现电子商务活动中参与各方的身份、资信的认定，维护交易活动的安全。CA 是提供身份验证的第三方机构，通常由一个或多个用户信任的组织实体组成。例如，持卡人（客户）要与商家通信，持卡人从公开媒体上获得了商家的公开密钥，但无法确定商家不是冒充的（有信誉），于是请求 CA 对商家认证。此时，CA 对商家进行调查、验证和鉴别后，将包含商家公钥的证书传给持卡人。同样，商家也可对持卡人进行验证，其过程为持卡人→商家；持卡人→CA；CA→商家。证书一般包含拥有者的标识名称和公钥，并且由 CA 进行数字签名。

CA 的功能主要有接收注册申请、处理、批准/拒绝请求和颁发证书。

在实际运作中，CA 也可由大家都信任的一方担当，例如，在客户、商家、银行三角关系中，客户使用的是由某个银行发的卡，而商家又与此银行有业务关系（有账号）。在此情况下，客户和商家都信任该银行，可由该银行担当 CA 角色，接收和处理客户和商家的验证请求。又如，对商家自己发行的购物卡，则可由商家自己担当 CA 角色。

5.6.1 信息的验证

从概念上说，信息的签名就是用私有密钥对信息进行加密，而签名的验证就是用相对应的公用密钥对信息进行解密。但是，完全按照这种方式行事也有缺点。因为，同普通密钥体制相比，公用密钥体制的速度很慢，用公用密钥体制对长信息加密来达到签名的目的，并不比用公用密钥体制来达到信息保密的目的更有吸引力。

解决方案就是引入另一种普通密码机制，这种密码机制叫作报文摘要或散列函数。报文摘要算法从任意大小的信息中产生固定长度的摘要，而其特性是没有一种已知的方法能找到两个摘要相同的信息。这就意味着，虽然摘要一般要比信息小得多，但是可以在很多用途方面看作是与完整信息等同的。最常用的报文摘要算法为 MD5，可产生一个 128 位长的摘要。

使用报文摘要时，对信息签名的过程如下。

① 用户制作报文摘要。

② 报文摘要由发送者的私有密钥加密。

③ 原始信息和加密报文摘要发送给接收者。

④ 接收者接收信息，并使用与原始信息相同的报文摘要函数对信息制作其自己的报文摘要。

⑤ 接收者还对所收到的报文摘要进行解密。

⑥ 接收者将制作的报文摘要同附有信息的报文摘要进行对比，如果相吻合，目的地就知道信息的文本与用户发送的信息文本是相同的，如果二者不吻合，则接收者知道原始信息已经被修改过。

这一过程还有另外一个长处，这个长处可取名为数字签名。由于只有用户知道私有密钥，因而只有用户能够制作加密的报文摘要。任何一个可以获取公用密钥的目的地都可弄清楚签名者的身份。这一技术可用于最流行的程序，用以保护包括 PGP 和 PEM 在内的电子邮件。

5.6.2 认证中心

如何知道在每次通信或交易中所使用的密钥对实际上就是用户的密钥对呢？这就需要一种验证公用密钥和用户之间的关系的方法。

解决这一问题的方法是引入一种叫作证书或凭证的特种签名信息。证书包含识别用户的信息：名字、公用密钥和有效期。它们全都由一个叫作 CA 的可靠网络实体进行数字签名。其工作过程如下。

首先，用户产生密钥对，并把该密钥对的公用部分以及其他识别信息提交给 CA。当 CA 一旦对用户的身份（人员、机构或主计算机）表示满意，就取下用户的公用密钥，并为它制作报文摘要。然后，报文摘要用 CA 的私有密钥进行加密，制作用户公用密钥的 CA 签名。最后，用户的公用密钥和验证用户公用密钥的 CA 签名组合在一起制作证书。

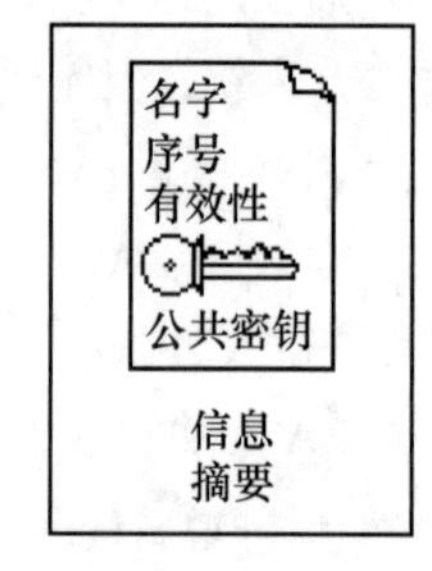

图 5-16　数字证书

网络的每个用户必须知道 CA 公用密钥，这就使任何一个想验证证书的人能采用验证上述信息和图 5-16 所示信息的相同程序。CA 的公用密钥以证书格式提供，因而它也是可以验证的。

5.6.3 CA 证书

CA 是证书的签发机构，它是 PKI 的核心。CA 是负责签发证书、认证证书、管理已颁发证书的机关。它要制定策略和具体步骤来验证、识别用户身份，并对用户证书进行签名，以确保证书持有者的身份和公钥的拥有权。

CA 也拥有一个证书（内含公钥）和私钥。网上的公共用户通过验证 CA 的签字从而信任 CA，任何人都可以得到 CA 的证书（含公钥），用以验证它所签发的证书。

如果用户想得到一份属于自己的证书，他应先向 CA 提出申请。在 CA 判明申请者的身份后，便为他分配一个公钥，并且 CA 将该公钥与申请者的身份信息绑在一起，并为之签字后，便形成证书发给申请者。

如果一个用户想鉴别另一个证书的真伪，他就用 CA 的公钥对那个证书上的签字进行验证，一旦验证通过，该证书就被认为是有效的。

证书有两种常用的方法：CA 的分级系统和信任网。

在分级系统中，顶部即根 CA，它验证它下面的 CA，第二级 CA 再验证用户和它下属的 CA，依此类推。在信任网中，用户的公用密钥能以任何一个被接收证书的人所熟悉的用户签名的证书形式提交。一个企图获取另一个公用密钥的用户可以从各种不同来源获取，并验证它们是否全部符合。

5.6.4　PKI 系统

PKI 是一个遵循既定标准的密钥管理平台，它能够为所有网络应用提供加密和数字签名等密码服务及所必需的密钥和证书管理体系。简单来说，PKI 就是利用公钥理论和技术建立的提供安全服务的基础设施。PKI 技术是信息安全技术的核心，也是电子商务的关键和基础技术。

PKI 的基础技术包括加密、数字签名、数据完整性机制、数字信封、双重数字签名等。

完整的 PKI 系统必须具有权威认证中心（CA）、数字证书库、密钥备份及恢复系统、证书作废系统、应用接口（API）等基本构成部分，构建 PKI 也将围绕着这五大系统。

认证中心（CA）：数字证书的申请及签发机关，CA 必须具备权威性。

数字证书库：用于存储已签发的数字证书及公钥，用户可由此获得所需的其他用户的证书及公钥。

密钥备份及恢复系统：如果用户丢失了用于解密数据的密钥，则数据将无法被解密，这将造成合法数据丢失。为避免这种情况，PKI 提供备份与恢复密钥的机制。但需注意，密钥的备份与恢复必须由可信的机构来完成。并且，密钥备份与恢复只能针对解密密钥，签名私钥为确保其唯一性而不能够做备份。

证书作废系统：证书作废处理系统是 PKI 的一个必备的组件。与日常生活中的各种身份证件一样，证书有效期以内也可能需要作废，原因可能是密钥介质丢失或用户身份变更等。为实现这一点，PKI 必须提供作废证书的一系列机制。

应用接口（API）：PKI 的价值在于使用户能够方便地使用加密、数字签名等安全服务，因此一个完整的 PKI 必须提供良好的应用接口系统，使得各种各样的应用能够以安全、一致、可信的方式与 PKI 交互，确保安全网络环境的完整性和易用性。

5.6.5　Kerberos 系统

Kerberos 是由麻省理工学院开发的网络访问控制系统，它是一种完全依赖于密钥加密的系统范例。Kerberos 主要用于解决保密密钥管理与分发的问题。

每当某一用户一次又一次地使用同样的密钥与另一个用户交换信息时，将会产生下列两种不安全的因素。

① 如果某人偶然地接触到了该用户所使用的密钥，那么，该用户曾经与另一个用户交换的每一条信息都将失去保密的意义，就没有什么保密可言了。

② 某一用户所使用的一个特定密钥加密的量越多，则相应地提供给偷窃者的内容也越多，这就增加了偷窃者成功的机会。

因此，人们一般要么仅将一个对话密钥用于一条信息或一次与另一方的对话中，要么建立一种按时更换密钥的机制尽量减少密钥被暴露的可能性。

另外，如果在一个网络系统中有 1000 个用户，他们之间的任何两个用户需要建立安全的通信联系，则每一个用户需要 999 个密钥与系统中的其他人保持联系，可以想象管理如此一个系统的难度有多大。这还只是让每两个人使用单独的密钥，还未考虑允许不同的对话密钥。

上述问题就是共享密钥管理和分发的问题，这正是Kerberos需要解决的问题。

Kerberos 建立在安全的、可信任的 KDC 概念上。与每个用户都要知道几百个密码不同，使用KDC时用户只需知道一个保密密钥——用于与KDC通信的密钥。Kerberos的工作过程如下。

假设用户A想要与用户B秘密通信。首先，由A呼叫KDC，请求与B联系。然后，KDC为A与B之间的对话选择一条随机的对话密钥，设为×××××，并生成一个标签，由KDC将拥有这个标签的人A告诉B，并请B使用对话密钥×××××与A交谈。与此同时，KDC发给A的消息则用只有A与KDC知道的A的共享密钥加密，告诉A用对话密钥×××××与B交谈。此时，A对KDC的回答进行解密，恢复对话密钥×××××和给B的标签。在这过程中，A无法修改标签的头部与细节，因为该标签用只有B和KDC知道的共享密钥加密了。

然后，A呼叫B，告诉对方标签是由KDC给的。接着，B对标签的内容进行解密，B知道只有KDC和他自己能用知道的口令对该消息进行加密，并恢复A的名字及对话密钥×××××。

至此，A和B就可以用对话密钥×××××相互安全地进行通信了。

值得注意的是，Kerberos不但提供了保密还提供了鉴别验证。因为，只有真正的A才能对KDC提供的对话密钥进行解密，换而言之，B知道的A正是需要与他通话的那个人。同样，A知道B是真正与之联系的人，因为，只有对B而言KDC制成的标签才有意义。

在Kerberos应用的过程中还增加了一些提高安全性的技巧。Kerberos中的加密方法是DES。

从上述对Kerberos工作过程的介绍中可以发现，Kerberos管理模式是一种集中权限管理的模式，它意味着可以容易地加入新用户，也可以方便地删除一个用户，要做的所有事情只是更新密钥分配中心，而且立刻就没有人能再为此时的前用户建立任何新的连接。Kerberos 根据需要可以建立多个KDC，并用将系统分成区域的办法进行容量控制。

5.7 加密软件PGP

PGP是一个基于RSA公开密钥密码体制的邮件加密软件。可以用它对邮件保密以防止非授权者阅读，还能对邮件加上数字签名让收信人确信邮件未被第三者篡改，让人们可以安全地通信。PGP采用了审慎的密钥管理，包括一种RSA和传统加密的综合算法、用于数字签名的报文摘要算法、加密前压缩等。由于PGP功能强、速度快，而且源代码全免费，因此，PGP成为最流行的公用密钥加密软件包之一。

1. PGP原理

PGP 基于 RSA 算法：“大质数不可能因数分解假设”的公用密钥体制。简单地说，就是两个很大的质数，一个公开给世人，另一个不告诉任何人，前者称为“公用密钥”，后者称为“私有密钥”。这两个密钥相互补充，就是说公用密钥的密文可以用私有密钥来解密，反之亦然。

PGP采用的传统加密技术部分所使用的密钥称为“会话密钥”。每次使用时，PGP都随机产生一个128位的IDEA会话密钥，用来加密报文。公开密钥加密技术中的公钥和私钥则用来加密会话密钥，并通过它间接地保护报文内容。

PGP中的每个公钥和私钥都伴随着一个密钥证书。它一般包含以下内容。

密钥内容（用长达百位的大数字表示的密钥）、密钥类型（表示该密钥为公钥还是私钥）、密钥长度（以二进制表示）和密钥编号（用以唯一标识该密钥）。

2. 公用密钥的传送

公用密钥的安全性问题是 PGP 安全的核心，它的提出就是为了弥补传统加密机制中的密钥分配难以保密的缺点。对 PGP 来说，公用密钥本来就是公开的，不存在是否能防偷窃的问题，但公用密钥在发布中仍然存在安全性问题，其中最大的漏洞是公用密钥可能被篡改。防止这种情况出现的最好办法是避免让任何人有机会篡改公用密钥。PGP 的解决方案采用前面介绍的 CA，每个由其签字的公用密钥都被视为是真的。这样的“认证”适合由非个人控制组织或政府机构充当。

在使用公用密钥时必须遵循的一条规则是使用任何一个公用密钥，首先，一定要进行认证，使用自己与对方亲自认证的或熟人介绍的公用密钥；其次，也不要随便为别人签字认证其公用密钥。

3. 私有密钥管理

私有密钥相对于公用密钥而言不存在被篡改的问题，但存在被泄露的问题。对此，PGP 的方法是让用户为随机生成的 RSA 私有密钥指定一个口令，只有通过给出口令才能将私有密钥释放出来使用。用口令加密私有密钥的加密程序与 PGP 本身是一样的。所以，私有密钥的安全性问题实际上首先是对用户口令的保密。当然，私有密钥文件本身的失密也是相当危险的，因为破译者只要用穷举法试探出用户的口令即可破译密钥。虽说很困难，但也是一种危险，损失了一层安全性。

5.8　本章小结

1. 数据加密概述

密码学包括密码编码学和密码分析学。密码体制的设计是密码编码学的主要内容，密码体制的破译是密码分析学的主要内容。密码编码技术和密码分析技术是相互依存、相互支持、密不可分的两个方面。

数据加密的基本过程包括对称为明文的可读信息进行处理，形成称为密文或密码的代码形式。该过程的逆过程为解密，即将该编码信息转化为其原来形式的过程。

加密算法通常是公开的，如 DES 和 IDEA 等。一般把受保护的原始信息称为明文，加密后的信息称为密文。尽管大家都知道使用的加密方法，但对密文进行解码必须有正确的密钥，而密钥是保密的。

有两类基本的加密技术：对称密钥和非对称密钥。

摘要是一种防止信息被改动的方法，其中用到的函数叫摘要函数。

Kerberos 建立了一个安全的、可信任的 KDC，每个用户只要知道一个和 KDC 进行通信的密钥就可以了，而不需要知道与各个用户通信的密钥。

消息被称为明文。用某种方法伪装消息以隐藏它的内容的过程称为加密，被加密的消息称为密文，而把密文转变为明文的过程称为解密。

除了提供机密性外，密码学通常还有其他的作用。

① 鉴别。消息的接收者应该能够确认消息的来源，入侵者不可能伪装成他人。

② 完整性。消息的接收者应该能够验证在传送过程中消息没有被修改，入侵者不可能用假消息代替合法消息。

③ 抗抵赖。发送者事后不可能否认他发送的消息。

基于密钥的算法通常有两类：对称算法和非对称算法。对称算法有时又叫传统密码算法，就是加密密钥能够从解密密钥中推导出来，反过来也成立；非对称算法（也叫公开密钥算法）用作加密的密钥不同于用作解密的密钥，而且解密密钥不能根据加密密钥计算出来。

密码分析学是在不知道密钥的情况下，恢复出明文的科学。常用的密码分析攻击有如下几种。

① 唯密文攻击。

② 已知明文攻击。

③ 选择明文攻击。

④ 选择密文攻击。

2. 传统密码技术

传统加密方法的主要应用是对文字信息进行加密、解密。在经典密码学中，常用的有替代密码和换位密码。有以下 4 种类型的替代密码。

① 简单替代密码。

② 多名码替代密码。

③ 多字母替代密码。

④ 多表替代密码。

另外，还有一些具体的替代加密法。单表替代密码的一种典型方法是凯撒密码，又叫循环移位密码。它的加密方法就是把明码文中所有字母都用它右边的第 k 个字母替代，并认为 Z 后边又是 A。

周期替代密码是一种常用的多表替代密码，又称为维吉尼亚密码。这种替代法是循环地使用有限个字母来实现替代的一种方法。

换位密码是采用移位法进行加密的。它把明文中的字母重新排列，本身不变，但位置变了。

3. 数据加密

DES 是美国国家标准局发布的除国防部以外的其他部门的计算机系统的数据加密标准。

DES 是一个分组加密算法，它以 64 位为分组对数据加密。64 位一组的明文从算法的一端输入，64 位的密文从另一端输出。DES 使得用相同的函数来加密或解密每个分组成为可能，二者的唯一不同之处是密钥的次序相反。

IDEA 与 DES 一样，是一种使用一个密钥对 64 位数据块进行加密的常规共享密钥加密算法。同样的密钥用于将 64 位的密文数据块恢复成原始的 64 位明文数据块。IDEA 使用 128 位（16 字节）密钥进行操作。

RSA 要求每一个用户拥有自己的一种密钥。

① 公开的加密密钥，用以加密明文。

② 保密的解密密钥，用于解密密文。

这是一对非对称密钥，又称为公用密钥体制。RSA 数字签名是一种强有力的认证鉴别方式，可保证接收方能够判定发送方的真实身份。

一个数字签名方案一般由两部分组成：签名算法和验证算法。其中，签名算法或签名密钥是秘密的，只有签名人知道，而验证算法是公开的。

信息的签名就是用私有密钥对信息进行加密，而签名的验证就是用相对应的公用密钥对信息进行解密。

PGP 是一个基于 RSA 公开密钥密码体制的供大众使用的加密软件。它不但可以对用户的邮件保密，以防止非授权者阅读，还能对邮件加上数字签名让收信人确信邮件未被第三者篡改，让人们可以安全地通信。

习 题

1. 什么是数据加密？简述加密和解密的过程。
2. 在凯撒密码中令密钥 k=8，制造一张明文字母与密文字母对照表。
3. 用维吉尼亚法加密下段文字：COMPUTER AND PASSWORD SYSTEM，密钥为 KEYWORD。
4. DES 算法主要有哪几部分？
5. 在 DES 算法中，密钥 K_i 的生成主要分哪几步？
6. 简述加密函数 f 的计算过程。
7. 简述 DES 算法中的依次迭代过程。
8. 简述 DES 算法和 RSA 算法保密的关键所在。
9. 公开密钥体制的主要特点是什么？
10. 说明公开密钥体制实现数字签名的过程。
11. RSA 算法的密钥是如何选择的？
12. 编写一段程序，对选定的文字进行加密和解密（密钥为另一段文字）。
13. 编写一篇经过加密的文章，通过一定的算法获得文章的内容（要求原文的内容有意义并能让人看懂）。
14. 已知线性替代密码的变换函数如下。

$$f(a)=ak \bmod 26$$

设已知明码字母 J（9）对应密文字母 P（15），即 $9k \bmod 26=15$，试计算密钥 k 以破译此密码。

15. 已知 RSA 密码体制的公开密码为 n=55，e=7，试加密明文 m=10，通过求解 p、q 和 d 破译这种密码体制。设截获到密文 C=35，求出它对应的明文。
16. 考虑一个常用质数 q=11，本原根 a=2 的 Diffie-Hellman 方案。

（1）如果 A 的公钥为 Y_A=9，则 A 的私钥 X_A 为多少？

（2）如果 B 的公钥为 Y_B=3，则共享 A 的密钥 K 为多少？

17. 编写程序实现维吉尼亚加密、扩展置换和 S 盒代替。

06

第 6 章　网络安全技术

习近平总书记在中央网络安全和信息化领导小组（现中央网络安全和信息化委员会）第一次会议中指出“没有网络安全就没有国家安全，没有信息化就没有现代化。建设网络强国，要有自己的技术，有过硬的技术”。因此，我们要加强对网络安全技术的学习，为保卫国家安全而努力学习。目前，网络安全技术按照理论可分为攻击技术和防御技术。攻击技术包括网络监听、网络扫描、网络入侵等；防御技术包括网络加密技术、防火墙技术、入侵检测技术等。

本章主要介绍网络安全协议及传输技术、网络加密技术、防火墙技术、网络攻击类型及对策、入侵检测技术、虚拟专用网技术、网络取证技术和网络安全态势感知技术。

6.1　网络安全协议及传输技术

6.1.1　安全协议及传输技术概述

在信息网络中，可以在 OSI 七层协议中的任何一层采取安全措施，图 6-1 给出了每一层可以利用的安全机制。大部分安全措施都采用特定的协议来实现，如在网络层加密和认证采用 IPSec（IP Security，IP 安全协议）、在传输层加密和认证采用 SSL 协议等。安全协议本质上是关于某种应用的一系列规定，包括功能、参数、格式和模式等，连通的各方只有共同遵守协议，才能相互操作。

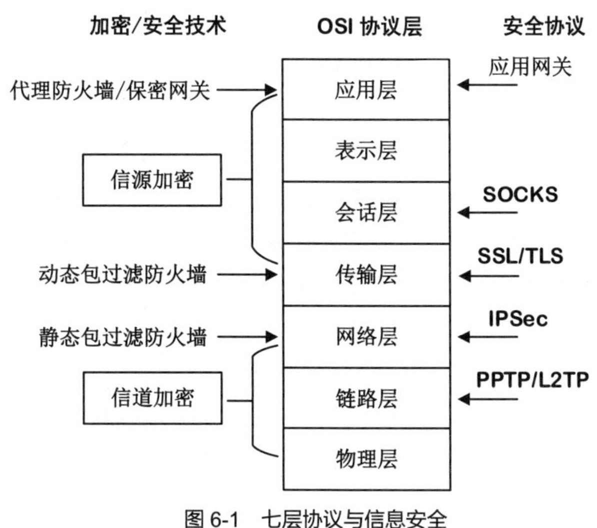

图 6-1　七层协议与信息安全

1. 应用层安全协议

（1）SSH 协议

SSH（Secure Shell，安全外壳）协议是一种建立在应用层基础上的安全协议，通过对密码进行加密传输验证，可以在不安全的网络中对网络服务提供安全的传输环境，实现 SSH 客户端和 SSH 服务器的连接，所以 SSH 基于客户-服务器模式。

通过使用 SSH，可以把所有传输的数据进行加密，这样“中间人”这种攻击方式就不可能实现，而且能够防止 DNS 欺骗和 IP 欺骗。SSH 既可以替代 Telnet，又可以为 FTP、POP 甚至点到点协议（PPP）提供安全的“通道”。该协议还支持多种不同的认证方式。

（2）SET 协议

安全电子交易（Secure Electronic Transaction，SET）协议是基于信用卡在线支付的电子商务安全协议，它是由 Visa 和 MasterCard 两大信用卡组织连同 11 家计算机厂商于 1997 年 5 月联合推出的规范。SET 通过制定标准和采用各种密码技术手段，解决了当时阻碍电子商务发展的安全问题。它已经获得 IETF 的认可，成为事实上的工业标准。

SET 协议是在一些早期协议（如 SEPP、VISA 协议和 Microsoft 的 STT 协议）的基础上整合而成的，它定义了交易数据在卡用户、商家、发卡行和收单行之间的流通过程，以及支持这些交易的各种安全功能（数字签名、哈希算法和加密等）。

SET 协议提供了消费者、商家和银行之间的认证，确保了交易数据的安全性、完整可靠性和交易的不可否认性。SET 协议使用的两组密钥对分别用于加密和签名，保证不将消费者银行卡号暴露给商家，同时不希望银行了解到交易内容，但又要求其能对每一笔单独的交易进行授权。SET 协议通过双重签名（Dual Signature）机制将订购信息和账户信息连在一起签名，巧妙地解决了这一矛盾。

SET 协议也存在以下不足之处。

① 它是目前最为复杂的保密协议之一，整个规范有 3000 行以上的 ASN.1 语法定义，交易处理步骤很多，不同实现方式之间的互操作性也是一大问题。

② 每个交易涉及 6 次 RSA 操作，处理速度很慢。

（3）S-HTTP

安全超文本传输协议（Secure Hypertext Transfer Protocol，S-HTTP）是一种面向安全信息通信的协议，工作在应用层，同时对 HTTP 进行了扩展。服务器方可以在需要进行安全保护的文档中加入加密选项，控制对该文档的访问以及协商加密、解密和签名算法等。

S-HTTP 为 HTTP 客户机和服务器提供了多种安全机制，提供安全服务选项是为了适用于万维网上各类潜在用户。S-HTTP 客户机和服务器能与某些加密信息格式标准相结合。S-HTTP 支持多种兼容方案并且与 HTTP 兼容。使用 S-HTTP 的客户机能够与没有使用 S-HTTP 的服务器连接，反之亦然。S-HTTP 不需要客户端公用密钥认证，但它支持对称密钥的操作模式。S-HTTP 支持端到端的安全事务通信。S-HTTP 提供了完整且灵活的加密算法、模态及相关参数。

（4）PGP 协议

PGP 协议主要用于安全电子邮件，它可以对通过网络进行传输的数据创建和检验数字签名、加密、解密以及压缩。除电子邮件外，PGP 还被广泛用于实现网络的其他功能。PGP 的一大特点是源代码免费使用、完全公开。

（5）S/MIME 协议

安全多用途互联网邮件扩展（Secure Multipurpose Internet Mail Extensions，S/MIME）是一种互联网标准，它在安全方面对 MIME 协议进行了扩展，可以将 MIME 实体（比如数字签名和加密信息等）封装成安全对象，为电子邮件应用增添了消息真实性、完整性和保密性服务。S/MIME 不局限于电子邮件，也可以被其他支持 MIME 的传输机制使用，如 HTTP。

S/MIME 协议通过两种方式加强互联网邮件的安全性：一是加密发送邮件，以保护其内容完整性，即仅收件人可以看到完整邮件并且邮件不容易被窃取；二是验证发件人身份，以提高邮件真实性，从而减少邮件假冒。

在 S/MIME 协议中，客户端会根据用户设置的密钥和加密算法，对消息和被签名者附加信息进行加密。即客户端使用其私钥将消息内容加密，并用该私钥对消息内容签名，服务器端靠收件人的公钥和密码将密文解密并确认消息，即利用用户公钥核实发件人的签名。

2. 传输层安全协议

（1）SSL 协议

安全套接字层（Secure Socket Layer，SSL）协议是 Netscape 开发的安全协议，它工作在传输层，独立于上层应用，为应用提供一个安全的点一点通信隧道。SSL 机制由协商过程和通信过程组成，协商过程用于确定加密机制、加密算法、交换会话密钥、服务器认证以及可选的客户端认证，通信过程秘密传送上层数据。虽然现在 SSL 协议主要用于支持 HTTP 服务，但从理论上讲，它可以支持任何应用层协议，如 Telnet、FTP 等。

（2）PCT 协议

私密通信技术（Private Communication Technology，PCT）协议是 Microsoft 开发的传输层安全协议，它与 SSL 协议有很多相似之处。现在 PCT 协议已经同 SSL 协议合并为 TLS，只是习惯上仍然把 TLS 称为 SSL 协议。

3. 网络层安全协议

为寻求在网络层保护 IP 数据的方法，IETF 成立了 IP 安全协议（IPSec）工作组，定义了一系列在 IP 层对数据进行加密的协议，包括以下内容。

① 认证头（Authentication Header，AH）协议；

② 封装安全负载（Encapsulating Security Payload，ESP）协议；

③ 互联网密钥交换（Internet Key Exchange，IKE）协议。

4. 链路层安全协议

PPTP（Point-to-Point Tunneling Protocol，点到点隧道协议）是在 PPP 的基础上发展起来的一种新的增强型安全协议。它支持多协议 VPN，可以使用密码认证协议（PAP）、可扩展认证协议（EAP）等方式。L2TP（Layer 2 Tunneling Protocol，第二层隧道协议）是一种国际标准的隧道协议。它结合了 PPTP 和第二层转发（Layer 2 Forwarding，L2F）协议的优点。它可以通过各种网络协议对 PPP 数据包进行隧道传输，包括 ATM、SONET 和帧中继。但是 L2TP 没有任何加密措施，多与 IPSec 配合使用，提供隧道认证。

5. 网络安全传输技术

所谓网络安全传输技术，就是利用安全隧道技术（Secure Tunneling Technology），通过将待传输的原始信息进行加密和协议封装处理后，再嵌套装入另一种协议的数据包送入网络，让其像普通数据包一样进行传输。经过这样的处理，通道中的嵌套信息只有源端和目的端的用户能够进行解释和处理，而对其他用户而言只是无意义的信息。

网络安全传输通道应该提供以下功能和特性。

① 机密性。通过对信息加密保证只有预期的接收者才能读出信息。

② 完整性。保护信息在传输过程中免遭未经授权的修改，从而保证接收到的信息与发送的信息完全相同。

③ 对数据源的身份验证。通过保证每个计算机的真实身份来检查信息的来源以及完整性。

④ 反重放攻击。通过保证每个数据包的唯一性来确保攻击者捕获的数据包不能重发或重用。

在网络的各个层次均可实现网络的安全传输，相应地，我们将安全传输通道分为数据链路层安全传输通道（L2TP 与 PPTP）、网络层安全传输通道（IPSec）、传输层安全传输通道（SSL）、应用层安全传输通道。其中网络层安全传输技术和传输层安全传输技术是最常用的。

6.1.2 IPSec

1. IPSec 综述

IPSec 是一个工业标准网络安全协议，为 IP 网络通信提供透明的安全服务，保护 TCP/IP 通信免遭窃听和篡改，可以有效抵御网络攻击，同时保持易用性。IPSec 有两个基本目标：保护 IP 数据包安全，为抵御网络攻击提供防护措施。IPSec结合密码保护服务、安全协议组和动态密钥管理共同实现这两个目标，它不仅能为局域网与拨号用户、域、网站、远程站点以及外联网（Extranet）之间的通信提供有效且灵活的保护，而且能用来筛选特定数据流。IPSec基于一种端到端的安全模式。这种模式有一个基本前提假设，就是假定数据通信的传输媒介是不安全的，因此通信数据必须经过加密，而掌握加、解密方法的只有数据流的发送端和接收端，两者各自负责相应的数据加、解密处理，而网络中其他只负责转发数据的路由器或主机无须支持IPSec。

IPSec提供了以下3种不同的形式来保护通过公有或私有IP网络传送的私有数据。

① 认证。通过认证可以确定所接收的数据与所发送的数据是否一致，同时可以确定申请发送者在实际上是真实的还是伪装的。

② 数据完整验证。通过验证，保证数据在从原发地到目的地的传送过程中没有发生任何无法检测的丢失与改变。

③ 保密。使相应的接收者能获取发送的真正内容，而无关的接收者无法获知数据的真正内容。

IPSec通过AH协议、ESP协议两种通信安全协议，并使用IKE协议之类的协议来共同实现安全性。

2. AH协议

设计AH协议的目的是增加IP数据报的安全性。AH协议提供无连接的完整性、数据源认证和防重放保护服务。然而，AH协议不提供任何保密性服务，它不加密所保护的数据包。AH协议的作用是为IP数据流提供高强度的密码认证，以确保被修改过的数据包可以被检查出来。图6-2所示为AH报文头结构。

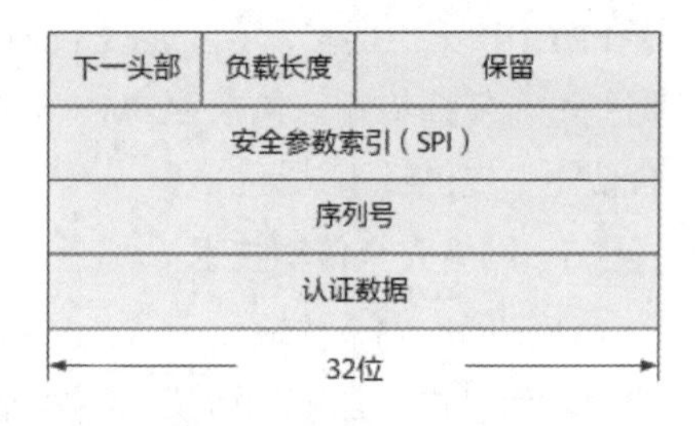

图6-2 AH报文头结构

AH协议使用报文认证码（MAC）对IP进行认证。MAC是一种算法，它接收一个任意长度的报文和一个密钥，生成一个固定长度的输出，称为报文摘要或指纹。如果数据报的任何一部分在传送过程中被篡改，那么，当接收端运行同样的MAC算法，并与发送端发送的报文摘要值进行比较时，就会被检测出来。

最常见的MAC是HMAC，HMAC可以和任何迭代密码散列函数（如MD5、SHA-1、RIPEMD-160或者Tiger）结合使用，而不用对散列函数进行修改。

AH协议的工作步骤如下。

① IP头和数据负载用来生成MAC。

② MAC被用来建立一个新的AH报头，并添加到原始的数据包上。

③ 新的数据包被传送到IPSec对端路由器上。

④ 对端路由器对IP头和数据负载生成MAC，并从AH报头中提取出发送过来的MAC信息，且对两个信息进行比较。MAC信息必须精确匹配，即使所传输的数据包有一位被改变，对接收到的数据包的散列计算结果都将会改变，AH报头也将不能匹配。

3. ESP协议

ESP协议可以被用来提供保密性、数据来源认证（鉴别）、无连接完整性、防重放服务，以及通过防止数据流分析来提供有限的数据流加密保护。ESP协议同时支持验证和加密功能。ESP协议在每一个数据包的标准 IP 头后方添加一个 ESP 报文头，并在数据包后方追加一个 ESP 尾。与 AH 协议不同的是，ESP 协议是将数据中的有效载荷进行加密后再封装到数据包中，以此保证数据的机密性，但 ESP 没有对 IP 头的内容进行保护，除非 IP 头被封装在 ESP 内部。图 6-3 所示为 ESP 报文头结构。

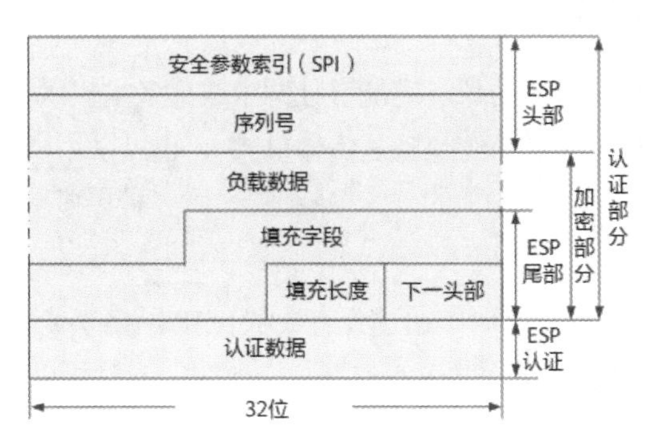

图 6-3　ESP 报文头结构

实际上，ESP 协议提供和 AH 协议类似的服务，但是增加了两个额外的服务，即数据保密和有限的数据流保密服务。数据保密服务由通过使用密码算法加密 IP 数据报的相关部分来实现。数据流保密由隧道模式下的保密服务来提供。

ESP 协议中用来加密数据报的密码算法都毫无例外地使用了对称密钥体制。公开密钥算法采用计算量非常大的大整数模指数运算，大整数的规模超过 300 位十进制数字。而对称密钥算法主要使用初级操作（异或、逐位与和位循环等），无论以软件还是硬件方式执行都非常有效。所以相对公用密钥体制而言，对称密钥体制的加、解密效率要高得多。ESP 协议通过在 IP 层对数据包进行加密来提供保密性，它支持各种对称的加密算法。对于 IPSec 的默认算法是 56 位的 DES。该加密算法必须被实施，以保证 IPSec 设备间的互操作性。ESP 协议通过使用报文认证码（MAC）来提供认证服务。

ESP 协议可以单独使用，也可以嵌套使用，或者和 AH 协议结合使用。

4. 互联网密钥交换（IKE）协议

与其他任何一种类型的加密一样，在交换经过 IPSec 加密的数据之前，必须先建立起一种关系，这种关系被称为“安全关联”（Security Association，SA）。在一个 SA 中，两个系统就如何交换和保护数据要预先达成协议。IKE 过程是一种 IETF 认证的安全关联和密钥交换解析过程。IKE 主要完成如下 3 个方面的任务。

① 对建立 IPSec 的双方进行认证（需要预先协商认证方式）。

② 通过密钥交换，产生用于加密和 HMAC 的随机密钥。

③ 协商协议参数（加密协议、散列函数、封装协议、封装模式和密钥有效期）。

IKE 协议是一种混合协议，它为 IPSec 提供实用服务（IPSec 双方的鉴别、IKE 协议和 IPSec 安全关联的协商），以及为 IPSec 所用的加密算法建立密钥。它使用了 3 个不同协议的相关部分。

① SKEME。决定 IKE 的密钥交换方式，IKE 主要使用 DH 来实现密钥交换。

② Oakley。决定 IPSec 的框架设计，让 IPSec 能够支持更多的协议。

③ ISAKMP。IKE 的本质协议，它决定了 IKE 协商包的封装格式，交换过程和模式的切换。

IKE 协商完成后的结果就叫作安全关联，也可以说 IKE 建立了安全关联。SA 一共有两种类型，一种叫作 IKE SA，另一种叫作 IPSec SA。

① IKE SA。维护安全防护（加密协议、散列函数、认证方式、密钥有效期等）IKE 协议的细节。

② IPSec SA。维护安全防护实际用户流量（通信点之间的流量）的细节。

6.1.3 IPSec 安全传输技术

IPSec 是一种建立在 IP 层之上的协议。它能够让两个或更多主机以安全的方式来通信。IPsec 既可以用来直接加密主机之间的网络通信（也就是传输模式），也可以用来在两个子网之间建造用于两个网络之间安全通信（也就是隧道模式）的“虚拟隧道”。后一种更多地被称为 VPN。

1. IPSec VPN 工作原理

IPSec 提供以下 3 种不同的形式来保护通过公有或私有 IP 网络来传送的私有数据。

认证：可以确定所接收的数据与所发送的数据是一致的，同时可以确定申请发送者在实际上是真实发送者，而不是伪装的。

数据完整：保证数据从原发地到目的地的传送过程中没有任何不可检测的数据丢失与改变。

机密性：使相应的接收者能获取发送的真正内容，而无意获取数据的接收者无法获知数据的真正内容。

IPSec 由 3 个基本要素来提供以上 3 种保护形式：AH 协议、ESP 协议和互联网安全关联和密钥管理协议（ISAKMP）。AH 协议和 ESP 协议可以通过分开或组合使用来达到所希望的保护等级。

（1）安全协议

安全协议包括 AH 协议和 ESP 协议。它们既可用来保护一个完整的 IP 载荷，也可用来保护某个 IP 载荷的上层协议。这两方面的保护分别是由 IPSec 两种不同的实现模式来提供的，如图 6-4 所示。

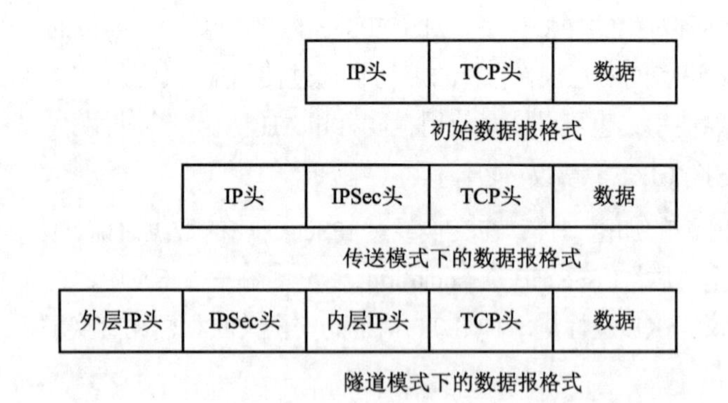

图 6-4 两种模式下的数据报格式

传送模式用来保护上层协议；而隧道模式用来保护整个 IP 数据包。在传送模式中，IP 头与上层协议之间需插入一个特殊的 IPSec 头；而在通道模式中，要保护的整个 IP 包都需封装到另一个 IP 数据报里，同时在外层与内层 IP 头之间插入一个 IPSec 头。两种安全协议均能以传送模式或隧道模式工作。

ESP 协议属于 IPSec 的一种安全协议，它可确保 IP 数据报的机密性、数据的完整性以及对数据源的身份验证。此外，它也能负责对重放攻击的抵抗。具体做法是在 IP 头（以及任何选项）之后和要保护的数据之前插入一个新头，即 ESP 头。受保护的数据可以是一个上层协议，或者是整个 IP 数据报。最后，还要在后面追加一个 ESP 尾，格式如图 6-5 所示。ESP 协议是一种新的协议，对它的标识是通过 IP 头的协议字段来进行的。假如它的值为 50，就表明这是一个 ESP 包，而且紧接在 IP 头后面的是一个 ESP 头。

AH 协议与 ESP 协议类似，也提供了数据完整性、数据源验证以及抗重放攻击的能力。但要注意它不能用来保证数据的机密性。正是由于这个原因，AH 协议比 ESP 协议简单得多，AH 协议只有头，而没有尾，格式如图 6-6 所示。

图 6-5　一个受 ESP 协议保护的 IP 包

IP头	AH头	要保护的数据

图 6-6　一个受 AH 协议保护的 IP 包

（2）密钥管理

密钥管理包括密钥确定和密钥分发两个方面，最多需要 4 个密钥：AH 协议和 ESP 协议各两个发送和接收密钥。密钥本身是一个二进制字符串，通常用十六进制表示。密钥管理包括手动和自动两种方式。人工手动管理方式是指管理员使用自己的密钥及其他系统的密钥手动设置每个系统，这种方法适合在小型网络环境中使用。自动管理系统能满足其他所有的应用要求，使用自动管理系统可以动态地确定和分发密钥。自动管理系统具有一个中央控制点，集中的密钥管理者可以令自己更加安全，能最大限度地发挥 IPSec 的效用。

2. IPSec 的实现方式

IPSec 的一个最基本的优点是它可以在共享网络访问设备，甚至实现访问所有在共享网络的主机和服务器。在客户端，IPSec 架构允许使用远程访问路由器或基于纯软件方式使用普通 Modem 的 PC 和工作站，通过传输模式和隧道模式在应用上提供更多的弹性。

传输模式通常在 ESP 一台主机（客户机或服务器）上实现时使用，传输模式使用原始明文 IP 头，并且只加密数据，包括它的 TCP 和 UDP 头。

隧道模式通常在 ESP 协议关联到多台主机的网络访问装置时使用，隧道模式处理整个 IP 数据包，包括全部 TCP/IP 或 UDP/IP 头和数据，它用自己的地址作为源地址加入新的 IP 头。当隧道模式用在用户终端设置时，它可以提供更多的便利来隐藏内部服务器主机和客户机的地址。隧道模式被用在两端或是一端是安全网关的架构中，例如装有 IPSec 的路由器或防火墙。使用了隧道模式，防火墙内很多主机不需要安装 IPSec 就能安全地通信。这些主机所生成的未加保护的网包，经过外网，使用隧道模式的安全关联（即 SA，发送者与接收者之间的单向关系，定义装在本地网络边缘的安全路由器或防火墙中的 IPSec 软件 IP 交换所规定的参数）传输。

IPSec 隧道模式运作的例子如下。某网络的主机 A 生成一个 IP 包，目的地址是另一个网中的主机 B。这个包从起始主机 A 开始，发送到主机 A 所在网络的路由器或防火墙。防火墙把所有出去的包过滤，看看有哪些包需要进行 IPSec 的处理。如果这个从 A 到 B 的包需要使用 IPSec，防火墙就进行 IPSec 的处理，并把该 IP 包打包，添加外层 IP 包头。 这个外层包头的源地址是防火墙，目的地址是主机 B 的网络所在的防火墙。这个包在传送过程中，中途的路由器只检查该包外层的 IP 包头。当到达主机 B 所在的网络时，该网络的防火墙就会把外层 IP 包头去掉，把 IP 内层发送到主机 B。

6.1.4 传输层安全协议

SSL 协议是由 Netscape 公司开发的一套数据安全协议，目前已广泛应用于 Web 浏览器与服务器之间的身份认证和加密数据传输。SSL 协议位于 TCP/IP 与各种应用层协议之间，为数据通信提供安全支持。

1. SSL 协议体系结构

SSL VPN 通过 SSL 协议，利用 PKI 的证书体系，在传输过程中使用 DES、3DES、AES、RSA、MD5、SHA-1 等多种密码算法保证数据的机密性、完整性、不可否认性而完成秘密传输，实现在互联网上安全地进行信息交换。因为 SSL VPN 具备很强的灵活性，因而广受欢迎，如今所有浏览器都内建有 SSL 功能。它正成为企业应用、无线接入设备、Web 服务以及安全接入管理的关键协议。SSL 协议层包含两类子协议：SSL 握手协议和 SSL 记录协议。它们共同为应用访问连接提供认证、加密和防篡改功能。SSL 能在 TCP/IP 和应用层间无缝实现网际互连协议栈处理，而不对其他协议层产生任何影响。

SSL 协议被设计成使用 TCP 来提供一种可靠的端到端的安全服务。SSL 协议分为两层，如图 6-7 所示。

应用层协议		
SSL握手协议	SSL密码变化协议	SSL告警协议
SSL记录协议		
TCP		
IP		

图 6-7 SSL 协议体系结构

其中 SSL 握手协议、SSL 密码变化协议和 SSL 告警协议位于上层，SSL 记录协议为不同的更高层协议提供了基本的安全服务，可以看到 HTTP 可以在 SSL 协议上运行。

SSL 协议中有两个重要概念，即 SSL 连接和 SSL 会话，在协议中定义如下。

① SSL 连接：连接是提供恰当类型服务的传输。SSL 连接是点到点的关系，每一个连接与一个会话相联系。

② SSL 会话：SSL 会话是客户和服务器之间的关联，会话通过握手协议来创建。会话定义了加密安全参数的一个集合，该集合可以被多个连接所共享。会话可以用来避免为每个连接进行昂贵的新安全参数的协商。

2. SSL 记录协议

SSL 记录协议为 SSL 连接提供以下两种服务。

① 机密性。握手协议定义了共享的、可以用于对 SSL 协议有效载荷进行常规加密的密钥。

② 报文完整性。握手协议定义了共享的、可以用来形成报文的 MAC 和密钥。

SSL 记录协议接收传输的应用报文，将数据分片成可管理的块，可选地压缩数据，应用 MAC，加密，增加首部，在 TCP 报文段中传输结果单元；接收的数据被解密、验证、解压和重新装配，然后交给更上层的应用。

SSL 记录协议的操作步骤如下。

① 分片。每个上层报文被分成 16KB 或更小的数据块。

② 压缩。压缩是可选的应用，压缩的前提是不能丢失信息，并且增加的内容长度不能超过 1024 字节。

③ 增加 MAC。这一步需要用到共享的密钥。

④ 加密。使用同步加密算法对压缩报文和 MAC 进行加密，加密对内容长度的增加不可超过 1024 字节。

⑤ 增加 SSL 首部。该首部由以下字段组成。

- 内容类型（8 位）：用来处理这个数据片更高层的协议。
- 主要版本（8 位）：指示 SSL 协议的主要版本，例如 SSLv3 的本字段值为 3。
- 次要版本（8 位）：指示使用的次要版本。
- 压缩长度（16 位）：明文数据片以字节为单位的长度，最大值是 16KB+2KB。

3. SSL 更改密码规范协议

SSL 更改密码规范协议是 SSL 协议体系中最简单的一个，它由单个报文构成，该报文由值为 1 的单个字节组成。这个报文的唯一目的就是使挂起状态被复制到当前状态，从而改变这个连接将要使用的密文簇。

4. SSL 告警协议

告警协议用来将与 SSL 协议有关的警告传送给对方实体。它由两个字节组成，第一个字节的值用来表明警告的严重级别，第二个字节表示特定告警的代码。下面列出了一些告警信息。

- Unexpected_message：接收了不合适的报文。
- Bad_record_mac：收到不正确的 MAC。
- Decompression_failure：解压函数收到不适当的输入。
- Illegal_parameter：握手报文中的一个字段超出范围或与其他字段不兼容。
- Certificate_revoked：证书已经被废弃。
- Bad_certificate：收到的证书是错误的。

5. SSL 握手协议

SSL 协议中最复杂的部分是握手协议。这个协议使得服务器和客户能相互鉴别对方的身份、协商加密和 MAC 算法以及用来保护在 SSL 记录中发送数据的加密密钥。在传输任何应用数据前，都必须使用握手协议。

握手协议由一系列在客户和服务器之间交换的报文组成。所有这些报文具有以下 3 个字段。

① 类型（1 字节）：指示 10 种报文中的一个。

② 长度（3 字节）：以字节为单位的报文长度。

③ 内容（≥1 字节）：和这个报文有关的参数。

握手协议的动作可以分为以下 4 个阶段。

阶段 1，建立安全能力，包括协议版本、会话 ID、密文簇、压缩方法和初始随机数。这个阶段将开始逻辑连接并且建立和这个连接相关联的安全能力。

阶段 2，服务器鉴别和密钥交换。这个阶段服务器可以发送证书、密钥交换和证书请求。服务器发出结束 hello 报文阶段的信号。

阶段 3，客户鉴别和密钥交换。如果请求的话，客户发送证书和密钥交换，客户可以发送证书验证报文。

阶段 4，结束，这个阶段完成安全连接的建立、修改密文簇并结束握手协议。

6.1.5 SSL 安全传输技术

1. SSL 运作过程

SSL 目前所使用的加密方式是一种名为密钥加密的方式，它的原理是使用两个 Key 值，一个为公开密钥（Public Key），另一个为私有密钥（Private Key），在整个加解密过程中，这两个 Key 均会用到。在使用到这种加解密功能之前，首先我们必须构建一个认证中心，这个认证中心专门存放每一位使用者的公开密钥及私有密钥，并且每一位使用者必须自行建置资料于认证中心。当 A 用户端要传送信息给 B 用户端，并且希望传送的过程中必须加以保密，则 A 用户端和 B 用户端都必须向认证中心申请一对加解密专用键值，之后 A 用户端再传送信息给 B 用户端时先向认证中心索取 B 用户端的公开密钥及私有密钥，然后利用加密算法将信息与 B 用户端的私有密钥进行重新组合。当信息一旦送到 B 用户端时，B 用户端也会以同样的方式到认证中心取得 B 用户端自已的键值，然后利用解密算法将收到的资料与自己的私有密钥进行重新组合，最后产生的就是 A 用户端传送过来给 B 用户端的原始资料。

有了上面对 SSL 的基本概念后，现在我们看看 SSL 的实际运作过程。首先，使用者的网络浏览器必须使用 HTTP 的通信方式连接到网站服务器。如果所进入的网页内容有安全上的控制管理，此时认证服务器会传送公开密钥给网络使用者。其次，使用者收到这组密钥之后，接下来会生成解码用的对称密钥，然后将公开密钥与对称密钥进行数学计算，原文件变成一个充满乱码的文件。最后，将这个充满乱码的文件传送回网站服务器。网站服务器利用服务器本身的私有密钥对由浏览器传过来的文件进行解密，如此即可取得浏览器所产生的对称密钥。自此以后，网站服务器与用户端浏览器之间所传送的任何信息或文件，均会以此对称密钥进行文件的加、解密。

2. SSL VPN 特点

SSL VPN 控制功能强大，能方便地实现更多远程用户在不同地点远程接入，实现更多网络资源访问，且对客户端设备要求低，因而降低了配置和运行支撑成本。很多企业用户采纳 SSL VPN 作为远程安全接入技术，主要看重的是其接入控制功能。SSL VPN 提供安全、可代理连接，只有经认证的用户才能对资源进行访问，这就安全多了。SSL VPN 能对加密隧道进行细分，从而使得终端用户能够同时接入互联网和访问内部网络资源，也就是说它具备可控功能。另外，SSL VPN 还能细化接入控制功能，易于将不同访问权限赋予不同用户，实现伸缩性访问；这种精确的接入控制功能对远程接入 IPSec VPN 来说几乎是不可能实现的。

SSL VPN 基本上不受接入位置限制，可以从众多互联网接入设备、任何远程位置访问网络资源。SSL VPN 通信基于标准 TCP/UDP 传输，因而能遍历所有 NAT 设备、基于代理的防火墙和状态检测防火墙。这使得用户能够从任何地方接入，无论是处于其他公司网络中基于代理的防火墙之后，还是宽带连接中。随着远程接入需求的不断增长，SSL VPN 是实现任意位置的远程安全接入的理想选择。

6.2　网络加密技术

数据加密是通过加密机制，把各种原始的数字信号（明文）按某种特定的加密算法变换成与明文完全不同的数字信息（即密文）的过程。

在计算机网络中加密可以是端到端方式或数据链路层加密方式。端到端加密是由软件或专门硬件在表示层或应用层实现变换。这种方法给用户提供了一定的灵活性，但增加了主机负担，更不太适合于一般终端。采用数据链路层加密，数据和报头（本层报头除外）都被加密，采用硬件加密方式时不致影响现有的软件。例如，在信息刚离开主机之后，把硬加密装置接到主机和前置机之间的线路中，在对方的前置机和主机线路之间接入解密装置，从而完成加密和解密的过程。在计算机网络系统中，数据加密方式有链路加密、节点加密和端到端加密 3 种方式。

6.2.1　链路加密

链路加密是目前最常用的一种加密方法，通常用硬件在网络层以下的物理层和数据链路层中实现，它用于保护在通信节点间传输的数据。这种加密方式比较简单，实现起来也比较容易，只要把一对密码设备安装在两个节点间的线路上，即把密码设备安装在节点和调制解调器之间，使用相同的密钥即可。用户没有选择的余地，也不需要了解加密技术的细节。一旦在一条线路上采用链路加密，往往需要在全网内都采用链路加密。

图 6-8 表示了这种加密方式的原理。这种方式使邻近的两个节点之间的链路上传送的数据是加密的，而在节点中的信息是以明文形式出现的。链路加密时，报文和报头都应加密。

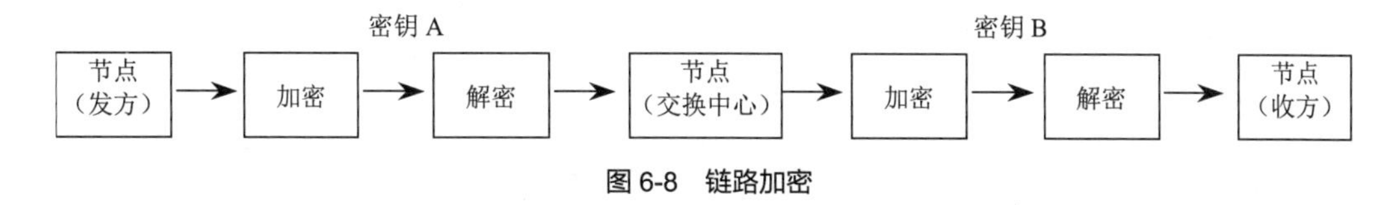

图 6-8　链路加密

链路加密方式对用户是透明的，即加密操作由网络自动进行，用户不能干预加密/解密过程。这种加密方式可以在物理层和数据链路层实施，主要用硬件完成，它用以对信息或链路中可能被截获的那一部分信息进行保护。这些链路主要包括专用线路、电话线、电缆、光缆、微波和卫星通道等。

链路加密按被传送的数字字符或位的同步方法不同，分为异步通信加密和同步通信加密两种；而同步通信根据字节同步和位同步，又可分为两种。

1. **异步通信加密**

异步通信时，发送字符中的各位都是按发送方数据加密设备（Data Encrypting Equipment，DEE）的时钟所确定的不同时间间隔来发送的。接收方的数据终端设备（Data Terminal Equipment，DTE）产生一个频率与发送方时钟脉冲相同，且具有一定相位关系的同步脉冲，并以此同步脉冲为时间基准接收发送过来的字符，从而实现收发双方的通信同步。

异步通信的信息字符由 1 位起始位开始，其后是 5 ~ 8 位数据位，最后 1 位或两位为终止位，起始位和终止位对信息字符定界。对于异步通信的加密，一般起始位不加密，数据位和奇偶校验位加密，终止位不加密。目前，数据位多用 8 位，以方便计算机操作。如果数据编码采用标准 ASCII，最高位固定为 0，低 7 位为数据，则可对 8 位全加密，也可以只加密低 7 位数据。如果数据编码采用 8

位的 EBCDIC 码或图像与汉字编码，因 8 位全表示数据，所以应对 8 位全加密。

2. 字节同步通信加密

字节同步通信不使用起始位和终止位实现同步，而是利用专用同步字符 SYN 建立最初的同步。传输开始后，接收方从接收到的信息序列中提取同步信息。

为了区别不同性质的报文（如信息报文和监控报文）以及标志报文的开始、结束等格式，各种基于字节同步的通信协议均提供一组控制字符，并规定了报文的格式。信息报文由 SOH、STX、ETX 和 BCC 这 4 个传输控制字符构成，它有图 6-9 所示的两种基本格式。

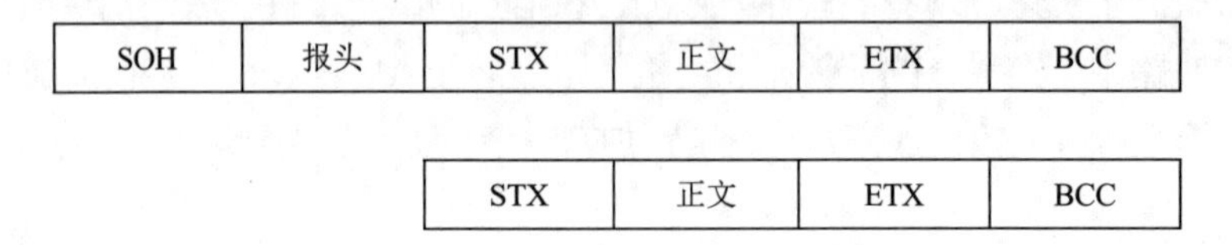

图 6-9 信息报文的格式

其中，控制字符 SOH 表示信息报文的报头开始；STX 表示报头结束和正文开始；ETX 表示正文结束；BCC 表示检验字符。对于字节同步通信信息报文的加密，一般只加密报头、报文正文和检验字符，而对控制字符不加密。

3. 位同步通信加密

基于位同步的通信协议有 ISO 推荐的 HDLC，IBM 公司的 SDLC 和 ADCCP。除了所用术语和某些细节外，SDLC、ADCCP 与 HDLC 原理相同。HDLC 以帧作为信息传输的基本单位，无论是信息报文还是监控报文，都按帧的格式进行传输。帧的格式如图 6-10 所示。

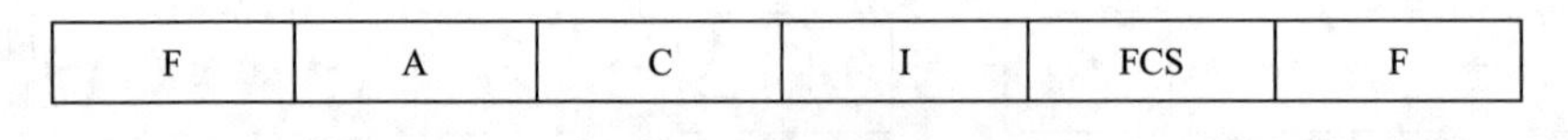

图 6-10 帧的格式

其中 F 为标志，表示每帧的头和尾；A 为站地址；C 为控制命令和响应类别；I 为数据；FCS 为帧校验序列。HDLC 采用循环冗余校验。对位同步通信进行加密时，除标志 F 以外全部加密。

链路加密方式有两个缺点：一是全部报文都以明文形式通过各节点的计算机中央处理机，在这些节点上数据容易受到非法存取的危害；二是由于每条链路都要有一对加密/解密设备和一个独立的密钥，维护节点的安全性费用较高，因此成本也较高。

6.2.2 节点加密

节点加密是链路加密的改进，其目的是克服链路加密在节点处易遭非法存取的缺点。在协议运输层上进行加密，是对源节点和目标节点之间传输的数据进行加密保护。它与链路加密类似，只是加密算法要组合在依附于节点的加密模件中，其加密原理如图 6-11 所示。

这种加密方式除了在保护装置内，即使在节点也不会出现明文。这种加密方式可提供用户节点间连续的安全服务，也可用于实现对等实体鉴别。节点加密时，数据在发送节点和接收节点是以明文形式出现的；而在中间节点，加密后的数据在一个安全模块内部进行密钥转换，即将从上一节点过来的密文先解密，再用另一个密钥加密。

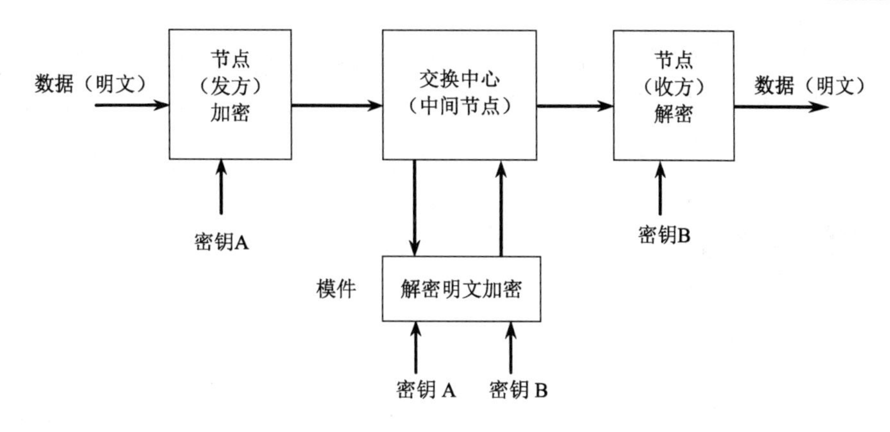

图 6-11　节点加密

节点加密也是在每条链路上使用一个私有密钥，由于从一条链路到另一条链路的密钥使用有可能不同，必须进行转换。从一个密钥到另一个密钥的变换是在保密模件中进行的，这个模件设在节点中央处理装置中，可以起到外围设备的作用。所以明文数据不通过节点，而只存在于保密模件中。要注意的是：对于相当多的报文数据，在进行路由选择时，信息也要加密。这样节点中央处理装置就能恰当地选定数据的传送线路。

6.2.3　端到端加密

网络层以上的加密，通常称为端到端加密。端到端加密是面向网络高层主体进行的加密，即在协议表示层上对传输的数据进行加密，而不对下层协议信息加密。协议信息以明文形式传输，用户数据在中间节点不需要加密。

端到端加密一般由软件来完成。在网络高层进行加密，不需要考虑网络低层的线路、调制解调器、接口与传输码，但用户的联机自动加密软件必须与网络通信协议软件完全结合，而各厂家的通信协议软件往往又各不相同，因此目前的端到端加密往往采用脱机调用方式。端到端加密也可以用硬件来实现，不过该加密设备要么能识别特殊的命令字，要么能识别低层协议信息，而且仅对用户数据进行加密，使用硬件实现往往有很大难度。在大型网络系统中，交换网络在多个发送方和接收方之间传输的时候，用端到端加密是比较合适的。端到端加密往往以软件的形式实现，并在应用层或表示层上完成。

这种加密方式下，数据在通过各节点传输时一直对数据进行保护，数据只是在终点才进行解密。在数据传输的整个过程中，以一个不确定的密钥和算法进行加密。在中间节点和有关安全模块内永远不会出现明文。端到端加密或节点加密时，只加密报文，不加密报头。

端到端加密具有链路加密和节点加密所不具有的优点。

① 成本低。由于端到端加密在中间任何节点上都不解密，即数据在到达目的地之前始终用密钥加密保护着，所以仅要求发送节点和最终的目标节点具有加密、解密设备，而链路加密则要求处理加密信息的每条链路均配有分立式密钥装置。

② 端到端加密比链路加密更安全。

③ 端到端加密可以由用户提供，因此对用户来说这种加密方式比较灵活。先采用端到端加密，再控制中心的加密设备可对文件、通行字以及系统的常驻数据起到保护作用。然而，由于端到端加

密只是加密报文，数据报头仍需保持明文形式，所以数据容易被报务分析者所利用。

另外，端到端加密所需的密钥数量远大于链路加密，因此对端到端加密而言，密钥管理是一个十分重要的课题。

6.3 防火墙技术

6.3.1 互联网防火墙

1. 防火墙的基本知识

防火墙是在两个网络之间执行访问控制策略的一个或一组系统，包括硬件和软件，目的是保护网络不被他人侵扰。它可通过监测、限制、更改跨越防火墙的数据流，尽可能地对外部屏蔽网络内部的信息、结构和运行状况，以此来实现网络的安全保护。防火墙遵循的是一种允许或阻止业务来往的网络通信安全机制，也就是提供可控的过滤网络通信，只允许授权的通信。

防火墙技术的功能主要在于及时发现并处理计算机网络运行时可能存在的安全风险、数据传输等问题，其中处理措施包括隔离与保护，同时可对计算机网络安全当中的各项操作实施记录与检测，以确保计算机网络运行的安全性，保障用户资料与信息的完整性，为用户提供更好、更安全的计算机网络使用体验。防火墙是由软件和硬件组成的，具有以下的功能。

① 所有进出网络的通信流都应该通过防火墙。

② 所有穿过防火墙的通信流都必须有安全策略和计划的确认和授权。

③ 理论上，防火墙是穿不透的。

利用防火墙能保护站点不被任意连接，甚至能建立跟踪工具，帮助总结并记录有关正在进行的连接资源、服务器提供的通信量以及试图闯入者的任何企图。

总之，防火墙是阻止外面的人对本地网络进行访问的任何设备，此设备通常是软件和硬件的组合体，它通常根据一些规则来挑选想要或不想要的地址。

随着互联网上越来越多的用户要访问 Web，运行例如 Telnet、FTP 和 E-Mail 之类的服务，系统管理者和 LAN 管理者必须能够在提供访问的同时，保护他们的内部网，不给闯入者可乘之机。

内部网需要防范 3 种攻击：间谍、盗窃和破坏系统。间谍指试图偷走敏感信息的“黑客”、入侵者和闯入者。盗窃的对象包括数据、Web 表格、磁盘空间和 CPU 资源等。破坏系统指通过路由器或主机/服务器蓄意破坏文件系统，或阻止授权用户访问内部网（外部网）和服务器。

这里，防火墙的作用是保护 Web 站点和公司的内部网，使之免遭侵犯。

典型的防火墙建立在某台主机上，这样的主机亦称“堡垒主机”，它是一个多边协议路由器。这个堡垒主机连接两个网络：一边与内部网相连，另一边与互联网相连。它的主要作用除了防止未经授权的来自或对互联网的访问外，还包括为安全管理提供详细的系统活动的记录。在有的配置中，这个堡垒主机经常作为一个公共 Web 服务器或一个 FTP 或 E-mail 服务器使用。

防火墙的基本目的之一就是防止“黑客”侵扰站点。站点暴露于无数威胁之中，而防火墙可以帮助防止外部连接。因此，还应小心局域网内的非法的连接，特别是当 Web 服务器在受保护的区域内时。

从图 6-12 可以看出，所有来自外部网络的信息或从内部网络发出的信息都必须穿过防火墙。因此，防火墙能够确保如电子信件、文件传输、远程登录或在特定的系统间信息交换的安全。

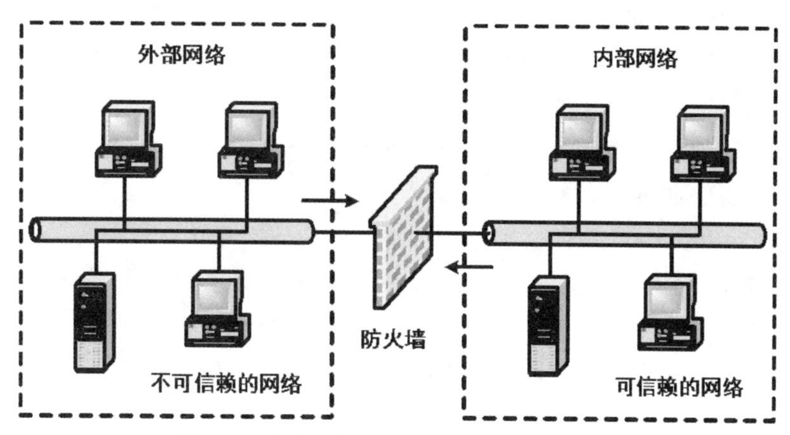

图 6-12　防火墙在外部网络与内部网络中的位置

从逻辑上讲，防火墙是过滤器、限制器和分析器。从物理角度看，各站点防火墙物理实现的方式有所不同。通常防火墙是一组硬件设备，即路由器、主计算机或者是路由器、计算机和配有适当软件的网络的多种组合。

2. 防火墙的基本功能

（1）防火墙能够强化安全策略

通过配置以防火墙为中心的安全方案，能将所有安全软件（如口令、加密、身份认证、审计等）配置在防火墙上。与将网络安全问题分散到各个主机上相比，防火墙的集中安全管理更经济。防火墙执行站点的安全策略，仅容许“认可的”和符合规则的请求通过。

（2）防火墙能有效地记录互联网上的活动

因为所有进出信息都必须通过防火墙，所以防火墙非常适用于收集关于系统和网络使用和误用的信息。作为访问的唯一点，防火墙记录着被保护的网络和外部网络之间进行的所有事件。

（3）防火墙限制用户点暴露

防火墙能够用来隔开网络中的一个网段与另一个网段。这样，就能够有效限制影响一个网段的问题通过整个网络传播。

（4）防火墙是一个安全策略的检查站

所有进出网络的信息都必须通过防火墙，防火墙便成为一个安全检查点，使可疑的访问被拒之门外。

3. 防火墙的不足之处

上面我们叙述了防火墙的功能，但它也是有缺点的，主要表现在以下几个方面。

（1）不能防范恶意的知情者

防火墙可以禁止系统用户经过网络连接发送专有的信息，但用户可以将数据复制到磁盘、磁带上，放在公文包中带出去。如果入侵者已经在防火墙内部，防火墙是无能为力的。内部用户可以偷窃数据，破坏硬件和软件，并且巧妙地修改程序而不用接近防火墙。对于来自知情者的威胁，只能尽量加强内部管理，如主机安全防范和用户教育等。

（2）防火墙不能防范不通过它的连接

防火墙能够有效地防范通过它的信息传输，然而不能防范不通过它的信息传输。例如，如果站点允许对防火墙后面的内部系统进行拨号访问，那么防火墙绝对没有办法阻止入侵者进行拨号入侵。

（3）防火墙不能防备全部的威胁

防火墙被用来防备已知的威胁，如果是一个很好的防火墙设计方案，可以防备新的威胁，但没有一道防火墙能自动防御所有的新威胁。

（4）防火墙不能防范病毒

防火墙不能消除网络上的病毒。虽然许多防火墙扫描所有通过的信息，以决定是否允许它通过内部网络，但扫描是针对源、目标地址和端口号的，而不是数据的确切内容。即使是先进的数据包过滤，在病毒防范上也是不实用的，因为病毒的种类太多，有许多种手段可使病毒在数据中隐藏。

检测随机数据中是否有病毒穿过防火墙十分困难，它有以下要求。

① 确认数据包是程序的一部分。

② 决定程序看起来像什么。

③ 确定病毒引起的改变。

事实上，大多数防火墙采用不同的可执行格式保护不同类型的主机。程序可以是编译过的可执行程序或者是一个副本，数据在网上传输时要分包，并经常被压缩，这样便给病毒带来了可乘之机。无论防火墙是多么安全，用户只能在防火墙后面清除病毒。

6.3.2 包过滤路由器

1. 基本概念

包（又称为分组）是网络上信息流动的单位。传输文件时，在发送端该文件被划分成若干个数据包，这些数据包经过网上的中间站点，最终到达目的地，接收端又将这些数据包重新组合成原来的文件。

每个包有两个部分：数据部分和包头。包头中含有源地址和目标地址等信息。

包过滤器又称为包过滤路由器，它将包头信息和管理员设定的规则表比较，如果有一条规则不允许发送某个包，便将它丢弃。包过滤一直是一种简单而有效的方法。通过拦截数据包，读出并拒绝那些不符合标准的包头，过滤掉不应入站的信息。

包过滤路由器与普通路由器的差别，主要在于普通路由器只是简单地查看每一个数据包的目标地址，并且选取数据包发往目标地址的最佳路径。处理数据包上的目标地址时，一般有以下两种情况出现。

① 当路由器知道发送数据包的目标地址时，则发送该数据包。

② 当路由器不知道发送数据包的目标地址时，则返还该数据包，并向源地址发送“不能到达目标地址”的消息。

包过滤路由器将更严格地检查数据包，除了决定它是否能发送数据包到其目标地址之外，包过滤路由器还决定它是否应该发送数据包。“应该”或者“不应该”由站点的安全策略决定，并由包过滤路由器强制设置。包过滤路由器放置在内部网络与互联网之间，作用如下。

① 包过滤路由器将担负更大的责任，它不但需要执行转发及确定转发的任务，而且它是唯一的

保护系统。

② 如果安全保护失败（或在入侵下失败），内部的网络将被暴露。

③ 简单的包过滤路由器不能修改任务。

④ 包过滤路由器能容许或否认服务，但它不能保护在一个服务之内的单独操作。如果一个服务没有提供安全的操作要求，或者这个服务由不安全的服务器提供，包过滤路由器则不能保护它。

2. 包过滤路由器的优缺点

包过滤路由器的主要优点之一是仅用一个放置在重要位置上的包过滤路由器就可保护整个网络。如果站点与互联网间只有一台路由器，那么，不管站点规模有多大，只要在这台路由器上设置合适的包过滤，站点就可获得很好的网络安全保护。

包过滤不需要用户软件的支持，也不要求对客户机进行特别的设置，也没有必要对用户进行任何培训。当包过滤路由器允许包通过时，它和普通路由器没有任何区别。在这时，用户甚至感觉不到包过滤功能的存在，只有在某些包被禁止时，用户才认识到它与普通路由器的不同。包过滤工作对用户来讲是透明的。这种透明表现在不要求用户进行任何操作就能完成包过滤工作。

虽然包过滤系统有许多优点，但它也有一些缺点及局限性。

① 配置包过滤规则比较困难。

② 对系统中的包过滤规则的配置进行测试也较麻烦。

③ 包过滤功能都有局限性，要找一个比较完整的包过滤产品比较困难。

包过滤系统本身就可能存在缺陷，这些缺陷对系统安全性的影响要大大超过代理服务系统对系统安全性的影响。因为代理服务的缺陷仅会使数据无法传送，而包过滤的缺陷会使得一些平常该拒绝的包也能进出网络。

有些安全规则是难以用包过滤系统来实施的。例如，在包中只有来自某台主机的信息而无来自某个用户的信息。因此，若要过滤用户就不能用包过滤。

3. 包过滤路由器的配置

在配置包过滤路由器时，首先要确定哪些服务允许通过而哪些服务应被拒绝，并将这些规定翻译成相关的包过滤规则。包的内容并不需要关心。例如，允许站点接收来自互联网的邮件，而该邮件是用什么工具制作的则与我们无关。路由器只关注包中的一小部分内容。下面给出将有关服务翻译成包过滤规则时非常重要的几个概念。

① 协议的双向性。协议总是双向的，一方发送请求而另一方返回应答。在制订包过滤规则时，要注意包是从两个方向来到路由器的，例如，只允许往外的 Telnet 包将用户的输入信息送达远程主机，而不允许返回的显示信息包通过相同的连接，这种规则是不正确的，同时，拒绝半个连接往往也是不起作用的。在许多攻击中，入侵者往内部网络发送包时甚至不用返回信息就可完成对内部网络的攻击，因为他们能对返回信息加以推测。

② “往内”与“往外”的含义。在我们制订包过滤规则时，必须准确理解“往内”与“往外”的包和“往内”与“往外”的服务。一个往外的服务（如 Telnet）同时包含往外的包（发送的信息）和往内的包（返回的信息）。虽然大多数人习惯于用“服务”来定义规定，但在制订包过滤规则时，一定要具体到每一种类型的包。在使用包过滤时也一定要弄清“往内”与“往外”的包和“往内”与“往外”的服务之间的区别。

③ 默认允许与默认拒绝。网络的安全策略中有两种方法：默认拒绝（没有明确地被允许就应被拒绝）与默认允许（没有明确地被拒绝就应被允许）。从安全角度来看，用默认拒绝应该更合适。就如前面讨论的，首先应从拒绝任何传输来开始设置包过滤规则，然后对某些应被允许传输的协议设置允许标志。这样做会使系统的安全性更好一些。

4. 包过滤设计

假设网络策略安全规则确定：从外部主机发来的互联网邮件在某一特定网关被接收，并且想拒绝从不信任的名为 THEHOST 的主机发来的数据流（一个可能的原因是该主机发送邮件系统不能处理的大量的报文，另一个可能的原因是怀疑这台主机会给网络安全带来极大的威胁）。在这个例子中，SMTP 使用的网络安全策略必须翻译成包过滤规则。在此可以把网络安全规则翻译成下列中文规则。

[过滤器规则 1]：我们不相信从 THEHOST 来的连接。

[过滤器规则 2]：我们允许与我们的邮件网关的连接。

这些规则可以编成表 6-1 所示的规则。其中星号（*）表明它可以匹配该列的任何值。

表 6–1　一个包过滤规则的编码例子

过滤规则号	动作	内部主机	内部主机端口	外部主机	外部路由器的端口	说明
1	阻塞	*	*	THEHOST	*	阻塞来自 THEHOST 流量
2	允许	Mail-GW	25	*	*	允许我们的邮件网关的连接
3	允许	*	*	*	25	允许输出 SMTP 至远程邮件网关

对于过滤器规则 1（见表 6-1），有一外部主机列，所有其他列有星号标记。“动作”是阻塞连接。这一规则翻译如下。

阻塞任何（*）从 THEHOST 端口来到我们任意（*）主机任意（*）端口的连接。对于过滤器规则 2，有内部主机和内部主机端口列，其他的列都为（*）号，其“动作”是允许连接，这一规则翻译如下。

允许任意（*）外部主机从其任意（*）端口到我们的 Mail-GW 主机端口的连接。使用端口 25 是因为这个 TCP 端口是保留给 SMTP 的。

这些规则应用的顺序与它们在表中的顺序相同。如果一个包不与任何规则匹配，它就会遭到拒绝。在表 6-1 中规定的过滤规则的一个问题是：它允许任何外部主机从端口 25 产生一个请求。端口 25 应该保留 SMTP，但一个外部主机可能用这个端口做其他用途。

第 3 个规则表示了一个内部主机如何发送 SMTP 邮件到外部主机端口 25，以使内部主机完成发送邮件到外部站点的任务。如果外部站点对 SMTP 不使用端口 25，那么 SMTP 发送者便不能发送邮件。

TCP 是全双工连接，信息流是双向的。表 6-1 中的包过滤规则不能明确地区分包中的信息流向，即是从我们的主机到外部站点，还是从外部站点到我们的主机。当 TCP 包从任一方向发送出去时，接收者必须通过设置肯定应答（Acknowledgement，ACK）标志来发送确认。ACK 标志是用在正常的 TCP 传输中的，首包的 ACK=0，而后续包的 ACK=1，如图 6-13 所示。

在图 6-13 中，发送者发送一个段（TCP 发送的数据叫作段），其开始的发送序号是 1001（seq），长度是 100 位；接收者发送回去一个确认包，其中 ACK 标志置为 1，且确认数（ack）设置为 1001+100=1101。发送者再发送 1 个 TCP 段数，每段为 200 位。这些是通过一个单一确认包来确认的，其中 ACK

设置为 1，确认数表明下一 TCP 数据段开始的位数是 1101+200=1301。

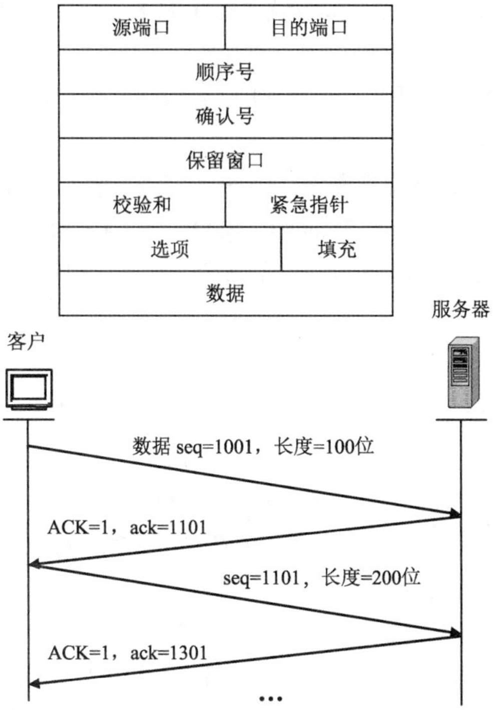

源端口 目的端口
顺序号
确认号
保留窗口
校验和 紧急指针
选项 填充
数据

客户
服务器
数据 seq=1001，长度=100位
ACK=1，ack=1101
seq=1101，长度=200位
ACK=1，ack=1301
…

图 6-13　在 TCP 数据传输中使用肯定应答

从图 6-13 可以看到，所有的 TCP 连接都要发送 ACK 包。当 ACK 包被发送出去时，其发送方向相反，且包过滤规则应考虑那些确认控制包或数据包的 ACK 包。

根据以上讨论，我们将修改过的包过滤规则在表 6-2 中列出。

表 6–2　SMTP 的包过滤规则

过滤规则号	动作	源主机或网络	源主机端口	目的主机或网络	目的主机端口	TCP 标志或 IP 选项	说明
1	允许	202.204.125.0	*	*	25	*	包从网络 202.204.125.0 至目的主机端口 25
2	允许	Mail-GW	25	202.204.125.0	*	ACK	允许返回确认

对于表 6-2 中的规则 1，源主机或网络列为 202.204.125.0，目的主机端口列为 25，所有其他的列都是“*”号。

过滤规则 1 的动作是允许连接。这可翻译为：允许任何从网络的任意端口（*）产生的到具有任何 TCP 标志或 IP 选项设置（包括源路由选择）的、任意目的主机 （*）的端口 25 的连接。

注意，由于 202.204.125.0 是一个 C 类 IP 地址，主机号字段中的 0 指的是在网络 202.204.125 中的任何主机。

对于规则 2，源主机或网络列为 Mail-GW，源主机端口列为 25，目的主机或网络列为 202.204.125.0，TCP 标志或 IP 选项列为 ACK，所有其他的列都是“*”号。

规则 2 的动作是允许连接。这可翻译为：允许任何来自 Mail-GW 主机的发自端口 25 的、具有

TCP ACK 标志设置的、到网（202.204.125.0）的任意（*）端口的连接被继续设置。

表 6-2 的过滤规则 1 和规则 2 的组合效应就是允许 TCP 包在网络 202.204.125.0 和任一外部主机的 SMTP 端口之间传输。

因为包过滤只检验 OSI 模型的第二层和第三层，所以无法绝对保证返回的 TCP 确认包是同一个连接的一部分。

在实际应用中，因为 TCP 连接维持两方的状态信息，它们知道什么样的序列号和肯定应答是所期望的。另外，上一层的应用服务，如 Telnet 和 SMTP，只能接受那些遵守应用协议规则的包。伪造一个正确 ACK 包是很困难的。对于更高层次的安全，可以使用应用层的网关，如防火墙等。

6.3.3 堡垒主机

堡垒主机是一种被强化的可以防御进攻的计算机，作为进入内部网络的一个检查点，以达到把整个网络的安全问题集中在某个主机上解决，从而省时省力，不用考虑其他主机的安全的目的。堡垒主机是网络中最容易受到侵害的主机，所以堡垒主机也必须是自身保护最完善的主机。一个堡垒主机使用两块网卡，每块网卡连接不同的网络。一块网卡连接内部网络用来管理、控制和保护，而另一块连接外部网络，通常是互联网。

使用堡垒主机的好处有如下几点。

① 提高安全性。堡垒机可以通过严格的身份认证、授权管理和操作审计等多种方式，保证只有授权的人员才能访问和操作服务器，从而提高服务器的安全性。

② 统一管理。堡垒机可以通过统一管理远程连接的方式，对服务器进行集中管理和控制，减少对服务器的直接访问，提高管理效率和安全性。

③ 防止误操作。堡垒机可以对管理人员的命令进行过滤和防篡改，以防止管理人员因误操作而对服务器造成损害。

④ 提高效率。堡垒机可以提供便捷的远程管理方式，让管理人员可以随时随地对服务器进行管理和操作，从而提高工作效率。

⑤ 符合合规要求。许多法规和标准对服务器的安全管理提出了要求，而堡垒机可以满足这些合规要求，从而避免因安全问题而受到处罚。

1. 建立堡垒主机的原则

设计和建立堡垒主机的基本原则有两条：最简化原则和预防原则。

（1）最简化原则

堡垒主机越简单，对它进行保护就越方便。堡垒主机提供的任何网络服务都有可能在软件上存在缺陷或在配置上存在错误，而这些差错就可能使堡垒主机的安全保障出问题。因此，在堡垒主机上设置的服务必须最少，同时对必须设置的服务软件只能给予尽可能低的权限。

（2）预防原则

尽管已对堡垒主机严加保护，但还有可能被入侵者破坏。对此应有所准备，只有充分地对最坏的情况加以准备，并设计好对策，才能有备无患。对网络的其他部分施加保护时，也应考虑堡垒主机被攻破应怎么办。因为堡垒主机是外部网络最易接触到的主机，所以它也最可能是被首先攻击的主机。由于外部网络与内部网络无直接连接，所以建立堡垒主机的目的是阻止入侵者到达内部网络。

若堡垒主机被破坏，我们仍必须让内部网络处于安全保障中。要做到这一点，必须让内部网络只有在堡垒主机正常工作时才信任堡垒主机。我们要仔细观察堡垒主机提供给内部网络主机的服务，并依据这些服务的主要内容，确定这些服务的可信度及拥有的权限。

2. 堡垒主机的分类

堡垒主机目前一般有 3 种类型：无路由双重宿主主机、牺牲品主机和内部堡垒主机。

无路由双重宿主主机有多个网络接口，但这些接口间没有信息流，这种主机本身就可以作为防火墙，也可以作为更复杂的防火墙的一部分。无路由双重宿主主机的大部分配置与其他堡垒主机类似，但是用户必须确保它没有路由。如果某台无路由双重宿主主机就是防火墙，那么它可以运行堡垒主机的例行程序。

牺牲品主机是一种里面没有任何需要保护的信息的主机，同时它不与任何入侵者想要利用的主机相连。用户只有在使用某种特殊服务时才需要用到它。牺牲品主机除了可让用户随意登录外，其配置基本上与一般的堡垒主机一样。用户总是希望在堡垒主机上存有尽可能多的服务与程序。但出于安全性的考虑，我们不可随意满足用户的要求，也不能让用户使用牺牲品主机时太舒畅。否则会使用户越来越信任牺牲品主机而违背设置牺牲品主机的初衷。牺牲品主机的主要特点是易于被管理，即使被侵袭也无碍内部网络的安全。

内部堡垒主机是存在于内部网络中标准的单堡垒或多堡垒主机，它们一般用作应用级网关，接收所有从外部堡垒主机进来的流量。内部堡垒主机可与某些内部主机进行交互。例如，堡垒主机可传送电子邮件给内部堡垒主机的邮件服务器，传送新闻给新闻服务器，与内部域名服务器合作等。这些内部堡垒主机其实是有效的次级堡垒主机，应像保护堡垒主机一样对它们加以保护。我们可以在它们上面多放一些服务，但对它们的配置必须遵循与堡垒主机一样的过程。

3. 堡垒主机提供的服务

堡垒主机应当提供站点所需求的所有与互联网有关的服务，还要经过包过滤提供内部网络对外界的服务。任何与外部网络无关的服务都不应放置在堡垒主机上。

我们将可以由堡垒主机提供的服务分成以下 4 个级别。

① 无风险服务，仅通过包过滤便可实施的服务。

② 低风险服务，在有些情况下这些服务运行时有安全隐患，但加一些安全控制措施便可消除安全问题，这类服务只能由堡垒主机提供。

③ 高风险服务，在使用这些服务时无法彻底消除安全隐患。这类服务一般应被禁用，特别需要时也只能放置在主机上使用。

④ 禁用服务，应被彻底禁止使用的服务。

SMTP 是堡垒主机应提供的最基本的服务，其他还应提供的服务如下。

- FTP，文件传输服务。
- WAIS，基于关键字的信息浏览服务。
- HTTP，超文本方式的信息浏览服务。
- NNTP，Usenet 新闻组服务。
- Gopher，菜单驱动的信息浏览服务。

为了支持以上这些服务，堡垒主机还应有域名服务（DNS）。另外，还要由它提供其他有关站点和主机的零散信息，所以它是实施其他服务的基础服务。

来自互联网的入侵者可以利用许多内部网上的服务来破坏堡垒主机。因此应该将内部网络上的那些不用的服务全部关闭。

6.3.4 代理服务

代理服务是网络服务，它通过中介将客户端与互联网服务器连接，具有缓存、保护隐私、过滤控制流量和加速网络的功能。代理服务位于内部用户（在内部的网络上）和外部服务（在互联网上）之间。代理在幕后处理所有用户和互联网服务之间的通信以代替相互间的直接交谈。代理服务是运行在防火墙主机上的一些特定的应用程序。防火墙主机可以是有一个内部网络接口和一个外部网络接口的双重宿主主机，也可以是一些可以访问互联网并可被内部主机访问的堡垒主机。这些程序接受用户对互联网服务的请求（诸如文件传输 FTP 和远程上机 Telnet 等），并按照安全策略转发它们到实际的服务。代理的作用就是一个提供替代连接并且充当服务的网关。代理也被称为应用级网关。

透明是代理服务的一大优点。对用户来说，用户通过代理服务器间接使用真正的服务器；对服务器来说，真正的服务器通过代理服务器来完成用户所提交的服务申请。

如图 6-14 所示，代理的实现过程如下。

① 客户端向代理服务器发出请求。这个请求可能是浏览网页、下载文件或发送电子邮件等。

② 代理服务器接收到请求后，检查是否有缓存副本。如果有，代理服务器将缓存副本返回给客户端。如果没有，代理服务器继续执行下一步。

③ 代理服务器向目标服务器发出请求。这个请求与客户端的请求相似，但是目标服务器会认为这个请求是从代理服务器来的。

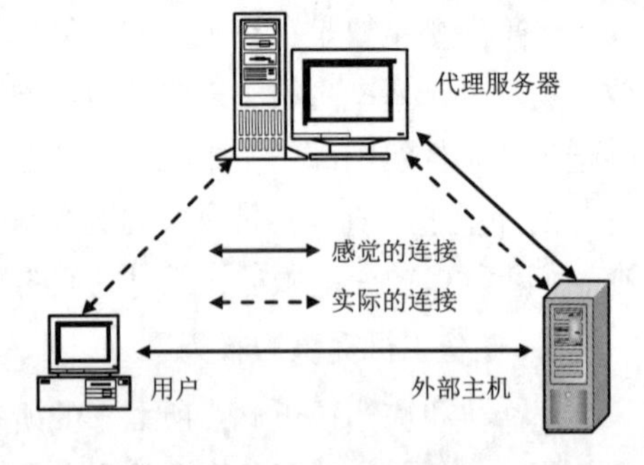

图 6-14 代理的实现过程

④ 目标服务器收到请求后，将响应发送给代理服务器。与客户端的请求相似，目标服务器的响应也会认为是发送给代理服务器的。

⑤ 代理服务器将响应发送给客户端。客户端认为响应是从代理服务器返回的，而不是目标服务器返回的。

代理服务器并非将用户的全部网络服务请求提交给互联网上的真正的服务器，因为代理服务器能依据安全规则和用户的请求做出判断是否代理执行该请求，所以它能控制用户的请求。有些请求可能会被否决，比如，FTP 代理就可能拒绝用户把文件往远程主机上传送，或者它只允许用户下载某些特定的外部站点的文件。代理服务可能对不同的主机实施不同的安全规则，而不对所有主机执行同一个标准。

6.3.5 防火墙体系结构

目前，防火墙的体系结构一般有 3 种：双重宿主主机体系结构、主机过滤体系结构和子网过滤体系结构。

1. 双重宿主主机体系结构

双重宿主主机体系结构是围绕具有双重宿主的主体计算机而构筑的。该计算机至少有两个网络接口，这样的主机可以充当与这些接口相连的网络之间的路由器，并能够从一个网络向另一个网络发送 IP 数据包。防火墙内部的网络系统能与双重宿主主机通信，同时防火墙外部的网络系统（在互联网上）也能与双重宿主主机通信。通过双重宿主主机，防火墙内外的计算机便可进行通信了。

双重宿主主机的防火墙体系结构是相当简单的，双重宿主主机位于两者之间，并且被连接到互联网和内部的网络。图 6-15 所示为这种体系结构。

2. 主机过滤体系结构

双重宿主主机体系结构中提供安全保护的是一台同时连接在内部与外部网络的双重宿主主机。而主机过滤体系结构则不同，在主机过滤体系结构中提供安全保护的主机仅与内部网络相连。另外，主机过滤体系结构还有一台单独的路由器（过滤路由器）。在这种体系结构中，主要的安全由数据包过滤提供，其结构如图 6-16 所示。

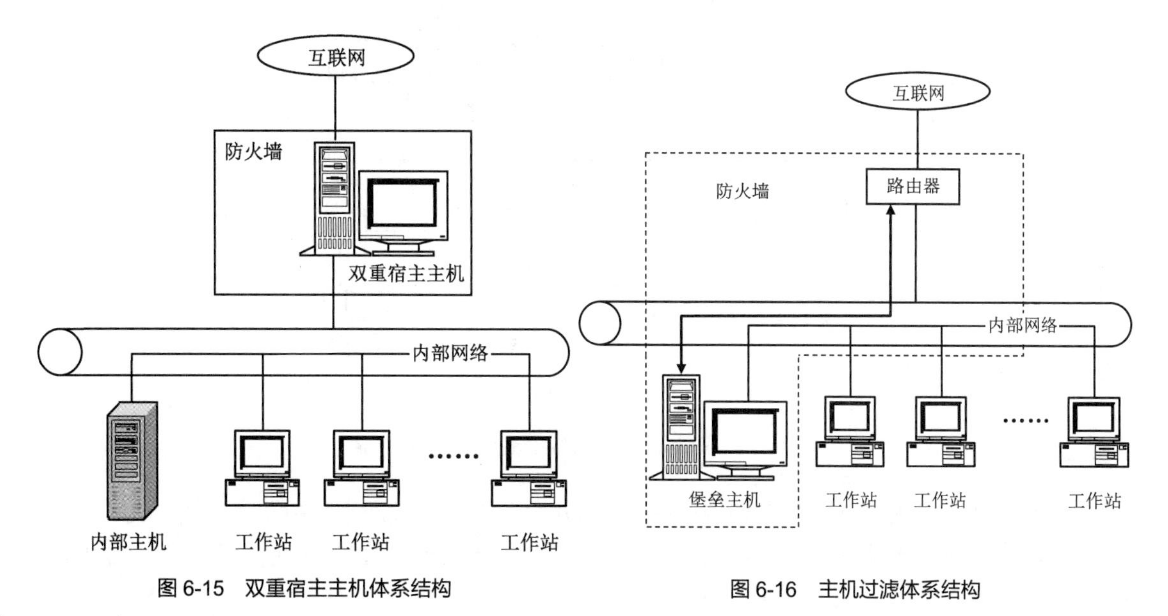

图 6-15 双重宿主主机体系结构　　图 6-16 主机过滤体系结构

在这种结构中，堡垒主机位于内部的网络上。任何外部的访问都必须连接到这台堡垒主机上。因此，堡垒主机需要拥有高等级的安全。

在屏蔽的路由器中，数据包过滤配置可以按下列方法执行。

① 允许其他的内部主机为了某些服务与互联网上的主机连接（即允许那些已经由数据包过滤的服务）。

② 不允许来自内部主机的所有连接（强迫那些主机由堡垒主机使用代理服务）。用户可以针对不同的服务，混合使用这些手段。某些服务可以被允许直接由数据包过滤，而其他服务可以被允许间接地经过代理，这完全取决于用户实行的安全策略。

3. 子网过滤体系结构

子网过滤体系结构添加了额外的安全层到主机过滤体系结构中，即通过添加参数网络，更进一步地把内部网络与互联网隔离开。

堡垒主机是用户的网络上最容易受攻击的主体。因为它的本质决定了它是最容易被侵袭的对象。在主机过滤体系结构中，如果用户的内部网络没有其他的防御手段，一旦他人成功地侵入主机过滤体系结构中的堡垒主机，那他就可以毫无阻挡地进入内部系统。因此，用户的堡垒主机是非常诱人的攻击目标。

通过在参数网络上隔离堡垒主机，能减少堡垒主机被侵入的影响。可以说，它只给入侵者一些访问的机会，但不是全部。

子网过滤体系结构的最简单的形式为两个过滤路由器，每一个都连接到参数网络，一个位于参数网络与内部网络之间，另一个位于参数网络与外部网络之间（通常为互联网），其结构如图 6-17 所示。

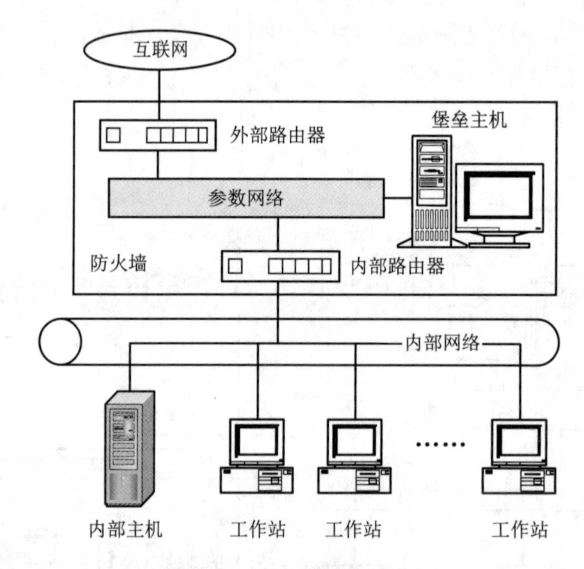

图 6-17　子网过滤体系结构

如果想侵入用这种类型的体系结构构筑的内部网络，必须通过两个路由器，即使入侵了堡垒主机，还需要通过内部路由器才能进入内部网络。在此情况下，网络内部单一的易受侵袭点便不会存在了。

下面要讨论在这种结构里所采用的组件。

（1）参数网络

参数网络是在内外部网络之间另加的一层安全保护网络层。如果入侵者成功地闯过外层保护网到达防火墙，参数网络就能在入侵者与内部网络之间再提供一层保护。

如果入侵者仅侵入参数网络的堡垒主机，他只能偷看到参数网络的信息流而看不到内部网络的信息，这层网络的信息流仅从参数网络往来于外部网络或者从参数网络往来于堡垒主机。因为没有内部主机间互传的重要和敏感的信息在参数网络中流动，所以即使堡垒主机受到损害也不会让入侵者破坏内部网络的信息流。

（2）堡垒主机

在子网过滤体系结构中，我们将堡垒主机与参数网络相连，而这台主机是外部网络服务于内部网络的主节点。它为内部网络服务的主要功能如下。

① 接收外来的 SMTP 数据包，再分发给相应的站点。

② 接收外来的 FTP 数据包，并将之转发给内部网络的匿名 FTP 服务器。

③ 接收外来的有关内部网络站点的域名服务。

这台主机向外（由内部网络的客户往外部服务器）的服务功能可用以下方法实施。

① 在内、外部路由器上建立包过滤，以便内部网络的用户可直接操作外部服务器。

② 在主机上建立代理服务，在内部网络的用户与外部的服务器之间建立间接的连接。也可以在设置包过滤后，允许内部网络的用户与主机的代理服务器进行交互，但禁止内部网络用户与外部网络进行直接通信。

堡垒主机在工作中根据用户的安全机制允许主动连到外部网络或允许外部网络连到它上面。堡垒主机做的主要工作还是为内外部服务请求进行代理。

（3）内部路由器

内部路由器（有时也称为阻塞路由器）的主要功能是保护内部网络免受来自外部网络与参数网络的侵扰。

内部路由器完成防火墙的大部分包过滤工作，它允许符合安全规则的服务在内外部网络之间互传。根据各站点的需要和安全规则，可允许的服务有 Telnet、FTP、WAIS、Archie、Gopher 等。

内部路由器参数网络由与内部网络之间传递的信息来设定，目的是减少在堡垒主机被侵入后受到入侵的内部网络主机的数目。

（4）外部路由器

理论上，外部路由器既保护参数网络又保护内部网络。实际上，外部路由器仅做一小部分包过滤，它几乎让所有参数网络的外向请求通过，而外部路由器与内部路由器的包过滤规则是基本上相同的。也就是说，如果安全规则上存在漏洞，那么，入侵者可用同样的方法通过内、外部路由器。

由于外部路由器一般是由互联网服务供应商提供的，所以对外部路由器可做的操作是受限制的。网络服务供应商一般仅会在该路由器上设置一些普通的包过滤，而不会专门设置特别的包过滤或更换包过滤系统。因此，对安全保障而言；不能像依赖于内部路由器一样依赖于外部路由器。

外部路由器的包过滤主要是对参数网络上的主机提供保护。然而，一般情况下，因为参数网络上主机的安全主要通过主机安全机制加以保障，所以由外部路由器提供的很多保护并非必要。

外部路由器真正有效的任务就是阻断来自外部网络上伪造源地址进来的任何数据包。这些数据包自称是来自内部网络，而其实是来自外部网络。

内部路由器也具有上述功能，但它无法辨认自称来自参数网络的数据包是伪造的。因此，内部路由器不能保护参数网络上的系统免受伪数据包的侵扰。

网络攻击类型及对策

6.4　网络攻击类型及对策

6.4.1　网络攻击的类型

任何以干扰、破坏网络系统为目的的非授权行为都称为网络攻击。对网络攻击的定义有两种观点：第一种观点是攻击仅发生在入侵行为完全完成，并且入侵者已在目标网络内时；第二种观点是指可能使一个网络受到破坏的所有行为，即从一个入侵者开始在目标机上工作的那个时刻起，攻击就开始进行了。

“黑客”进行的网络攻击通常可分为 4 大类型：拒绝服务型攻击、利用型攻击、信息收集型攻击和虚假消息攻击。

1. 拒绝服务型攻击

DoS 攻击是目前最常见的攻击类型之一。从网络攻击的各种方法和所产生的破坏情况来看，DoS 算是一种很简单，但又很有效的进攻方式。Dos 攻击的主要目标是使目标系统或网络无法提供正常的服务。

DoS 的攻击方式有很多种，最基本的 DoS 攻击就是利用合理的服务请求来占用过多的服务资源，从而使合法用户无法得到服务。这类攻击和其他大部分攻击不同的是，它们不是以获得网络或网络上信息的访问权为目的，而是以让受攻击方耗尽网络、操作系统或应用程序有限的资源而崩溃，不能为其他正常用户提供服务为目标。这就是这类攻击被称为“拒绝服务攻击”的真正原因。

DoS 攻击的基本过程：首先攻击者向服务器发送众多的带有虚假地址的请求，服务器发送回复信息后等待回传信息。由于地址是伪造的，所以服务器一直等不到回传的消息，服务器中分配给这次请求的资源就始终没有被释放。当服务器等待一定的时间后，连接会因超时而被切断，攻击者会再度传送新的一批请求，在这种反复发送伪地址请求的情况下，服务器资源最终会被耗尽。

常见的 DoS 攻击主要有以下几种类型。

（1）死亡之 ping（Ping of Death）攻击

ICMP 在互联网上主要用于传递控制信息和处理错误。它的功能之一是与主机联系，通过发送一个“回送请求”（Echo Request）信息包看看主机目标是否“存在”。最普通的 ping 程序就是这个功能。而在 TCP/IP 中对包的最大尺寸都有严格限制规定，许多操作系统的 TCP/IP 栈都规定 ICMP 包大小为 64KB，且在对包的标题头进行读取之后，要根据该标题头里包含的信息来为有效载荷生成缓冲区。Ping of Death 就是故意产生畸形的测试 ping 包，声称自己的尺寸超过 ICMP 上限，也就是加载的尺寸超过 64KB 上限，使未采取保护措施的网络系统出现内存分配错误，导致 TCP/IP 栈崩溃，最终使接收方死机。

（2）泪滴（Teardrop）攻击

泪滴攻击是拒绝服务攻击的一种。 泪滴是一个特殊构造的应用程序，通过发送伪造的相互重叠的 IP 分组数据包，使其难以被接收主机重新组合。它们通常会导致目标主机内核错误。泪滴攻击利用 IP 分组数据包重叠造成 TCP/ IP 分片重组代码不能恰当处理 IP 包。泪滴攻击不被认为是一个严重的 DoS 攻击，不会对主机系统造成重大损失。 在大多数情况下，重新启动是最好的解决办法，但重新启动操作系统可能导致正在运行的应用程序中未保存的数据丢失。

（3）UDP 泛洪（UDP Flood）攻击

UDP 在互联网上的应用比较广泛，很多提供 WWW 和 Mail 等服务设备通常使用 UNIX 的服务器，它们默认打开一些被“黑客”恶意利用的 UDP 服务。如 Echo 服务会显示接收到的每一个数据包，而原本用于测试的 Chargen 服务会在收到每一个数据包时随机反馈一些字符。UDP Flood 假冒攻击就是利用这两个简单的 TCP/IP 服务的漏洞进行恶意攻击，通过伪造与某一主机的 Chargen 服务之间的一次的 UDP 连接，回复地址指向开着 Echo 服务的一台主机，通过将 Chargen 和 Echo 服务互指来回传送毫无用处且占用带宽的垃圾数据，在两台主机之间生成足够多的无用数据流，飞快地导致网络可用带宽耗尽。

（4）SYN 泛洪（SYN Flood）攻击

当用户进行一次标准的 TCP 连接时，会有一个 3 次握手过程。首先是请求服务方发送一个 SYN 消息，服务方收到 SYN 后，会向请求方回送一个 SYN+ACK 表示确认，当请求方收到 SYN+ACK 后，再次向服务方发送一个 ACK 消息，这样一次 TCP 连接建立成功。SYN Flood 则专门针对 TCP 栈在两台主机间初始化连接握手的过程进行 DoS 攻击，其在实现过程中只进行前两个步骤：当服务方收到请求方的 SYN+ACK 确认消息后，请求方由于采用源地址欺骗等手段使得服务方收不到 ACK 回应，于是服务方会在一定时间处于等待接收请求方 ACK 消息的状态。而对某台服务器来说，可用的 TCP 连接是有限的，因为它只有有限的内存缓冲区用于创建连接，如果这一缓冲区充满了虚假连接的初始信息，该服务器就会对接下来的连接停止响应，直至缓冲区里的连接企图超时。如果恶意攻击方快速连续地发送此类连接请求，该服务器可用的 TCP 连接队列将很快被阻塞，系统可用资源急剧减少，网络可用带宽迅速缩小，长此下去，除了少数幸运用户的请求可以得到应答外，服务器将无法向用户提供正常的服务。

（5）LAND（Local Area Network Denial）攻击

在 LAND 攻击中，“黑客”利用一个特别打造的 SYN 包（它的原地址和目标地址都被设置成某一个服务器地址）进行攻击。这样将导致目标主机向它自己的地址发送 SYN+ACK 消息，结果这个地址又发回 ACK 消息并创建一个空连接，这个空连接会一直持续，直到超时。目标机被这样大量欺骗，建立大量空连接，消耗大量的系统资源，导致系统运行缓慢甚至崩溃。

（6）IP 欺骗 DoS 攻击

这种攻击利用 TCP 栈的 RST 位来实现，使用 IP 欺骗，伪装真实 IP 地址，迫使服务器把合法用户的连接复位，影响合法用户的连接。假设现在有一个合法用户（202.204.125.19）已经同服务器建立了正常的连接，攻击者构造攻击的 TCP 数据，伪装自己的 IP 地址为 202.204.125.19，并向服务器发送一个带有 RST 位的 TCP 数据段。服务器接收到这样的数据后，认为从 202.204.125.19 发送的连接有错误，就会清空缓冲区中已建立好的连接。这时，合法用户 202.204.125.19 再发送合法数据，服务器就已经没有这样的连接了，该用户就被拒绝服务而只能重新开始建立新的连接。

（7）电子邮件炸弹攻击

电子邮件炸弹是最古老的匿名攻击之一，通过设置一台主机不断地大量地向同一地址发送电子邮件，攻击者能够耗尽接收者网络的带宽。这种攻击不仅会干扰用户的电子邮件系统的正常使用，甚至它还能影响到邮件系统所在的服务器系统的安全，造成整个网络系统全部瘫痪。有些电子邮件炸弹甚至会在文本附件中添加病毒，或者通过 HTML 代码等将附件上传至被攻击者的 FTP 服务器上，进而扩大攻击范围。攻击者可以使用各种手段来隐藏自己的身份，使其更难以被追踪定位。

（8）DDoS 攻击

分布式拒绝服务（Distributed Denial of Service，DDoS）攻击是指处于不同位置的多个攻击者同时向一个或数个目标发动攻击，或者一个攻击者控制了位于不同位置的多台主机并利用这些主机对受害者同时实施攻击。由于攻击的发出点是分布在不同地方的，这类攻击称为分布式拒绝服务攻击，攻击者可以有多个。

一个完整的 DDoS 攻击体系由攻击者、主控端、代理端和攻击目标 4 部分组成。主控端和代理端分别用于控制和实际发起攻击，其中主控端只发布命令而不参与实际的攻击，代理端发出 DDoS 的实际攻击包。对于主控端和代理端的计算机，攻击者有控制权或者部分控制权. 它在攻击过程中会利用各种手段隐藏自己防止被别人发现。真正的攻击者一旦将攻击的命令传送到主控端，攻击者就可以关闭或离开网络，而由主控端将命令发布到各个代理主机上。这样攻击者可以逃避追踪。每一个攻击代理主机都会向目标主机发送大量的服务请求数据包，这些数据包经过伪装，无法识别它的来源，而且这些数据包所请求的服务往往要消耗大量的系统资源，造成目标主机无法为用户提供正常服务。甚至导致系统崩溃。

2. 利用型攻击

利用型攻击是一类试图直接对用户的主机进行控制的攻击，最常见的有3种。

（1）口令猜测

一旦“黑客”识别了一台主机而且发现了基于NetBIOS、Telnet或NFS服务的可利用的用户账号，成功的口令猜测能提供对主机的控制。防御的措施是：选用难以猜测的口令，比如词和标点符号的组合；确保像NFS、NetBIOS和Telnet这样可利用的服务不暴露在公共范围；如果该服务支持锁定策略，就进行锁定。

（2）特洛伊木马

特洛伊木马是一种直接由“黑客”通过一个不令人起疑的用户秘密安装到目标系统的程序。一旦安装成功并取得管理员权限，安装此程序的人就可以直接远程控制目标系统。最有效的一种叫作后门程序，恶意程序包括NetBus、Back Orifice 2000等。防御的措施是避免下载可疑程序并拒绝执行，运用网络扫描软件定期监视内部主机上的监听TCP服务。

（3）缓冲区溢出

缓冲区溢出是指当计算机向缓冲区内填充数据位数时超过了缓冲区本身的容量，溢出的数据覆盖在合法数据上。理想的情况是：程序会检查数据长度，而且并不允许输入超过缓冲区长度的字符。但是绝大多数程序都会假设数据长度总是与所分配的储存空间相匹配，这就为缓冲区溢出埋下了隐患。操作系统所使用的缓冲区，又被称为“堆栈”，在各个操作进程之间，指令会被临时储存在堆栈当中，堆栈也会出现缓冲区溢出。

缓冲区溢出攻击的目的在于扰乱具有某些特权运行的程序的功能，这样可以使攻击者取得程序的控制权，如果该程序具有足够的权限，那么整个主机就被控制了。

3. 信息收集型攻击

信息收集型攻击并不对目标本身造成危害，这类攻击被用来为进一步入侵提供有用的信息。主要包括：扫描技术、体系结构刺探、利用信息服务等。

（1）地址扫描

一般分为网络扫描和主机扫描。通过漏洞扫描，扫描者能够发现远端网络或主机的配置信息、TCP/UDP端口的分配、提供的网络服务、服务器的具体信息等。

（2）端口扫描

通常使用一些软件，向大范围的主机连接一系列的TCP端口，扫描软件报告它成功地建立了连接的主机所开的端口。许多防火墙能检测到是否被扫描，并自动阻断扫描企图。

（3）反响映射

“黑客”向主机发送虚假消息，然后根据返回的“host unreachable”这一消息特征判断出哪些主机是存在的。目前由于正常的扫描活动容易被防火墙检测到，“黑客”转而使用不会触发防火墙规则的常见消息类型，这些类型包括 RESET 消息、SYN+ACK 消息、DNS 响应包。防御的方法：使用 NAT 和非路由代理服务器，也可以在防火墙上过滤掉“host unreachable”ICMP 应答。

（4）慢速扫描

由于一般扫描侦测器是通过监视某个时间段里一台特定主机发起的连接的数目（如每秒 10 次）来判断是否在被扫描，这样“黑客”可以通过使用扫描速度慢一些的扫描软件进行扫描。防御的方法：通过引诱服务来对慢速扫描进行侦测。

（5）体系结构探测

“黑客”使用具有已知响应类型的数据库的自动工具，对来自目标主机的、坏数据包传送所做出的响应进行检查。由于每种操作系统都有其独特的响应方法，通过将此独特的响应与数据库中的已知响应进行对比，“黑客”经常能够确定出目标主机所运行的操作系统。防御的方法：去掉或修改各种 Banner（包括操作系统和各种应用服务的），阻断用于识别的端口。

（6）DNS 域转换

DNS 协议不对转换或信息性的更新进行身份认证，这使得该协议可以以不同的方式加以利用。对于一台公共的 DNS 服务器，“黑客”只需实施一次域转换操作就能得到所有主机的名称以及内部 IP 地址。防御的方法：在防火墙处过滤掉域转换请求。

（7）Finger 服务

“黑客”使用 finger 命令来刺探一台 Finger 服务器以获取关于该系统的用户的信息。防御的方法：关闭 Finger 服务并记录尝试连接该服务的对方 IP 地址，或者在防火墙上进行过滤。

4. 虚假消息攻击

虚假消息攻击利用网络协议设计中的安全缺陷，通过发送伪装的数据包达到欺骗目标、从中获利的目的。它是一种内网渗透方法。虚假消息攻击主要包括 DNS 高速缓存污染和伪造电子邮件攻击。

（1）DNS 高速缓存污染

DNS 服务器与其他名称服务器交换信息的时候并不进行身份验证，这就使得“黑客”可以将不正确的信息掺进来并把用户引向“黑客”自己的主机。防御的方法：使用在防火墙上过滤入站的 DNS 更新、外部 DNS 服务器不能更改内部服务器对内部主机的识别等措施预防该攻击。

（2）伪造电子邮件

由于 SMTP 并不对邮件的发送者的身份进行鉴定，因此“黑客”可以对网络内部客户伪造电子邮件，声称是来自某个客户认识并相信的人，并附带上可安装的特洛伊木马程序，或者是一个引向恶意网站的连接。防御的方法：使用 PGP 等安全工具并安装电子邮件证书。

6.4.2 物理层的攻击及对策

物理层位于 OSI 参考模型的最底层，它直接面向实际承担数据传输的物理媒体（即通信通道），物理层的传输单位为位（bit）。实际的数据传输必须依赖于传输设备和物理媒体。物理层面对的主要攻击有直接攻击和间接攻击，直接攻击是直接对硬件进行攻击，间接攻击是对物理介质的攻击。物理层上的安全措施不多，如果“黑客”可以访问物理介质，如搭线窃听和 Sniffer，将可以复制所有传送的信息。有效的保护是使用加密、流量填充等。

1. 物理层安全风险

网络的物理安全风险主要指由于网络周边环境和物理特性引起的网络设备和线路的不可用，而造成的网络系统的不可用。例如，设备被盗、设备老化、意外故障、无线电磁辐射泄密等。如果局域网采用广播方式，那么本广播域中的所有信息都可以被侦听。因此，最主要的安全威胁来自搭线窃听和电磁泄漏窃听。

最简单的安全漏洞可能导致最严重的网络故障。比如因为施工的不规范导致光缆被破坏、雷击事故、网络设备没有保护措施被损坏，甚至中心机房因为不小心导致外来人员蓄意或无心的破坏。

2. 物理攻击

物理安全是保护一些比较重要的设备不被接触。物理安全比较难实现，因为攻击者往往是能够接触到物理设备的用户。物理攻击主要有两种：获取管理员密码攻击、提升权限攻击。

（1）获取管理员密码攻击

网站管理员账户密码是网站管理员的身份凭证，是网站安全的重要组成部分，因此必须保护好账户密码，避免被恶意获取。发生网站管理员账户密码被获取的情况，主要是由于网站管理员账户密码不够安全，恶意攻击者可以利用暴力破解、社会工程学攻击等方式破解账户密码，从而获取网站管理员账户密码。

（2）提升权限攻击

较低的权限将使攻击者访问活动受到很多的限制，也无法进行获取哈希值、安装软件、修改防火墙规则和修改注册表等各种操作，所以攻击者往往会先进行权限提升攻击，在获取更高的访问权限后，再开展更具破坏性的其他攻击。权限提升攻击的目的是，获得网络或在线服务中诸多系统和应用程序的额外权限，攻击主要分为两大类。

① 横向权限提升。这种攻击主要是用于获取更多同级别账号的权限，攻击者在成功访问现有的用户或设备账户之后，会利用各种渠道进入并控制更多其他用户账户。虽然这招不一定会让“黑客”获得更高等级权限，但如果“黑客”收集了大量攻击目标的用户数据及其他资源，可能会对受害者造成进一步危害。

② 纵向权限提升。这是一种更加危险的权限升级攻击，因为攻击者也许能够控制整个网络。通常是多阶段网络攻击的第二个阶段。攻击者利用系统错误配置、漏洞、弱密码和薄弱的访问控制来获得管理权限；通过这种权限，他们就可以访问网络上的其他资源。一旦拥有更强大的权限，攻击者就可以安装恶意软件和勒索软件，改变系统设置，并窃取数据。

3. 物理层防范措施

（1）屏蔽

用金属网或金属板将信号源包围，利用金属层来阻止内部信号向外发射，同时可以阻止外部信号进入金属层内部。通信线路的屏蔽通常有两种方法：一是采用屏蔽性能好的传输介质；二是把传输介质、网络设备、机房等整个通信线路安装在屏蔽的环境中。

（2）物理隔离

物理隔离技术的基本思想是：如果不存在与网络的物理连接，网络安全威胁便可大大降低。物理隔离技术实质就是一种将内外网络从物理上断开，但保持逻辑连接的信息安全技术。物理隔离的指导思想与防火墙不同，防火墙是在保障互联互通的前提下，尽可能安全，而物理隔离的思路是在保证必须安全的前提下，尽可能互联互通。

物理隔离是一种隔离网络之间连接的专用安全技术。这种技术使用一个可交换方向的电子存储池。存储池每次只能与内外网络的一方相连。通过内部或外部网络分别向电子存储池复制数据块完成数据传输。这种技术实际上是一种数据镜像技术。它在实现内外网络数据交换的同时，保持了内外网络的物理断开。

每一次数据交换，隔离设备都经历了数据的接收、存储和转发 3 个过程。由于这些规则都是在内存和内核里完成的，因此在速度上有保证，可以达到 100%的总线处理能力。物理隔离的一个特征，就是内网与外网永不连接，内网和外网在同一时间最多只有一个同隔离设备建立非 TCP/IP 的数据连接。其数据传输机制是存储和转发。

物理隔离的优点是，即使外网处于最坏的情况下，内网也不会有任何破坏。修复外网系统也非常容易。

（3）设备和线路冗余

设备和线路冗余主要指提供备用的设备和线路。主要有 3 种冗余：网络设备部件冗余，如电源和风扇、网卡、内存、CPU、磁盘等；网络设备整机冗余；网络线路冗余。

（4）机房和账户安全管理

建立机房安全管理制度和账户安全管理制度。如网络管理员职责、机房操作规定、网络检修制度、账号管理制度、服务器管理制度、日志文件管理制度、保密制度、病毒防治、电器安全管理规定等。

（5）网络分段

网络分段是保证安全的一项重要措施，同时是一项基本措施，其指导思想是将非法用户与网络资源互相隔离，从而达到限制用户非法访问的目的。网络分段可以分为物理和逻辑两种方式。物理分段通常是指将网络从物理层和数据链路层（ISO/OSI 模型中的第 1 层和第 2 层）上分为若干网段，各网段之间无法进行直接数据通信。目前，许多交换机都有一定的访问控制能力，可以实现对网络的物理分段。

6.4.3　数据链路层的攻击及对策

数据链路层的最基本的功能是向该层用户提供透明的和可靠的数据传送基本服务。透明是指该层上传输的数据的内容、格式及编码没有限制，也没有必要解释信息结构的意义；可靠的传输使用户免去对丢失信息、干扰信息及顺序不正确等的担心。由于数据链路层的安全协议比较少，因此容易受到各种攻击，常见的攻击有 MAC 地址欺骗、内容寻址存储器（Content Addressable Memory，CAM）表格淹没攻击、VLAN 中继攻击、操纵生成树协议、地址解析协议（ARP）攻击等。

1. 常见的攻击方法

（1）MAC 地址欺骗

MAC 地址欺骗攻击主要是利用了局域网内交换机的转发特性和 MAC 地址学习特性，一般情况下，交换机不会对接收到的数据包进行检查和验证，并且其 MAC 地址表的学习也容易被攻击者所利用。因此，攻击者往往发送含有其他人 MAC 地址的数据包，让交换机误认为自己是网络中的另一台主机，从而将本来属于该台主机的数据包转发给攻击者。

对于使用Hub连接的网络，数据包经过Hub传输到其他网段时，Hub只是简单地把数据包复制到其他端口，因此，数据包很容易被用户拦截分析并实施网络攻击。为了防止这种数据包的无限扩散，人们越来越倾向于运用交换机来构建网络，交换机具有MAC地址学习功能，能够通过VLAN等技术将用户之间相互隔离，从而保证一定的网络安全性。

交换机对于某个目的MAC地址明确的单址包不会像Hub那样将该单址包简单复制到其他端口上，而是只发到对应的特定的端口上。如同一般的计算机需要维持一张ARP高速缓冲表一样，每台交换机里面也需要维持一张MAC地址（有时是MAC地址和VLAN）与端口映射关系的缓冲表，称为地址表，正是依靠这张表，交换机才能将数据包发到对应端口。地址表一般是交换机通过学习构造出来的。学习过程如下。

① 交换机取出每个数据包的源MAC地址，通过算法找到相应的位置，如果是新地址，则创建地址表项，填写相应的端口信息、生命周期时间等。

② 如果此地址已经存在，并且对应端口号也相同，则刷新生命周期时间。

③ 如果此地址已经存在，但对应端口号不同，一般会改写端口号，刷新生命周期时间。

④ 如果某个地址项在生命周期时间内没有被刷新，则将被老化删除。

例如，一个4端口的交换机，端口Port.A、Port.B、Port.C、Port.D分别对应主机A、B、C、D，其中D为网关。

当主机A向B发送数据时，A主机按照OSI往下封装数据帧，过程中，会根据IP地址查找到B主机的MAC地址，填充到数据帧中的目的MAC地址。发送之前网卡的MAC层协议控制电路也会先做个判断，如果目的MAC地址与本网卡的MAC地址相同，则不会发送，反之网卡将这份数据发送出去。Port.A接收到数据帧，交换机按照上述的检查过程，在MAC地址表发现B的MAC地址（数据帧目的MAC地址）所在端口号为Port.B，而数据来源的端口号为Port.A，则交换机将数据帧从端口Port.B转发出去。B主机就收到这个数据帧了。

这个寻址过程也可以概括为IP地址→MAC地址→Port，ARP欺骗是欺骗了IP地址/MAC地址的对应关系，而MAC欺骗则是欺骗了MAC地址/Port的对应关系。比较早的攻击方法是泛洪交换机的MAC地址，这样确实会使交换机以广播模式工作从而达到嗅探的目的，但是会造成交换机负载过大，网络缓慢和丢包甚至瘫痪。目前，采用的方法如下。

若主机A要劫持主机C的数据，整个过程如下。

主机A发送源地址为B的数据帧到网关，这样交换机会把发给主机B的数据帧全部发到A主机，这个时间一直持续到真正的主机B发送一个数据帧为止。

主机A收到网关发给B的数据，记录或修改之后要转发给主机B，在转发前要发送一个请求主机B的MAC地址的广播，这个包是正常的。这个数据帧表明了主机A对应Port.A，同时会激发主机B响应一个应答包，应答包的内容是源地址主机B，目标地址主机A，由此产生了主机B，对应了Port.B。这样，对应关系已经恢复，主机A将劫持到的数据可顺利转发至主机B。

由于这种攻击方法具有时间分段特性，隐蔽性强，对方的流量越大，劫持频率也越低，网络越稳定。

（2）内容寻址存储器（CAM）表格淹没攻击

交换机中的CAM表格包含诸如在指定交换机的物理端口所提供的MAC地址和相关的VLAN参数之类的信息。一个典型的网络侵入者会向该交换机提供大量的无效MAC地址，直到CAM表格被填满。当这种情况发生的时候，交换机会将传输进来的信息向所有的端口发送，因为这时交换机不能够从 CAM 表格中查找出特定的 MAC 地址的端口号。CAM 表格淹没只会导致交换机在本地 VLAN 范围内到处发送信息，所以侵入者只能够看到自己所连接到的本地 VLAN 中的信息。

（3）VLAN 中继攻击

VLAN 中继威胁攻击充分利用了动态中继协议（DTP），攻击者利用 DTP 冒充由网络交换机所发送的正常报文进而攻击此台计算机所连接的交换机。因此，如果网络交换机启动了中继功能，就会导致异常报文发送到被攻击的主机上，从而在不同的 VLAN 中进行网络攻击。

（4）操纵生成树协议

生成树协议可用于交换网络中，以防止在以太网拓扑结构中产生桥接循环。通过攻击生成树协议，网络攻击者希望将自己的系统伪装成该拓扑结构中的根网桥。要达到此目的，网络攻击者需要向外广播生成树协议配置/拓扑结构改变网桥协议数据单元（BPDU），企图迫使生成树进行重新计算。网络攻击者系统发出的 BPDU 声称发出攻击的网桥优先权较低。如果获得成功，该网络攻击者能够获得各种各样的数据帧。

（5）地址解析协议（ARP）攻击

ARP 的作用是在处于同一个子网中的主机所构成的局域网部分中将 IP 地址映射到 MAC 地址。当有人在未获得授权时就企图更改 MAC 和 IP 地址的 ARP 表格中的信息时，就发生了 ARP 攻击。通过这种方式，“黑客”们可以伪造 MAC 或 IP 地址，以便实施如下两种攻击：拒绝服务拒绝和中间人攻击。

（6）DHCP 攻击

DHCP 耗竭攻击主要是通过利用伪造的 MAC 地址来广播 DHCP 请求的方式来进行的。利用诸如 gobbler 之类的攻击工具就可以很容易地造成这种情况。如果所发出的请求足够多的话，网络攻击者就可以在一段时间内耗竭向 DHCP 服务器所提供的地址空间。这是一种比较简单的资源耗竭的攻击手段，就像 SYN 泛洪一样。然后网络攻击者可以在自己的系统中建立起虚假的 DHCP 服务器来对网络上客户发出的新 DHCP 请求做出反应。

2. 安全对策

使用端口安全命令可以防范 MAC 欺骗攻击。端口安全命令能够提供指定系统 MAC 地址连接到特定端口的功能。该命令在端口的安全遭到破坏时，还能够提供指定需要采取何种措施的能力。然而，如同防范 CAM 表淹没攻击一样，在每一个端口上都指定一个 MAC 地址是一种难以实现的解决方案。在界面设置菜单中选择计时的功能，并设定一个条目在 ARP 缓存中可以持续的时长，能够达到防范 ARP 欺骗的目的。在高级交换机中采用 IP、MAC 和端口号绑定，控制交换机中 MAC 表的自动学习功能。

在交换机上配置端口安全选项可以防范 CAM 表淹没攻击。该选择项要么可以提供特定交换机端口的 MAC 地址说明，要么可以提供一个交换机端口可以识得的 MAC 地址的数目方面的说明。当无效的 MAC 地址在该端口被检测出来之后，该交换机要么可以阻止所提供的 MAC 地址，要么可以关闭该端口。

对 VLAN 的设置稍做几处改动就可以防范 VLAN 中继攻击，重点在于所有中继端口上都要使用专门的 VLAN ID。同时要禁用所有使用不到的交换机端口，并将它们安排在使用不到的 VLAN 中。通过明确的方法，关闭掉所有用户端口上的 DTP，这样就可以将所有端口设置成非中继模式。

要防范操纵生成树协议的攻击，需要使用根目录保护和 BPDU 保护加强命令来保持网络中主网桥的位置不发生改变，同时可以强化生成树协议的域边界。根目录保护功能可提供保持主网桥位置不变的方法。生成树协议 BPDU 保护使网络设计者能够保持有源网络拓扑结构的可预测性。尽管 BPDU 保护也许看起来是没有必要的，因为管理员可以将网络优先权调至 0，但仍然不能保证它将被选作主网桥，因为可能存在一个优先权为 0 但 ID 更低的网桥。在面向用户的端口中使用，BPDU 保护能够防范攻击者利用伪造交换机进行网络扩展。

通过限制交换机端口的 MAC 地址的数目，防范 CAM 表淹没攻击的技术也可以防范 DHCP 耗竭攻击。

6.4.4 网络层的攻击及对策

网络层主要用于寻址和路由，它并不提供任何错误纠正和流控制的方法。网络层使用较高的服务来传送数据报文，所有上层通信，如 TCP、UDP、ICMP、IGMP 都被封装到一个 IP 数据报中。ICMP 和 IGMP 仅存于网络层，因此被当作一个单独的网络层协议来对待。网络层应用的协议在主机到主机的通信中起到了帮助作用。

1. 网络层常见的攻击方法

网络层常见的攻击主要有 IP 地址欺骗攻击和 ICMP 攻击。网络层的安全需要保证网络只给授权的用户提供授权的服务，保证网络路由正确，避免被拦截或监听。

（1）IP 地址欺骗攻击

IP 地址欺骗简单来说就是向目标主机发送源地址为非本机 IP 地址的数据包。IP 地址欺骗在各种“黑客”攻击方法中都得到了广泛应用，例如，拒绝服务攻击，伪造 TCP 连接，会话劫持，隐藏攻击主机地址等。IP 地址欺骗的表现形式主要有两种：一种是攻击者伪造的 IP 地址不可达或者根本不存在，这种形式的 IP 地址欺骗，主要用于迷惑目标主机上的 IDS，或者是对目标主机进行 DoS 攻击；另一种则着眼于目标主机和其他主机之间的信任关系。攻击者通过在自己发出的 IP 包中填入被目标主机所信任的主机的 IP 地址来进行冒充。一旦攻击者和目标主机之间建立了一条 TCP 连接（在目标主机看来，是它和它所信任的主机之间的连接。事实上，它是把目标主机和被信任主机之间的双向 TCP 连接分解成了两个单向的 TCP 连接），攻击者就可以获得对目标主机的访问权，并可以进一步进行攻击，如图 6-18 所示。

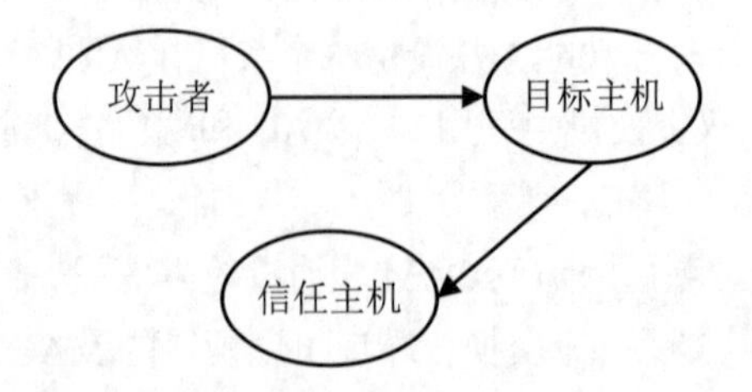

图 6-18 攻击者伪装成被目标主机所信任的主机

（2）ICMP 攻击

ICMP 攻击是一种利用 ICMP 进行网络攻击的方式。ICMP 是用于在 IP 网络中传递控制信息的协议，它通常用于网络诊断、错误报告和网络管理等方面。

ICMP 攻击的原理是利用 ICMP 的特性进行攻击，主要包括以下几种类型。

ICMP 泛洪攻击（ICMP Flood Attack）：攻击者向目标主机发送大量的 ICMP 请求消息，使目标主机的网络资源（如带宽、CPU、内存等）耗尽，导致服务不可用。

ICMP 回显请求攻击（ICMP Echo Request Attack）：攻击者发送大量的 ICMP 回显请求消息（也称为 ping 请求），使目标主机不断回复这些请求，消耗目标主机的网络资源和处理能力。

ICMP 分片攻击（ICMP Fragmentation Attack）：攻击者发送经过特殊处理的 ICMP 分片消息，目的是使目标主机的 IP 堆栈产生异常行为，如崩溃或拒绝服务。

ICMP 重定向攻击（ICMP Redirect Attack）：攻击者发送伪造的 ICMP 重定向消息，使目标主机误导路由表，导致流量被重定向到攻击者控制的恶意主机。

2. 安全对策

网络层安全性的主要优点是它的透明性。也就是说，安全服务的提供不需要应用程序、其他通信层次和网络部件做任何改动。它的主要缺点是网络层一般对属于不同进程和相应条例的包不作区分。对所有去往同一地址的包，它将按照相同的加密密钥和访问控制策略来处理。这可能导致提供不了所需的功能，也可能导致性能下降。

（1）逻辑网络分段

逻辑网络分段是指将整个网络系统在网络层（ISO/OSI 模型中的第 3 层）上进行分段。例如，对于 TCP/IP 网络，可以把网络分成若干 IP 子网，各子网必须通过中间设备进行连接，利用这些中间设备的安全机制来控制各子网之间的访问。

（2）VLAN 的实施

基于 MAC 的 VLAN 不能防范 MAC 欺骗攻击。因此，VLAN 划分最好基于交换机端口。VLAN 的划分方式的目的是保证系统的安全性。因此，可以按照系统的安全性来划分 VLAN。

（3）防火墙服务

防火墙是网络互连中的第一道屏障，主要作用是在网络入口点检查网络通信。从应用上分为包过滤、代理服务器；从实现上分为软件防火墙、硬件防火墙。

通过防火墙能解决以下问题。

① 保护脆弱服务。

② 控制对系统的访问。

③ 集中安全管理。防火墙定义的规则可以运用于整个网络，不许在内部网每台计算机上分别定义安全策略。

④ 增强保密性。使用防火墙可以阻止攻击者攻击网络系统的有用信息，如 Finger、DNS 等。

⑤ 记录和统计网络利用数据以及非法使用数据的行为。

⑥ 流量控制、防攻击检测等。

（4）加密技术

加密型网络安全技术的基本思想是不依赖于网络中数据路径的安全性来实现网络系统的安全，而是通过对网络数据的加密来保障网络的安全可靠性。

加密技术用于网络安全通常有两种形式，即面向网络或面向应用服务。前者通常工作在网络层或传输层，使用经过加密的数据包传送、认证网络路由及其他网络协议所需的信息，从而保证网络的连通性不受损坏。

（5）数字签名和认证技术

认证技术主要实现网络通信过程中通信双方的身份认可，数字签名是身份认证技术中的一种具体技术，同时数字签名还可用于通信过程中的不可抵赖要求的实现。

使用摘要算法的认证：Radius、OSPF、SNMP 等均使用共享的 Security Key 加上摘要算法（MD5）进行认证。由于摘要算法不可逆，因此通过摘要信息无法得到共享的 Security Key。

基于 PKI 的认证：使用公开密钥体制进行认证。该种方法安全程度较高，综合采用了摘要算法、非对称加密、对称加密、数字签名等技术，结合了高效性和安全性，但涉及繁重的证书管理任务。

数字签名：数字签名作为验证发送者身份和消息完整性的根据。并且，如果消息随数字签名一同发出，对消息的任何修改在验证数字签名时都会被发现。

（6）VPN 技术

VPN 即虚拟专用网络，是通过一个公用网络建立的一个临时的、安全的连接，是一条穿过混乱的公用网络的安全、稳定的隧道。

VPN 架构中采用了多种安全机制，如隧道技术、加解密技术、密钥管理技术、身份认证技术等，通过上述的各项网络安全技术，确保资料在公用网络中传输时不被窃取，或是即使被窃取了对方也无法读取数据包内所传送的资料。

6.4.5 传输层的攻击及对策

传输层处于通信子网和资源子网之间，起着承上启下的作用。传输层控制主机间传输的数据流。传输层存在两个协议：传输控制协议（TCP）和用户数据报协议（UDP）。传输层安全主要指在客户端和服务器端的通信信道中提供安全。这个层次的安全可以包含加密和认证。传输层也支持多种安全服务：对等实体认证服务、访问控制服务、数据保密服务、数据完整性服务和数据源点认证服务。

1. 传输层常见的攻击方法

端口扫描往往是网络入侵的前奏，通过端口扫描，可以了解目标主机上打开了哪些服务，有的服务本来就是公开的，但可能有些端口是管理不善误打开的或专门打开作为特殊控制使用但不想公开的，通过端口扫描可以找到这些端口，而且根据目标主机返回包的信息，甚至可以进一步确定目标主机的操作系统类型等，从而展开进一步的入侵。

（1）TCP 扫描攻击

TCP 规定：当连接一个没有打开的 TCP 端口时，服务器会返回 RST 包；连接打开的 TCP 端口时，服务器会返回 SYN+ACK 包。常见的 TCP 扫描攻击如下。

① connect()扫描：如果是打开的端口，攻击机调用 connect()函数完成 3 次握手后再主动断开。

② SYN 扫描：攻击机只发送 SYN 包，如果打开的端口服务器会返回 SYN+ACK，攻击机可能会再发送 RST 断开；关闭的端口返回 RST。

③ FIN 扫描：攻击机发送 FIN 标志包，Windows 系统不论端口是否打开都回复 RST；但 UNIX 系统端口关闭时会回复 RST，打开时会忽略该包。可以用来区别 Windows 和 UNIX 系统。

④ ACK 扫描：攻击机发送 ACK 标志包，目标系统虽然都会返回 RST 包，但两种 RST 包有差异。

对于合法连接扫描，如果 SYN 包确实正确的话，是可以通过防火墙的，防火墙只能根据一定的统计信息来判断，在服务器上可以通过使用 netstat 查看连接状态根据是否有来自同一地址的 TIME_WAIT 或 SYN_RECV 状态来判断。

对于异常包扫描，如果没有安装防火墙，确实会得到相当好的扫描结果，在服务器上也看不到相应的连接状态。但如果安装了防火墙，由于这些包都不是合法连接的包，通过状态检测的方法很容易识别出来。

（2）UDP 扫描攻击

当连接一个没有打开的 UDP 端口时，大部分类型的服务器可能会返回一个 ICMP 的端口不可达包，但也可能无任何回应，由系统的具体实现决定；对于打开的端口，服务器可能会有包返回，如 DNS，但也可能没有任何响应。

UDP 扫描是可以越过防火墙的状态检测的，由于 UDP 是非连接的，防火墙会把 UDP 扫描包作为连接的第一个包而允许通过，因此防火墙只能通过统计的方式来判断是否有 UDP 扫描。

UDP 扫描利用 UDP 传输的无状态性，通过发送大量拥有伪装 IP 地址的 UDP 数据包，填满网络设备（主要是路由器或防火墙）的连接状态表，造成服务被拒绝。由于 UDP 是非连接协议，因此只能通过统计的方法来判断，很难通过状态检测来发现，只能通过流量限制和统计的方法缓解。

（3）SYN Flood 攻击

SYN Flood 是常见的拒绝服务攻击与分布式拒绝服务攻击的方式之一，这是一种利用 TCP 缺陷，发送大量伪造的 TCP 连接请求，从而使得被攻击方资源耗尽（CPU 满负荷或内存不足）的攻击方式。

一个正常的 TCP 连接需要 3 次握手，首先客户端发送一个包含 SYN 标志的数据包；其后服务器返回一个 SYN+ACK 的应答包，表示客户端的请求被接受；最后客户端再返回一个确认包 ACK。这样才完成 TCP 连接，进入数据包传输过程。假设 A 和 B 进行 TCP 通信，则双方需要进行一个 3 次握手的过程来建立一个 TCP 连接。具体过程如下。

① A 发送带有 SYN 标志的数据段通知 B 需要建立 TCP 连接，并将 TCP 报头中的序列号设置成自己本次连接的初始值 seq=a。

② B 回传给 A 一个带有 SYN+ACK 标志的数据段，告知自己的初始值 seq=*b*，并确认 A 发送来的第一个数据段，将 ACK 设置成 A 的 seq=*a*+1。

③ A 确认收到的 B 的数据段，将 ACK 设置成 A 的 seq=*b*+1。

A→B：SYN，seq=*a*

B→A：SYN，seq=*b*，ACK（seq=*a*+1）

A→B：ACK（seq=*b*+1）

问题就出在 TCP 连接的 3 次握手中，假设一个用户向服务器发送了 SYN 报文后突然死机或掉线，那么服务器在发出 SYN+ACK 应答报文后是无法收到客户端的 ACK 报文的（第 3 次握手无法完成），在这种情况下服务器端一般会重试（再次发送 SYN+ACK 给客户端）并等待一段时间后丢弃这个未完成的连接，这段时间的长度我们称为 SYN Timeout，一般来说，这个时间为 30s ~ 2min。一个用户出现异常导致服务器的一个线程等待这么长的时间并不是什么很大的问题，但如果有一个恶意的攻击者大量模拟这种情况，服务器端将为了维护一个非常大的半连接列表而消耗非常多的资源——数以万计的半连接，即使是简单的保存并遍历也会消耗非常多的 CPU 时间和内存，何况还要不断对这个列表中的 IP 地址进行 SYN+ACK 的重试。实际上，如果服务器的 TCP/IP 栈不够强大，最后的结果往往是堆栈溢出崩溃。即使服务器端的系统足够强大，服务器端也将忙于处理攻击者伪造的 TCP

连接请求而无暇理睬客户的正常请求（毕竟客户端的正常请求所占比例非常小），此时从客户的角度看来，服务器失去响应，正常的连接不能进入。

2. 安全对策

（1）安全设置防火墙

首先在防火墙上限制TCP SYN的突发上限，因为防火墙不能识别正常的SYN和恶意的SYN，一般把TCP SYN的突发量调整到内部主机可以承受的连接量，当超过这个预设的突发量的时候就自动清理或者阻止。这个功能目前很多宽带路由器都支持，只不过每款路由器设置项的名称可能不一样，原理和效果一样。

一些高端防火墙具有TCP SYN网关和TCP SYN中继等特殊功能，也可以抵抗TCP SYN Flood攻击，它们都通过干涉建立过程来实现。具有TCP SYN网关功能的防火墙在收到TCP SYN后，转发给内部主机并记录该连接，当收到主机的TCP SYN+ACK后，以客户机的名义发送TCP ACK给主机，帮助3次握手，把连接由半开状态变成全开状态（后者比前者占用的资源少）。而具有TCP SYN中继功能的防火墙在收到TCP SYN后不转发给内部主机，而是代替内部主机回应TCP SYN+ACK，如果收到TCP ACK则表示连接非恶意，否则及时释放半连接所占用资源。

（2）防御DoS攻击

首先，利用防火墙可以阻止外网的ICMP包；其次，经常利用工具检查网络内是否是SYN_RECEIVED状态的半连接；最后，如果网络比较大，有内部路由器，同时网络不向外提供服务，可以考虑配置路由器禁止所有不是由本地发起的流量通过，而且考虑禁止直接IP广播。

若路由器具有包过滤功能，可以检查数据包的源IP地址是否被伪造，来自外网的数据包源IP地址应该是外网IP地址，来自内网的数据包源IP地址应是内网IP地址。

最后，执行做好常规防护、及时更新补丁、使用防病毒软件、制定下载策略等措施。具体内容如下。

① 使用防病毒软件，定期扫描。

② 及时更新系统及软件补丁。

③ 关闭不需要的服务。

④ 浏览器配置为最高安全级。

⑤ 使用防火墙，对于桌面机，系统自带防火墙足够。

⑥ 考虑使用反间谍软件。

⑦ 不要在互联网泄露私人信息，除非十分有必要。

⑧ 组织要有相应安全策略。

（3）漏洞扫描技术

漏洞扫描技术是一项重要的主动防范安全技术，它主要通过以下两种方法来检查目标主机是否存在漏洞：在端口扫描后得知目标主机开启的端口以及端口上的网络服务，将这些相关信息与网络漏洞扫描系统提供的漏洞库进行匹配，查看是否有满足匹配条件的漏洞存在；通过模拟“黑客”的攻击手法，对目标主机系统进行攻击性的安全漏洞扫描，如测试弱口令等，若模拟攻击成功，则表明目标主机系统存在安全漏洞。发现系统漏洞的一种重要技术是蜜罐（Honeypot）系统，它是故意让人攻击的目标，引诱“黑客”前来攻击。通过对蜜罐系统记录的攻击行为进行分析，可以发现攻击者的攻击方法及系统存在的漏洞。

6.4.6　应用层的攻击及对策

目前，常见的应用层攻击模式主要有带宽攻击、缺陷攻击和控制目标机。

带宽攻击就是用大量数据包填满目标主机的数据带宽，使其他任何主机都无法再访问该主机。此类攻击通常是属于 IP、TCP 层次上的攻击，如各种 Flood 攻击；也有应用层面的，如造成网络阻塞的网络病毒和蠕虫攻击。

缺陷攻击根据目标机系统的缺陷，发送少量特殊包使其崩溃，如 Teardrop，winnuke 等攻击；有的根据服务器的缺陷，发送特殊请求来达到破坏服务器数据的目的。这类攻击属于一招制敌式攻击，自己没有什么损失，但也没有收获，无法利用目的机的资源。

隐秘地全面控制目标机才是网络入侵的最高目标，也就是获取目标机的 root 权限而不被目标机管理员发现。为实现此目标，一般经过以下一些步骤：端口扫描，了解目标机开了哪些端口，进一步了解使用的是哪种服务器；检索有无相关版本服务器的漏洞；尝试登录获取普通用户权限；以普通用户权限查找系统中可能存在的 suid 权限的漏洞程序，并用相应 shellcode 获取 root 权限；建立自己的后门方便以后再来。

1. 应用层的攻击方法

对应用层构成威胁的有各种病毒、间谍软件、网络钓鱼等。这些威胁直接攻击核心服务器和终端用户计算机，给组织和个人带来了重大损失；对网络基础设施进行 DoS/DDoS 攻击，造成基础设施的瘫痪。具体攻击方式如下。

（1）应用层协议攻击

其实协议本身有漏洞的不是很多，即使有也能很快补上。漏洞主要来自协议的具体实现，比如说同样的 HTTP 服务器，虽然都根据相同的 RFC 来实现，但 Apache 的漏洞和 IIS 的漏洞就是不同的。应用层协议本身的漏洞如下。

① 明文密码，如 FTP、SMTP、POP3、Telnet 等，容易被监听到，但可以通过使用 SSH、SSL 等来进行协议包装。

② 多连接协议漏洞，由于子连接需要打开动态端口，就有可能被恶意利用，如 FTP 的 pasv 命令可能会使异常连接通过防火墙。

③ 缺乏客户端有效认证，如 SMTP，HTTP 等，导致服务器资源能力被恶意使用；而有一些远程服务，只看 IP 地址就提供访问权限，更属于被“黑客”们所搜寻的“肉鸡”。

④ 服务器信息泄露，如 HTTP、SMTP 等都会在头部字段中说明服务器的类型和版本信息。

⑤ 协议中一些字段非法参数的使用，如果具体实现时没注意这些字段的合法性可能会造成问题。

（2）缓冲溢出攻击

缓冲区溢出攻击是利用缓冲区溢出漏洞所进行的攻击行动。缓冲区溢出是指当计算机向缓冲区内填充数据位数时超过了缓冲区本身的容量，溢出的数据覆盖在合法数据上。缓冲区溢出是一种非常普遍、非常危险的漏洞，在各种操作系统、应用软件中广泛存在。缓冲区溢出攻击可以导致程序运行失败、系统关机、重新启动等后果。

（3）口令猜测/破解

口令猜测往往也是很有效的攻击模式，或者根据加密口令文件进行破解。许多人用自己的名字+生日作为密码，即使用了复杂密码也在很多场合用同一个密码，而且用户名往往是相同的，这样就给“有心之人”留出了巨大无比的漏洞。

（4）后门、木马和病毒

这类病毒会修改注册表、驻留内存、在系统中安装后门程序、开机加载附带的木马。木马的发作条件是要在用户的计算机里运行客户端程序，一旦发作，就可设置后门，定时地发送该用户的隐私到木马程序指定的地址，一般同时内置可进入该用户计算机的端口，并可任意控制此计算机，进行文件删除、复制，改密码等非法操作。

（5）间谍软件

驻留在计算机的系统中，收集有关用户操作习惯的信息，并将这些信息通过互联网悄无声息地发送给软件的发布者，由于这一过程是在用户不知情的情况下进行，因此具有此类双重功能的软件通常被称作间谍软件。

根据微软的定义，“间谍软件是一种泛指执行特定行为，如播放广告、搜集个人信息和更改计算机配置的软件，这些行为通常未经你同意”。

严格地说，间谍软件是一种协助搜集（追踪、记录与回传）个人或组织信息的程序，通常在不提示的情况下运行。广告软件和间谍软件很像，它是一种在用户上网时透过弹出式窗口展示广告的程序。这两种软件手法相当类似，因而通常统称为间谍软件。而有些间谍软件就隐藏在广告软件内，透过弹出式广告窗口入侵计算机，使得两者更难以清楚区分。

由于间谍软件主要通过 80 端口进入计算机，也通过 80 端口向外发起连接，因此传统的防火墙无法有效抵御，必须通过应用层内容的识别采取相关措施。

（6）DNS 欺骗

DNS 欺骗就是攻击者冒充域名服务器的一种欺骗行为。DNS 欺骗的基本原理是：如果可以冒充域名服务器，然后把查询的 IP 地址设为攻击者的 IP 地址，这样的话，用户上网就只能看到攻击者的主页，而不是用户想要访问的网站的主页。DNS 欺骗其实并不是真的“黑掉”了对方的网站，而是冒名顶替、招摇撞骗罢了。

（7）网络钓鱼

攻击利用欺骗性的电子邮件和伪造的 Web 站点来进行诈骗活动，受骗者往往会泄露自己的财务数据，如信用卡号、账户用户名、口令和社保编号等内容。诈骗者通常会将自己伪装成知名银行、在线零售商和信用卡公司等可信的品牌，在所有接触诈骗信息的用户中，有高达 5%的人都会对这些骗局做出响应。

2. 安全对策

（1）访问控制策略

访问控制是网络安全防范和保护的主要策略，它的主要任务是保证网络资源不被非法使用和访问。它也是维护网络系统安全、保护网络资源的重要手段。各种安全策略必须相互配合才能真正起到保护作用，但访问控制可以说是保证网络安全最重要的核心策略之一。

（2）信息加密策略

信息加密的目的是保护网内的数据、文件、口令和控制信息，保护网上传输的数据。网络加密常用的方法有链路加密、端点加密和节点加密 3 种。链路加密的目的是保护网络节点之间的链路信息安全；端到端加密的目的是对源端用户到目的端用户的数据提供保护；节点加密的目的是对源节点到目的节点之间的传输链路提供保护。用户可根据网络情况酌情选择上述加密方式。

信息加密过程是由形形色色的加密算法来具体实施的，它以很小的代价提供全面的安全保护。在多数情况下，信息加密是保证信息机密性的唯一方法。据不完全统计，到目前为止，已经公开发表的各种加密算法多达数百种。如果按照收发双方密钥是否相同来分类，可以将这些加密算法分为常规密码算法和公钥密码算法。

（3）网络安全管理策略

在计算机网络系统中，绝对的安全是不存在的，制定健全的安全管理体制是计算机网络安全的重要保证，只有通过网络管理人员与使用人员的共同努力，运用一切可以使用的工具和技术，尽一切可能去控制、减少一切非法的行为，把不安全的因素降到最少。同时，还要不断地加强计算机信息网络的安全规范化管理力度，大力加强安全技术建设，强化使用人员和管理人员的安全防范意识。

网络内使用的 IP 地址作为一种资源以前一直被某些管理人员忽略，为了更好地进行安全管理工作，应该对本网内的 IP 地址资源统一管理、统一分配。对于盗用 IP 地址资源的用户必须依据管理制度严肃处理。只有各方共同努力，才能使计算机网络的安全可靠得到保障，从而使广大网络用户的利益得到保障。

在网络安全中，除了采用上述技术措施之外，加强网络的安全管理，制定有关规章制度，对于确保网络的安全、可靠地运行，将起到巨大的作用。

（4）网络防火墙技术

网络防火墙技术是一种用来加强网络之间的访问控制，防止外部网络用户以非法手段通过外部进入网络内部，保护内部网络操作环境的特殊互联设备。它对多个网络之间传输的数据包，按照一定的安全策略来实施检查，决定网络间通信是否被允许，并监视网络的运行状态。

（5）入侵检测技术

网络入侵检测技术通过硬件或软件对网络上的数据流进行实时检查，并与系统中的入侵特征数据库进行比较，一旦发现有被攻击的迹象，立刻根据用户所定义的动作做出反应，例如，切断网络连接，或通知防火墙系统对访问控制策略进行调整，将入侵的数据包进行过滤等。

入侵检测系统（Intrusion Detection System，IDS）是用于检测任何损害或企图损害系统的保密性、完整性或可用性行为的一种网络安全技术。它通过监视受保护系统的状态和活动来识别针对计算机系统和网络系统的入侵，包括检测外界非法入侵者的恶意攻击或试探，以及内部合法用户的超越使用权限的非法活动。作为防火墙的有效补充，入侵检测技术能够帮助系统对付已知和未知的网络攻击，扩展了系统管理员的安全管理能力（包括安全审计、监视、攻击识别和响应），提高了信息安全基础结构的完整性。

入侵防御系统（Intrusion Prevention System，IPS）则是一种主动的、积极的入侵防范、阻止系统。IPS 是基于 IDS 的、建立在 IDS 发展的基础上的网络安全技术，IPS 的检测功能类似于 IDS，防御功能类似于防火墙。IDS 是一种并联在网络上的设备，它只能被动地检测网络遭到了何种攻击，它的阻断攻击能力非常有限；而 IDS 部署在网络的进出口处，当它检测到攻击企图后，会自动地将攻击包丢掉或采取措施将攻击源阻断。可以认为 IPS 就是防火墙加上 IDS，但并不是说 IPS 可以代替防火墙或 IDS。防火墙是粒度比较粗的访问控制产品，它在基于 TCP/IP 的过滤方面表现出色，同时具备网络地址转换、服务代理、流量统计、VPN 等功能。

6.4.7 “黑客”攻击的3个阶段

“黑客”是英文Hacker的音译，原意为热衷于计算机程序的设计者，指对于任何计算机操作系统的奥秘都有强烈兴趣的人。“黑客”大都是程序员，他们具有操作系统和编程语言方面的高级知识，熟悉系统中的漏洞及其原因所在，他们不断追求更深的知识，并公开他们的发现，与其他人分享，并且从来没有破坏数据的企图。“黑客”在微观的层次上考察系统，发现软件漏洞和逻辑缺陷。他们编程去检查软件的完整性。“黑客”出于改进的愿望，编写程序去检查远程主机的安全体系，这种分析过程是创造和提高的过程。

入侵者（攻击者）指怀着恶意企图，闯入远程计算机系统甚至破坏远程计算机系统完整性的人。入侵者利用获得的非法访问权，破坏重要数据，拒绝合法用户的服务请求，或为了自己的目的故意制造麻烦。入侵者的行为是恶意的，入侵者可能技术水平很高，也可能是初学者。

有些人可能既是“黑客”，也是入侵者，这种人的存在模糊了对这两类群体的划分。在大多数人的眼里，“黑客”就是入侵者。“黑客”攻击的3个阶段如下。

1. **信息收集**

信息收集的目的是进入所要攻击的目标网络的数据库。“黑客”会利用下列的公开协议或工具，收集驻留在网络系统中的各个主机系统的相关信息。

① SNMP协议：用来查阅网络系统路由器的路由表，从而了解目标主机所在网络的拓扑结构及其内部细节。

② TraceRoute程序：能够用该程序获得到达目标主机所要经过的网络数和路由器数。

③ Whois协议：该协议的服务信息能提供所有有关的DNS域和相关的管理参数。

④ DNS服务器：该服务器提供了系统中可以访问的主机的IP地址表和它们所对应的主机名。

⑤ Finger协议：用来获取一个指定主机上的所有用户的详细信息，如用户注册名、电话号码、最后注册时间以及他们有没有读邮件等。

⑥ ping实用程序：可以用来确定一个指定主机的位置。

⑦ 自动Wardialing软件：可以基于大批电话号码向目标站点连续拨出，直到某一号码使其Modem响应。

2. **系统安全弱点的探测**

在收集到攻击目标的一批网络信息之后，“黑客”会探测网络上的每台主机，以寻求该系统的安全漏洞或安全弱点，“黑客”可能使用下列方式自动扫描驻留在网络上的主机。

① 自编程序。对于某些产品或者系统，已经发现了一些安全漏洞，该产品或系统的厂商或组织会提供一些“补丁”程序以弥补这些漏洞。但是用户并不一定及时使用这些“补丁”程序。“黑客”发现这些“补丁”程序的接口后会自己编写程序，通过该接口进入目标系统。

② 利用公开的工具，像互联网的电子安全扫描程序（Internet Security Scanner，ISS）、审计网络用的安全分析工具（Security Analysis Tool for Auditing Network，SATAN）等。这些工具可以对整个网络或子网进行扫描，寻找安全漏洞。这些工具有两面性，关键是什么人在使用它们。系统管理员可以使用它们，以帮助发现其管理的网络系统内部隐藏的安全漏洞，从而确定系统中哪些主机需要用“补丁”程序堵塞漏洞。而“黑客”也可以利用这些工具，收集目标系统的信息，非法获取攻击目标系统的访问权。

3. 网络攻击

“黑客”使用上述方法，收集或探测到一些“有用”信息之后，就可能会对目标系统实施攻击。“黑客”常用的攻击手段如下。

（1）后门程序。程序员在设计一些功能复杂的程序时，会开启后门，以便于调试、更改和增强模块功能。完成设计程序之后，通常会去掉各个模块的后门，但是有时因为疏忽大意或者其他的一些原因，后门没有来得及去除，这时，“黑客”将利用这些后门程序来开启后门，从而发起攻击。

（2）信息炸弹。常见的信息炸弹有邮件炸弹、逻辑炸弹等。使用这些工具可以短时间内向目标服务器发送大量超出系统负荷的信息，造成目标服务器超负荷、网络堵塞和系统崩溃。

（3）网络监听。网络监听是“黑客”常用的手段之一，通常被用作截取用户的口令。

（4）拒绝服务。这种方式可以集中大量的网络服务带宽，对某个特定的目标实施攻击，因而影响巨大，顷刻间就可以使被攻击目标的带宽资源耗尽，最终导致服务器瘫痪。拒绝服务攻击是使用超出被攻击目标处理能力的大量数据包消耗系统的带宽资源，最后使网络服务瘫痪的一种攻击手段。

“黑客”一旦获得了对攻击的目标系统的访问权后，又可能有下述多种选择。

① “黑客”可能试图毁掉攻击入侵的痕迹，并在受到损害的系统上建立另外的新的安全漏洞或后门，以便在先前的攻击点被发现之后，继续访问这个系统。

② “黑客”可能在目标系统中安装探测器软件，包括特洛伊木马程序，用来窥探所在系统的活动，收集“黑客”感兴趣的一切信息，如 Telnet 和 FTP 的账号名和口令等。

③ “黑客”可能进一步发现受损系统在网络中的信任等级，这样“黑客”就可以通过该系统信任级展开对整个网络的攻击。

如果“黑客”在某台受损系统上获得了特许访问权，那么他就可以读取邮件、搜索和盗窃私人文件、毁坏重要数据，从而破坏整个系统的信息，造成不堪设想的后果。

6.4.8 对付“黑客”入侵

“入侵”指的是网络受到非法闯入的情况。这种情况分为以下 4 种不同的程度。

① 入侵者只获得访问权（获得账号和口令）。

② 入侵者获得访问权，并毁坏、侵蚀、改变或窃取数据。

③ 入侵者获得访问权，并获得系统一部分或整个系统控制权，拒绝某些合法用户的访问。

④ 入侵者没有获得访问权，但用不良程序引起网络系统持久或暂时运行失败、重新启动，或进入其他无法操作的状态。

1. 发现“黑客”

可以根据以下特征发现“黑客”。

（1）进程异常。若在 Windows 任务管理器中出现一些异常现象，发现一些可疑的进程，我们应该及时将其结束。

（2）可疑启动项。在入侵之后“黑客”一般会添加一个启动项随计算机启动而启动。运行 msconfig 命令，打开“系统配置”对话框，进入“启动”选项卡，查看是否有可疑的启动项，如果有则取消勾选相应复选框，单击“应用”按钮，重新启动计算机。

（3）注册表异常。在查看注册表异常时，用户最好在修改前对注册表进行备份。运行 regedit 命令，打开“注册表编辑器”窗口，查看相应的键和值是否正常，如果有异常，则可能是被“黑客”侵入。

（4）开启可疑的端口。在入侵后，“黑客”有可能留下后门程序以监听客户端的请求。用户可以通过命令查看计算机是否开启了可疑端口。在命令提示符窗口中，可以使用 netstat -a 来查看异常端口。

（5）日志文件的异常。可以查看日志文件登录记录是否有“黑客”入侵。在“事件查看器”窗口中，选择“Windows 日志”→“安全”选项。通过查看登录记录、时间来判断是否有“黑客”入侵。例外，还可以通过其他日志判断是否有恶意程序运行或者篡改系统文件。

（6）存在陌生用户。在入侵用户计算机之后，“黑客”会创建有管理员权限的用户，以便使用该用户账户远程登录计算机或启动程序和服务。用户可以使用 net user 命令查看是否有新创建的陌生用户。

另外，“黑客”入侵或者中木马后，会开启一些服务程序，为“黑客”提供各种数据信息。用户可以启动服务查看器，查看是否存在异常的服务，并及时关闭服务。

2. 应急操作

假若需要面对安全事故，则应遵循以下步骤。尽管不必逐条执行，或者其中一些步骤并不适合具体情况，但至少应该仔细阅读。

面对“黑客”的袭击，首先应当考虑这将对站点和用户产生什么影响，然后考虑如何能阻止“黑客”的进一步入侵。万一事故发生，应按以下步骤进行。

（1）估计形势

当遭到入侵时，采取的第一步行动是尽可能快地估计入侵造成的破坏程度。

① “黑客”是否已成功闯入站点？如果已经闯入，则不管“黑客”是否还在那里，必须迅速行动。但是主要目的不是抓住他们，而是立即保护用户、文件和系统资源。

② “黑客”是否还滞留在系统中？若如此，需尽快阻止他们。若不在，则在他们下次侵入之前，还有一段时间做准备。

③ 在能控制形势之前最好的方法是什么？可以关闭系统或停止有影响的服务（FTP、Gopher、Telnet 等），甚至可能需要关闭互联网连接。

④ 入侵是否有来自内部的可能？若有可能，除授权者之外，千万不要让其他人知道自己的解决方案。

⑤ 是否了解入侵者身份？若想知道这些，可留出一些空间给入侵者，以从中了解入侵者的信息。

（2）切断连接

一旦了解形势之后，就应立即采取行动，至少是一个短期行动。首先应切断连接，具体操作要看环境。

① 能否关闭服务器？需要关闭它吗？若有能力，可以这样做。若不能，可关闭一些服务。

② 是否要追踪“黑客”？若打算如此，则不要关闭互联网连接，因为这样会失去入侵者的踪迹。

③ 若关闭服务器，是否能承受相应的损失？

（3）分析问题

必须有一个计划，合理安排时间。当系统已被入侵时，应全面考虑最近发生的事情，当已识别安全漏洞并将进行修补时，要保证修补不会引起另一个安全漏洞。

（4）采取行动

实施紧急反应计划并及时修复安全漏洞和恢复系统。

3. 抓住入侵者

抓住入侵者是很困难的，特别是当他们故意隐藏行迹的时候。成功与否在于是否能准确把握“黑客”的攻击。尽管抓住“黑客”的可能性不高，但遵循如下原则会大有帮助。

① 注意经常定期检查登录文件。特别是那些由系统登录服务和 wtmp 文件生成的内容。

② 注意不寻常的主机连接及连接次数并及时通知用户，将使消除入侵变得更为容易。

③ 注意那些原不经常使用却突然变得活跃的账户。应该禁止或干脆删去这些账户。

④ 预计“黑客”经常光顾（但他们也可能随时光顾）的时段。在这些时段里，每隔 10 分钟运行一次 Shell Script 文件，记录所有的过程及网络连接。

6.5 入侵检测技术

6.5.1 入侵检测技术概述

入侵定义为任何试图破坏信息系统的完整性、保密性或有效性的活动的集合。入侵检测就是通过从计算机网络或计算机系统中的若干关键点收集信息并对其进行分析，从中发现网络或系统中是否有违反安全策略的行为和遭到袭击的迹象的一种安全技术。

入侵检测技术是为保证计算机系统的安全而设计与配置的一种能够及时发现并报告系统中未授权或异常现象的技术，是一种用于检测计算机网络中违反安全策略行为的技术。IDS 被认为是防火墙之后的第二道安全闸门，能够检测来自网络内部的攻击。

1. 基本概念

入侵检测通过对行为、安全日志、审计数据或其他网络上可以获得的信息进行操作，检测对系统的闯入或闯入的企图。入侵检测是检测和响应计算机误用的学科，其作用包括威慑、检测、响应、损失情况评估、攻击预测和起诉支持。入侵检测技术是为保证计算机系统的安全而设计与配置的一种能够及时发现并报告系统中未授权或异常现象的技术，是一种用于检测计算机网络中违反安全策略行为的技术。入侵检测软件与硬件的组合便是 IDS。

2. IDS 的分类

按照检测类型从技术上划分，入侵检测有两种检测模型。

（1）异常检测（Anomaly Detection）模型

检测与可接受行为之间的偏差。如果可以定义每项可接受的行为，那么每项不可接受的行为就应该是入侵。首先总结正常操作应该具有的特征，当用户活动与正常行为有重大偏离时即被认为是入侵。这种检测模型漏报率低，误报率高。因为不需要对每种入侵行为进行定义，所以能有效检测未知的入侵。

（2）滥用检测（Misuse Detection）模型

检测与已知的不可接受行为之间的匹配程度。如果可以定义所有的不可接受行为，那么每种能够与之匹配的行为都会引起告警。收集非正常操作的行为特征，建立相关的特征库，当监测的用户或系统行为与库中的记录相匹配时，系统就认为这种行为是入侵。这种检测模型误报率低、漏报率高。对于已知的攻击，它可以详细、准确地报告出攻击类型，但是对未知攻击却效果有限，而且特征库必须不断更新。

按照监测的对象是主机还是网络，IDS 可分为基于主机的 IDS、基于网络的 IDS 以及混合型 IDS。

（1）基于主机的 IDS

根据主机系统的系统日志和审计记录来进行检测分析，通常在受保护的主机上有专门的检测代理，通过对系统日志和审计记录不间断地监视和分析来发现攻击。不能及时采集到审计是这些系统的弱点之一，入侵者会将主机审计子系统作为攻击目标以避开 IDS。

（2）基于网络的 IDS

基于网络的 IDS 通过在共享网段上对通信数据进行侦听、采集数据、检查网络通信情况以分析是否有异常活动。这类系统不需要主机提供严格的审计，对主机资源消耗少，并可以提供对网络通用的保护而无须顾及异构主机的不同架构。由于要检测整个网段的流量，所以它处理的信息量很大，易遭受拒绝服务攻击。

（3）混合型 IDS

基于网络和基于主机的 IDS 都有不足之处，会造成防御体系的不全面，综合了基于网络和基于主机的混合型 IDS 既可以发现网络中的攻击信息，也可以从系统日志中发现异常情况。

按照工作方式，IDS 可分为离线检测系统与在线检测系统。

（1）离线检测系统

离线检测系统是非实时工作的系统，它在事后分析审计事件，从中检查入侵活动。事后入侵检测由网络管理人员进行，他们具有网络安全的专业知识，根据计算机系统对用户操作所做的历史审计记录判断是否存在入侵行为，如果有就断开连接，并记录入侵证据和进行数据恢复。事后入侵检测是管理员定期或不定期进行的，不具有实时性。

（2）在线检测系统

在线检测系统是实时联机的检测系统，它包含对实时网络数据包的分析，对实时主机审计的分析。其工作过程是实时入侵检测在网络连接过程中进行，系统根据用户的历史行为模型、存储在计算机中的专家知识以及神经网络模型对用户当前的操作进行判断，一旦发现入侵迹象立即断开入侵者与主机的连接，并收集证据和实施数据恢复。这个检测过程是不断循环进行的。

3. 入侵检测的过程

入侵检测过程分为 3 部分：信息收集、信息分析和结果处理。

（1）信息收集

入侵检测的第一步是信息收集，收集内容包括系统、网络、数据及用户活动的状态和行为。由放置在不同网段的传感器或不同主机的代理来收集信息，包括系统和网络日志文件、网络流量、非正常的目录和文件改变、非正常的程序执行。

（2）信息分析

收集到的有关系统、网络、数据及用户活动的状态和行为等信息，被送到检测引擎，检测引擎驻留在传感器中，一般通过 3 种技术手段进行分析：模式匹配、统计分析和完整性分析。当检测到某种误用模式时，会产生一个告警并发送给控制台。

（3）结果处理

控制台按照告警产生预先定义的响应采取相应措施，可以是重新配置路由器或防火墙、终止进程、切断连接、改变文件属性，也可以只是简单的告警。

4. IDS 的结构

由于入侵检测环境和系统安全策略的不同，IDS 在具体实现上也存在差异。从系统构成上看，IDS 包括事件提取、入侵分析、入侵响应和远程管理 4 部分。另外，还可结合安全知识库、数据存储等功能模块，提供更为完善的安全检测和数据分析功能，如图 6-19 所示。

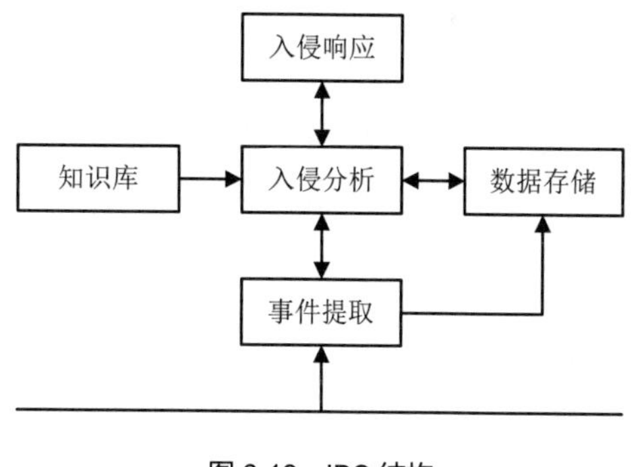

图 6-19　IDS 结构

事件提取负责提取与被保护系统相关的运行数据或记录，并对数据进行简单的过滤。入侵分析就是在提取的数据中找出入侵的痕迹，将授权的正常访问行为和非授权的不正常访问行为区分开，分析出入侵行为并对入侵者进行定位。入侵响应功能在发现入侵行为后被激活，执行响应措施。

根据任务属性的不同，IDS 的功能结构可分为中心检测平台和代理服务器两部分。中心检测平台由专家系统、知识库和管理员组成，其功能是根据代理服务器采集到的审计数据，由专家系统进行分析，产生系统安全报告。代理服务器负责从各个目标系统中采集审计数据，并把审计数据转换为与平台无关的格式后，传送到中心检测平台，同时把中心检测平台的审计数据要求传送到各个目标系统中。系统管理员可以向各个主机提供安全管理功能，根据专家系统的分析结果向各个代理服务器提出审计数据的需求。

6.5.2　常用入侵检测技术

1. 常用的检测方法

IDS 常用的检测方法有特征检测、统计检测与专家系统。

（1）特征检测

特征检测方法通过对网络流量的特征进行深入分析，如源/目标 IP 地址、协议类型、端口号、报文长度、数据包头部信息等，来识别恶意行为。特征检测基于已知的攻击或入侵的方式，通过确定性的描述和事件模式进行识别。当被审计的事件与已知的入侵事件模式相匹配时，会触发报警。目前，基于对包特征描述的模式匹配应用较为广泛，该方法预报检测的准确率较高，但对于未知的入侵与攻击行为无能为力。

（2）统计检测

统计检测通过统计网络流量中的攻击行为的统计特性和攻击频率、攻击源分布等信息，可以对恶意行为进行判断。这种方法具有较高的不易受规避或利用的优点，但对历史的依赖较强，并且对数据的实时性要求较高。统计模型常用统计检测，在统计模型中常用的测量参数包括审计事件的数量、间隔时间、资源消耗情况等。

（3）专家系统

用专家系统对入侵进行检测，经常是针对有特征的入侵行为。规则就是知识，不同的系统与设置具有不同的规则，且规则之间往往无通用性。专家系统的建立依赖于知识库的完备性，知识库的完备性又取决于审计记录的完备性与实时性。入侵的特征抽取与表达，是入侵检测专家系统的关键。在系统实现中，将有关入侵的知识转化为 if-then 结构（也可以是复合结构），条件部分为入侵特征，then 部分是系统防范措施。运用专家系统防范有特征入侵行为的有效性完全取决于专家系统知识库的完备性。

2. 统计异常检测

统计异常检测可以用来监测网络流量中的异常行为，统计异常检测技术可以分为两种：阈值检测和基于行为的检测。

阈值检测对一段时间之内某种特定事件的出现次数进行统计，如果统计所得的结果超过了预先定义好的阈值，就可以认为有入侵行为发生。由于阈值和时间间隔都是确定的，而不同用户行为具有很大的变化，这使得阈值检测很有可能产生较多的误报或漏报，从而影响实际的检测效果。但是把阈值检测技术和其他较复杂的检测技术结合起来就会产生较准确的检测结果。

基于用户行为的检测技术首先要建立单个用户或群体用户的行为模型，之后检测当前用户行为和该模型是否有较大的偏离。行为可能会包含很多参数，因此仅单个参数出现较大的偏离是不足以作为报警依据的。

下面是基于用户行为的入侵检测实现方法所用到的一些参量。

- 计数器：保持一个非负整数，该值一般只可以执行加操作，只有通过特定的管理操作才可以对其进行减操作。计数器主要用于记录一些给定时间内某些事件类型的发生次数，如单个用户在一个小时之内的登录次数、一次用户会话期间某条命令的执行次数、一分钟内口令登录失败的次数等。
- 计量器：保持并更新一个非负整数，该数值可以增加也可以减少，计量器主要用于测定某实体的当前值。例如，某时刻对某应用程序的逻辑连接数目、在某用户进程队列里排队等待的消息个数等。
- 间隔定时器：记录两个相关事件之间的时间间隔，如同一账号两次成功登录的时间间隔。
- 资源使用情况：在某段特定时间段内的资源使用情况，如在一次用户会话期间打印的页数和某程序执行的总时间等。

利用这些给定的参量，有多种检测可用于判断当前用户行为偏离是否在可以接受的范围之内。

基于用户行为的检测技术常用的模型如下。

- 操作模型：该模型假设异常可通过测量结果与一些固定指标相比较得到，固定指标可以根据经验值或一段时间内的统计平均得到，举例来说，在短时间内的多次失败的登录很有可能是口令尝试攻击。
- 方差模型：计算参数的方差，设定其置信区间，当测量值超过置信区间的范围时表明有可能是异常。
- 多元模型：以两个或多个变量之间的关联为基础，如处理器时间和资源使用的关联、登录频率和会话消逝时间的关联等，通过对这种关联的分析可以对入侵行为做出可信度比较高的判断。
- 马尔可夫过程模型：将每种类型的事件定义为系统状态，用状态转移矩阵来表示状态的变化，当一个事件发生时，或状态矩阵该转移的概率较小则可能是异常事件。

- 时间序列模型：在给定时间间隔内寻找发生频率过高或过低的事件序列，有很多种统计学测试都可以用来刻画这种由时间序列引发的异常。

统计方法的最大优点是它可以学习用户的使用习惯，从而具有较高检出率与可用性。但是入侵者可通过逐步训练使入侵事件符合正常操作的统计规律，从而有攻破 IDS 的机会。

3. 基于规则的入侵检测

基于规则的入侵检测通过观察系统里发生的事件并将该事件与系统的规则集进行匹配，判断该事件是否与某条规则所代表的入侵行为相对应。基于规则的入侵检测可以大体划分为两种，即基于规则的异常检测和基于规则的渗透检测。

（1）基于规则的异常检测

基于规则的异常检测在检测方法和检测能力上与统计异常检测比较相近，在这种方法中，历史审计记录被用来区分使用模式并产生用来识别这些模式的规则集。这些规则代表了用户、程序、特权、时间槽、访问终端等实体的历史行为模式。当前行为将和这些规则进行匹配，之后根据匹配结果来判断当前行为是否和某条规则所代表的行为一致。

和统计异常检测类似，基于规则的异常检测不需要具备系统安全弱点的经验知识。基于规则异常检测是建立在对历史行为的分析并从其中抽取出规则集的基础之上的，因此规则集是这种方法的关键所在。要想让这种方法有效地工作，就需要有很大的规则数据库。

（2）基于规则的渗透检测

基于规则的渗透检测是一种基于专家系统的技术，和前面所提到的入侵检测方法有很大的不同，这种方法的关键是利用规则集对已有的渗透模式或者对已知的系统弱点可能的渗透进行识别。也可以定义规则来对可疑行为进行识别，即使该可疑行为并没有超出已建立的可用模式的范围。

系统规则只适用于特定的计算机和操作系统。规则由安全专家建立，而不是通过审计记录自动分析产生的。通过对一些渗透场景和一些危及系统安全的关键事件的分析来建立规则集。因此，这种方法的检测能力在很大程度上取决于规则集的建立过程是否完善。

4. 分布式入侵检测

对于分布式 IDS 的设计要考虑以下 3 个问题。

① 分布式 IDS 要处理不同的审计记录格式。在异构的环境中，不同的系统采用不同的记录收集机制，用于 IDS 的与安全性相关的日志记录也具有不同的格式。

② 网络中的一个或多个主机将充当数据收集和分析的宿主机，原始的审计数据或精简的审计数据都将通过网络传送到这些主机，这就要求必须采用某种机制保证这些数据的完整性和机密性。

③ 可以采用集中式结构，也可以采用分布式结构。在集中式结构中，所有审计数据的收集和分析都在单台计算机上完成，这一方面简化了数据关联分析的任务，但同时该主机也成为系统潜在的瓶颈，并有可能产生单点失效问题；在分布式体系结构中，审计数据的收集和分析在几台计算机上进行，但这些计算机必须建立协作和信息交换的机制。

因此，分布式 IDS 设计应包含 3 个主要模块。

- 主机代理模块：这是一个审计集合模块，在受监控系统中作为后台进程运行，主要功能是收集主机上产生的与安全相关事件的数据并传送给中央管理器。
- 局域网监测代理模块：该模块的工作机理和工作方式与主机代理模块是一样的，不同之处在于本模块是对局域网流量进行分析并将结果传递给中央管理器。

- 中央管理器模块：本模块接收来自主机代理模块和局域网监测代理模块的报告，对这些报告进行处理和关联分析以检测攻击。

图6-20给出了分布式IDS的实现过程。首先，代理捕获原始审计机制产生的每一条审计记录，并通过一种过滤手段从这些原始审计记录中提取出那些与安全性相关的审计记录，之后将这些不同格式的审计记录标准化为主机审计记录格式；其次，一个模板驱动的逻辑模块对这些记录进行分析，以判断是否有可疑行为发生。最底层的代理模块扫描明显偏离历史记录的事件，包括失败的文件访问、访问系统文件、改变文件的访问权限等。较高层的代理则负责寻找是否有与攻击模式相匹配的事件序列；最后，代理根据某用户的历史行为剖面寻找是否有异常行为发生，如程序执行次数、文件被访问数量等。

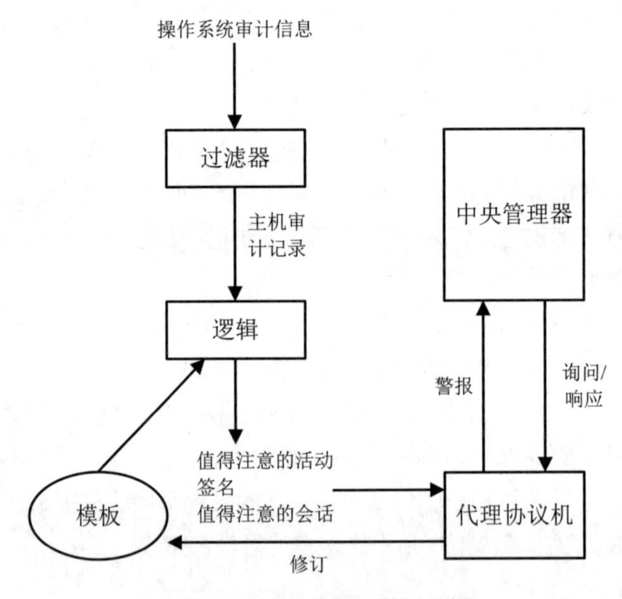

图6-20　分布式IDS的实现过程

当检测到可疑行为时，报警信息被传递给中央管理器。中央管理器包含一个可以从收到的数据中得出结论的专家系统。管理器也可以从单个系统中得到主机审计记录的副本，并将其与来自其他代理的审计记录进行关联分析。

局域网监测器也负责向中央管理器传递信息。局域网管理代理审计主机与主机间的连接、服务使用以及网络流量规模等。同时，还负责搜寻显著的事件，如网络负载的突变、安全相关服务的使用情况、网络上的远程登录命令等。

5. 蜜罐技术

蜜罐技术是一种欺骗性的IDS，其设计目的是将入侵者从关键系统处引诱开。蜜罐技术的主要任务是转移入侵者对关键系统的访问、收集入侵者的活动信息并引诱入侵者在系统中停留足够长的时间，以便管理员对入侵行为做出反应，如图6-21所示。

蜜罐系统包含很多看起来有价值的虚假信息，但是合法用户不会对这些信息做任何访问，因此任何对这些信息的访问都是可疑的行为。蜜罐系统装备了灵敏的监视器和事件记录器，用于检测对蜜罐系统的访问和收集攻击者的活动信息。由于对蜜罐系统的攻击在攻击者来看总是成功的，管理员有足够的时间让攻击者在自认为攻陷的蜜罐系统里做他所感兴趣的事情，而攻击者的一切活动都将被管理员记录和追踪。

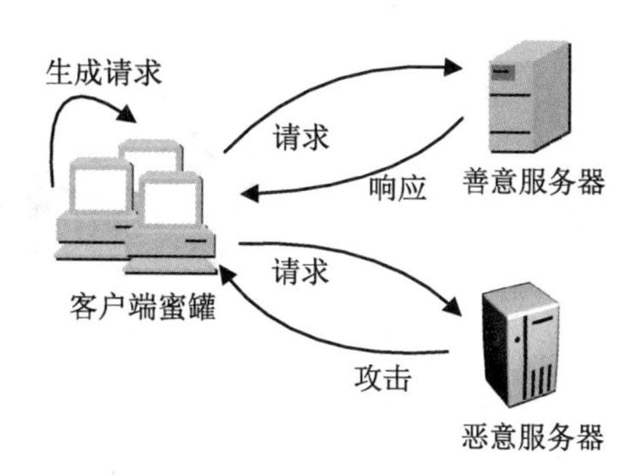

图 6-21　蜜罐技术

有两种类型的蜜罐主机：产品型蜜罐主机和研究型蜜罐主机。产品型蜜罐主机用于网络的安全风险；研究型蜜罐主机则用于收集更多的信息。这些蜜罐主机不会为网络增加任何安全价值，但它们却可以帮助我们明确“黑客”的攻击行为，以便更好地抵御安全威胁。以蜜罐主机建立起来的网络称为蜜罐网络，该网络包含实际的或者模拟的网络流量和数据。一旦“黑客”进入网络，管理员就可以对他们的行动细节进行观察和研究，以设计出更好的安全防护方案。

6.6　虚拟专用网技术

虚拟专用网技术

随着计算机网络的迅速发展、企业规模的扩大，远程用户、远程办公人员、分支机构、合作伙伴也在增多。在这种情况下，用传统的租用线路的方法实现私有网络的互连会给企业带来很大的经济负担。因此人们开始寻求一种经济、高效、快捷的私有网络互连技术。虚拟专用网络（Virtual Private Network，VPN）的出现，为当今企业发展所需的网络功能提供了理想的实现途径。VPN 可以使企业获得使用公用通信网络基础结构所带来的便利和经济效益，同时获得使用专用的点到点连接所带来的安全。

6.6.1　虚拟专用网的定义

1. 虚拟专用网的定义

虚拟专用网是利用接入服务器、路由器及虚拟专用网专用设备在公用的广域网（包括互联网、公用电话网、帧中继网及 ATM 等）上实现虚拟专用网的技术。也就是说，用户觉察不到他在利用公用网获得专用网的服务。

从客观上可以认为虚拟专用网就是一种具有私有和专用特点的网络通信环境。它是通过虚拟的组网技术，而非构建物理的专用网络的手段来达到的。因此，可以分别从通信环境和组网技术的角度来定义虚拟专用网。

从通信环境角度而言，虚拟专用网是一种存取受控制的通信环境，其目的在于只允许同一利益共同体的内部同层实体连接，而 VPN 的构建则是通过对公共通信基础设施的通信介质进行某种逻辑分割来实现的，其中基础通信介质提供共享性的网络通信服务。

从组网技术而言，虚拟专用网通过共享通信基础设施为用户提供定制的网络连接服务。这种连接要求用户共享相同的安全性、优先级服务、可靠性和可管理性策略，在共享的基础通信设施上采用隧道技术和特殊配置技术仿真点到点的连接。

虚拟专用网的结构示意图如图 6-22 所示。

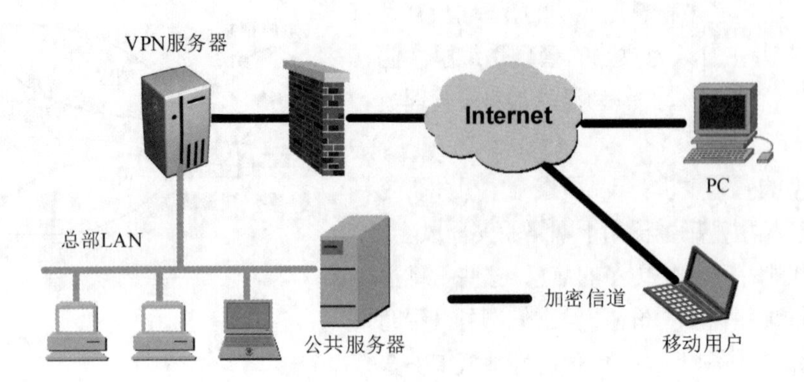

图 6-22 虚拟专用网结构示意图

2. 虚拟专用网的优点

与其他网络技术相比，虚拟专用网有着许多的优点。

（1）成本较低

当使用互联网时，借助 ISP 来建立虚拟专用网，就可以节省大量的通信费用。此外，使用虚拟专用网可无须投入大量的人力、物力去安装和维护广域网设备和远程访问设备。这些工作都由 ISP 代为完成。

（2）扩展容易

如果想扩大虚拟专用网的容量和覆盖范围，只需与新的 ISP 签约，建立账户；或者与原有的 ISP 重签合约，扩大服务范围。在远程办公室增加 VPN 能力也很简单，几条命令就可以使外部路由器拥有接入互联网的功能，路由器还能对工作站自动进行配置。

（3）方便与合作伙伴的联系

过去企业如果想要与合作伙伴联网，双方的信息技术部门就必须协商如何在双方之间建立租用线路或帧中继线路。有了虚拟专用网之后，这种协商就没有必要，真正达到了要连就连、要断就断。

（4）完全控制主动权

虚拟专用网使企业可以利用 ISP 的设备和服务，同时完全掌握着自己网络的控制权。例如，企业可以把拨号访问交给 ISP 去做，由自己负责用户的查验、访问权、网络地址、安全性和网络变化管理等重要工作。

6.6.2 虚拟专用网的类型

虚拟专用网分为 3 种类型：内部虚拟专用网（Intranet VPN）、远程访问虚拟专用网（Access VPN）和外部虚拟专用网（Extranet VPN）。这 3 种类型的虚拟专用网分别与传统的远程访问网络、内联网以及内联网和相关合作伙伴的内联网所构成的外联网相对应。

1. 内部虚拟专用网

利用计算机网络构建虚拟专用网的实质是通过公用网在各个路由器之间建立 VPN 安全隧道来传输用户的私有网络数据。用于构建这种虚拟专用网连接的隧道技术有 IPSec、GRE 等，使用这些技术可以有效、可靠地使用网络资源，保证了网络质量。基于 ATM 或帧中继的虚电路技术构建的虚拟专用网也可实现可靠的网络质量。

当一个数据传输通道的两个端点被认为是可信的时候，公司可以选择“内部网虚拟专用网”解决方案，安全性主要体现在加强两个虚拟专用网服务器之间加密和认证手段上。大量的数据经常需要通过虚拟专用网在局域网之间传递，可以把中心数据库或其他计算资源连接起来的各个局域网看成内部网的一部分。这样当子公司中有一定访问权限的用户就能通过“内部网虚拟专用网”访问公司总部的资源。所有端点之间的数据传输都要经过加密和身份鉴别。如果一个公司对分公司或个人有不同的可信程度，那么公司可以考虑基于认证的虚拟专用网方案来保证信息的安全传输，而不是靠可信的通信子网。

这种类型的虚拟专用网的主要任务是保护公司的内部网络不被外部入侵，同时保证公司的重要数据流经互联网传输时的安全性。

2. 远程访问虚拟专用网

远程访问虚拟专用网（Access VPN）通过公用网络对内联网和互联网建立私有的网络连接。在远程虚拟专用网的应用中，利用了第二层网络隧道技术在公用网络上建立 VPN 隧道连接来传输私有网络数据。

远程访问虚拟专用网的结构有两种类型：一种是用户发起的 VPN 连接；另一种是接入服务器发起的 VPN 连接。

用户发起的 VPN 连接指的是以下情况。

① 远程用户通过服务提供点接入互联网。

② 用户通过网络隧道协议与内联网建立一条隧道（可加密）连接，从而访问内联网内部资源。

在这种情况下，用户端必须维护与管理发起隧道连接的有关协议和软件。

在接入服务器发起的 VPN 连接中，用户通过本地号码或免费号码拨号 ISP，然后 ISP 的接入服务器再发起一条隧道连接到内联网。在这种情况下，所建立的 VPN 连接对远程用户是透明的，构建 VPN 所需的协议及软件均由 ISP 负责。

大多数虚拟专用网除了加密以外，还要考虑加密密码的强度、认证方法。这种虚拟专用网要对个人用户的身份进行认证（不仅认证 IP 地址）。这样，公司就会知道哪个用户欲访问公司的网络，经认证后决定是否允许用户对网络资源的访问。认证技术包括用一次口令、Kerberos 认证方案、令牌卡、智能卡或者是指纹。一旦一个用户同公司的虚拟专用网服务器进行了认证，根据他的访问权限表，他就有一定程度的访问权限。每个人的访问权限表由网络管理员制定，并且要符合公司的安全策略。

3. 外部虚拟专用网

外部虚拟专用网是指利用 VPN 将网络延伸至合作伙伴与客户。在传统的方式结构下，外联网通过专线实现，网络管理与访问控制需要维护，甚至还需要在外联网的用户安装兼容的网络设备，虽然可以通过拨号方式构建外联网，但需要为不同的外联网用户进行设置，同样降低不了复杂度。因合作伙伴与客户的分布广泛，这样的外联网建设与维护是非常昂贵的。

外部虚拟专用网的主要目标是保证数据在传输过程中不被篡改，保护网络资源不受外部威胁。安全的外部虚拟专用网要求相应组织同其顾客、合作伙伴及在外地的雇员之间经互联网建立端到端的连接，必须通过虚拟专用网服务器。

外部虚拟专用网应是一个由加密、认证和访问控制功能组成的集成系统。通常将虚拟专用网代理服务器放在一个不能穿透的防火墙隔离层之后，防火墙阻止所有来历不明的信息传输。所有过滤后的数据通过唯一入口传到虚拟专用网服务器。虚拟专用网服务器再根据安全策略来进一步过滤。

6.6.3 虚拟专用网的工作原理

虚拟专用网是一种连接，从表面上看它类似一种专用连接，但实际上是在共享网络实现的。它通常使用一种被称作“隧道”的技术，数据包在公共网络上的专用隧道内传输。专用隧道用于建立点到点的连接。

来自不同的数据源的网络业务经由不同的隧道在相同的体系结构上传输，并允许网络协议穿越不兼容的体系结构，还可区分来自不同数据源的业务，因而可将该业务发往指定的目的地，并接受指定的等级服务。一个隧道的基本组成是：隧道启动器、路由网络、可选的隧道交换机和一个或多个隧道终结器。

隧道启动和终止可由许多网络设备和软件来实现。此外，还需要一台或多台安全服务器。虚拟专用网除了具备常规的防火墙和地址转换功能外，还应具有数据加密、鉴别和授权的功能。安全服务器通常也提供带宽和隧道终端节点信息，在某些情况下还可提供网络规则信息和服务等级信息。

两种基于 PPP 的 VPN 技术如下。

（1）PPTP

PPTP 使用用户级别的 PPP 身份验证方法和用于数据加密的点到点加密。

（2）带有 IPSec 的 L2TP

L2TP 将用户级别的 PPP 身份验证方法和计算机级别的证书与用于数据加密的 IPSec 或隧道模式中的 IPSec 一起使用。

在远程访问虚拟专用网的情况下，远程访问客户需要向远程访问服务器发送 PPP 数据包。同样，在采用局域网对局域网的虚拟租用线路的情况下，一个局域网上路由器需向另一局域网的路由器发送 PPP 数据包。不同的是，在客户机对服务器的情况下，PPP 数据包不是通过专用线路传送，而是通过共享网络的隧道进行传送。虚拟专用网的作用就如同在广域网上拉一条串行电缆。PPP 经过协商，在远程用户和隧道终端设备之间建立直接连接。

创建符合标准的虚拟专用网隧道经常采用下列方法：将网络协议封装到 PPP 中。典型的隧道协议是 IP，也可以是 ATM 协议或帧中继协议。由于传送的是第二层协议，故该方法被称为“第二层隧道”。另一种选择是将网络协议直接封装进隧道协议中，例如，封装在虚拟隧道协议（VTP）中。由于传送的是网络层协议也称为第三层协议，故该方法被称为第三层隧道，用于传输三层网络协议的隧道协议称为第三层隧道协议。第三层隧道协议把各种网络协议直接装入隧道协议中，形成的数据包依靠网络层协议进行传输。无论从可扩展性，还是安全性和可靠性方面，第三层隧道协议均优于第二层隧道协议。IPSec 是目前实现 VPN 功能的最佳选择。

6.6.4 虚拟专用网的关键技术和协议

虚拟专用网的关键技术和协议

虚拟专用网是由特殊设计的硬件和软件通过共享的、基于 IP 的网络所建立起来的。它以交换和路由的方式工作。隧道技术把在网络中传送的各种类型的数据包提取出来，按照一定的规则封装成隧道数据包，然后在网络链路上传输。在虚拟专用网上传输的隧道数据包经过加密处理，它具有与专用网络相同的安全和管理的功能。

1. 关键技术

虚拟专用网中采用的关键技术主要包括隧道技术、加密技术、用户身份认证技术及访问控制技术。

（1）隧道技术

虚拟专用网的核心就是隧道技术。隧道是一种通过互联网络在网络之间传递数据的一种方式。所传递的数据在传送之前被封装在相应的隧道协议里，当到达另一端时被解包。被封装的数据在互联网上传递时所经过的路径是一条逻辑路径。

在虚拟专用网中主要有两种隧道。一种是端到端的隧道，主要实现个人主机之间的连接，端设备必须完成隧道的建立，对端到端的数据进行加密和解密；另一种是节点到节点的隧道，主要用于连接不同地点的 LAN，数据到达 LAN 边缘虚拟专用网设备时被加密并传送到隧道的另一端，在那里被解密并送入相连的 LAN。

隧道技术相关的协议分为第二层隧道协议和第三层隧道协议。第二层隧道协议主要有 PPTP，L2TP 和 L2F 等，第三层隧道协议主要有 GRE 以及 IPSec 等。

（2）加密技术

虚拟专用网上的加密方法主要是发送者在发送数据之前对数据加密，当数据到达接收者时由接收者对数据进行解密的处理过程。加密算法的种类包括：对称密钥算法，公开密钥算法等。如 DES、3DES、IDEA 等。

（3）用户身份认证技术

用户身份认证技术主要用于远程访问的情况。当一个拨号用户要求建立一个会话时，就要对用户的身份进行鉴定，以确定该用户是否是合法用户以及哪些资源可被使用。

（4）访问控制技术

访问控制技术就是确定合法用户对特定资源的访问权限，以实现对信息资源最大限度的保护。

2. 相关协议

对虚拟专用网来说，网络隧道技术是关键技术，它涉及 3 种协议，即网络隧道协议、支持网络隧道协议的承载协议和网络隧道协议所承载的被承载协议。网络隧道协议主要有 4 种：点到点隧道协议（Point-to-Point Tunneling Protocol，PPTP）、第二层转发（Layer 2 Forwarding，L2F）协议和第二层隧道协议（Layer 2 Tunneling Protocol，L2TP），以及第三层隧道协议 GRE。

（1）点到点隧道协议（PPTP）

这是一个最流行的互联网协议，它提供 PPTP 客户机与 PPTP 服务器之间的加密通信，它允许公司使用专用的隧道，通过公共网络来扩展公司的网络。通过公共网络的数据通信，需要对数据流进行封装和加密，PPTP 就可以实现这两个功能，从而可以通过公共网络实现多功能通信。也就是说，通过 PPTP 的封装或隧道服务，使非 IP 网络具备进行互联网通信的优点。

（2）第二层隧道协议（L2TP）

L2TP 是一个工业标准互联网隧道协议，它和点到点隧道协议（PPTP）的功能大致相同。L2TP 使用两种类型的消息：控制消息和数据隧道消息。控制消息负责创建、维护及终止 L2TP 隧道，而数据隧道消息则负责用户数据的真正传输。L2TP 支持标准的安全特性 CHAP 和 PAP，可以进行用户身份认证。在安全性考虑上，L2TP 仅定义了控制消息的加密传输方式，对传输中的数据并不加密。

根据第二层转发（L2F）协议和点到点隧道协议（PPTP）的规范，可以使用 L2TP 通过中介网络建立隧道。与 PPTP 一样，L2TP 也会压缩点到点协议（PPP）帧，从而压缩 IP、IPX 或 NetBEUI 协议，因此允许用户远程运行依赖特定网络协议的应用程序。现在建立隧道所用的安全协议主要是 PPTP/L2TP 或 IPsec。

L2TP 提供了一种远程接入访问控制的手段，其典型的应用场景是：某公司员工通过 PPP 拨入公司本地的网络访问服务器（NAS），以此接入公司内部网络，获取 IP 地址并访问相应权限的网络资源；该员工出差到外地，此时他想如同在公司本地一样以内网 IP 地址接入内部网络，操作相应网络资源，他的做法是向当地 ISP 申请 L2TP 服务，首先拨入当地 ISP，请求 ISP 与公司 NAS 建立 L2TP 会话，并协商建立 L2TP 隧道，然后 ISP 将他发送的 PPP 数据通道化处理，通过 L2TP 隧道传送到公司 NAS，NAS 就从中取出 PPP 数据进行相应的处理，这样该员工就能如同在公司本地那样通过 NAS 接入公司内网。

从上述应用场景可以看出 L2TP 隧道是在 ISP 和 NAS 之间建立的，此时 ISP 就是 L2TP 访问集中器（LAC），NAS 也就是 L2TP 网络服务器（LNS）。LAC 支持客户端的 L2TP，用于发起呼叫、接收呼叫和建立隧道，LNS 则是所有隧道的终点。在传统的 PPP 连接中，用户拨号连接的终点是 LAC，L2TP 使得 PPP 的终点延伸到 LNS。

（3）通用路由封装（GRE）协议

通用路由封装（Generic Routing Encapsulation，GRE）协议即对某些网络层协议（如 IP 和 IPX）的数据报进行封装，使这些被封装的数据报能够在另一个网络层协议（如 IP）中传输。GRE 是 VPN 的第三层隧道协议，即在协议层之间采用了一种隧道技术。

GRE 规定了用一种网络协议去封装另一种网络协议的方法。GRE 的隧道由两端的源 IP 地址和目的 IP 地址来定义，允许用户使用 IP 包封装 IP、IPX、AppleTalk 包，并支持全部的路由协议（如 RIP2、OSPF 等）。

一个报文要想在隧道中传输，必须经过加封装与解封装两个过程。当路由器收到一个需要封装和路由的原始数据报文，这个报文首先被 GRE 封装成 GRE 报文，接着被封装在 IP 包中，然后完全由 IP 层负责此报文的转发。原始报文的协议称为乘客协议，GRE 被称为封装协议，而负责转发的 IP 被称为传递协议或传输协议。整个封装的报文格式如图 6-23 所示。

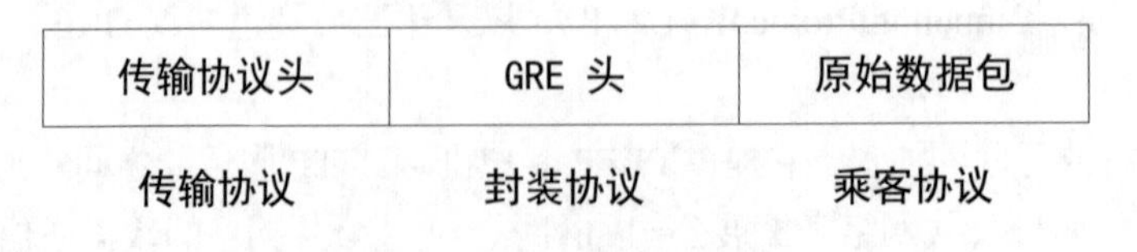

图 6-23　整个封装的报文格式

解封装过程和加封装的过程相反。对于从隧道接口收到的 IP 包，通过检查目的地址，若发现目的地就是此路由器则剥掉 IP 头，再交给 GRE 协议处理（检验密钥、检查校验和或报文的序列号等），之后剥掉 GRE 头再交由 IPX 协议处理。

6.7　网络取证技术

计算机取证（Computer Forensics）是指对计算机入侵、破坏、欺诈、攻击等犯罪行为利用计算机软硬件技术，按照符合法律规范的方式进行获取、保存、分析和出示的过程。计算机取证是一个对计算机系统进行扫描和破解，对入侵事件进行重建的过程。网络取证（Network Forensics）包含计算机取证，是广义的计算机取证，即在网络环境中的计算机取证。

6.7.1　网络取证概述

计算机取证包括对计算机证据的收集、分析、确定、出示及分析。网络取证主要包括电子邮件通信取证、P2P 取证、网络实时通信取证、即时通信取证，基于入侵检测取证技术、痕迹取证技术、来源取证技术以及事前取证技术。

1. 网络证据的组成

网络证据指在网络上传输的电子证据，其实质是网络数据流。随着网络应用的日益普及，对网络证据进行正确的提取和分析对于各种案件的侦破具有重要意义。网络证据的获取属于事中取证或称为实时取证，即在犯罪事件进行或证据数据的传输途中进行截获。网络数据流的存在形式依赖于网络传输协议，采用不同的传输协议，网络数据流的格式不同。但无论采用什么样的传输协议，根据其表现形式的不同，都可以把网络数据流分为文本、视频、音频、图片等。

2. 网络证据的特点

（1）动态性。区别于存储在硬盘等存储设备中的数据，网络数据流是正在网上传输的数据，是“流动”的数据，因而具有流动的特性。

（2）时效性。对在网络上传输的数据包而言，其传输的过程是有时间限制的，从源地址经由传输介质到达目的地址后就不再属于网络数据流了。所以，网络数据流的存在具有时效性。

（3）海量性。随着网络带宽的不断增加和网络应用的普及，网络上传输的数据越来越多，因而可能的证据也越来越多，形成了海量数据。

（4）异构性。由于网络结构的不同、采用协议的差别导致了网络数据流的异构性。

（5）多态性。网络上传输的数据流有文本、视频和音频等多种形式，其表现形式呈多态性。

3. 网络取证的原则

（1）及时性、合法性原则。获取的计算机证据有一定的时效性。在计算机取证过程中必须按照法律的规定，采用合法的取证设备和工具软件合理地进行计算机证据收集。

（2）原始性、连续性原则。及时收集、保存和固化原始证据，确保证据不被嫌疑人删除、篡改和伪造。证据被提交给法庭时，必须能够说明证据从最初的获取到出庭证明之间的任何变化。

（3）多备份原则。对含有计算机证据的媒体至少应制作两个副本，原始媒体应存放在专门的房间由专人保管，复制品可以用于给计算机取证人员进行证据的提取和分析。

（4）环境安全原则。计算机证据应妥善保存，以备随时重组、试验或者展示。

（5）严格管理原则。含有计算机证据的媒体的移交、保管、开封、拆卸的过程必须由侦查人员和保管人员共同完成，每一个环节都必须检查真实性和完整性，并拍照和制作详细的笔录，由行为人共同签名。

4. 网络取证与传统证据的区别

网络取证所获取的是电子证据，电子证据与传统证据的取证方式不一样，主要区别如下。

（1）高技术依赖性和隐蔽性。电子证据实质上是一组二进制编码形成的信息，一切信息都通过这些编码来传递，从而增加了电子证据的隐蔽性，用普通的证据收集方法不易发现。电子证据的技术依赖性表现在电子证据可以存储为电、光、磁等各种形式，具有高科技性，增大了证据的保全难度。电子证据的生成、存储、传输及显示等过程都需要专门的技术设备和手段才能完成。

（2）多样性、复合性。电子证据的表现形式是多样的，尤其是多媒体技术的出现，更使电子证据综合了文本、图形、图像、动画、音频及视频等多种媒体信息。这种以多媒体形式存在的数字证据几乎涵盖了所有的传统证据类型。

（3）易损毁性。电子证据是以数字信号的方式存在的，电子证据容易被人为截收、监听、删除、修改等。如果没有可对照的副本，从常规技术上无法查明。另外，人为的误操作或供电系统、通信网络的故障或技术方面的原因，都会造成电子证据不完整。

（4）传输快捷、易于保存性。与传统证据相比，随着网络技术和通信技术的快速发展，电子证据具有复制、传播迅捷的特点，且传播范围广，易于保存。

5. 计算机取证步骤

计算机取证一般应该包括保护现场、搜查物证、固定易丢失数据、现场在线勘查、提取物证 5 个步骤。

（1）保护现场。应特别注意防止侦查人员无意中对证据的破坏。如果电子设备（包括计算机、PDA、移动电话、打印机、传真设备等）已经打开，不要立即关闭该电子设备。

（2）搜查物证。主要原则如下：检查与目标计算机互联的系统，搜查数字化证据存储设备。注意发现无法识别的设备，并注意搜查与该设备有关的说明书、软盘、配套软硬件等；注意计算机附近的其他物品，如笔记本、纸张等，可能会有账号、口令、联系人以及其他相关信息等。

（3）固定易丢失数据。主要包括屏幕上显示的内容、系统运行状态及时间信息等，如用户正在浏览的页面及页面上显示的账号信息、正在使用的聊天软件上的账号信息、邮件正在发送的目标等。注意系统中应用程序的运行状态。如果系统上同时运行多个程序，必须拍摄每个应用程序在屏幕上显示的信息。

（4）现场在线勘查。主要是在案件情况紧急或者无法关闭系统（如有的网吧安装有信息清除软件，关闭计算机有可能丢失大量的历史信息）的情况下。

（5）提取物证。整个操作过程最好是在全程录像的情况下进行。首先，克隆存储媒介，一般应该利用专门的设备对存储媒介进行复制后再进行数据分析；然后，关闭正在使用的计算机的电源，同时记录设备连接状态；其次，提取外部设备；最后，制作现场勘查笔录，注意物证的存储和运输。

6. 网络取证流程

网络取证流程包含原始数据获取、数据过滤、元分析、取证分析以及结论表示 5 个步骤。

（1）原始数据获取。数据获取是网络取证的第 1 步。原始证据的来源包括：网络数据，系统信息，硬盘、软盘、光盘以及服务器上的记录等。

（2）数据过滤。因为获取的原始数据中包含很多跟证据无关的信息，所以在分析之前先要对数据进行过滤，以实现数据的精简。

（3）元分析。对经过过滤后的数据进行初步分析，以提取一些元信息，包括 TCP 连接分析、网络数据信息统计、协议类型分析等。

（4）取证分析。在元分析的基础上进行深层分析和关联分析，重建系统或网络上发生过的系统行为和网络行为。

（5）结论表示。对上述取证分析的过程进行总结，得到取证分析的相关结论，并以证据的形式提交。

6.7.2　网络取证技术类型

网络取证技术类型

计算机网络取证技术就是利用通过网络的数据信息资料获取证据的技术。主要包括以下 7 种技术。

1. 基于入侵检测取证技术

基于入侵检测取证技术是指通过计算机网络或计算机系统中的若干关键点收集信息并对其进行分析，从中发现网络或系统中是否有违反安全策略的行为和遭到袭击的迹象的一种安全技术。入侵检测技术是动态安全技术的最核心技术之一。它的原理就是利用一个网络适配器来实时监视和分析所有通过网络进行传输的通信，而网络证据的动态获取也需要对位于传输层的网络数据通信包进行实时的监控和分析，从中发现和获得嫌疑人的犯罪信息。因此，计算机网络证据的获取完全可以依赖现有 IDS 的强大网络信息收集和分析能力，结合取证应用的实际需求加以改进和扩展，轻松实现网络证据的获取。

2. 来源取证技术

来源取证技术的主要目的是确定嫌疑人所处位置和具体作案设备。主要通过对网络数据包进行捕捉和分析，或者对电子邮件头等信息进行分析，从中获得犯罪嫌疑人通信时的计算机 IP 地址和 MAC 地址等相关信息。

调查人员通过 IP 地址定位追踪技术进行追踪溯源，查找出嫌疑人所处的具体位置。MAC 地址是由网络设备制造商生产时直接写在每个硬件内部的全球唯一地址。调查人员通过 MAC 地址和相关调查信息就可以最终确认犯罪分子的作案设备。

3. 痕迹取证技术

痕迹取证技术是指通过专用工具软件和技术手段，对犯罪嫌疑人所使用过的计算机设备中相关记录和痕迹信息进行分析取证，从而获得案件相关的犯罪证据的一种技术。主要有文件内容、电子邮件、网页内容、聊天记录、系统日志、应用日志、服务器日志、网络日志、防火墙日志、入侵检测、磁盘驱动器、文件备份、已删除可恢复的记录信息等。痕迹取证技术要求取证人员具备较高的计算机专业水平和丰富的取证经验，结合密码破解、加密数据的解密、隐藏数据的再现、数据恢复、数据搜索等技术，对系统进行分析和采集来获得证据。

4. 海量数据挖掘技术

计算机的存储容量越来越大，网络传输的速度也越来越快。对于计算机内部存储和网络传输中的大量数据，可以用海量数据挖掘技术发现特定的与犯罪有关的数据。数据挖掘技术主要包括关联规则分析、分类和联系分析等。运用关联规则分析方法可以提取犯罪行为之间的关联特征，挖掘不同犯罪形式的特征、同一事件的不同证据之间的联系；运用分类方法可以从数据获取阶段获取的海量数据中找出可能的非法行为，将非法用户或程序的入侵过程、入侵工具记录下来；运用联系分析方法可以分析程序的执行与用户行为之间的序列关系，分析常见的网络犯罪行为在作案时间、作案工具以及作案技术等方面的特征联系，发现各种事件在时间上的先后关系。

5. 网络流量监控技术

网络流量监控技术可以通过 Sniffer 等协议分析软件和 P2P 流量监控软件实时动态地跟踪犯罪嫌疑人的通信过程，对嫌疑人正在传输的网络数据进行实时连续的采集和监测，对获得的流量数据进行统计计算，从而得到网络主要成分的性能指标，对网络主要成分进行性能分析，找出性能变化趋势，得到嫌疑人的相关犯罪痕迹。

6. 会话重建技术

会话重建是网络取证中的重要环节。分析数据包的特征，并基于会话对数据包进行重组，去除协商、应答、重传、包头等网络信息，以获取基于完整会话的记录。具体过程是首先，把捕获到的数据包分离，逐层分析协议和内容；然后，在传输层将其组装起来，在这一重新组合的过程中可以发现很多有用的证据，例如数据传输错误、数据丢失等。

7. 事前取证技术

现有的取证技术基本上都是建立在案件发生后，根据案情的需要利用各种技术对需要的证据进行获取，即事后取证。而由于计算机网络犯罪的特殊性，许多重要的信息，只存在于案件发生时，如环境信息、网络状态信息等在事后往往无据可查，而且电子数据易遭到删除、覆盖和破坏。因此，对可能发生的事件进行预防性的取证保全，对日后出现问题的案件的调查和出庭作证都具有无可比拟的作用，它将是计算机取证技术未来发展的重要方向之一。

6.7.3 网络取证数据的采集

在网络证据采集方面，主要有集中式数据采集、分层式数据采集和分布式数据采集。集中式数据采集采用单主机的采集模式并将采集的大量数据存储在本地计算机中，网络采集方式和效率较低。分层式数据采集将整个网络分成多个层进行数据的采集，并通过各管理者间的通信提高采集效率。分布式数据采集采用分布式系统对网络中的数据进行收集，较好地完成了数据采集和存储的过程。

1. 网络证据的来源

根据来源，网络证据主要可分为以下 4 种。

（1）来自网络应用主机、网络服务器的证据。系统应用记录和系统事件记录，网络应用主机网页浏览历史记录、收藏夹、浏览网页缓存、网络服务器各种日志记录等。有关主机的取证信息对分析判断是必不可少的。所以应该注意结合操作系统平台的取证技术。

（2）专门的网络取证分析系统产生的包括日志在内的结果。

（3）来自网络设施、网络安全产品的证据。访问控制系统、交换机、路由器、IDS、防火墙、专门审计系统等网络设备。

（4）来自网络通信数据的证据。在网络上传输的网络通信数据可以作为证据的来源。从网络通信数据中可以发现对主机系统来说不容易发现的一些证据，主要可以形成证据补充或从另一个的角度证实某个事实或行为。

2. 网络取证系统

网络取证系统对网络入侵事件、网络犯罪活动进行证据获取、保存、分析和还原，它能够真实、连续地获取网络上发生的各种行为；能够完整地保存获取到的数据，并且防止被篡改；对保存的原始证据进行网络行为还原，重现入侵现场。

网络取证系统结构如图 6-24 所示。它主要由 3 个部分组成：被取证机、取证机和分析机。其中被取证机是要进行取证的计算机，其上装有收集系统信息的软件模块，通过网络以实时的方式将信息发往取证机；取证机是进行取证信息获取和保存的计算机；分析机对获取证据进行组织、分析，并以图表方式进行显示，以得出关于证据的结论。

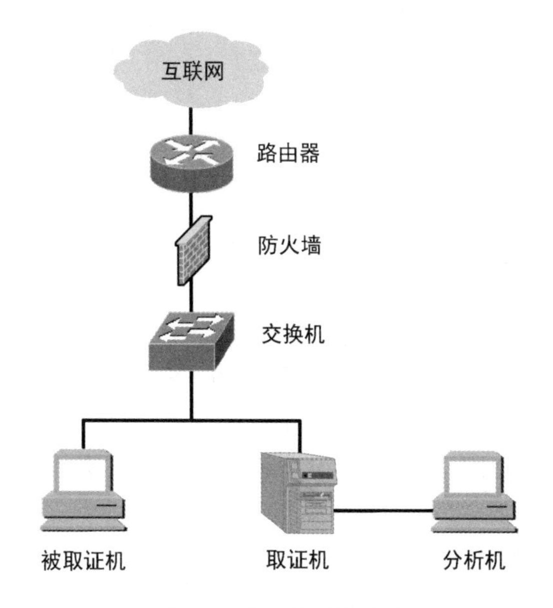

图 6-24　网络取证系统结构

（1）报文采集

报文采集是实时取证的基本前提。基于证据的准确性和完整性，在获取报文的过程中，网络取证系统必须满足：数据获取的完整性，即不能对获取的网络数据进行修改或破坏；系统性能的可伸缩性，即网络流量对系统性能产生影响较小；工作方式的透明性，即不能影响到被测网络。

（2）报文存储

对于获取的网络报文，网络取证系统要求记录的报文必须是完整的，以便借助数据分析模块对报文进行基于应用协议的还原，追查到具体内容。

目前有两种记录报文的方式。一种是将这些报文全部保存下来，形成一个完整的网络流量记录。这种方式能保证系统不丢失任何潜在的信息，能最大限度地恢复“黑客”攻击时的现场，在研究新的攻击技术，进行安全风险评估方面具有很大的价值。这种方式对系统存储容量的要求非常高；另一种是采用某种过滤机制排除不相关的网络报文，保存需要的网络报文。这种方式可以减少系统的存储容量需求，但有可能丢失一些潜在的信息，同时过滤进程还会增加系统负荷。这两种方式都需要引入淘汰机制来控制存储空间的增长。同时，系统还应采用诸如计算校验和的方式来检验数据的完整性。

（3）报文分析

报文分析是网络取证关键，目的是识别入侵企图，并尽可能地以最小损失还原和重建网络中发生过的事情。

对报文的分析可以分为基本分析和深入分析两个阶段。基本分析能解决一般性的取证问题，同时为深入分析做准备，它包括对报文进行查询、分类、解码、简化等操作。其中，解码包括解密和协议分析。深入分析则包括对报文进行重组、寻找报文的来源、报文间的关联性分析、重建网络事件、图形化网络关系等。网络取证系统也会有误报和漏报，但原始数据的存在，提供了充分、完全的现场资料，允许操作人员对其进行更深层次的分析和验证。

（4）过程记录

为了保证“证据的连续性”，网络取证系统还应该具有贯穿全过程的记录功能，记录内容包括以下 3 项：一是记录网络取证系统当时的状态及性能情况，这样有利于对获取的数据及相关的分析进行正确评价；二是记录报文丢失情况，例如，丢失的时间、由哪个组件丢失的；三是记录操作人员在使用网络取证系统过程中的所有动作。

有的网络取证系统还具备报警功能，能及时通知安全人员进行事件处理，从而防止入侵事件的发生或减少相应损失。

6.7.4 网络取证数据的分析

在数据采集和存储的基础上，需要对数据进行分析，主要包括网络攻击检测、不良网站检测、用户行为监测等功能。对于网络攻击检测，要实现常见网络攻击的检测，如 ping 攻击、AND 攻击、smurf 攻击等，并且能够将检测到的网络攻击进行实时保存。对于不良网站检测，要检测出用户是否正在浏览不良网站，并且对浏览不良网站的行为进行实时告警。对于用户行为的监测，系统能够通过分析网络数据包，统计每个用户的协议流量信息。

下面介绍几种常用的取证分析方法。

1. 日志取证分析

日志的取证分析主要包含统计分析、关联分析、查询与抽取、分析结果生成等。面对海量的日志数据，无法通过人工逐条判读日志记录来发现异常的记录项以及与事件相关的记录项。可以利用数据库提供的强大的扫描和统计功能来进行取证分析。也可以预先设定统计的事件类型，设定一些关键字段值，如与犯罪相关的时间段、IP 地址、用户名、使用的协议、事件号等，然后根据这些关键字对日志数据表进行统计。也可以预先设定计算机入侵和攻击特征规则库，如同入侵检测系统的规则库一样，对每条日志记录的相关字段进行扫描匹配，统计分析流程。

统计分析可以帮助建立网络和用户的正常行为规律，还可以实现日志记录的聚类，缩小分析的范围，检测出异常的日志记录，判断攻击的来源和方法，为后续的人工详细分析判断日志记录做准备。

2. 基于时间戳的分析

“黑客”的入侵行为不是独立的，而是由一系列的动作组成的。这些动作分属于攻击系列中的不同阶段，在时间上形成序列，早期阶段为后期阶段做准备，后期的状态是前期行为的结果。也就是说同一个入侵者发出的入侵事件之间存在着一定的相关性，前一个入侵阶段的成功是后一个入侵阶段的起点和必要条件，即一个攻击的成功的前提条件是前面一系列攻击阶段的成功。而这一系列入侵动作必然在日志系统中留下一系列的相关的日志记录，这些记录可能分属于不同的网络设备或不同的日志文件。

时间戳是日志记录的一个重要的属性，反映了日志记录产生的时间（也可以说是入侵动作发生的时间），有的日志记录还提供了入侵动作结束的时间戳或动作持续的时间。而与入侵事件相关的日志记录的时间戳必然存在一个先后序列关系。因此，时间戳是进行关联分析时的重要属性。

在对系统日志进行取证分析时不仅要在某个日志文件中找出和入侵相关的记录，还要尽可能地找出反映入侵事件的所有的日志记录，并基于时间链将这些日志记录组成一个完整的安全动作序列，从而重构入侵事件，使取证的结果更具有说服力。

3. 基于相同特征的分析

入侵事件的关联性在日志记录中另一个反映就是相关日志记录的某些属性、特征相同或相近，例如，一个用户登录计算机系统后创建了一个文件夹，那么在登录日志和文件访问日志记录中，它们的用户名这一属性是完全一致的。所以，可以通过入侵事件的某些特征值来将不同的日志记录关联起来。

对日志的统计分析和关联分析是对日志数据库的扫描分析的结果，这些日志数据是经过预处理的，还应该找出对应的原始日志记录，可以根据统计分析和关联分析中给出的记录号以及时间戳、IP 地址等关键信息在原始日志文件中找出对应的日志记录，在抽取出日志记录后利用签名抽取算法重新计算抽取签名，从而锁定日志数据。

6.8　网络安全态势感知技术

网络安全态势感知技术

为应对日益突出的网络安全问题，多种安全防护设备被用来监测大量的风险事件，对网络进行安全防护，包括 IDS、防火墙和漏洞检测系统等。这些设备仅限于对攻击行为采取局部的检测和防护措施，设备之间缺乏有效协作，使得网络管理员不能准确地定位网络脆弱点，无法及时地发现恶意攻击以及不能全面地把握网络安全状态。

网络安全态势感知技术是近几年发展起来的一门技术，目的是对网络入侵行为进行主动防御，预先实现网络安全防护，弥补安全防护设备的不足。本节将从网络安全态势感知的概念、实现原理，以及其系统的功能结构和关键技术等方面对网络安全态势感知技术进行概述。

6.8.1　网络安全态势感知的概念

态势感知（Situation Awareness，SA）的概念最早在军事领域被提出，覆盖认知、理解和预测 3 个层次。网络安全态势感知（Network Security Situation Awareness）旨在大规模网络环境中能够对引起网络态势发生变化的安全要素进行获取、理解、显示，以及对发展趋势进行顺延性预测，进而进行决策与行动。

态势感知是指对一定时间和空间内的环境元素进行感知，并对这些元素的含义进行理解，最终预测这些元素在未来的发展状态。网络安全态势感知是一种基于环境的，动态、整体地洞悉安全风险的能力，以安全大数据为基础，融合所有的可获取的信息并对网络的安全态势进行评估，以将不安全因素带来的风险和损失降到最低，为决策与行动提供依据。

6.8.2 网络安全态势感知实现原理

态势要素的认知、理解和预测是网络安全态势感知的 3 个核心环节。网络安全态势感知的最终目标是对情境态势进行有效管理，不断针对网络攻击进行动态、积极的安全防御，以保障用户业务的正常运行。而实现态势感知，需要以安全大数据为基础，从全局视角来提升对各类安全威胁的发现识别、分析理解和响应处置能力，通常还以可视化的方式展现给用户。总体来说，态势感知主要包括态势认知、态势理解和态势预测 3 个环节。

1. 态势认知

网络安全态势认知是指对网络环境的威胁、其相关风险和影响，以及风险缓解措施进行充分的认识。态势认知是态势感知的前提，态势感知是通过各类检测工具，检测收集多层次、多维度影响系统安全性的数据。从时间维度上看，不仅需要已有实时或准实时的数据，还需要通过更长时间的数据来分析一些异常行为，以发现一些多阶段的新型攻击方式。从数据维度看，主要包含网络安全防护系统数据（如防火墙、Web 应用防护系统、IDS/IPS 等安全设备日志或告警等）、重要服务器及主机的数据 （如服务器安全日志、进程调用和文件访问等）、网络骨干节点数据、协同合作数据（如第三方的威胁情报数据）、威胁感知数据以及资产脆弱性数据等。

2. 态势理解

态势理解通过整合提取的网络数据，分析数据之间的相关性，定位网络脆弱点，评估安全事件发生的可能性，以得到评估数据来制定决策进行主动防御。这部分是网络安全态势感知的核心，研究人员对不同的数据采用不同的方法进行分析，其中有自适应共振理论模型、贝叶斯网络分类器和博弈模型等。通过定性或定量分析网络当前的安全状况和薄弱环节，给出相应的应对措施。网络安全态势理解是从宏观的角度分析网络整体的安全状态，从而得到综合的安全评估，以达到辅助决策的目的。

3. 态势预测

态势预测基于态势理解输出的网络数据，预测网络安全状况，得到预测数据来制定决策，执行主动防御。实现真正的主动防御需要安全预警技术，即通过已检测或分析到的报警信息来预测未来要发生的攻击行为，为组织的网络安全提供实时、动态、快速响应且主动的安全屏障。由于网络攻击的随机性和不确定性，网络安全态势变化是一个复杂的非线性过程，传统的预测模型方法已不适用，当前的研究主要朝智能预测方向发展。

4. 态势感知常用分析模型

在网络安全态势感知的分析过程中，会应用到很多成熟的分析模型，这些模型的分析方法虽各不相同，但多数都包含认知、理解和预测的 3 个要素。

（1）Endsley 模型

1995 年，前美国空军首席科学家迈卡·恩兹利（Mica Endsley）参照人类的认知过程并结合空军战术理论，正式发表了关于“态势感知”的第一个理论模型（Endsley 模型）。该模型将态势感知分为 3 个阶段，即态势认知、态势理解、态势预测，如图 6-25 所示。此后，态势感知开始广泛应用于医疗救援、交通、航空、执法、网络安全等其他领域。

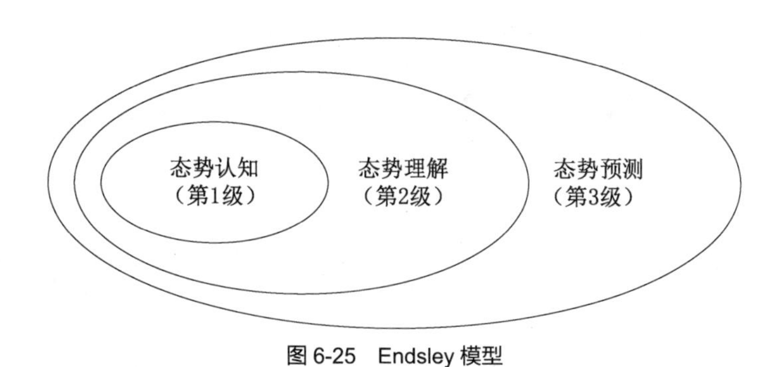

图 6-25　Endsley 模型

Endsley 模型中，态势认知（第 1 级）提取环境中态势要素的位置和特征等信息，包含对网络环境中重要组成要素的状态、属性及动态等信息，以及将其归类整理的过程；态势理解（第 2 级）关注信息融合以及信息与预想目标之间的联系，对这些重要组成要素的信息的融合与解读，不仅是对单个分析对象的判断分析，还包括对多个关联对象的整合梳理，同时随着态势的变化而不断更新演变，不断将新的信息融合进来形成新的理解；态势预测（第 3 级）主要预测未来的态势演化趋势以及可能发生的安全事件，在了解态势要素的状态和变化的基础上，对态势中各要素即将呈现的状态和变化进行预测。

（2）OODA 模型

OODA 是指观察（Observe）、调整（Orient）、决策（Decide）以及行动（Act），它是信息战领域的一个概念，如图 6-26 所示。

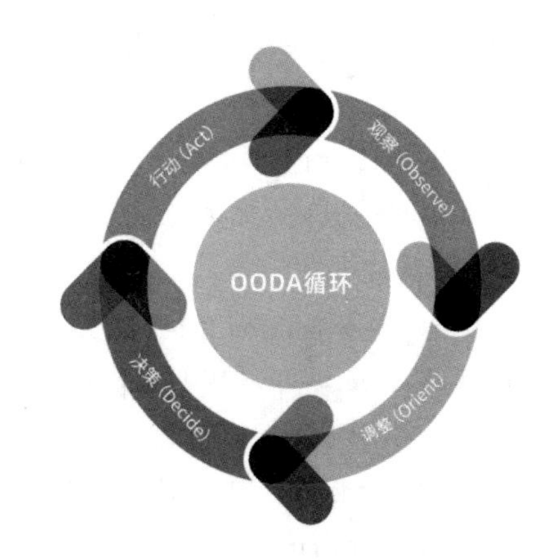

图 6-26　OODA 决策循环模型

OODA 循环理论的基本观点是，武装冲突可以看作敌对双方互相较量谁能更快更好地完成“观察—调整—决策—行动”的循环程序。双方都要从观察开始，观察自己、观察环境和敌人。基于观察获取相关的外部信息，根据感知到的外部威胁及时调整系统，做出应对决策，并采取相应行动。

OODA 是一个不断收集信息、评估决策和采取行动的过程。将 OODA 循环应用在网络安全态势感知中，攻击者与分析者都面临这样的循环过程：在观察中感知攻击与被攻击，在理解中调整攻击与防御方法并对之做出决策，预测对手下一个动作并发起行动，同时进入下一轮的观察。

如果分析者的 OODA 循环比攻击者快，那么分析者有可能“进入”对方的循环中，从而取得优势。例如通过关注对方正在进行或者可能进行的事情，即分析对手的 OODA 环，来判断对手下一步将采取的动作，而先于对方采取行动。

（3）JDL 模型

JDL（Joint Directors of Laboratories，实验室理事联合会）模型是信息融合系统中的一种信息处理方式，由美国国防部成立的数据融合联合指挥实验室提出。经过逐步改进和推广使用，该模型已成为美国国防信息融合系统的一种实际标准。JDL 模型将来自不同数据源的数据和信息进行综合分析，根据它们之间的相互关系，进行目标识别、身份估计、态势评估和威胁评估，融合过程会通过不断地精炼评估结果来提高评估的准确性，如图 6-27 所示。

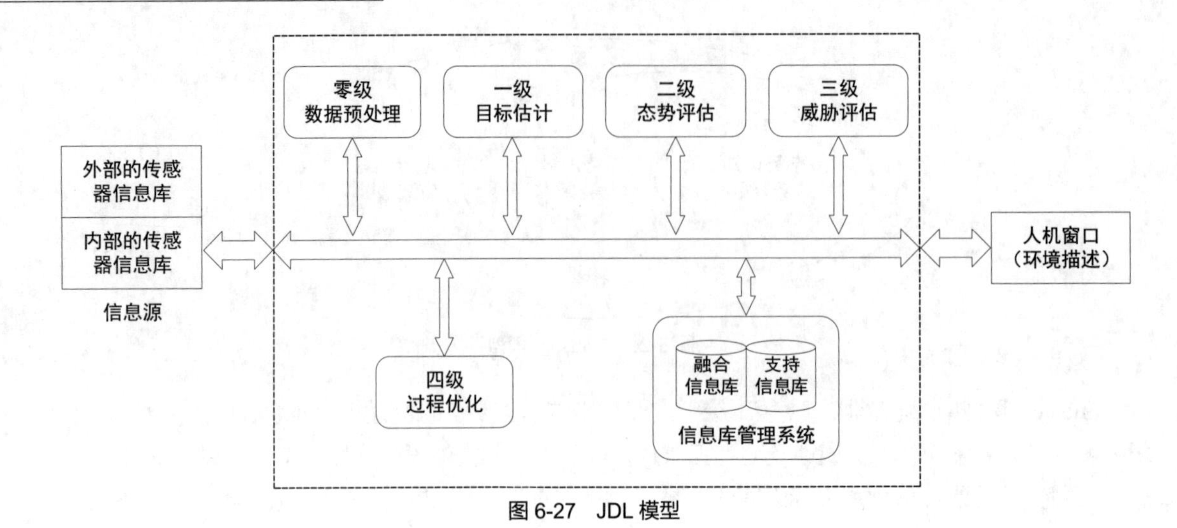

图 6-27 JDL 模型

JDL 模型把数据融合分为 5 个级别：第 0 级为数据预处理，对数据进行预处理以修正偏差，进行空间和时间上的对齐；第 1 级为目标优化，定位和识别目标；第 2 级为态势评估，根据第 1 级处理提供的信息构建态势图、对目标在特定环境下的重要性进行评估；第 3 级为威胁评估，对当前形势进行事件预测、威胁意图估计；第 4 级为过程优化，对正在进行的融合过程进行评估并给用户提供建议。这个过程要反复进行，在整个融合过程中监控系统性能，识别增加潜在的信息源，以及传感器的最优部署。

在网络安全态势感知中，面对来自内外部大量的安全数据，通过 JDL 模型进行数据的融合分析，能够实现对分析目标的感知、理解与影响评估，为后续的预测提供重要的分析基础和支撑。

（4）RPD 模型

RPD（Recognition Primed Decision，识别启动决策）模型由美国著名心理学家、观察家加里•克莱因（Gary Klein）提出，源自其专著《如何做出正确决策》。在 RPD 模型中对认知、理解和预测 3 要素的主要体现为：基于假设进行相关信息的收集（认知），特征匹配和故事构造（理解），假设驱动思维模拟与推测（预测）。

在 RPD 模型中定义态势感知分为两个阶段: 感知和评估感知阶段。通过特征匹配的方式，将现有态势与过去态势进行对比，选取相似度高的过去态势，找出当时采取的哪些行动方案是有效的。评估阶段分析过去相似态势有效的行动方案，推测当前态势可能的演化过程，并调整行动方案。以上方式若遇到匹配结果不理想的情况，则采取构造故事的方式，即根据经验探索潜在的假设，再评估每个假设与实际发生情况的相符度。

6.8.3 网络安全态势感知系统的功能结构

典型的网络安全态势感知系统功能包括特征信息提取、当前状态分析、发展趋势预测、风险评估、模型及管理和用户交互 6 个部分。

1. 特征信息提取

对于资产维度、漏洞维度、威胁维度的网络安全数据，需要针对不同的网络安全要素设计对应的规则，提取符合特征的数据，从而实现针对关键信息的特定目标数据采集。在提取了不同维度的数据以后，需要对多个维度的数据进行融合，融合过程包括数据清洗、数据集成、数据规约和数据变换。

（1）数据清洗。数据清洗是为了去除数据集中的噪声数据、内容不一致的数据，对遗漏数据进行填补。

（2）数据集成。数据集成通过对格式不一致的数据进行处理，并将分散在多个数据源中的数据集成到一个具有统一表达形式的数据集，从而实现从统一的视角处理不同来源的数据。

（3）数据规约。数据规约通过对数据进行精简，大幅度减少需要处理的数据，突出更为重要的数据。

（4）数据变换。数据变换通过将数据从一种表示形式变形为另一种更利于分析的表示形式，从而为态势感知提供更有效的数据表示形式。

2. 当前状态分析

当前状态分析利用系统的自动化模型，通过可视化功能与用户交互，根据用户的交互指令，检测和发现网络中的威胁事件。当前状态分析主要包括关联分析、攻击检测、取证分析、事件发现等模块。

（1）关联分析。关联分析是对资产维度、漏洞维度、威胁维度的信息进行关联，从而实现对网络攻击行为的实时检测，并支持历史网络安全事件的复盘分析。

（2）攻击检测。攻击检测根据已有的多源网络安全数据检测当前网络系统中正在发生的攻击活动。

（3）取证分析。取证分析通过提取历史的网络安全数据，对发生的网络安全事件及相关的威胁数据进行复盘，从而发现或验证网络攻击的历史痕迹。

（4）事件发现。事件发现根据关联分析、攻击检测，取证分析的结果，推导出威胁事件的来源、攻击者和攻击意图。

3. 发展趋势预测

发展趋势预测综合利用自动化模型，通过可视化功能与用户交互，根据用户的交互指令，对攻击和威胁事件的发展趋势进行预测，生成未来一段时间的网络安全态势。发展趋势预测主要包括攻击溯源和攻击预测。

（1）攻击溯源。攻击溯源在取证分析模块的支持下，辅助完成对攻击来源、攻击路径、攻击模式的分析，为发展趋势预测提供实证分析功能。

（2）攻击预测。攻击预测利用预测模型，辅助实现对当前及假定攻击的预期目的、未来行为的分析。

4. 风险评估

风险评估指对正在发生的网络安全事件或威胁行为可能造成的安全风险进行评估，并将网络系统的整体安全态势因子（网络安全度量指标）映射到一个量化的风险维度。按照评估维度和目标的不同，风险评估可以分为定性评估和定量评估。

（1）定性评估。通过评估者与安全人员的多次交互，依据评估者的知识和经验等非量化指标，对攻击或威胁的风险进行评估。

（2）定量评估。运用数据指标，通过数学方法或数学模型对攻击或威胁的数据元素进行计算，生成攻击或威胁的风险值。

5. 模型及管理

模型及管理是指对认知过程中的本体模型、预测模型及评估模型的数据规范、功能接口、模型存储与更新等进行定义和管理。

（1）本体模型。主要面向状态分析，对态势感知中的关键概念、实体、语义等进行统一的规范化定义和表示，以支持后续的推理和发现。

（2）预测模型。定义用于攻击预测的事件和关系的表示形式与方法。

（3）评估模型。用于定义模型和威胁风险度指标体系以及资产与任务度量指标体系。

6. 用户交互

用户交互负责完成态势感知系统的可视化功能，以便用户与网络安全态势感知系统进行交互、展示当前网络安全态势感知、预测未来态势、评估安全风险、对攻击行为溯源等。

6.8.4 网络安全态势感知系统的关键技术

关键技术主要包括数据采集与特征提取、攻击检测与分析、态势评估与计算、态势预测与溯源、态势可视化。

1. 数据采集与特征提取

（1）数据模型。针对需要采集的数据格式、内容进行定义，通常需要定义数据结构、数据操作和数据约束。数据模型涉及定义主体业务数据、定义数据输入输出格式、定义数据收集与集成模式等。通过规范统一的数据模型定义，可以解决由于网络安全态势感知中需要处理的多种传感器、异构数据源、高速大流量数据流而给数据采集和信息融合带来的难题。另外，也可以拓展数据模型的内涵，使其包含实体和关系，进行规范数据分析和可视化范式，支持威胁评估。数据模型不仅需要定义实体、事件、任务、结果等主要业务数据的格式和语义，还需要定义与实体和事件的上下文语义相关的信息。

（2）数据采集。又称数据获取，指从传感器和其他待测设备等被测单元中自动采集信号，送到上位机中进行分析和处理。根据采集的数据规模，数据采集可以分为采样式数据采集和全样本数据采集。采样式数据采集是指间隔一定时间或空间对同一采集点重复采集；全样本数据采集是指收集采样点的所有状态数据。针对不同维度的数据，目前采集方式有日志采集方式、协议采集方式、利用集成化网络采集工具的采集方式等。

（3）数据融合。数据融合能够剔除冗余数据、对数据格式进行标准化处理、变化数据等，从而实现对网络安全事件的一致性描述。数据融合的方法有很多，比如贝叶斯网络、D-S证据理论、粗精集理论、安全态势值等方法。数据变换是对数据进行规范化归并或转换，以便于后续的数据分析、统计和信息挖掘。

2. 攻击检测与分析

在网络安全态势感知中实现攻击检测和分析，需要对人类的认知过程进行建模，采用抽象的概念模型进行表示，建立符合网络安全态势感知的认知模型，以便支持基于模型的攻击检测与分析。相关的技术主要包括本体模型、认知模型、关联分析、攻击检测。

（1）本体模型。本体模型是从客观世界中抽象出来的一个概念模型，这个模型包含某个学科领域内的基本术语和基本术语之间的关系（或概念及概念之间的关系）。本体不等同于个体，本体是团体的共识，是相应领域内公认的概念集合。概念集合的内涵有 4 层：将相关领域的知识表述为概念、通过概念表述的知识应明确且没有歧义、要将知识形式化地表述出来、知识的表达是要利于共享的。

本体模型能够全面有效地描述网络安全态势，将网络安全各类数据和指标要素抽象分类并归纳为实体、属性、关联关系，建立由安全事件的上下文环境、攻击行为的特征信息、当前已知的和系统现存的漏洞静态信息，以及目标网络的历史和当前流量数据等组成的网络安全态势描述模型。

（2）认知模型。认知模型是人类对真实世界进行认知的过程模型。在认知行为中，通常包括感知对象、注意目标、形成概念、知识表示与推理、记忆留存与更新、信息传递与共享。人们通过建立认知模型研究人类的思维机制、与环境的感知交互机制、人与人之间的集体认知机制等，指导设计和实现智能化或智能辅助系统。构建认知模型是为了将人类分析师理解网络安全态势感知的过程进行自动化建模，从而实现自动化的态势理解过程，以便有效检测网络攻击事件。

（3）关联分析。又称关联挖掘，就是在行为记录、关系数据或其他信息中，查找存在于项目集合或对象集合之间的相关关系，包括值相关关系、语义相关关系、共现关系、因果关系等。关联分析能发现网络安全数据在时间、空间、序列等表层关系，并结合资产维度、漏洞维度、威胁维度的信息，通过安全攻击事件溯源和复盘，发现攻击活动与安全数据、安全事件及攻击模型等的语义关系，从而实现自动化检测网络攻击。

（4）攻击检测。攻击检测主要基于日志、流量、负载、协议等数据，通过关联分析和规则匹配方法，识别网络或系统中的恶意行为。在构建本体模型和认知模型后，通过模型进行推理实现对网络攻击事件的检测。

3. 态势评估与计算

（1）态势评估指标体系。态势评估指标是根据网络安全态势感知中的威胁评估、影响评估、能力评估等，定义相关的指标体系及其评估模型。一般而言，态势评估指标体系包括漏洞维度、威胁维度、资产维度的度量指标。

① 漏洞维度的度量指标。包括单个漏洞的度量指标和网络漏洞的总体度量指标。

② 威胁维度的度量指标。包括单个攻击的度量指标和整个网络面临攻击的度量指标。

③ 资产维度的度量指标。包括工作任务的度量指标和资产度量指标。

（2）风险评估与计算方法。风险评估与计算需要根据指标体系中对不同维度评估指标的定义，融合各类安全设备数据，借助某种数学模型经过形式化推理计算，得到当前网络态势中某一目标在某层面上的安全、性能等评估值。网络安全态势评估可以分为定性评估和定量评估。

① 定性评估。主要包括问卷调查法、逻辑评估法、历史比较法和德尔菲法。优点是可以挖掘出一些蕴藏很深的思想，得到更全面、更深刻的评估结论。

② 定量评估。主要包括贝叶斯技术、人工神经网络、模糊评价方法、D-S 证据理论、聚类分析等。优点是能得到更客观、更科学、更直接的结论。

4. 态势预测与溯源

网络安全态势预测的内容包括对当前正在发生的网络攻击事件的演化进行预测、对未来可能发生的网络攻击行为进行预测，以及对网络安全整体态势进行预测。网络安全态势感知除了态势预测，还需要溯源。网络攻击溯源指的是还原攻击路径，确定网络攻击者身份或位置，找出攻击原因。态势预测与溯源的关键技术为构建预测模型、攻击预测、攻击溯源、取证分析。

① 构建预测模型。预测模型指用数学语言或公式描述和预测事物间的数量关系，是计算预测值的直接依据。在网络安全态势感知应用中，预测模型主要针对攻击事件、攻击对网络部件及业务任务的影响两个方面来构建。当前基于知识推理的网络安全事件预测主要采用攻击图方法，对攻击的行为、攻击能力及意图、攻击模型等进行预测。

② 攻击预测。攻击预测指根据当前及历史网络安全数据，结合已经形成的网络安全知识，通过推理预测攻击的未来动向，包括攻击路径、攻击目标攻击意图等。常用方法有基于时间序列的预测、基于回归分析的预测、基于支持向量机的预测等传统预测方法，以及基于攻击图的预测等知识推理预测方法。

③ 攻击溯源。攻击溯源指利用网络溯源技术查找并确认攻击发起者的信息，包括地址、位置、身份、组织甚至意图，还原攻击路径，找出攻击原因等。攻击溯源分为应用层溯源和网络层溯源，可以通过将应用层行为体、目标体等关联映射到网络层标识（如IP地址），从而将应用层的溯源活动转化为网络层的溯源操作。

④ 取证分析。根据分析的环境目标对象，取证分析可以分为网络取证、系统取证、业务取证。网络取证通过网络设备日志，提取分析协议层次的通信行为、路径和流量等特征数据，发现攻击活动的网络轨迹；系统取证通过计算机的系统日志，提取分析主机系统内及相关系统间的活动记录，发现针对计算机系统的攻击活动痕迹；业务取证通过服务系统的业务日志，提取分析业务软件层面的操作记录，发现穿透网络和计算机系统到达业务系统的恶意破坏行为。

5. 态势可视化

态势可视化是网络安全态势感知任务的结果展示。作为态势感知和可视化技术结合而成的一项新技术，态势可视化利用可视化技术，通过各种形式（包括地图、表格、树状图、时间轴、3D和层次可视化等）展示网络安全态势状况，帮助用户直观、准确地理解网络安全整体态势。

6.9 本章小结

1. 网络安全协议

安全协议本质上是关于某种应用的一系列规定，包括功能、参数、格式和模式等，连通的各方只有共同遵守协议，才能相互操作。

（1）应用层安全协议

在应用层的安全协议主要包括SSH协议、SET协议、S-HTTP、PGP协议和S/MIME协议。

（2）传输层安全协议

传输层的安全协议主要有SSL协议和PCT协议。

（3）网络层安全协议

网络层的安全协议主要有IPSec。该协议定义了AH协议、ESP协议和IKE协议。

2. 网络安全传输技术

网络安全传输技术，就是利用安全隧道技术，通过将待传输的原始信息进行加密和协议封装处理后，再嵌套装入另一种协议的数据包送入网络，让其像普通数据包一样进行传输。网络安全传输通道应该提供以下功能和特性。

① 机密性：通过对信息加密保证只有预期的接收者才能读出信息。

② 完整性：保护信息在传输过程中免遭未经授权的修改，从而保证接收到的信息与发送的信息完全相同。

③ 对数据源的身份验证：通过保证每个计算机的真实身份来检查信息的来源以及完整性。

④ 反重放攻击：通过保证每个数据包的唯一性来确保攻击者捕获的数据包不能重发或重用。

3. 网络加密技术

在计算机网络系统中，数据加密方式有链路加密、节点加密和端到端加密 3 种方式。链路加密通常用硬件在网络层以下的物理层和数据链路层中实现，它用于保护在通信节点间传输的数据；节点加密是在协议运输层上进行加密，是对源节点和目标节点之间传输的数据进行加密保护；端到端加密是面向网络高层主体进行的加密，即在协议表示层上对传输的数据进行加密，而不对下层协议信息加密。

4. 防火墙技术

防火墙是在两个网络之间执行访问控制策略的一个或一组系统，包括硬件和软件，目的是保护网络不被可疑人侵扰。它遵循的是一种允许或阻止业务往来的网络通信安全机制，也就是提供可控的过滤网络通信，只允许授权的通信。

由软件和硬件组成的防火墙应该具有以下功能。

① 所有进出网络的通信流都应该通过防火墙。

② 所有穿过防火墙的通信流都必须有安全策略和计划的确认和授权。

③ 理论上，防火墙是穿不透的。

防火墙需要防范以下 3 种攻击。

间谍：试图偷走敏感信息的“黑客”、入侵者和闯入者。

盗窃：盗窃的对象包括数据、Web 表格、磁盘空间和 CPU 资源等。

破坏系统：通过路由器或主机/服务器蓄意破坏文件系统，或阻止授权用户访问内部网络（外部网络）和服务器。

包是网络上信息流动的单位，在网上传输的文件一般在发出端被划分成若干个数据包，经过网上的中间站点，最终传到目的地，然后这些数据包又被重新组合成原来的文件。每个包有两个部分：数据部分和包头。包头中含有源地址和目标地址等信息。

包过滤一直是一种简单而有效的方法。通过拦截数据包，读出并拒绝那些不符合标准的包头，过滤掉不应入站的信息。包过滤器又被称为包过滤路由器。

设计和建立堡垒主机的基本原则有两条：最简化原则和预防原则。

堡垒主机目前一般有以下 3 种类型。

① 无路由双重宿主主机。

② 牺牲品主机。

③ 内部堡垒主机。

代理服务是运行在防火墙主机上的一些特定的应用程序。

防火墙的体系结构一般有以下几种。

① 双重宿主主机体系结构。

② 主机过滤体系结构。

③ 子网过滤体系结构。

5. 网络攻击的类型

任何以干扰、破坏网络系统为目的的非授权行为都称为网络攻击。对网络攻击的定义有两种观点：一种观点认为攻击仅发生在入侵行为完全完成，并且入侵者已在目标网络内时；另一种观点则认为网络攻击指可能使一个网络受到破坏的所有行为，即从一个入侵者开始在目标机上工作的那个时刻起，攻击就开始进行了。

“黑客”进行的网络攻击通常可分为4大类型：拒绝服务型攻击、利用型攻击、信息收集型攻击和虚假消息攻击。

物理层面对的主要攻击有直接攻击和间接攻击，直接攻击是直接对硬件进行攻击，间接攻击是对物理介质的攻击。

数据链路层的最基本的功能是向该层用户提供透明的和可靠的数据传送基本服务。透明是指该层上传输的数据的内容、格式及编码没有限制，也没有必要解释信息结构的意义；可靠的传输使用户免去对丢失信息、干扰信息及顺序不正确等的担心。由于数据链路层的安全协议比较少，因此容易受到各种攻击，常见的攻击有MAC地址欺骗、CAM表格淹没攻击、VLAN中继攻击、操纵生成树协议、ARP攻击等。

网络层主要用于寻址和路由，它并不提供任何错误纠正和流控制的方法。网络层常见的攻击主要有IP地址欺骗攻击和ICMP攻击。网络层的安全需要保证网络只给授权的用户提供授权的服务，保证网络路由正确，避免被拦截或监听。

传输层处于通信子网和资源子网之间，起着承上启下的作用。传输层控制主机间传输的数据流。传输层存在两个协议：TCP、UDP。端口扫描是传输层常见的攻击前奏。

应用层是网络的最高层，应用策略非常多，因此遭受网络攻击的模式也非常多，综合起来主要有带宽攻击、缺陷攻击和控制目标机。

“黑客”指利用通信软件，通过网络非法进入他人系统，截获或篡改计算机数据，危害信息安全的计算机入侵者或入侵行为。

“黑客”攻击的3个阶段是：信息收集、系统安全弱点的探测以及网络攻击。

对付“黑客”的袭击的应急操作如下：估计形势、切断连接、分析问题、采取行动。

6. 入侵检测技术

入侵定义为任何试图破坏信息系统的完整性、保密性或有效性的活动的集合。入侵检测就是通过从计算机网络或计算机系统中的若干关键点收集信息并对其进行分析，从中发现网络或系统中是否有违反安全策略的行为和遭到袭击的迹象的一种安全技术。

按照检测类型从技术上划分，入侵检测有异常检测模型和滥用检测模型两种检测模型。

按照监测的对象是主机还是网络，IDS可分为基于主机的IDS、基于网络的IDS以及混合型IDS。

按照工作方式，IDS可分为离线检测系统与在线检测系统。

入侵检测的过程分为3部分：信息收集、信息分析和结果处理。

IDS由事件提取、入侵分析、入侵响应和远程管理4部分组成。

常用的入侵检测方法有特征检测、统计检测和专家系统。

基于用户行为的检测技术常用的模型有操作模型、方差模型、多元模型、马尔可夫过程模型和时间序列模型。

7. 虚拟专用网技术

虚拟专用网是利用接入服务器、路由器及虚拟专用网设备在公用的广域网上实现虚拟专用网的技术。也就是说，用户觉察不到他在利用公用网获得专用网的服务。

虚拟专用网分为 3 种类型：内部虚拟专用网（Intranet VPN）、远程访问虚拟专用网（Access VPN）和外部虚拟专用网（Extranet VPN）。

虚拟专用网中采用的关键技术主要包括隧道技术、加密技术、用户身份认证技术及访问控制技术。

对虚拟专用网来说，网络隧道技术是关键技术，它涉及 3 种协议，即网络隧道协议、支持网络隧道协议的承载协议和网络隧道协议所承载的被承载协议。网络隧道协议主要有 4 种：点到点隧道协议（Point-to-Point Tunneling Protocol，PPTP）、第二层转发（Layer 2 Forwarding，L2F）协议和第二层隧道协议（Layer 2 Tunneling Protocol，L2TP），以及第三层隧道协议 GRE。

8. 网络取证技术

计算机取证包括对计算机证据的收集、分析、确定、出示以及分析。网络取证主要包括电子邮件通信取证、P2P 取证、网络实时通信取证、即时通信取证，基于入侵检测取证技术、痕迹取证技术、来源取证技术以及事前取证技术。

网络取证的原则有及时性、合法性原则；原始性、连续性原则；多备份原则；环境安全原则和严格管理原则。

计算机取证一般应该包括保护现场、搜查物证、固定易丢失数据、现场在线勘查、提取物证 5 个步骤。

计算机网络取证流程包含原始数据获取、数据过滤、元分析、取证分析以及结论表示 5 个步骤。

计算机网络取证技术就是利用通过网络的数据信息资料获取证据的技术。主要包含基于入侵检测取证技术；来源取证技术；痕迹取证技术；海量数据挖掘技术；网络流量监控技术；会话重建技术以及事前取证技术。

9. 网络安全态势感知技术

网络安全态势感知是一种基于环境的，动态、整体地洞悉安全风险的能力，以安全大数据为基础，融合所有的可获取的信息并对网络的安全态势进行评估，将不安全因素带来的风险和损失降到最低，为决策与行动提供依据。

网络安全态势感知的最终目标是对情境态势进行有效管理，不断针对网络攻击进行动态、积极的安全防御，以保障用户业务的正常运行。而实现态势感知，需要以安全大数据为基础，从全局视角来提升对各类安全威胁的发现识别、分析理解和响应处置能力，通常还以可视化的方式展现给用户。总体来说，态势感知主要包括态势认知、态势理解和态势预测 3 个环节。

典型的网络安全态势感知系统功能包括特征信息提取、当前状态分析、发展趋势预测、风险评估、模型及管理和用户交互 6 个部分。

网络安全态势感知系统关键技术主要包括数据采集与特征提取、攻击检测与分析、态势评估与计算、态势预测与溯源、态势可视化。

习　题

1. IPSec 能对应用层提供保护吗？

2. 按照 IPSec 体系框架，如果需要在 AH 或 ESP 中增加新的算法，需要对协议做些什么修改工作？

3. 简述防火墙的工作原理。

4. 防火墙的体系结构有哪些？

5. 在主机过滤体系结构防火墙中，内部网的主机想要请求外网的服务，有几种方式可以实现？

6. 安装一个简单的防火墙和一个代理服务的软件。

7. 简述“黑客”是如何攻击一个网站的。

8. 简述 IDS 的工作原理，比较基于主机和基于网络应用的 IDS 的优缺点。

9. 构建一个 VPN 系统需要哪些关键技术？这些关键技术各起什么作用？

10. 用 IPSec 机制实现 VPN 时，如果内部网使用了私有 IP 地址怎么办？IPSec 该采用何种模式？

11. 简述网络安全态势感知需要哪些技术。

07

第 7 章　网络站点的安全

习近平总书记在党的二十大报告中指出："国家安全是民族复兴的根基，社会稳定是国家强盛的前提。必须坚定不移贯彻总体国家安全观，把维护国家安全贯穿党和国家工作各方面全过程，确保国家安全和社会稳定。"

互联网本身存在着安全隐患，Web 站点的安全关系到整个互联网的安全。最主要的不安全因素是"黑客"入侵，"黑客"使用专用工具，采取各种入侵手段攻击网络。本章从互联网的安全、Web 站点的安全入手，介绍口令安全、无线网络安全的基本概念，分析网络监听、扫描器等的原理，以及针对 IP 电子欺骗采取的应对措施。

7.1 互联网的安全

互联网的安全

互联网是全球最大的信息网络，促进了人类从工业社会向信息社会的转变，并改变了人们的生活、学习和工作方式。互联网作为开放的信息系统，逐渐成为各国信息战略目标。

7.1.1 互联网服务的安全隐患

1. 电子邮件

电子邮件是互联网上使用最多的一项服务，因此，通过电子邮件来攻击一个系统是“黑客”的拿手好戏。曾经名噪一时的蠕虫正是利用了电子邮件的漏洞在互联网上猖狂传播。电子邮件的一个安全问题是邮件的溢出，即无休止的邮件（包括链式邮件）会耗尽用户计算机的存储空间。而现代的多媒体邮件系统，可以发送包含程序的电子邮件，这种程序在管理不严格的情况下运行能感染特洛伊木马。用户尤其是商业用户，最担心的莫过于邮件的保密性得不到保证。与电子邮件有关的两个协议是简单邮件传送协议（Simple Mail Transfer Protocol，SMTP）和邮局协议（Post Office Protocol，POP），它们分别负责邮件的发送与接收；而Sendmail是在UNIX上最常用的SMTP核心程序，它已经被很多闯入者所利用。

2. 文件传送协议（FTP）

FTP服务由TCP/IP支持。只要连入互联网的两台计算机都支持TCP/IP，运行FTP软件，用户可以像使用自己计算机上的资源管理器一样，将远程计算机上的文件复制到自己的硬盘。大多数提供FTP服务的站点，允许用户以Anonymous作为用户名，不需要密码或被告知密码（如guest、自己的E-mail地址等）。有的站点不需要输入账号名和口令，一旦登录成功，用户可以下载文件，如果服务器安全系统允许，用户也可以上传文件。这种FTP服务称为匿名服务。匿名FTP（Anonymous FTP）是ISP的一项重要服务，它允许用户通过FTP访问FTP服务器上的文件，这时不正确的配置将严重威胁系统的安全。因此需要保证使用它的人不会申请系统上其他的区域或文件，也不能对系统做任意的修改。在匿名FTP中，可写的目录常常是应该留意的。文件传输和电子邮件一样会给网上的站点带来不受欢迎的数据和程序。

3. 远程登录（Telnet）

Telnet是提供远程终端申请的程序。这是一种十分有用的远程申请机制。Telnet是互联网上常用的登录程序。它真实地模仿一个终端，不用做特殊的安排就可以为互联网上任何站点上的用户提供远程申请。但它只能提供基于字符（文本）的应用。Telnet不仅允许用户登录到远端主机上，还允许用户执行那台主机的命令。这样北京的用户可以对上海的主机进行终端仿真，并运行上海主机上的程序，就像用户身在上海一样。

Telnet看起来像是十分安全的服务，但由于Telnet需要用户认证，并且Telnet送出的所有信息是不加密的，所以很容易被“黑客”攻击。现在Telnet被认为是从远程系统申请站点时最危险的服务之一。要使Telnet安全，必须选择安全的认证方案，防止站点被窃听或侵袭。

4. 用户新闻（Usenet News）

用户新闻或新闻组是互联网上的公告牌，提供了多对多的通信。最大众化的新闻组会有几十万人参加。像电子邮件一样，用户新闻具有危险性，并且大多数站点的新闻信息量大约6个月翻一番，很容易造成溢出。为了安全起见，一定要配置好新闻服务。

网络新闻传送协议（Netware News Transfer Protocol，NNTP）是互联网上转换新闻的协议。很多站点建立了预定的本地新闻组以便于本地用户间进行讨论。这些新闻组往往包含秘密的、有价值的或者是敏感的信息。有些人可以通过 NNTP 服务器私下申请这些预定新闻组，结果造成泄密。如果要建立预定新闻组，一定要小心地配置 NNTP 服务器，控制对这些新闻组的申请。

5. 万维网（WWW）

WWW 是建立在 HTTP 上的全球信息库，它是互联网上 HTTP 服务器的集合。目前 Web 站点遍及世界各地。万维网用超文本技术把 Web 站点上的文件连在一起，文件可以包括文本、图形、声音、视频以及其他形式。用户可以自由地通过超文本导航从一个文件进入另一个文件，方便搜索信息。不管文件在哪里，只要在 HTTP 连接的字或图上用鼠标单击一下就行了。

搜索 Web 文件的工具是浏览器，HTTP 只是浏览器中使用的一种协议，浏览器还会使用 FTP、Gopher 和 WAIS 等协议，也会包括 NNTP 和 SMTP 等协议。因此用户在使用浏览器时，实际上是在申请 HTTP 服务，同时会去申请 FTP、Gopher、WAIS、NNTP 和 SMTP 等服务。这些服务都存在漏洞，是不安全的。

浏览器由于灵活而备受用户的欢迎，而灵活性也会导致控制困难。浏览器比 FTP 服务器更容易转换和执行，恶意的侵入也就更容易得到转换和执行。浏览器一般只能理解基本的数据格式如 HTML、JPEG 和 GIF 格式。对其他的数据格式，浏览器需要通过外部程序来观察。一定要注意哪些外部程序是默认的，不能允许危险的外部程序进入站点。用户不要随便增加外部程序，随便修改外部程序的配置。

7.1.2　互联网的脆弱性

互联网会受到严重的与安全有关的问题的损害。忽视这些问题的站点将面临被闯入者攻击的危险，而且可能给闯入者攻击其他的网络提供基地。即使那些确实实行了良好安全措施的站点也面临着新的网络软件的弱点和一些闯入者持久攻击带来的问题。一些问题是由于服务（以及服务所用的协议）的漏洞、弱点造成的，另一些则是因为主机的配置和访问控制实现得不好，或对管理员来说过于复杂等。另外，系统管理的任务和重要性经常变化，以致许多管理员是临时工作的，没有做好准备。互联网的巨大增长使这种情况进一步恶化。许多机构现在依赖于互联网进行通信和研究，一旦他们的站点遭受攻击，损失将会很严重。

1. 认证环节薄弱性

互联网的许多事故的起因是使用了薄弱的、静态的口令。互联网上的口令可以通过许多方法破译，其中最常用的两种方法是把加密的口令解密和通过监视信道窃取口令。UNIX 操作系统通常把加密的口令保存在一个文件中，而普通用户即可读取该文件。这个口令文件可以通过简单的复制或其他方法得到。一旦口令文件被闯入者得到，他们就可以使用解密程序。如果口令是薄弱的（例如少于 8 个字符或是英语单词），就可能被破译，然后被用来获取对系统的访问权。

另外一个与认证有关的问题是由如下原因引起的：一些 TCP 或 UDP 服务只能对主机地址进行认证，而不能对指定的用户进行认证。一个 NFS 服务器不能只给一个主机上的某些特定用户访问权，它只能给整个主机访问权。一个服务器的管理员也许只信任某一主机的某一特定用户，并希望给该用户访问权，但是管理员无法控制该主机上的其他用户。

2. 系统易被监视性

应该注意到当用户使用Telnet或FTP连接到远程主机上的账户时，在互联网上传输的口令是没有加密的。那么入侵系统的一个方法就是通过监视携带用户名和口令的IP包，然后使用这些用户名和口令通过正常渠道登录到系统。如果被截获的是管理员的口令，那么获取特权级访问就变得更容易了。

电子邮件或者Telnet和FTP的内容，可以被监视并用来了解一个站点的情况。大多数用户不加密邮件，而且许多人认为电子邮件是安全的，所以用它来传送敏感的内容。

3. 系统易被欺骗性

主机的IP地址被假定为是可用的，TCP和UDP服务相信这个地址。问题在于，如果使用“IP Source Routing”，那么攻击者的主机就可以冒充一个被信任的主机或客户。简单地说，“IP Source Routing”是一个用来指定一条源地址和目的地址之间的直接路径的选项。这条路径可以包括通常不被用来向前传送包的主机或路由器。下面的例子说明了如何使用它来把攻击者的系统假扮成某一特定服务器的可信任的客户。

① 攻击者要使用那个被信任的客户的IP地址取代自己的地址。

② 攻击者构造一条要攻击的服务器和其主机间的直接路径，把被信任的客户作为通向服务器路径的最后节点。

③ 攻击者用这条路径向服务器发出客户申请。

④ 服务器接收客户申请（就好像是从可信任客户直接发出的一样），然后返回响应。

⑤ 可信任客户使用这条路径将数据包向前传送给攻击者的主机。许多UNIX主机接收到这种包后将继续把它们向指定地方传送，路由器也一样，但有些路由器可以通过配置以阻塞这种包。

互联网的电子邮件是最容易被欺骗的，因此没有被保护（如使用数字签名）的电子邮件是不可信的。举一个简单的例子，考虑当UNIX主机发生电子邮件交换时的情形，交换过程是通过一些有ASCII字符命令组成的协议进行的。闯入者可以用Telnet直接连到系统的SMTP端口上，手动输入这些命令。接收的主机相信发送的主机（它说自己是谁就是谁），那么邮件的来源就可以轻易地伪造，只需输入一个与真实地址不同的发送者地址就可做到这一点。这导致了任何没有特权的用户都可以伪造或欺骗电子邮件。

其他一些服务（例如域名服务）也可能被欺骗，不过比电子邮件更困难。使用这些服务时，必须考虑潜在的危险。

4. 有缺陷的局域网服务

安全地管理主机系统既困难又费时。为了降低管理要求并增强局域网，一些站点使用了NFS之类的服务。这些服务允许一些数据库（如口令文件）以分布式管理，允许系统共享文件和数据，在很大程度上减少了过多的管理工作量。但这些服务带来了不安全因素，可以被有经验的闯入者利用以获得访问权。如果一个中央服务系统遭到损害。那么其他信任该系统的系统会更容易遭到损害。

一些系统出于方便用户并加强系统和设备共享的目的，允许主机们互相“信任”。如果一个系统被侵入或欺骗，那么对闯入者来说，获取那些信任它的访问权就很简单了。例如，一个在多个系统上拥有账户的用户，可以将这些账户设置成互相信任的，这样就不需要在连入每个系统时都输入口令。当用户使用rlogin命令连接主机时，目标系统将不再询问口令或账户名，而且将接受这个连接。

这样做的好处是用户的口令和账户名不需在网络上传输，所以不会被监视和窃取，缺点在于一旦用户的一个账户被侵入，那么闯入者就可以轻易地使用 rlogin 侵入其他账户。因此，一般不鼓励使用“相互信任的主机”。

5. 复杂的设备和控制

对主机系统的访问控制配置通常很复杂而且难以验证其正确性。因此，偶然的配置错误会使闯入者获取访问权。一些主要的 UNIX 经销商仍然配置成具有最大访问权的系统，如果保留这种配置的话，就会导致未经许可的访问。

许多互联网上的安全事故是由那些被闯入者发现的弱点造成的。由于目前大多数 UNIX 操作系统都是从 BSD 获得网络部分的代码，而 BSD 的源代码又可以轻易得到，所以闯入者可以通过研究其中可利用的缺陷来侵入系统。存在缺陷的部分原因是软件的复杂性，而且没有能力在各种环境中进行测试。有些缺陷很容易被发现和修改，而另一些除了重写软件外几乎不能消除。

6. 主机的安全性难以估计

主机的安全性难以得到很好的估计。随着每个站点的主机数量的增加，确保每台主机的安全性都处于高水平的能力却在下降。只用管理一个系统的能力来管理如此多的系统就很容易犯错误。另一个因素是系统管理的作用经常变换并且行动迟缓。这导致一些系统的安全性比另一些要低。这些系统将成为薄弱环节，最终可能破坏整个安全链。

7.2 Web 站点安全

7.2.1 Web 技术简介

World Wide Web 称为万维网，简称 Web。它的基本结构是开放式的客户–服务器结构，分成服务器、客户机及通信协议 3 个部分。

1. 服务器（Web 服务器）

服务器中规定了服务器的传输设定、信息传输格式及服务器本身的基本开放结构。Web 服务器是驻留在服务器上的软件，它汇集了大量的信息。Web 服务器的作用就是管理这些信息，按用户的要求返回信息。

2. 客户机（Web 浏览器）

客户机用于向服务器发送资源索取请求，并将接收到的信息进行解码和显示。Web 浏览器是客户机的一种形式，它从 Web 服务器上下载和获取文件，翻译下载文件中的 HTML 代码，进行格式化，根据 HTML 中的内容在屏幕上显示信息。如果文件中包含图像以及其他格式的文件（如音频、视频等），那么 Web 浏览器会做相应的处理或依据所支持的插件进行必要的显示。

3. 通信协议（HTTP）

Web 浏览器与服务器之间遵循 HTTP 进行通信传输。HTTP 是分布式的 Web 应用的核心技术协议，在 TCP/IP 协议栈中属于应用层。它定义了 Web 浏览器向 Web 服务器发送索取 Web 页面请求的格式，以及 Web 页面在互联网上的传输方式。

Web 服务器通过 Web 浏览器与用户交互操作，相互间采用 HTTP 相互通信（服务器和客户端都必须安装 HTTP）。Web 服务器和 Web 浏览器之间通过 HTTP 相互响应。一般情况下，Web 服务器在 80 端口等候 Web 浏览器的请求，Web 浏览器通过 3 次握手与服务器建立起 TCP/IP 连接。

7.2.2 Web 安全体系的建立

Web 赖以生成的环境包括计算机硬件、操作系统、计算机网络、许多的网络服务和应用，所有这些都存在着安全隐患，最终威胁到 Web 的安全。Web 的安全体系结构非常复杂，主要包括以下几个方面。

① 客户端软件（即 Web 浏览器软件）的安全。

② 运行浏览器的计算机设备及其操作系统的安全（主机系统安全）。

③ 客户端的局域网的安全。

④ 互联网的安全。

⑤ 服务器端的局域网的安全。

⑥ 运行服务器的计算机设备及操作系统的安全（主机系统的安全）。

⑦ 服务器上的 Web 服务器软件的安全。

在分析 Web 服务器的安全性时，一定要全面考虑所有方面，因为它们是相互联系的，每个方面都会影响到 Web 服务器的安全性，它们中安全性最差的决定了给定服务器的安全级别。下面主要讨论 Web 服务器软件及支撑服务器运行的操作系统的安全设置与管理。

1. 主机系统的安全需求

网络的攻击者通常通过主机的访问来获取主机的访问权限，一旦攻击者突破了这个机制，就可以完成任意的操作。对某台主机，通常是通过口令认证机制来实现登录计算机系统。现在大部分个人计算机没有提供认证系统，也没有身份的概念，极其容易被获取系统的访问权限。因此，一个没有认证机制的 PC 是 Web 服务器最不安全的平台。所以，确保主机系统的认证机制，严密设置及管理访问口令，是主机系统抵御威胁的有力保障。

2. Web 服务器的安全需求

随着“开放系统”的发展和互联网的知识普及，获取使用简单、功能强大的系统安全攻击工具是非常容易的事情。在访问 Web 站点的用户中，不少技术高超的人有足够的经验和工具来寻求他们感兴趣的东西。并且在人才流动频繁的今天，“系统有关人员”也可能因为种种原因离开原来的岗位，系统的秘密也可能随之泄露。

不同的 Web 网站有不同的安全需求。建立 Web 网站是为了更好地提供信息和服务，在一定程度上 Web 站点是其拥有者的代言人，为了满足 Web 服务器的安全需求，维护拥有者的形象和声誉，必须对各类用户访问 Web 资源的权限做严格管理；维持 Web 服务的可用性，采取积极主动的预防、检测措施，防止他人破坏造成设备、操作系统停运或服务瘫痪；确保 Web 服务器不被用作进一步侵入内部网络和其他网络的跳板，使内部网络免遭破坏，同时避免产生麻烦甚至法律纠纷。

7.2.3 Web 服务器设备和软件安全

Web 服务器的硬件设备和相关软件的安全性是建立安全的 Web 站点的坚实基础。人们在选择 Web 服务器主机设备和相关软件时，除了考虑价格、功能、性能和容量等因素外，还要考虑安全因素，因为有些服务器用于提供某些网络服务时存在安全漏洞。挑选 Web 服务器技术通常要在一系列有冲突的需求之间做出折中的选择，要同时考虑建立网站典型的功能需求和安全要求。

对于 Web 服务器，最基本的性能要求是响应时间和吞吐量。响应时间通常以服务器在单位时间内最多允许的连接数来衡量，吞吐量则以单位时间内服务器与网络传输的字节数来计算。

典型的功能需求有提供静态页面和多种动态页面服务的能力；接收和处理用户信息的能力；提供站点搜索服务的能力；远程管理的能力。

典型的安全需求有在已知的 Web 服务器（包括软、硬件）漏洞中，针对该类型 Web 服务器的攻击最少；对服务器的管理操作只能由授权用户执行；拒绝通过 Web 访问 Web 服务器上不公开的内容；能够禁止内嵌在操作系统或 Web 服务器软件中的不必要的网络服务；有能力控制对各种形式的执行程序的访问；能对某些 Web 操作进行日志记录，以便于入侵检测和入侵企图分析；具有适当的容错功能。

所以，在选择 Web 服务器时，首先要从建立网站的组织的实际情况出发，根据安全策略决定具体的需求，广泛地收集分析产品信息和相关知识，借鉴优秀方案或实施案例的精华，选择认为能够最好地满足本组织包括安全考虑在内的需求的产品组合。

1. **配置 Web 服务器的安全特性**

每次用户与站点建立连接，他们的客户机会向服务器传送自己的 IP 地址。有时，Web 站点接收到的 IP 地址可能不是客户机的地址，而是它们请求所经过的代理服务器的地址。服务器看到的是代表客户索要文档的服务器的地址。由于使用 HTTP，客户机也可以向 Web 服务器表明发出请求的用户名。

如果不要求服务器获得这类消息，服务器首先会将 IP 地址转换为客户机的域名。为了将 IP 地址转化为域名，服务器与一个域名服务器联系，向它提供这个 IP 地址，从那里得到相应的域名。

通常，如果 IP 地址设置不正确，就不能转换。一旦 Web 服务器获得 IP 地址和客户机可能的域名，它就开始一系列验证手段以决定客户机是否有权访问他要求访问的文档。这里，有几个安全漏洞。

① 客户机可能永远得不到要求的信息，因为服务器伪造了域名。客户机可能无法获得授权访问的信息。

② 服务器可能向另一用户发送信息，因为伪造了域名。

③ 误认闯入者是合法用户，服务器可能允许闯入者访问。

HTTP 服务器给用户带来风险和损坏，HTTP 客户机给服务器也带来了风险和损坏。对于客户机可能给服务器带来的风险，应注意服务器的安全。应确保客户机只访问它们有权访问的站点，如果发生了闯入，应有一些阻止闯入的措施。加强服务器的安全，有以下几个方法。

① 认真配置服务器，使用它的访问和安全特性。

② 可将 Web 服务器当作没有权限的用户。

③ 应检查驱动器和共享的权限，将系统设为只读状态。

④ 可将敏感文件放在基本系统中，再设定二级系统，所有的敏感数据都不向互联网开放。

⑤ 充分考虑最糟糕的情况后，配置自己的系统，即使“黑客”完全控制了系统，他还要面对一堵“高墙”。

⑥ 最重要的是检查 HTTP 服务器使用的 Applet 脚本，尤其是那些与客户交互作用的 CGI 脚本。防止外部用户执行内部指令。

2. 排除站点中的安全漏洞

最基本的安全措施是排除站点中的安全漏洞，通常表现为以下4种形式。

① 物理的漏洞由未授权人员访问引起，由于他们能浏览那些不被允许的地方。一个很好的例子就是安置在公共场所的浏览器，它使得用户不仅能浏览 Web，而且可以改变浏览器的配置并取得站点信息，如IP地址、DNS入口等。

② 软件漏洞是由“错误授权”的应用程序引起，如Daemon会执行不应执行的功能，其中与用户无关的一类进程执行了系统的很多功能，诸如控制、网络服务、与时间有关的活动和打印服务等。一条首要规则是，不要轻易相信脚本和Applet。使用时，应确定能掌握它们的功能。

③ 不兼容问题漏洞是由不良系统集成引起的。一个硬件或软件运行时可能工作良好，一旦和其他设备集成后（如作为一个系统），就可能会出现问题。这类问题很难确认，所以对每一个部件在集成进入系统之前，都必须进行测试。

④ 缺乏安全策略。如果用户用他们的电话号码作为口令，无论口令授权体制如何安全都没用。必须有一个安全策略。

安全运行 Web 站点还要求 Web 专家及管理者养成一系列良好习惯。这样有助于保持策略简单、易于维护和易于修改。一旦实现基本安全需求，就应该考虑用户的需求。机密性就是最重要且最敏感的安全需求之一。

7.2.4 建立安全的Web网站

主机操作系统是Web的直接支撑者，合理配置主机系统，能为Web服务器提供强健的安全支持。

1. 配置主机操作系统

（1）仅提供必要的服务

已经安装完毕的操作系统都有一系列常用的服务，UNIX系统将提供Finger、Rwho、RPC、LPD、Sendmail、FTP、NFS、IP转发等服务。例如，Windows Server系统提供RPC、IP转发、FTP、SMTP等。而且，系统在默认的情况下自动启用这些服务，或提供简单易用的配置向导。这些配置简单的服务应用在方便管理员而且增强系统功能的同时，也埋下了安全隐患。因为，关于这些应用服务的说明文档或是没有足够的提醒，或是细碎繁杂使人无暇细研，不熟练的管理员甚至没有认真检查这些服务的配置是否清除了已知的安全隐患。

为此，在安装操作系统时，应该只选择安装必要的协议和服务；对于UNIX系统，应检查/etc/rc.d/目录下的各个目录中的文件，删除不必要的文件；对于Windows系统，应删除没有用到的网络协议，不要安装不必要的应用软件。一般情况下，应关闭Web服务器的IP转发功能。

系统功能越单纯，结构越简单，可能出现的漏洞越少，因此越容易进行安全维护。对于专门提供Web信息服务（含提供虚拟服务器）的网站，最好由专门的主机作为Web服务器系统，对外只提供Web服务，没有其他任务。这样可以保证使系统最好地为Web服务提供支持、管理人员单一，避免管理员之间出现安全漏洞、用户访问单一，便于控制、日志文件较少，减轻系统负担。

如果必须提供其他服务，如FTP服务与Web服务共用文件空间（即FTP和HTTP共享目录），则必须仔细设置各个目录、文件的访问权限，确保远程用户无法上传能通过Web服务读取或执行的文件。

（2）使用必要的辅助工具，简化主机的安全管理

目前常用的开源日志监控和管理工具有 ManageEngine EventLog Analyzer、Graylog、Logwatch 等。

ManageEngine EventLog Analyzer 是一款本地日志管理解决方案，专为信息技术、健康、零售、金融、教育等各个行业的企业而设计。该解决方案为用户提供基于代理和无代理的日志收集、日志解析功能、强大的日志搜索引擎和日志归档选项。

GrayLog 是领先的开源和健壮的集中记录管理工具，可广泛用于包括测试和生产环境等各种环境中收集和审查日志。

Logwatch 是一个开源且高度可定制的日志收集和分析应用程序。它解析系统和应用程序日志并生成有关应用程序运行情况的报告。该报告通过命令行或专用电子邮件地址发送。

2. 合理配置 Web 服务器

① 在 UNIX 操作系统中，以非特权用户而不是 root 身份运行 Web 服务器。

② 设置 Web 服务器访问控制。通过 IP 地址控制、子网域名来控制，未被允许的 IP 地址、IP 子网域发来的请求将被拒绝。

③ 通过用户名和口令限制。只有当远程用户输入正确的用户名和口令的时候，访问才能被正确响应。

④ 用公用密钥加密方法。对文件的访问请求和文件本身都将加密，以便只有预计的用户才能读取文件内容。

3. 设置 Web 服务器有关目录的权限

为了安全起见，管理员应对“文档根目录”（HTML 文件存放的位置）和“服务器根目录”（日志文件和配置文件存放的位置）做严格的访问权限控制。

① 服务器根目录下存放日志文件、配置文件等敏感信息，它们对系统的安全至关重要，不能让用户随意读取或删改。

② 服务器根目录下存放 CGI 脚本程序，用户对这些程序有执行权限，恶意用户有可能利用其中的漏洞进行越权操作，例如，增、删、改。

③ 服务器根目录下的某些文件需要由 root 来写或者执行，如 Web 服务器需要 root 来启动，如果其他用户对 Web 服务器的执行程序有写权限，则该用户可以用其他代码替换掉 Web 服务器的执行程序，当 root 再次执行这个程序时，用户设定的代码将以 root 身份运行。

4. 网页高效编程

现在 Web 制作技术日趋复杂，再加上网页编程人员大多使用自己或第三方开发的软件，而这些软件有的就没有考虑安全问题，这就造成了很多 Web 站点存在着极为严重的安全问题。

（1）输入验证机制不足

如果验证提供给特定脚本的输入有效性上存在不足，攻击者很有可能作为一个参数提交一个特殊字符和一个本地命令，让 Web 服务器在本地执行。如果程序盲目地接收来自 Web 页面的输入并用 Shell 命令传递它，就可能为试图攻入网络的“黑客”提供访问权。

当一段代码（如 CGI 程序）被欺骗执行了一个 Shell 命令时，这个 Shell 命令会按照与程序本身同样的访问级别来执行。所以要确保使用尽可能有限的访问权限来运行 CGI 程序和 Web 服务器，并加强输入验证机制杜绝有危害的字符送入 Web 应用程序。另外我们还可以增加对输出数据流的检验，

这样即使万一被攻破，也不至于流失重要数据。

（2）不缜密的编程思路

网站设计考虑不周，常常会给 Web 站点留下后患。例如，把内部应用状态的数据通过< INPUT TYPE="HIDDEN" >标记从一个页面传递到另一个页面，攻击者可以轻易地引导该应用并得到任何想要的结果。一般的解决方案是把应用状态通过会话变量保存在服务器上，很多 Web 开发平台都有这种机制，如在 PHP3 中用 PHPLIB 保存会话数据；在 PHP4 中用 Session()调用；ASP 也提供 Session 对象，Cold Fusion 还提供了几种不同的会话变量。

（3）客户端执行代码乱用

新兴的动态编程技术允许把代码转移到客户端执行，以缓解服务器的压力。Java 脚本就能达到这一目标，它可以使 Web 页面更加生动，同时增加更多的控制。但在已发现的漏洞中，覆盖面也很广，如发送电子邮件、查看历史文件记录表、跟踪用户在线情况以及上传客户的文件。这样很容易泄露用户的个人隐私。

与 Java 不同，Cookie 只是一些数据而不是程序，因此无法运行。客户端访问页面时，服务器不但发送所请求的页面，还有一些额外数据，当客户端和服务器再次建立连接时，回送这些 Cookie 以简化连接过程，提供更方便的服务。当然 Cookie 中包含的数据也可能是病毒的源代码甚至经过编译的二进制代码，不过远程激活它们比较困难，Cookie 真正的问题也出在隐私方面，这也是自它诞生以来争论的焦点。

我们除了期望网站设计安全以外，也可以在访问不确定安全的网站时，关闭浏览器的 Java 及 Cookie 支持功能以避免受到伤害。

5. 安全管理 Web 服务器

Web 服务器的日常管理、维护工作包括 Web 服务器的内容更新，日志文件的审计，安装一些新的工具、软件，更改服务器配置，对 Web 进行安全检查等。主要注意以下几点。

① 以安全的方式更新 Web 服务器（尽量在服务器本地操作）。

② 经常审查有关日志记录。

③ 进行必要的数据备份。

④ 定期对 Web 服务器进行安全检查。

⑤ 冷静处理意外事件。

7.2.5 Web 网站的安全管理

Web 网站的安全管理应满足以下几点。

① 建立安全的 Web 网站

首先要全盘考虑 Web 服务器的安全设计和实施。无论是政府还是商业机构，各自都有其特殊的安全要求。所以，根据本组织的实际情况，周密制定安全策略是实现系统安全的前提。

② 对 Web 系统进行安全评估

对 Web 系统进行安全评估需要权衡各类安全资源的价值和对它们实施保护所需要的费用。这个过程中不能只考虑看得见的资源实体，应该综合考虑资源带来的效益、资源发生不安全情况的概率、资源的安全保护被突然破坏时可能带来的损失。

③ 制定安全策略的基本原则和管理规定

安全策略的基本原则和管理规定是指各类资源的基本安全要求以及为了达到这种安全要求应该实施的事项。安全管理是由个人或组织为了达到特定的安全水平而制定的一整套要求有关部门人员必须遵守的规则和违规处罚细则。对 Web 服务提供者来说，安全管理的一个重要的组成是确定哪些人可以访问哪些 Web 文档，获权访问 Web 文档和使用这些访问的人的有关部门权利和责任，有关人员对设备、系统的管理权限和维护守则，失职处罚等。

④ 对员工的安全培训

对员工进行安全培训能增强员工主动学习安全知识的意识和能力。网站的安全策略必须被每一个工作人员所理解，这样才可能让每一个员工自觉遵守、维护它。

尽管如此，Web 网站的安全也是相对的，没有绝对的安全，我们只能把遭受攻击的可能性降到最低。更重要的是，必须做到“有法必依”，把安全策略融入设备的选购，网络结构的设计，人员的配置、管理及每一个人的日常的工作中。

7.3 口令安全

口令安全

口令，又称密码。由于口令具有简单易用、低成本、易实现等特性，已经成为当前应用最为广泛的身份认证方法之一，是各种信息系统安全的第一道防线。且绝大多数的账号系统甚至是智能终端都使用口令作为唯一的访问控制的机制，一旦口令出现问题，如使用弱口令、没有防暴力破解机制等，将会造成账号内财产被窃、个人隐私泄露等损失；如果大量的智能终端被攻击者控制，将会引发严重的安全问题。

口令可以分为静态口令、动态口令和认知口令。静态口令是用户自己或者系统创建的可以重复使用的口令；动态口令是由口令设备随机产生的，一般情况下动态口令只能使用一次；认知口令使用基于事实或者给予选项的认知数据作为用户认证的基础。

口令认证过程的威胁可以分为 3 类。第一类是针对用户和口令输入界面的威胁，称之为用户端威胁；第二类是从网络上发起和针对网络传输的威胁，称之为网络威胁；第三类是针对设备上存储的口令文件的威胁，称之为设备端威胁。

（1）用户端威胁

肩窥：某人越过其他人的肩膀观察其按键动作或偷看计算机屏幕上显示的数据。

社会工程：攻击者通过欺骗、诱导等社交手段来获取设备口令。

猜测：攻击者通过已经掌握的关于设备、用户的信息来猜测设备的口令。使用设备默认口令或个人信息衍生的口令都容易遭受猜测攻击。

（2）网络威胁

嗅探：一种被动网络攻击方式，通过侦听网络流量来捕获用户向系统设备中的认证程序发送的口令。

重放攻击：攻击者复制认证过程的数据，并在其他时候重复使用这些数据来认证。

暴力攻击：使用工具，通过组合许多可能的字符、数字和符号来循环反复地尝试登录设备。

字典攻击：使用包含大量口令的字典文件与用户的口令进行比较，直至发现匹配的口令。

（3）设备端威胁

彩虹表：攻击者事先制作一张包含所有口令和对应散列值的表，然后使用口令文件中的散列值反查这张表获得口令。

离线破解：攻击者模拟口令认证的过程，针对口令文件通过分析或者穷举来找到口令。

逆向固件：攻击者通过反编译设备固件中的口令认证部分来找出可绕过认证的漏洞或者硬编码口令。

为了消除上述的安全威胁，我们需要从技术和管理两个方面入手增强口令认证的安全性。从技术层面，系统设备厂商应该在设计阶段就考虑口令安全保护问题，做到内建安全；在管理层面，培养和增强用户的安全意识。口令安全应该从账号安全、口令安全和用户安全 3 个方面进行考虑。

7.3.1 口令的破解

1. 口令破解方法

口令破解主要有两种方法：字典破解和暴力破解。

① 字典破解。指通过破解者对管理员的了解，猜测其可能使用某些信息作为密码，例如姓名、生日、电话号码等，同时结合对密码长度的猜测，利用工具来生成密码破解字典。如果相关信息设置准确，字典破解的成功率很高，并且速度快，因此字典破解是密码破解的首选。

② 暴力破解。是指对密码可能使用的字符和长度进行设定后（例如限定为所有英文字母和所有数字，长度不超过 8），对所有可能的密码组合逐个实验。随着可能字符和可能长度的增加，存在的密码组合数量也会变得非常庞大，因此暴力破解往往需要花费较长的时间，尤其是在密码长度大于 10，并且包含各种字符（英文字母、数字和标点符号）的情况下。

2. 口令破解方式

口令破解主要有两种方式：离线破解和在线破解。

① 离线破解。攻击者得到目标主机存放密码的文件后，就可以脱离目标主机，在其他计算机上通过口令破解程序穷举各种可能的口令，如果计算出的新密码与密码文件存放的密码相同，则口令已被破解。

其中，候选口令产生器作用是不断生成可能的口令。有几种方法产生候选口令，一种是用枚举法来构造候选口令（暴力破解），另一种方法是从一个字典文件里读取候选口令（字典破解）；口令加密过程就是用加密算法对从口令候选器送来的候选口令进行加密运算而得到密码。这要求加密算法要采用和目标主机一致的加密算法。加密算法有很多种，通常与操作系统的类型和版本相关；密码比较就是口令比较，是将从候选口令计算得到的新密码和密码文件中存放的密码相比较。如果一致，那么口令破解成功，可以使用候选口令和对应的账号登录目标主机。如果不一致，候选口令产生器则计算下一个候选口令。

② 在线破解。攻击者可以使用一个程序连接到目标主机，不断地尝试各种口令试图登录目标主机。目标主机系统中某些低等级的账号的口令往往容易被破解，然后，攻击者使用该账号进入系统获取密码存放文件（Windows 系统是 SAM 文件，Linux 系统是 passwd 等文件），再使用离线破解方法破解高权限的口令，如管理员口令等。

3. 口令破解软件

L0phtCrack 7 是一款功能强大的密码恢复工具，可以用来检测 Windows、Linux 用户是否使用了不安全的口令，同样也是较常见的 Windows 和 Linux 管理员账号口令破解工具。L0phtCrack 7 通过内置的报告和修复工具，在精简的应用程序中识别和评估本地和远程计算机上的口令漏洞，使用多种源和方法从操作系统检索口令，能够帮助用户快速有效地对自己的计算机口令进行恢复，还可以用来检测 Windows、Linux 用户是否使用了不安全的口令，同时帮助用户暴力破解 Windows 和 Linux 系统的计算机口令。

L0phtCrack 7 开始破解的第一步是精简操作系统存储加密口令的哈希表，然后开始口令的破解。它采用 3 种不同的方法来实现。

（1）较快也是较简单的方法是字典攻击。L0phtCrack 7 将字典中的词逐个与口令的哈希表中的词做比较。当发现匹配的词时，显示结果，即用户口令。L0phtCrack 7 自带一个小型词库。如果需要其他字典资源可以从互联网上获得。这种破解的方法使用的字典的容量越大，破解的结果越好。

（2）另一种方法名为 Hybrid。它是建立在字典破解的基础上的。现在许多用户不再使用只是由字母组成的口令，而是使用字母、符号和数字的字符串作为口令。这类口令是复杂了一些，但通过口令过滤器和一些方法，破解它也不是很困难，Hybrid 就能快速地对这类口令进行破解。

（3）暴力破解是较有效的一种破解方式。从理论上说真正复杂的口令用现在的硬件设备是难以破解的，但现在所谓复杂的口令一般都能被破解，只是时间长短的问题，且破解口令时间远远小于管理员设置的口令有效期。使用这种方法也能了解一个口令的安全使用期限。

L0phtCrack 7 运行界面如图 7-1 所示。

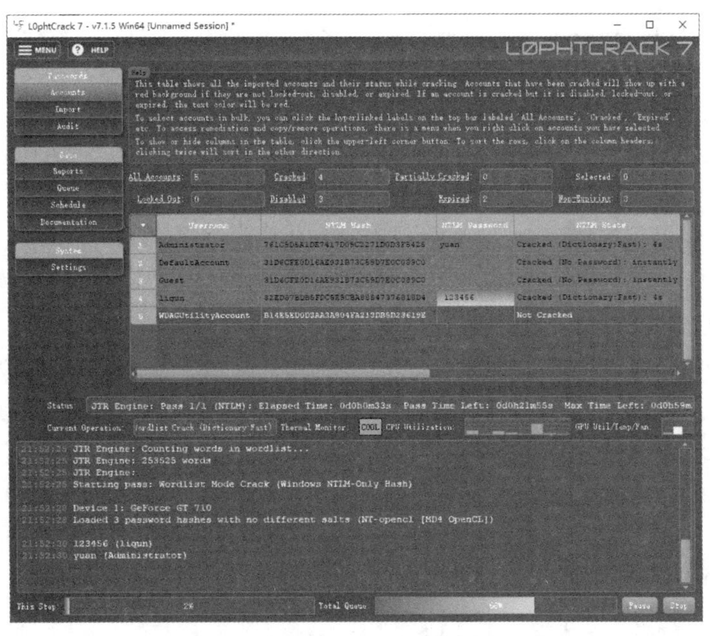

图 7-1　L0phtCrack 7 运行界面

7.3.2 安全口令的设置

安全的口令是那些很难猜测的口令。难猜测的口令不仅同时有大小写字符，还有数字、标点符号、控制字符和空格，至少有 8 个字符长。另外，还要容易记忆。

保持口令的安全有以下几点建议。

① 不要将口令写下来。

② 不要将口令存于计算机内或手机内。

③ 不要选取显而易见的信息作为口令。

④ 不要告诉他人。

⑤ 不要交替使用两个口令。

⑥ 不要在不同系统上使用同一口令。

减小口令危险的最有效方法是不用常规口令。替代的办法是在系统中安装新的软件或硬件，使用一次性口令。一次性口令就是一个口令只使用一次。一个用户可能收到一个打印输出的口令列表，每次登录使用完一个口令，就将它从列表中划除；或者用户得到一个可以携带的小卡，这个卡每次将显示一个不同的号码；或者可以携带一个小的计算器，当登录时，计算机将会打印出一个不同的号码，用户将这个号码输入这个小小的计算器中，然后输入自己的标志号码，计算器将输出一个口令，用户将这个口令再输入计算机中。

一次性口令系统比传统方式更能提供令人惊奇的安全性能，但使用起来不方便。它们或者要求安装一些特定的程序，或者需要购买一些硬件，因此现在使用得并不普遍。

在一个网络中，当用户通过互联网或者其他网络来访问时，管理员就应该考虑使用一次性口令。否则，攻击者可以窃听、截获用户口令，以攻击这些站点。

7.4 无线网络安全

无线局域网（Wireless Local Area Network，WLAN）是利用无线通信技术在一定的局部范围内建立的网络，是计算机网络与无线通信技术相结合的产物，它以无线多址信道作为传输媒介，提供传统有线局域网的功能，能够真正实现随时、随地、随意的宽带网络接入。WLAN 开始是作为有线局域网络的延伸而存在的，各种组织广泛地采用 WLAN 技术来构建其办公网络。

WLAN 应用中，对于家庭用户、公共场景安全性要求不高的用户，使用虚拟局域网（Virtual Local Area Network，VLAN）隔离、MAC 地址过滤、服务区域认证 ID、ESSID、密码访问控制和有线等效保密（Wired Equivalent Privacy，WEP）协议可以满足其安全性需求。但对于公共场景中安全性要求较高的用户，这些方式仍然存在着安全隐患，需要将有线网络中的一些安全机制引进到 WLAN 中，在无线接入点（Access Point，AP）实现复杂的加密、解密算法，通过无线接入控制器，利用 PPPoE 或者 DHCP+Web 认证方式对用户进行第二次合法认证，对用户的业务流量实行实时监控。

7.4.1 无线局域网安全技术

常见的无线局域网安全技术有以下几种。

1. 服务集标识符（SSID）

通过对多个无线接入点 AP 设置不同的 SSID，并要求无线工作站出示正确的 SSID 才能访问 AP，这样就可以允许不同群组的用户接入，并对资源访问的权限进行区别限制。但是这只是一个简单的口令，所有使用该网络的人都知道该 SSID，很容易泄露，只能提供较低级别的安全；而且如果配置 AP 向外广播其 SSID，那么安全程度还将下降，因为任何人都可以通过工具得到这个 SSID。

2. 物理地址（MAC 地址）过滤

由于每个无线工作站的网卡都有唯一的物理地址，因此可以在 AP 中手动维护一组允许访问的 MAC 地址列表，实现物理地址过滤。这个方案要求 AP 中的 MAC 地址列表必须随时更新，可扩展性差，无法实现主机在不同 AP 之间的漫游；而且 MAC 地址在理论上可以伪造，因此这也是较低级别的授权认证。

3. 有线等效保密（WEP）

在链路层采用 RC4 对称加密技术，用户的加密密钥必须与 AP 的密钥相同时才能获准存取网络的资源，从而防止非授权用户的监听以及非法用户的访问。WEP 提供了 40 位（有时也称为 64 位）和 128 位长度的密钥机制，但是它仍然存在许多缺陷，如一个服务区内的所有用户都共享同一个密钥，一个用户丢失或者泄露密钥将使整个网络不安全。而且 WEP 加密被发现有安全缺陷，可以在几个小时内被破解。

4. 虚拟专用网络（VPN）

VPN 可以在一个公共 IP 网络平台上通过隧道以及加密技术保证专用数据的网络安全性，它不属于 802.11 标准定义。但是用户可以借助 VPN 来保证无线网络的安全，同时可以提供基于 Radius 的用户认证以及计费功能。

5. 端口访问控制技术（802.1x）

该技术也是用于无线局域网的一种增强型网络安全方案。当无线工作站与 AP 关联后，是否可以使用 AP 的服务要取决于 802.1x 的认证结果。如果认证通过，则 AP 为用户打开这个逻辑端口，否则不允许用户上网。802.1x 除提供端口访问控制功能之外，还提供基于用户的认证系统及计费，特别适合于公司的无线接入方案。

7.4.2 无线网络的常见攻击

1. 针对 WEP 协议的攻击

WEP 协议采用了 RC4 算法来加密数据，RC4 算法是一种流密码算法，它使用一个密钥和一个伪随机数生成器来产生密钥流，然后将明文和密钥流进行异或运算，得到密文。WEP 协议使用了一个 24 位的初始化向量来扩展密钥，以增加密钥的长度，从而增强加密强度。WEP 协议的安全漏洞主要有以下几个方面。

（1）密钥长度过短。WEP 协议使用的密钥长度只有 64 位或 128 位，这使得“黑客”可以使用暴力破解的方法轻易地破解密钥。此外，WEP 协议使用的密钥是静态的，不会随时间变化，这也降低了“黑客”攻击的难度。

（2）初始化向量重用。WEP 协议使用的初始化向量只有 24 位，这意味着在数据传输过程中，初始化向量会被重复使用。这使得“黑客”可以通过分析数据包的初始化向量，推断出密钥流的一部分，从而破解密钥。

（3）RC4 算法的弱点。RC4 算法本身存在一些弱点，例如密钥流的偏差和密钥流的重复。“黑客”可以通过分析数据包的密文，推断出密钥流的一部分，从而破解密钥。

针对 WEP 协议的攻击方法主要有以下几种。

（1）基于字典的攻击。基于字典的攻击是一种暴力破解的方法，它使用一个预先准备好的字典来尝试破解密钥。字典中包含常用的密码和单词，“黑客”可以通过尝试字典中的每个密码来破解密钥。

（2）基于流量的攻击。基于流量的攻击是一种被动攻击的方法，它通过监听数据包的流量来分析密钥流的模式，从而推断出密钥。“黑客”可以使用一些工具进行基于流量的攻击。

（3）基于重放攻击。基于重放攻击是一种主动攻击的方法，它通过重放已经捕获的数据包来破解密钥。“黑客”可以使用一些工具进行基于重放的攻击。

（4）基于伪造数据包的攻击。基于伪造数据包的攻击是一种主动攻击的方法，它通过伪造数据包来破解密钥。“黑客”可以使用一些工具进行基于伪造数据包的攻击。

2. 搜索攻击

通过借助工具大规模发现不具有加密功能的无线网络，对这些网络的 AP 广播信息进行解密来获取信息，目前 AP 广播信息中仍然包括许多可以用来推断出 WEP 密钥的明文信息，如网络名称、安全集标识符等，还是很危险。

3. 窃听、截取和监听

窃听是指偷听流经网络的计算机通信的电子形式。它是以被动和无法觉察的方式入侵检测设备的。即使网络不对外广播网络信息，只要能够发现任何明文信息，攻击者仍然可以使用一些网络工具识别出可以破坏的信息。使用虚拟专用网络、SSL 和 SSH 有助于防止无线拦截。

4. 欺骗和非授权访问

TCP/IP 的设计几乎无法防范 MAC 地址欺骗。只有通过静态定义 MAC 地址表才能防范这种类型的攻击。但是，因为巨大的管理负担，这种方案很少被采用。只有通过智能事件记录和监控日志才可以对付已经出现过的欺骗。

5. 网络接管与篡改

因为 TCP/IP 的设计，某些技术可供攻击者接管与其他资源建立的网络连接。如果攻击者接管了某个 AP，那么所有来自无线网的通信量都会传到攻击者的主机上，包括其他用户试图访问合法网络主机时需要使用的口令和其他信息。欺诈 AP 可以让攻击者从有线网或无线网进行远程访问，而且这种攻击通常不会引起用户的重视，用户通常是在毫无防范的情况下输入自己的身份验证信息，甚至在接到许多 SSL 错误或其他密钥错误的通知之后，仍是像看待自己计算机上的错误一样看待它们，这让攻击者可以继续接管连接，而不必担心被别人发现。

6. 拒绝服务攻击

无线信号传输的特性和扩频技术，使得无线网络特别容易受到拒绝服务攻击的威胁。拒绝服务是指攻击者恶意占用主机或网络几乎所有的资源，使得合法用户无法获得这些资源的攻击。要进行这类攻击，最简单的办法是通过让不同的设备使用相同的频率，从而造成无线频谱内出现冲突。另一个可能的攻击手段是发送大量非法或合法的身份验证请求。第 3 种手段是，如果攻击者接管 AP，并且不把通信量传递到恰当的目的地，那么所有的网络用户都将无法使用网络。

7. 恶意软件

凭借技巧定制的应用程序，攻击者可以直接到终端用户上查找访问信息，例如访问用户系统的注册表或其他存储位置，以便获取 WEP 密钥并把它发送回攻击者的计算机上。注意让软件保持更新，并且遏制攻击的可能来源，这是唯一可以获得保护的措施。

8. 偷窃用户设备

只要得到了一块无线网卡，攻击者就可以拥有一个无线网使用的合法 MAC 地址。也就是说，如果终端用户的笔记本计算机被盗，他丢失的不仅是计算机本身，还包括设备上的身份验证信息，如网络的 SSID 及密钥。而对别有用心的攻击者而言，这些往往比计算机本身更有价值。

7.4.3　无线网络安全设置

面对不同的网络问题，我们总会措手不及，但是如果在平日里加强网络安全管理，这些问题也许能得到一定的解决，这里就为大家介绍一些安全设置。

1. 修改用户名和口令

一般的家庭无线网络都是通过一个无线路由器或中继器来访问外部网络的。通常这些路由器或中继器设备制造商为了便于用户设置这些设备建立起无线网络，都提供了一个管理页面工具。这个页面工具可以用来设置该设备的网络地址以及账号等信息。为了保证只有设备拥有者才能使用这个管理页面工具，该设备通常也设有登录界面，只有输入正确的用户名和口令的用户才能进入管理页面。然而在设备出售时，制造商给每一个型号的设备提供的默认用户名和口令都是一样，很多家庭用户购买这些设备回来之后，都不会去认真修改设备的默认的用户名和口令。这就使得“黑客”们有机可乘。他们只要通过简单的扫描工具很容易就能找出这些设备的地址并尝试用默认的用户名和口令去登录管理页面，如果成功则立即取得该路由器的控制权。

2. 使用无线加密协议

现在很多的无线路由器都拥有了无线加密功能，这是无线路由器的重要保护措施，通过对无线电波中的数据加密来保证传输数据信息的安全。WEP 协议是无线网络上信息加密的一种标准方法，它可以对每一个企图访问无线网络的人的身份进行识别，同时对网络传输内容进行加密。

一般的无线路由器或 AP 都具有 WEP 加密和 WPA 加密功能，WEP 一般包括 64 位和 128 位两种加密类型，只要分别输入 10 个或 26 个十六进制的字符串作为加密密码就可以保护无线网络。许多无线设备厂商为了使产品安装简单易行，都把产品的出厂配置设置成禁止 WEP 模式，这样做最大的弊端是数据可以被直接从无线网络上读取，因此“黑客”就能轻而易举地从无线网络中获取想要的信息。

3. 修改默认的服务集标识符（SSID）

通常每个无线网络都有一个服务集标识符（SSID），无线客户端需要加入该网络的时候需要有一个相同的 SSID，否则将被“拒之门外”。通常路由器设备制造商都在他们的产品中设了一个默认的相同的 SSID。如果一个网络，不为其指定一个 SSID 或者只使用默认 SSID 的话，那么任何无线客户端都可以进入该网络。这无疑为“黑客”入侵网络打开了方便之门。

4. 禁止 SSID 广播

在无线网络中，各路由设备有个很重要的功能，那就是服务集标识符广播，即 SSID 广播。最初，这个功能主要是为那些无线网络客户端流动量特别大的商业无线网络而设计的。开启了 SSID 广播的无线网络，其路由设备会自动向其有效范围内的无线网络客户端广播自己的 SSID，无线网络客户端接收到这个SSID后，利用这个SSID才可以使用这个网络。但是，这个功能却存在极大的安全隐患，就好像它自动地为想进入该网络的“黑客”打开了门户。在商业网络里，为了适应经常变动的无线网络接入端，必定要牺牲安全性来开启这项功能，但是对家庭无线网络来讲，网络成员相对固定，可关闭这项功能。

5. 设置 MAC 地址过滤

每一个网络节点设备都有一个独一无二的标志称之为物理地址或 MAC 地址，当然无线网络设备也不例外。所有路由器等设备都会跟踪所有经过它们的数据包源MAC地址。通常，许多这类设备都提供对MAC地址的操作，这样我们可以通过建立我们自己的MAC地址列表来防止非法设备（主机等）接入网络。

6. 分配静态IP地址

由于DHCP服务越来越容易建立，很多家庭无线网络都使用DHCP服务来为网络中的客户端动态分配IP地址。这导致了另外一个安全隐患，那就是接入网络的攻击端可以很容易地通过DHCP服务得到一个合法的IP地址。然而在成员很固定的家庭网络中，我们可以通过为网络成员设备分配固定的IP地址，然后在路由器上设定允许接入设备的IP地址列表，从而有效地防止非法入侵，保护自己的网络。

7.4.4 移动互联网安全

移动互联网与传统互联网相比有着更加复杂的网络架构、更加灵活的接入方式、更加开源的操作系统、更加私密的应用场景，这使得安全保障和服务监管存在着巨大的困难。目前移动互联网正面临着非法攻击、数据丢失、有害信息、垃圾短信、恶意吸费等安全威胁。这些威胁严重阻碍了移动互联网产业的良性发展，具体的安全隐患体现在以下3个部分。

1. 移动终端的安全

（1）终端私密性强，与资费紧耦合，攻击危害更大。移动终端往往保存有大量个人/金融等隐私信息，且和资费紧密相连，相比传统计算机病毒，手机病毒直接“套现”的机会大大增加，给非法操作和恶意攻击带来了更大的经济上的驱动力，造成的严重程度也被大大提高。

（2）终端号码广泛公开，更易被恶意锁定。手机号码公开的特性使得移动终端比个人计算机存在更多的窃听和监视风险，受到恶意攻击的概率增大。

（3）手机安全防护体系还不成熟，用户安全意识薄弱。这些因素降低了恶意欺诈、病毒攻击、非法吸费等违法行为的技术门槛。

2. 互联网络的安全

（1）随时随地的移动接入导致监管难。在移动互联网中发布和获取信息将更加隐蔽快捷，信息传播的无中心化和交互性特点更加突出，现有监管技术手段难以覆盖移动互联网端到端的全过程，无法实现对移动互联网的有效管控。

（2）无线频率资源有限导致服务保障难。无论是终端侧还是平台侧，一旦被病毒感染或被恶意控制，都会强制向网络发起大量垃圾流量，而无线空中接口频率资源是有限的，很容易造成通信网络信息堵塞。

（3）空中接口开放式传输导致数据保密难。共享无线传输信道，容易使恶意软件通过破解空中接口接入协议非法访问网络，对空中接口传递的信息进行监听和盗取。

（4）私网地址广泛应用导致溯源难。移动互联网引入了网络地址转换技术，虽然更有效地利用了地址资源，但破坏了互联网端到端的透明性，同时由于目前部分移动上网日志留存信息的环节缺失，使得侦查部门无法精确溯源、落地查人，给不法分子提供了可乘之机。

3. 业务应用的安全

（1）业务涉及环节更多，攻击防范范围更广。移动互联网引入了更多网元及平台，网络架构更加复杂，节点自组织能力更强，业务流程更加复杂，涉及的接口也更多样，使得端到端业务监管更加困难。

（2）应用涉及隐私信息，信息安全风险更大。移动互联网具有个性化、随身化的特点，十分适合社交类、导航类业务，而这些应用往往会产生、调用、上传大量的私密信息和位置信息，因此有可能引发大规模的信息盗取，包括拒绝服务攻击及对于特定群组的敏感信息搜集等。

（3）移动应用商店的监管和审核机制仍需完善。个别移动应用商店为了吸引用户，会含有或推送黄色、暴力等不良信息，甚至有的应用还内嵌有恶意广告插件，严重影响用户的正常使用，并可能造成恶意吸费、流量电量消耗等问题。

（4）应用中的私有协议和加密传输进行交互，使有效监管更难。移动互联网中很多特色应用和移动应用商店都采用私有协议并进行加密传输，但是加密机制在保障用户数据安全的同时，也为违法、有害等信息提供了更为隐蔽的传播渠道，使其逃避监管，破坏社会的和谐健康，给国家信息安全监管带来了极大的挑战。

（5）多种业务信息传播模式，使准确监管更难。与固定互联网相比，移动互联网的恶意信息传播方式更加多样化，具有即时性和群组的精确性，给安全监管带来了极大的困难。

针对以上的安全隐患，要采取以下的措施进行防护。

1. 终端层面的防护

（1）在移动智能终端进网环节加强安全评估。补充完善移动智能终端安全标准中的技术要求和检测要求，尤其针对操作系统、预置应用软件的权限设置和 API 调用等提出安全标准，智能终端进网时需评估其是否满足标准中的“基线安全”要求。

（2）建立完善的终端恶意软件防范体系。基础运营商应部署移动互联网恶意软件监测和研判分析平台，制定恶意代码和终端非法版本描述规范，具备对样本的研判能力，有效评估终端软硬件可信度，判别终端操作系统各版本的安全漏洞。

（3）研发终端安全控制客户端软件。屏蔽垃圾短信和骚扰电话，监控异常流量，同时通过黑白名单配合情景的模式使用，还可以处理各式各样陌生来电、短信等。另外，软件还应提供资料备份、删除功能，当用户的手机丢失时可通过发送短信或其他手段远程锁定手机或者远程删除通讯录、手机内存卡文件等资料，从而最大限度地避免手机用户的隐私泄露。

（4）提供方便快捷的售后安全防护服务，加大智能终端安全宣传力度。借鉴目前定期发布 PC 操作系统漏洞的做法，由指定研究机构跟踪国内外的智能终端操作系统漏洞发布信息，定期发布官方的智能终端漏洞信息，建设官方智能终端漏洞库，及时向用户提供操作系统漏洞修复和版本升级服务。

2. 无线接入层面的防护

无线接入网络主要提供数据安全性和接入控制保护，确保合法用户可以正常使用，防止业务被盗用、冒名使用等，相关设备也应加装防火墙和杀毒系统实现更严格的访问控制，以防止非法侵入。针对需要重点防护的用户，还可以采用VPN或专用加密等方式，确保实现双向鉴权、密钥动态地实时分发以及及时销毁，进一步增强数据信息在空中接口传输的安全性。

3. 有线传送层面的防护

（1）实施分域安全管理机制。根据业务流程、网络功能、协议类型将移动互联网划分成多个关键网络环节，每个环节为独立的安全区域，在各安全区域边界内部实施不同的安全策略和安防系统来完成相应的安全加固。

（2）在关键安全域内部署入侵检测和防御系统，监视和记录用户出入网络的相关操作，判别非法进入网络和破坏系统运行的恶意行为，提供主动化的信息安全保障。在发现违规模式和未授权访问等恶意操作时，系统会及时做出响应，包括断开网络连接、记录用户标识和报警等。

（3）提高网络感知能力。在组成端到端网络的重要部位部署探测采集和感知设备，从而将网络流量可视化，有效判别网络中的业务流量和非法业务流量，实时监听网络数据流，关联用户身份，细分流量和业务。

（4）提高网络智能决策能力。在感知的基础上，利用智能管道技术，实现高精度流量控制，对有限资源进行合理分配，有效抑制异常流量（信令风暴、DDoS、手机病毒、手机垃圾彩信、垃圾邮件等），对重点业务和重点用户的网络资源提供可靠保障，从而提升用户体验。

（5）加强网络和设备管理，在各网络节点安装防火墙和杀毒系统实现更严格的访问控制，以防止非法侵入，针对关键设备和关键路由采用设置4A鉴权、ACL保护等加固措施。

4. 业务应用层面的防护

（1）提高业务应用系统鉴权认证能力。业务系统应可实现对业务资源的统一管理和权限分配，能够实现用户账号的分级管理和分级授权。针对业务安全要求较高的应用，应提供业务层的安全认证方式，如双因素身份认证，通过动态口令和静态口令结合等方式提升网络资源的安全等级，防止机密数据、核心资源被非法访问。

（2）健全业务应用系统安全审计能力。业务系统应部署安全审计模块，对相关业务管理、网络传输、数据库操作等处理行为进行分析和记录，实施安全设计策略，并提供事后行为回放和多种审计统计报表。

（3）加强应用系统漏洞扫描能力。在业务系统中部署漏洞扫描和防病毒系统，定期对主机、服务器、操作系统、应用软件进行漏洞扫描和安全评估，确保拦截来自各方的攻击，保证业务系统的可靠运行。

（4）加强对移动应用商店的安全监管。研究制定行业内统一的移动应用商店及应用软件安全要求和检测要求，规范应用的安全审核尺度，研发高效的应用软件安全性评估工具，对应用软件信息内容、API调用、应用软件漏洞、恶意代码和应用开发者资质等进行严格评估，并建立应用软件上线后的安全监控和处置机制。

7.5 网络监听

网络监听

网络监听也称为网络嗅探，是利用计算机的网络接口监视并查看网络中传输的数据包的一种技术。它工作在网络的底层，能够把网络中传输的全部数据记录下来。监听器不仅可以帮助网络管理员查找网络漏洞和检测网络性能，还可以分析网络的流量，以便找出网络中存在的潜在问题。不同传输介质的网络，其可监听性是不同的。我们一般认为网络监听工具是指在运行以太网协议、TCP/IP、IPX 协议或者其他协议的网络上，可以获取网络信息流的软件或硬件。网络监听早期主要是分析网络的流量，以便找出所关心的网络中潜在的问题。网络监听的存在对网络系统管理员是至关重要的，网络系统管理员通过网络监听可以诊断出大量的不可见模糊问题，监视网络活动，完善网络安全策略，进行行之有效的网络管理。

在网络安全领域中，网络监听有极其重要的作用。网络监听程序通常有两种形式：一是商业网络监听，二是“黑客”所使用的网络监听。商业网络监听用于维护网络，对于网络管理者，监听也是监控本地网络状况的直接手段，监听还是基于网络的 IDS 的必要基础。

7.5.1　监听的原理

在以太网中，所有的通信都是“广播”式的，也就是说通常同一个网段的所有网络接口都可以访问在信道上传输的所有数据。在一个实际系统中，数据的收发是由网卡来完成，每个网卡都有一个唯一的 MAC 地址。网卡接收到传输来的数据以后，检查数据帧的目的 MAC 地址，并根据计算机上的网卡驱动程序设置的接收模式来判断该不该接收该帧。若认为应该接收，则接收后产生中断信号通知 CPU，若认为不该接收则丢弃不管。正常情况下，网卡应该只是接收发往自身的数据包，或者广播和组播报文，对不属于自己的报文则不予响应。可如果网卡处于监听模式，那么它就能接收一切流经它的数据，而不管该数据帧的目的地址是否是该网卡。因此，只要将网卡设置成监听模式，那么它就可以捕获网络上所有的报文和数据帧，这样也就达到了网络监听的目的。由此可见，网络监听必须满足两个条件：网络上的通信是广播型的，网卡应设置为混杂模式。

不同数据链路上传输的信息被监听的可能性如下。

（1）Ethernet（以太网）

Ethernet 是一个广播型的网络，其工作方式是将要发送的数据包发往连接在一起的所有主机，包中包含应该接收数据包的主机的正确地址，只有与数据包中目标地址一致的那台主机才能接收该包。但是，当主机工作监听模式下，无论数据包中的目标地址是什么，主机都将接收。

（2）令牌环网

尽管令牌环网并不是一个广播型网络，但带有令牌的那些包在传输过程中，平均要经过网络上一半的计算机。高的数据传输率使监听变得比较困难。

（3）电话线

电话线可以被一些电话公司协作人或者一些有机会在物理上访问到线路的人搭线窃听。在微波线路上的信息也会被截获。实际上，高速的调制解调器将比低速的调制解调器搭线窃听困难一些，因为高速调制解调器中引入了许多频率。

（4）IP 通过有线电视信道

许多使用有线电视信道发送 IP 数据包的系统依靠 RF 调制解调器。RF 使用一个 TV 通道上行和下行。在这些线路上传输的信息没有加密，因此，可以被一些从物理上访问到 TV 电缆的用户截获。

（5）无线电

无线电本来就是一种广播型的传输媒介。任何有一个无线电接收机的人都可以截获那些传输的信息。

7.5.2 监听的工具

监听的关键就在于网卡被设置为混杂模式，目前有很多的工具可以做到这一点。自从网络监听这一技术诞生以来，产生了大量可工作在各种平台上的相关软硬件工具，其中有商用的，也有开源软件。

（1）SmartSniff

SmartSniff 是一个对 IP 监听的工具，支持 TCP/IP、POP3、FTP、UDP、ICMP，提供 ASCII 和 hex dump 两种查看方式。SmartSniff 支持 IP 过滤设置，可以不显示自己的和认为不需要显示出来的 IP。初次运行时需要指定网卡。基本不需要改写系统注册表，是个绿色的免费工具。

（2）SnifferPro

SnifferPro 是 NAI 公司出品的一款网络抓包工具。它拥有强大的网络抓包和协议分析能力。使用这种工具，可以监视网络的状态、数据流动情况以及网络上传输的信息。当信息以明文的形式在网络上传输时，便可以使用网络监听的方式来进行攻击。将网络接口设置为监听模式，便可以将网上传输的源源不断的信息截获。

（3）Snort

Snort 是一个网络入侵检测系统，它可以分析网络上的数据包，用以决定一个系统是否被远程攻击了。多数 Linux 发行版本都有 Snort 程序，因此通过 urpmi、apt-get、yum 等安装 Snort 是一件很轻松的事情。Snort 可以将其收集的信息写到多种不同的存储位置以便于日后的分析。此外，Snort 可被用作一个简单的数据包记录器、嗅探器，当然它主要是一个成熟的网络入侵检测系统。

（4）Windump

Windump 是 Windows 环境下一款经典的网络协议分析软件，其 UNIX 版本名称为 Tcpdump。它可以捕捉网络上两台计算机之间传输的所有的数据包，供网络管理员做进一步流量分析和入侵检测。

7.5.3 监听的实现

网络监听技术是一种与网络安全性密切相关的技术，它利用计算机网络接口监听和截获其他计算机的相关数据，是“黑客”的常用手段和方法。“黑客”们经常利用这种技术对相关计算机进行监视，捕捉其他计算机上的银行账号和密码等数据，会给被监听者带来极大损失。

在以太网中，数据包以广播的方式进行传送，联网的所有主机都能接收到发送的数据包，但是真正接收这个数据包的计算机的物理地址必须与发送的数据包中所包含的物理地址一致。因此，只有与数据包中目标地址一致的那台主机才能接收数据包。但是，当主机工作在监听模式下，无论数据包中的目标物理地址是什么，主机都将接收。

数字信号到达一台主机的网络接口时，在正常情况下，网络接口读入数据帧，然后进行检查，如果数据帧中携带的物理地址是自己的，或者物理地址是广播地址，将数据帧交给上层协议软件，也就是 IP 层软件，否则就将这个帧丢弃。对于每一个到达网络接口的数据帧，都要进行这个流程。

然而，当主机工作在监听模式下，则所有的数据帧都将交给上层协议软件处理。

网络监听不仅能在共享式局域网中实现，而且可以在交换式局域网中实现。大多数的“黑客”使用的是以太网中任何一台联网的主机，这样可以更方便地监听局域网内的信息。

1. 共享式局域网中实现网络监听

共享式局域网的每一台主机都共享一条网络总线，这说明总线上的数据包可以让每台计算机都能接收到，但实际情况是每台主机只接收发给自己的数据包，对于不属于自己的数据包拒绝接收，这是通过 MAC 地址来实现的，因为每台主机上都会有一个 MAC 地址，当主机接收数据包时，与配置的 MAC 地址相同时，就会接收数据包，如果与配置的 MAC 地址不相符合，就会拒绝接收数据包。

2. 交换式局域网中实现网络监听

交换式局域网中 ARP 是建立在各个主机之间相互信任基础上的，但还是存在着一些安全问题。一种情况是，在局域网内所有的主机都是通过 ARP 表来确立 MAC 与 IP 地址之间关系的，ARP 会定时刷新的，但是在刷新之前“黑客”可能会修改 ARP 表，这样就可以进行“黑客”攻击了。另外一种情况是，“黑客”可以通过 MAC 复制进行监听，正是因为很多网卡是允许修改 MAC 地址的，这样就可以使“黑客”的计算机和监听主机的计算机 MAC 地址相同，通过这种方式破坏主机 ARP 缓存而达到监听目的。

7.5.4 监听的检测与防范

网络监听本来是为了管理网络，监视网络的状态和数据流动情况的。但是由于它能有效地截获网上的数据，因此也成了网上“黑客”使用得最多的方法。监听只能是同一网段的主机。这里同一网段是指物理上的连接，因为不是同一网段的数据包，在网关就会被滤掉，传不到该网段来。否则一个互联网上的一台主机，便可以监视整个互联网了。

网络监听最有用的是获得用户口令。当前，网上的数据绝大多数是以明文的形式传输。而且口令通常很短且容易辨认。当口令被截获后，则可以非常容易地登上另一台主机。

1. 监听的检测方法

网络监听是很难被发现的。因为运行网络监听的主机只是被动地接收在局域网上传输的信息，并没有主动的行动，也不能修改在网上传输的信息包。当某一危险用户运行网络监听软件时，可以通过 ps-ef 或 ps-aux 命令来发现他。能够运行网络监听软件，说明该用户已经具有了超级用户的权限，他可以修改任何系统命令文件，来掩盖自己的行踪。其实修改 ps 命令只需短短数条 Shell 命令，就可将监听软件的名字过滤掉。

另外，当系统运行网络监听软件时，系统因为负荷过重，会对外界的响应很慢。但也不能因为一个系统响应过慢而怀疑其正在运行网络监听软件，有以下几种方法可以检测系统是否在运行网络监听软件。

（1）方法一

对于怀疑运行监听程序的主机，用正确的 IP 地址和错误的物理地址去 ping，运行监听程序的主机会有响应。这是因为正常的主机不接收错误的物理地址，处于监听状态的主机能接收，如果它的 IP stack 不再次反向检查就会响应。这种方法依赖于系统的 IP stack，对一些系统可能行不通。

（2）方法二

向怀疑有网络监听行为的网络发送大量垃圾数据包，根据各个主机回应的情况进行判断，正常的系统回应的时间应该没有太明显的变化，而处于混杂模式的系统由于对大量的垃圾信息照单全收，所以回应时间很有可能发生较大的变化。

如果伪造出一种 ICMP 数据包，硬件地址不与局域网内任何一台主机相同，但目的地址是局域网内的 IP 地址。任何正常的主机会检查这个数据包，比较数据包的硬件地址，和自己的不同，于是不会理会这个数据包。而处于网络监听模式的主机，由于它的网卡现在是在混杂模式的，所以它不会去对比这个数据包的硬件地址，而是将这个数据包直接传到上层，上层检查数据包的 IP 地址，符合自己的 IP，于是会对这个 ping 的包做出回应。这样，一台处于网络监听模式的主机就被发现了。

（3）方法三

许多的网络监听软件都会尝试进行地址反向解析，在怀疑有网络监听发生时可以在 DNS 系统上观测有没有明显增多的解析请求。

（4）方法四

搜索监听程序。入侵者很可能使用的是一个免费软件，管理员就可以检查目录，找出监听程序，但这比较困难而且很费时间。在 UNIX 操作系统上，可以自己编写一个搜索程序进行搜索。

击败监听程序的攻击，用户有多种选择。而最终采用哪一种要取决于用户真正想做什么和运行时的开销。

对发生在局域网的其他主机上的监听，一直以来都缺乏很好的检测方法。这是由于产生网络监听行为的主机在工作时一般只是收集数据包，几乎不会主动发出任何信息。但目前业内已经有了一些解决这个问题的思路和相关产品。

2. 监听的防范措施

（1）从逻辑或物理上对网络分段

网络分段通常被认为是控制网络广播风暴的一种基本手段，但其实也是保证网络安全的一项措施。其目标是将非法用户与敏感的网络资源相互隔离，从而防止可能的非法监听。

（2）以交换式集线器代替共享式集线器

对局域网的中心交换机进行网络分段后，局域网监听的危险仍然存在。这是因为网络最终用户的接入往往是通过分支集线器而不是中心交换机，而使用最广泛的分支集线器通常是共享式集线器。这样，当用户与主机进行数据通信时，两台主机之间的数据包（称为 Unicast Packet，即单播包）还是会被同一台集线器上的其他用户所监听。

因此，应该以交换式集线器代替共享式集线器，使单播包仅在两个节点之间传送，从而防止非法监听。当然，交换式集线器只能控制单播包而无法控制广播包（Broadcast Packet）和多播包（Multicast Packet）。但广播包和多播包内的关键信息，要远远少于单播包。

（3）使用加密技术

数据经过加密后，通过监听仍然可以得到传送的信息，但显示的是乱码。使用加密技术的缺点是影响数据传输速度，以及使用弱加密技术比较容易被攻破。系统管理员和用户需要在网络速度和安全性上进行折中。

（4）划分 VLAN

运用 VLAN 技术，将以太网通信变为点到点通信，可以防止大部分基于网络监听的入侵。

（5）使用管理工具

网络监听是网络管理很重要的一个环节，也是“黑客”们常用的一种方法。事实上，网络监听的原理和方法是广义的。例如，路由器也是将传输中的包截获，进行分析并重新发送出去。许多的网络管理软件都少不了监听这一环节，而网络监听工具只是这一大类应用中的一个小的方面。

7.6　扫描器

扫描器

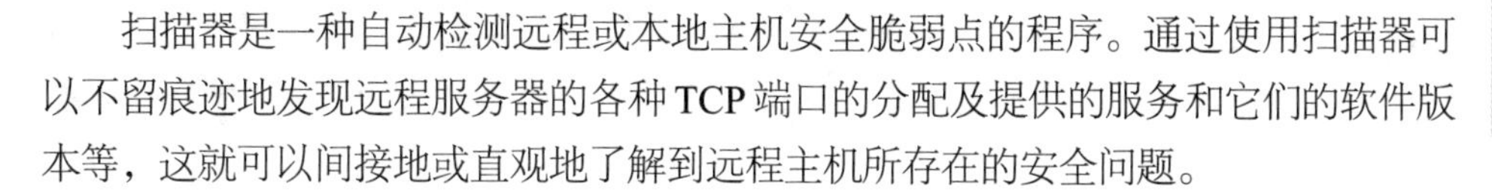

扫描器是一种自动检测远程或本地主机安全脆弱点的程序。通过使用扫描器可以不留痕迹地发现远程服务器的各种 TCP 端口的分配及提供的服务和它们的软件版本等，这就可以间接地或直观地了解到远程主机所存在的安全问题。

7.6.1　什么是扫描器

扫描器采用模拟攻击的形式对目标可能存在的已知安全漏洞进行逐项检查。目标可以是工作站、服务器、交换机、数据库应用等各种对象。然后根据扫描结果向系统管理员提供周密可靠的安全性分析报告，为提高网络安全整体水平提供重要依据。在网络安全体系的建设中，安全扫描工具花费低、效果好、见效快、与网络的运行相对对立、安装运行简单，可以大规模减少安全管理员的手工劳动，有利于保持全网安全策略的统一和稳定。

扫描器并不是直接发现漏洞的程序，它仅能帮助我们发现目标主机存在的某些弱点。一个好的扫描器能对它得到的数据进行分析，帮助我们查找目标主机的漏洞。但它不会提供进入一个系统的详细步骤。

扫描器应该有 3 项功能：发现一台主机和网络，发现在这台主机上运行什么服务，以及发现这台主机的漏洞。

扫描器对互联网安全很重要，因为它能揭示一个网络的脆弱点。在任何一个现有的平台上都有几百个已知的安全脆弱点。多数情况下，这些脆弱点都是唯一的，仅影响一个网络服务。人工测试单台主机的脆弱点是一项极其烦琐的工作，而扫描程序能轻易地解决这些问题。扫描程序开发者利用可得到的常用攻击方法并把它们集成到整个扫描中，这样使用者就可以通过分析输出的结果发现系统的漏洞。

常用的扫描器是 TCP 端口扫描器，扫描器可以搜集到有关目标主机的有用信息（例如，一个匿名用户是否可以登录等）。扫描器能够发现目标主机某些内在的弱点，这些弱点可能是破坏目标主机安全性的关键因素。但是，要做到这一点，就必须了解如何识别漏洞。许多扫描器没有提供多少指南手册和指令，因此，数据的解释非常重要。

编写一个扫描器需要具备 TCP/IP，例行测试以及 C 语言、Perl 语言，一种或多种外壳语言的丰富知识，还需要了解 Socket 编程的知识。

扫描器是当今入侵者最常使用的应用程序。这些能自动检测服务器安全结构弱点的程序快速、准确而且万能。更重要的是，它们可以在互联网上免费得到。由于这些原因，许多人坚持认为扫描器是入侵工具中最危险的工具。

7.6.2 端口扫描

1. 端口

端口是由计算机的通信协议 TCP/IP 定义的。其中规定，用 IP 地址和端口作为套接字，它代表 TCP 连接的一个连接端，一般称为 Socket。具体来说，就是用 IP 地址和端口号来定位一台主机中的进程。可以这样比喻，端口相当于两台计算机进程间的大门，可以随便定义，其目的只是让两台计算机能够找到对方的进程。计算机就像一座大楼，这座大楼有好多入口（端口），进到不同的入口中就可以找到不同的公司（进程）。可见，端口与进程是一一对应的，如果某个进程正在等待连接，称该进程正在监听，那么就会出现与它相对应的端口。由此可见，入侵者通过扫描端口，便可以判断出目标计算机有哪些通信进程正在等待连接。

在互联网的服务器上有数千个端口，为了简便和高效，为每个指定端口都设计了一个标准的数据帧。换句话说，尽管系统管理员可以把服务绑定（Bind）到选定的端口上，但服务一般都被绑定到指定的端口上，它们被称为公认端口。

2. 端口扫描技术

编写扫描器程序必须具备很多 TCP/IP 程序编写和 C、Perl 或 Shell 语言的知识，需要一些 Socket 编程的背景和开发客户-服务器应用程序的技术。下面对常用的端口扫描技术做一个介绍。

（1）TCP connect()扫描

这是最基本的 TCP 扫描。当申请方主机向目标主机发送一个同步 SYN 请求，该请求中包含一个端口号。如果目标主机该端口是开启的，那么目标主机将通过同步/应答（SYN/ACK）来响应申请方主机。申请方通过应答 ACK 来响应目标主机从而完成会话创建。然后，申请方向目标主机发送一个重置 RST 包来关闭会话。目标主机可以通过 SYN/ACK 来响应申请方的主机。如果端口处于侦听状态，那么 connect()就能成功。否则，这个端口是不能用的，即没有提供服务。这个技术的最大优点是，不需要任何权限，系统中的任何用户都有权利使用这个调用。另一个优势就是速度。

（2）TCP SYN 扫描

这种技术通常认为是“半开放”扫描，这是因为扫描程序不必要打开一个完全的 TCP 连接。扫描程序发送的是一个 SYN 数据包，好像准备打开一个实际的连接并等待反应一样（与 TCP 的 3 次握手建立一个 TCP 连接的过程类似）。一个 SYN/ACK 的返回信息表示端口处于侦听状态。一个 RST 返回，表示端口没有处于侦听状态。如果收到一个 SYN/ACK，则扫描程序必须再发送一个 RST 信号，来关闭这个连接过程。这种扫描技术的优点在于一般不会在目标计算机上留下记录。但这种方法的一个缺点是，必须有 root 权限才能建立自己的 SYN 数据包。

（3）TCP FIN 扫描

TCP FIN 扫描和 TCP SYN 扫描原理差不多，当申请方主机向目标主机一个端口发送 TCP 标志位 FIN 置位的数据包，如果目标主机该端口是“关”状态，则返回一个 TCP RST 数据包；否则不回复。根据这一原理可以判断对方端口是处于“开”还是“关”状态。这种方法的缺点是，该原理不是协议规定，因而与具体的协议系统实现有一定的关系，因为有些系统在实现的时候，不管端口是处于“开”还是“关”状态，都会回复 RST 数据包，从而导致此方法失效。不过，也正因为这一特性，该方法可以用于判断对方是 UNIX 操作系统还是 Windows 操作系统。

（4）IP 地址扫描

这种方法不直接发送 TCP 探测数据包，是将数据包分成两个较小的 IP 地址段。这样就将一个 TCP 头分成了好几个数据包，从而过滤器就很难探测到。但必须小心，一些程序在处理这些小数据包时会有些麻烦。

（5）TCP 反向 ident 扫描

ident 协议允许使用者看到通过 TCP 连接的计算机的用户名，即使这个连接不是由这个进程开始的。例如，连接到 HTTP 端口，然后用 ident 来发现服务器是否正在以 root 权限运行。这种方法只能在和目标端口建立了一个完整的 TCP 连接后才能使用。

（6）FTP 返回攻击

FTP 的一个特点是它支持代理（Proxy）连接。即入侵者可以从自己的计算机和目标主机之间建立一个 FTP 的连接，然后请求这个连接激活一个有效的数据传输进程来给互联网上任何地方发送文件。这种方法是从一个代理的 FTP 服务器来扫描 TCP 端口。这样就能在一道防火墙后面连接到一个 FTP 服务器，然后扫描端口。如果 FTP 服务器允许从一个目录读写数据的话，就能发现该端口。

（7）UDP ICMP 端口不能到达扫描

这种方案的原理是当一个 UDP 端口接收到一个 UDP 数据报时，如果它是关闭的，就会给源端发回一个 ICMP 端口不可达数据报；如果它是开放的，那么就会忽略这个数据报，也就是将它丢弃而不返回任何的信息。优点是可以完成对 UDP 端口的探测。缺点是需要系统管理员的权限并且扫描的速度很慢。另外，扫描结果的可靠性不高。因为当发出一个 UDP 数据报而没有收到任何的应答时，有可能因为这个 UDP 端口是开放的，也有可能是因为这个数据报在传输过程中丢失了。

（8）UDP recvfrom()和 write()扫描

这个方案是对前一个方案的改进，由于只有具备系统管理员的权限才可以查看 ICMP 错误报文，那么在不具备系统管理员权限的时候可以通过使用 recvfrom()和 write()这两个系统调用来间接获得对方端口的状态。对一个关闭的端口第二次调用 write()的时候通常会得到出错信息。而对一个 UDP 端口使用 recvfrom()调用的时候，如果系统没有收到 ICMP 的错误报文通常会返回一个 EAGAIN 错误，错误类型码 13，含义是“再试一次”；如果系统收到了 ICMP 的错误报文则通常会返回一个 ECONNREFUSED 错误，错误类型码 111，含义是“连接被拒绝”。通过这些区别，就可以判断出对方的端口状态如何。优点是不需要系统管理员的权限。缺点是除去解决了权限的问题外，其他问题依然存在。

（9）ICMP Echo 扫描

发送一个 Echo 请求数据包，如果目标主机正常，则会返回一个 Echo 响应数据包；如果目标主机不可达，则会返回一个 ICMP Destination Unreachable 响应数据包。

7.6.3　扫描工具

在 UNIX 操作系统中，端口扫描程序不需要超级用户权限，任何用户都可以使用。而且，简单的端口扫描程序非常容易编写。掌握了初步的 Socket 编程知识，便可以轻而易举地编写出能够在 UNIX 和 Windows 下运行的端口扫描程序。如果利用端口扫描程序扫描网络上的一台主机，这台主机运行的是什么操作系统、该主机提供了哪些服务便一目了然。

一般情况下运行 UNIX 操作系统的主机，在小于 1024 的端口提供了非常多的服务，有许多服务是特有的，如在 7（Echo）、9（discard）、13（daytime）、19（Chargen）等端口。公共端口及对应服务或应用程序如表 7-1 所示。

表 7–1　公共端口及其对应服务或应用程序

服务或应用程序	FTP	SMTP	Telnet	Gopher	Finger	HTTP	NNTP
端口	21	25	23	70	79	80	119

端口扫描程序对于系统管理人员，是一个非常简便实用的工具。端口扫描程序可以帮助系统管理员更好地管理系统与外界的交互。下面介绍一些常用的端口扫描工具。

1. Nmap 扫描工具

Nmap 是主动扫描工具，用于对指定的主机进行扫描。Nmap 能够轻松扫描确定哪些服务运行在哪些连接端，并且推断计算机运行哪个操作系统，从而帮助用户管理网络以及评估网络系统安全，堪称系统漏洞扫描之王。

Nmap 扫描工具具有以下功能。

（1）主机发现。用于发现目标主机是否处于活动状态。Nmap 提供了多种检测机制，可以更有效地辨识主机。例如可用来列举目标网络中哪些主机已经开启，类似于 ping 命令的功能。

（2）端口扫描。用于扫描主机上的端口状态。Nmap 可以将端口识别为开放、关闭、过滤、未过滤、开放/过滤、关闭/过滤。默认情况下，Nmap 会扫描 1000 个常用的端口，可以覆盖大多数基本应用情况。

（3）版本侦测。用于识别端口上运行的应用程序与程序版本。Nmap 目前可以检测数百种应用协议，对于不识别的应用，Nmap 默认会将应用的指纹输出，如果用户确知该应用程序，那么用户可以将信息提交到社区，为社区做贡献。

（4）操作系统侦测。用于识别目标机的操作系统类型、版本编号及设备类型。Nmap 目前提供了上千种操作系统或设备的指纹数据库，可以识别通用 PC、路由器、交换机等设备类型。

（5）防火墙/IDS 规避。Nmap 提供多种机制来规避防火墙、IDS 的屏蔽和检查，便于秘密地探查目标机的状况。基本的规避方式包括：分片、IP 诱骗、IP 伪装、MAC 地址伪装等。

（6）NSE 脚本引擎。NSE 是 Nmap 最强大最灵活的特性之一，可以用于增强主机发现、端口扫描、版本侦测、操作系统侦测等功能。

图 7-2 为 Nmap 运行界面。

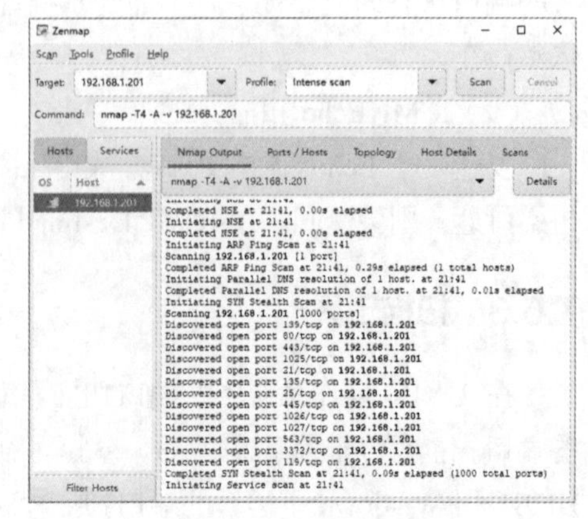

图 7-2　Nmap 运行界面

2. Masscan 扫描工具

Masscan 是以互联网全端口扫描为目标而诞生的，扫描速度极快，它的核心思想是异步扫描，与 Nmap 的同步扫描相反，异步扫描可以同时发送和处理多个网络连接。理论上一次最多可以处理 1000 万个数据包，限制在于 TCP/IP 的堆栈处理能力，以及运行扫描工作的主机系统能力。

Masscan 优点是扫描速度快以及独特的探针随机化功能，其缺点是只能扫描 IP 地址或者 IP 地址段，无法指定域名目标。

3. Naabu 扫描工具

Naabu 是一款比较新的扫描器，由一家开源软件公司开发，该公司专注于 Web 应用程序安全和漏洞狩猎。Naabu 是用 Go 语言编写，毕竟 Go 工具往往拥有运行速度快和稳定的特点。该工具的特点是其设计考虑到了功能，它的目标在于与 Project Discovery 库中的其他工具以及 Nmap 等常用工具结合使用，所以输出的结果非常灵活。

除此之外，它还可以通过端口扫描自动将 IP 的重复数据删除来减少扫描资源的浪费，这对 Web 渗透来说是非常有用的，而且集成了 Nmap 的端口服务指纹识别能力。

4. IP Scanner 扫描工具

IP Scanner 是一款用于扫描局域网计算机的绿色小软件。IP Scanner 在静态 IP 地址环境下或者 DHCP 环境下，都提供完善的 IP 地址管理。用户也可以使用 IPScanProbe 自带的 DHCP 服务器，它能提供更安全和灵活的 DHCP 环境。IP Scanner 也可以搜集和存储网络中所有设备不断形成的、可审计的历史记录。这些历史记录可以提供一套高价值，并且不断保持更新的网络状况文档。图 7-3 为 IP Scanner 运行界面。

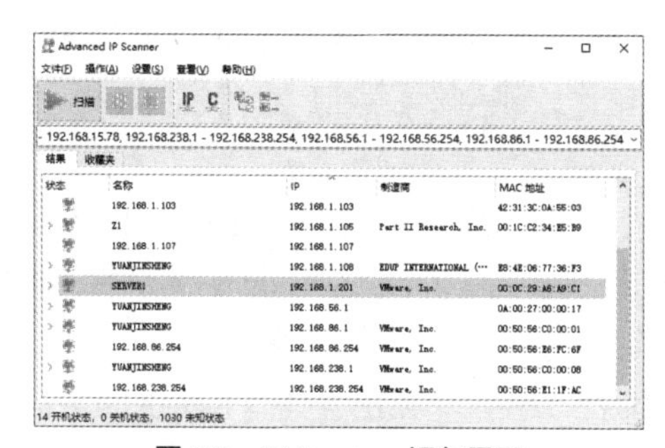

图 7-3　IP Scanner 运行界面

5. SuperScan 扫描工具

SuperScan 是一个集“端口扫描”“ping”“主机名解析”功能于一体的扫描器。该工具具备检测主机是否在线、转换 IP 地址和主机名、通过 TCP 连接试探目标主机运行的服务和扫描指定范围的主机端口等功能。

在“开始 IP”栏中填入目标网段起始 IP 地址，在“结束 IP”栏中填入目标网段结束 IP 地址。然后单击“开始”按钮，就可以进行扫描了，如图 7-4 所示。

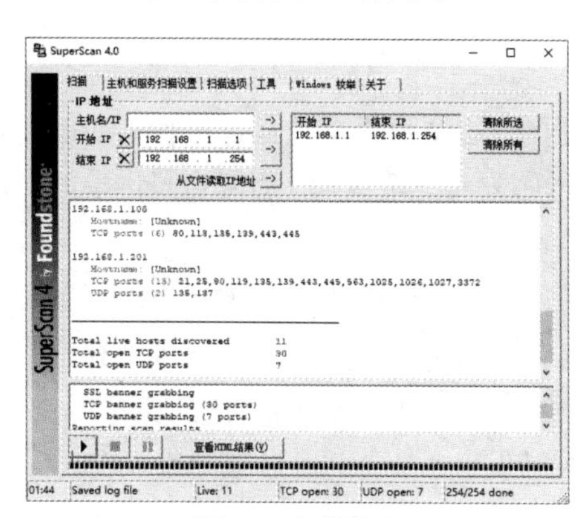

图 7-4　扫描结果

7.7 E-mail 的安全

E-mail 十分脆弱。从浏览器向互联网上的另一个人发送 E-mail 时，不仅信件像明信片一样是公开的，而且无法知道在到达其最终目的之前，信件经过了多少主机。互联网像一个蜘蛛网，邮件服务器可接收来自任意地点的任意数据，所以，任何人只要可以访问这些服务器，或访问 E-mail 经过的路径，就可以阅读这些信息。唯一的安全性取决于人们对邮件有多大兴趣。当然，在整个过程中，具备多少阅读这些信件的技术，了解多少访问服务器的方法，会产生不同的结果。

7.7.1 E-mail 工作原理及安全漏洞

邮件系统的传输包含用户代理（User Agent）、传输代理（Transfer Agent）及投递代理（Delivery Agent）3 部分。用户代理是一个用户端发信和收信的程序，负责将信按照一定的标准包装，然后送至邮件服务器，将信件发出或由邮件服务器收回。传输代理则负责信件的交换和传输，将信件传送至适当的邮件主机，再由投递代理将信件分发至不同的邮件信箱。传输代理必须能够接受用户邮件程序送来的信件，解读收信人的地址，根据 SMTP 将它正确无误地传递到目的地。现在一般的传输代理已采用 Sendmail 程序完成工作，到达邮件主机后经接收代理程序使用 POP 将邮件下载到自己的主机上。

E-mail 在互联网上传送时，会经过很多点，如果中途没有什么阻止它，最终会到达目的地。信息在传送过程中通常会短暂停留几次。因为其他的 E-mail 服务器会查看信头，以确定该信息是否发往自己，如果不是，服务器会将其转送到下一个最可能的地址。

E-mail 服务器有一个“路由表”，在那里列出了其他 E-mail 服务器的目的地的地址。当服务器读完信头，意识到信息不是发给自己时，它会迅速将信息送到目的地服务器或离目的地最近的服务器。

E-mail 服务器向全球开放，它们很容易受到“黑客”的袭击。信息中可能携带会损害服务器的指令。例如，Morris bug 内有一种会损坏 Sendmail 的指令，这个指令可使其执行“黑客”发出的命令。

Web 提供的阅读器更容易受到这类侵扰。因为，与标准的基于文本的互联网邮件不同，Web 上的图形接口需要执行脚本或 Applet 才能显示信息。

防火墙不可能识别所有恶意的 Applet 和脚本。最多，也只能滤去邮件地址中有风险的字符，这些字符还应是防火墙识别得出来的。

7.7.2 匿名转发

在正常的情况下，发送电子邮件会尽量将发送者的名字和地址添加进邮件的附加信息中。但是，有时候，发送者希望将邮件发送出去而不希望收件者知道是谁发的。这种发送邮件的方法被称为匿名邮件。

实现匿名的一种简单的方法改变电子邮件软件里发送者的名字。但这是一种表面现象，因为通过信息表头中的其他信息仍能够跟踪发送者。而让自己的地址完全不出现在邮件中的唯一方法是让其他人发送这个邮件，邮件中的发信地址就变成转发者的地址了。

现在互联网上有大量的匿名转发者（或称为匿名服务器），发送者将邮件发送给匿名转发者，并告诉这个邮件希望发送给谁。该匿名转发者删去所有的返回地址信息，再邮发给真正的收件者，并将自己的地址作为返回地址插入邮件中。

从安全的角度考虑，匿名转发也是有用的。例如，发送敏感信息时，隐藏发送者的信息可以使窥窃者不知道这一信息是否有用。

7.7.3　E-mail 欺骗

电子邮件欺骗就是在电子邮件中改变发信者的名字使之看起来是从某地或者某人发来的实际行为。垃圾邮件的发布者通常使用欺骗和恳求的方法尝试让收件人打开邮件，并很有可能让其回复。

E-mail 欺骗行为表现形式可能各异，但原理相同：通常是欺骗用户进行一个毁坏性或暴露敏感信息（例如口令）的行为。欺骗性 E-mail 会制造安全漏洞。E-mail 宣称会来自系统管理员，要求用户将他们的口令改变为特定的字串，并威胁用户如果不照此办理，将关闭用户的账户。

由于 SMTP 没有验证系统，伪造 E-mail 十分方便。如果站点允许与 SMTP 端口联系，任何人都可以与该端口联系，甚至以虚构的某人的名义发出 E-mail。

7.7.4　E-mail 轰炸和炸弹

1. E-mail 轰炸

E-mail 轰炸可被描述为不停地接到大量同一内容的 E-mail。E-mail Spamming 与 E-mail 轰炸类似。这里，一条信息被传给成千上万的不断扩大的用户。如果一个人回复了 E-mail Spamming，那么表头里所有的用户都会收到这封回信。

这里，主要的风险来自 E-mail 服务器。如果服务器接收到很多的 E-mail，服务器就会脱网，系统甚至可能崩溃。不能服务，可由不同原因引起，可能由于网络连接超载，也可能由于缺少系统资源。因此，如果系统突然变得迟钝，或 E-mail 速度大幅减慢，或不能收发 E-mail，就应该小心。E-mail 服务器可能正忙于处理极大数量的信息。

如果感到站点正受侵袭，试着找出轰炸或 Spamming 的来源，然后设置防火墙或路由器，滤去来自那个地址的邮包。

防范 E-mail 轰炸的办法是使用防火墙。防火墙可以阻止恶意信息的产生，可以确保所有外部的 SMTP 都只连接到 E-mail 服务器上，而不连接到站点的其他系统。这样做可能无法阻止入侵，但可以有效降低 E-mail 轰炸的影响。

2. E-mail 炸弹

UP Yours 是最流行的炸弹程序之一，它使用最少的资源，做了超量的工作，有简单的用户界面以及会尝试隐藏攻击者的地址源头。

KaBoom 与 UP Yours 有着明显的不同。其中一点就是 KaBoom 增强了功能。例如，从开始界面到主程序可以发现一个用来链接列表的工具。使用这个功能，就可以把目标加入上百个 E-mail 列表中去。

防范 E-mail 炸弹的办法是删除文件或进入一种排斥模式。排斥模式需要检查收到的邮件的源地址并读取 Mail 中的信息。

另一种防范 E-mail 炸弹的办法方法是在路由的层次上限制网络的传输。或者编写一个 Script 程序，每当 E-mail 连接到自己的邮件服务器的时候，它就“捕捉到”E-mail 的地址。对于邮件炸弹的每一次连接，它都自动终止连接并且回复一个长达10页的声明，指出这种攻击行为违反了公认的准则，触犯法律。当进行攻击的“黑客”收到1000页或更多的回复时，原先并不在意的提供商就会对使用邮件炸弹的人进行训斥甚至惩罚。要想使这个方法更加有效，在发送每个自动答复的消息时，也给那个节点的管理员一份。

这些方法只有在受到邮件炸弹攻击的情况下才是有效的，对于被连接到邮件列表的情况是不起作用的。因为在这种情况下，攻击者的真实地址被隐去了。

7.7.5 保护E-mail

最有效的保护E-mail的方法是使用加密签字（如PGP）来验证E-mail信息。通过验证E-mail信息，可以保证信息确实来自发信人，并保证在传送过程中信息没有被修改。

PGP运用了复杂的算法，操作结果产生了高水平的加密，系统采用公钥/私钥配合方案，在这种方案中，每个报文只有在用户提供了一个密码后才被加密。

原本为DOS编制的PGP，是在行命令接口或DOS提示符下进行操作的。在这种状态下它本身没有安全问题，可问题是许多人发现这样用很不方便，于是他们使用一个前台程序或基于Microsoft Windows的应用程序，通过它们访问PGP程序。当用户利用这类前台程序时，密码将被写进一个Windows的Swap文件中。如果这个Swap文件长久保存，用功能足够强大的计算机就可以找到其中的密码。

该工具的加密、解密和数字签名都是对当前剪贴板上的信息进行的。另外，该工具也可以很方便地与Outlook等结合起来。

加密的密文可用电子邮件发送给具有相应私钥的收信人，也可以作为文件存储在本地主机中。用公钥加密后的信息，没有相应的私钥，即使是加密者本人，也不能从密文得到明文。另外，还要配置电子邮件服务器，不允许SMTP端口的直接连接，并防止来自其他站点的假邮件。如果配置防火墙，使它将外来的邮件定向到邮件服务器，就可以对邮件进行集中记录，便于跟踪和检测异常邮件活动。对于返回来的电子邮件错误信息应注意研究，它经常能提供许多有关入侵者的有用线索。检查电子邮件的头信息，这里往往包含邮件被传送的轨迹，头信息中的“Received”或“Message-ID”信息以及电子邮件中的sent/received日志都是很有用的信息，要看它们是否匹配。有时，电子邮件用户不允许查看头信息，可检查包含原始信息的ASCII文件，因为头信息也可能是假冒的。如果入侵者直接和系统的SMTP端口连接，其源头甚至可能找不到。

应设置邮件传送Daemon，阻止SMTP端口的直接连接，避免收发欺骗性的E-mail。设置一道防火墙，公司外部的SMTP连接到一个E-mail服务器上，以使站点只有一个E-mail入口。这样，就会有一个集中的登录地点，便于追踪不正常的E-mail活动。

7.8 IP电子欺骗

IP电子欺骗是指创建源地址经过修改的IP数据包，目的是隐藏发送方的身份，冒充另外一台主机的IP地址，与其他设备通信，从而达到某种目的技术。恶意用户往往采用这项技术对目标设备或周边基础设施发动DDoS攻击。

7.8.1　IP 电子欺骗的实现原理

所谓 IP 电子欺骗，就是伪造某台主机的 IP 地址的技术。其实质就是让一台主机来扮演另一台主机，以达到蒙混过关的目的。被伪造的主机往往具有某种特权或者被另外的主机所信任。攻击者创建一个 IP 数据包并将其发送到服务器，这称为 SYN（同步）请求。然后将自己的源地址作为另一台计算机的 IP 地址放入新创建的 IP 数据包中。服务器以 SYN+ACK 响应返回，该响应传输到伪造的 IP 地址。攻击者收到服务器发送的这个 SYN+ACK 响应并确认，从而完成与服务器的连接。完成此操作后，攻击者可以在服务器计算机上尝试各种命令，常见的方法包括 IP 地址欺骗攻击、ARP 欺骗攻击和 DNS 服务器欺骗攻击等。组织可以采取的防范欺骗攻击的常见措施包括数据包过滤、使用欺骗检测软件和加密网络协议。

IP 是网络层的一个面向无连接的协议，IP 数据包的主要内容由源 IP 地址、目的 IP 地址和所传数据构成，IP 的任务就是根据每个数据报文的目的地址，路由完成报文从源地址到目的地址的传送。至于报文在传送过程中是否丢失或出现差错，IP 不会考虑。对 IP 来讲，源设备与目的设备没有什么关系，它们是相互独立的。IP 包只是根据数据报文中的目的地址发送，因此借助高层协议的应用程序来伪造 IP 地址是比较容易实现的。

TCP 作为两台通信设备之间保证数据顺序传输的协议，是面向连接的，它需要连接双方都同意才能进行通信。TCP 传输双方传送的每一个字节都伴随着一个 SEQ 值，它期待对方在接收后产生一个应答（ACK），应答一方面通知对方数据成功收到，另一方面告知对方希望接收下一个字节。同时，任何两台设备之间欲建立 TCP 连接都需要一个两方确认的起始过程，称 3 次握手。

在 IP 电子欺骗的状态下，3 次握手会是下面这种情况。

第一步："黑客" 假冒 A 主机 IP 向服务方 B 主机发送 SYN，告诉 B 主机是它所信任的 A 主机想发起一次 TCP 连接，序列号为数值 X，这一步实现比较简单，"黑客" 将 IP 包的源地址伪造为 A 主机 IP 地址即可。

要注意的是，在攻击的整个过程中，必须使 A 主机与网络的正常连接中断。因为 SYN 请求中 IP 包源地址是 A 主机的，当 B 收到 SYN 请求时，将根据 IP 包中源地址反馈 ACK+SYN 给 A 主机，但事实上 A 并未向 B 发送 SYN 请求，所以 A 收到后会认为这是一次错误的连接，从而向 B 回送 RST，中断连接。为了解决这个问题，在整个攻击过程中我们需要设法停止 A 主机的网络功能，使之拒绝服务即可。

第二步：服务方 B 产生 SYN+ACK 响应，并向请求方 A 主机（注意：是 A，不是 "黑客"，因为 B 收到的 IP 包的源地址是 A）发送 ACK，ACK 的值为 X+1，表示数据成功接收到，且告知下一次希望接收到字节的 seq 是 X+1；同时，B 向请求方 A 发送自己的 seq，注意，这个数值对 "黑客" 是不可见的。

第三步："黑客" 再次向服务方发送 ACK，表示接收到服务方的回应——虽然实际上他并没有收到服务方 B 的 SYN+ACK 响应。这次它的 seq 值为 X+1，同时它必须猜出 ACK 的值，并加 1 后回馈给 B 主机。

如果 "黑客" 能成功地猜出 B 的 ACK 值，那么 TCP 的 3 次握手就宣告成功，B 会将 "黑客" 看作 A 主机。"黑客" 主机这种连接是 "盲人" 式的，"黑客" 永远不会收到来自 B 的包，因为这些反馈包都被路由到 A 主机那里了。

由上我们可以看出，IP 电子欺骗的关键在于猜出在第二步服务方所回应的 seq 值，有了这个值，

TCP 连接方可成功地建立。在早期，这是个令人头疼的问题，但随着 IP 电子欺骗攻击手段的研究日益深入，一些专用的算法在技术上得到应用，并产生了一些专用的 C 程序，如 SEQ-scan、yaas 等。当“黑客”得到这些 C 程序时，一切问题都将迎刃而解。

在现实中投入应用的 IP 电子欺骗一般被用于有信任关系的服务器之间的欺骗。假设网上有 A，B，C 这 3 台主机，A 为我们打算愚弄的主机，B 和 A 有基于 IP 地址的信任关系，也就是说拥有 B 主机 IP 地址的设备上的用户不需要账号及密码即可进入 A。我们就可以在 C 上做手脚假冒 B 主机 IP 地址从而骗取 A 的信任。

7.8.2 IP 电子欺骗的方式和特征

计算机用户的身份验证一般发生在用户连接到网络使用某种资源或服务时。一般来说，身份验证往往发生在应用层，典型情况如用户在使用 FTP 进行文件传输或 Telnet 进行远程登录时，用户需要输入用户名和口令，只有用户名和口令相符认证才通过。

在互联网上，应用层的认证路由是很少见的，而且，对于用户来说认证路由完全是不可见的。在应用层认证中，计算机向用户提出问题，要求用户来确认自己。在非应用层认证路由中则相反，它仅发生于计算机之间。一台主机向另一台主机要求某种形式的确认，这种计算机之间的对话通常是自动发生的，不需要人的参与。在 IP 电子欺骗攻击中，入侵者便是试图控制计算机之间的这种自动对话以达到自己的目的的。

入侵者可以利用 IP 欺骗技术获得对主机未授权的访问，因为他可以发出这样的来自内部地址的 IP 包。当目标主机利用基于 IP 地址的验证来控制对目标系统中的用户访问时，这些小诡计甚至可以获得特权或普通用户的权限。即使设置了防火墙，如果没有配置对本地区域中资源 IP 包地址的过滤，这种欺骗技术依然可以奏效。

当进入系统后，“黑客”会绕过口令以及身份验证，来专门守候，直到有合法用户连接登录到远程站点。一旦合法用户完成其身份验证，“黑客”就可控制该连接。这样，远程站点的安全就被破坏了。

IP 欺骗技术有以下 3 个特征。

（1）只有少数平台能够被这种技术攻击，也就是说很多平台都不具有这方面的缺陷。

（2）这种技术出现的可能性比较小，因为这种技术不好理解，也不好操作，只有一些真正的“网络高手”才能掌握。

（3）这种攻击方法很容易防备，如可以使用防火墙等。

在互联网上，应用层的认证路由是很少见的。而且，对用户来说认证路由完全是不可见的。在应用层认证中，计算机向用户提出问题，要求用户来确认自己，在非应用层认证路由中则相反，它仅发生于计算机之间。

7.8.3 IP 欺骗的对象及实施

1. IP 欺骗的对象

IP 欺骗只能攻击那些运行真正的 TCP/IP 的计算机，真正的 TCP/IP 指的是完全实现了的 TCP/IP，包括所有的端口和服务。下面一些是肯定可以被攻击的。

① 运行 SUN RPC 的计算机。SUN RPC 指的是远程过程调用的 SUN Microsystem 公司的标准，

它规定了在网络上透明地执行命令的标准方法。

② 基于 IP 地址认证的网络服务。IP 地址认证是指目标计算机通过检测请求计算机的 IP 地址来决定是否允许本机和请求计算机间的连接。有很多种形式的 IP 认证，它们中的大部分都可以被 IP 欺骗攻击。

③ 提供 r 系列服务的计算机，如提供 rlogin、rsh、rcp 等服务。

在 UNIX 环境下，r 服务指的是 rlogin 和 rsh，r 表示远程的意思。这两个服务使得用户可以不使用口令而远程访问网络上的其他计算机，虽然有类似于它们的远程登录工具如 Telnet，但是这两个服务具有下面的独特性质。

① rlogin 提供了一种远程登录主机的手段，在这一点上它与 Telnet 有点相似。rlogin 一般被限制为只能在本地使用，极少有网络支持长距离的远程登录服务，因为 rlogin 存在着严重的安全性问题。

② rsh 允许在远程计算机上启动一个 Shell，这使得它可以远程执行一个命令。rsh 存在非常大的安全性漏洞，一般情况下，应关闭这种服务。

2. IP 欺骗的实施

IP 欺骗不同于其他的用于确定计算机漏洞的攻击技术，如端口扫描或类似技术。要使用这种技术，攻击者事先应当清醒地认识到目标计算机的漏洞，否则无法进行攻击。

几乎所有的欺骗都是基于某些计算机之间的相互信任的，这种信任有别于用户间的信任和应用层的信任。

“黑客”可以通过很多命令或端口扫描技术、监听技术确定计算机之间的信任关系，例如，一台提供服务的计算机很容易被端口扫描出来，使用端口扫描技术同样可以非常方便地确定一个局部网络内计算机之间的相互关系。

假定一个局域网内部存在某些信任关系。例如，主机 A 信任主机 B、主机 B 信任主机 C，则为了侵入该网络，“黑客”可以采用下面两种方式。

① 通过假冒计算机 B 来欺骗计算机 A 和 C。

② 通过假冒计算机 A 或 C 来欺骗计算机 B。

为了假冒计算机 C 去欺骗计算机 B，首要的任务是攻击原来的 C，使得 C 发生瘫痪。这是一种拒绝服务的攻击方式。

并不总是要使得被假冒的计算机瘫痪，但是在 Ethernet 网络上攻击者必须这么做，否则会引起网络挂起。

7.8.4　IP 欺骗攻击的防备

1. 防备网络外部的欺骗

对来自网络外部的欺骗来说，阻止这种攻击的方法是很简单的，在局部网络的对外路由器上加一个限制条件，只要在路由器内部设置不允许声称来自内部网络的外来包通过就行了。尽管路由器可以通过分析测试源地址来解决电子欺骗中的一般问题，但是，如果网络还存在外部的可信任主机，那么路由器就无法防止别人冒充这些主机而进行的 IP 欺骗。

2. 监视网络

通过对信息包的监控来检查 IP 欺骗攻击将是非常有效的方法。使用 Netlog 等信息包检查工具对信息的源地址和目的地址进行严格检查，如果发现了信息包来自两个以上不同地址，则说明系统有可能受到了IP欺骗攻击，防火墙外面正有“黑客”试图入侵系统。

另外，应该注意与外部网络相连的路由器，看它是否支持内部接口。如果路由器有支持内部网络子网的两个接口，则必须警惕，因为很容易受到IP欺骗。这也是将Web服务器放在防火墙外面有时会更安全的原因。

3. 安装过滤路由器

检测和保护站点免受IP欺骗的最好方法就是安装一个过滤路由器，限制对外部接口的访问，禁止带有内部网资源地址的包通过。当然也应禁止（过滤）带有不同内部资源地址的内部包通过路由器到别的网上去，这样可防止内部的用户对别的站点进行IP欺骗。

7.9 本章小结

1. 互联网的安全

互联网服务的安全隐患主要存在于电子邮件、FTP、Telnet、用户新闻和WWW等服务中。

互联网许多事故的起因是使用了薄弱的、静态的口令。互联网上的口令可以通过许多方法破译。其中最常用的两种方法是把加密的口令解密和通过监视信道窃取口令。

导致这些问题的原因主要有认证环节薄弱性，系统易被监视性、易被欺骗性，有缺陷的局域网服务，复杂的设备控制以及主机的安全性难以估计。

2. Web站点安全

为了保护站点的安全，应做到配置Web服务器的安全特性、排除站点中的安全漏洞。

3. 口令安全

通过口令进行攻击是多数“黑客”常用的方法。作为系统管理员，应该定期检查系统是否存在无口令的用户，其次应定期运行口令破译程序以检查系统中是否存在弱口令，这些措施可以显著地减少系统面临的通过口令入侵的威胁。

4. 无线网络安全

WLAN是利用无线通信技术在一定的局部范围内建立的网络，是计算机网络与无线通信技术相结合的产物，它以无线多址信道作为传输媒介，提供传统LAN的功能，能够真正实现随时、随地、随意的宽带网络接入。

常见的无线局域网安全技术有以下几种：SSID技术，MAC地址过滤技术，WEP技术，VPN技术，802.1x。

无线网络的常见攻击：针对WEP协议的攻击，搜索攻击，窃听、截取和监听，欺骗和非授权访问，网络接管与篡改，拒绝服务攻击，恶意软件，偷窃用户设备。

无线网络安全设置：修改用户名和口令、使用无线加密协议、修改默认的SSID、禁止SSID广播、设置MAC地址过滤、分配静态IP地址。

5. 网络监听

网络监听工具是提供给管理员的一类管理工具。使用这种工具，可以监视网络的状态、数据流动情况以及网络上传输的信息。

6. 扫描器

扫描器是一种自动检测远程或本地主机安全性弱点的程序。通过使用扫描器可以不留痕迹地发现远程服务器的各种 TCP 端口的分配、提供的服务和软件版本等。

7. E-mail 的安全

E-mail 十分脆弱，从浏览器向互联网上的另一人发送 E-mail 时，不仅信件像明信片一样是公开的，而且无法知道在到达其最终目的之前，信件经过了多少主机。E-mail 服务器向全球开放，它们很容易受到“黑客”的袭击。

8. IP 电子欺骗

所谓 IP 电子欺骗，就是伪造某台主机的 IP 地址的技术。其实质就是让一台主机来扮演另一台主机，以达到蒙混过关的目的。

IP 欺骗技术有以下 3 个特征。

① 只有少数平台能够被这种技术攻击，也就是说很多平台都不具有这方面的缺陷。

② 这种技术出现的可能性比较小，因为这种技术不好理解，也不好操作，只有一些真正的“网络高手”才能掌握。

③ 这种攻击方法很容易防备，如可以使用防火墙等。

习　题

1. 总结互联网上不安全的因素。
2. 简述无线局域网的安全漏洞及应对措施。
3. 从网上查找监控工具、Web 统计工具，简要记录相应功能。
4. 从网上下载一款流行的网络监听工具，并简单介绍使用方法。
5. 利用端口扫描程序，查看网络上的一台主机，弄清这台主机运行的是什么操作系统，以及该主机提供了哪些服务。
6. 查找网上 FTP 站点的漏洞。
7. 简述 IP 欺骗技术。
8. 简述“黑客”是如何攻击一个网站的。
9. 说明电子邮件匿名转发的常用手段。

08

第 8 章　网络安全前沿技术

随着互联网的不断发展，网络安全问题成为全球关注的问题之一。在信息时代，人们对网络安全的要求越来越高，一些最新的技术和趋势逐渐被研究并引入网络安全领域。未来，随着新技术的发展，网络安全将会得到更好的保护。当然，由于技术的不断变革，网络安全问题也将不断发展和变化，对于这些新的变化，我们需要有足够的应对准备。

本章从云计算安全、大数据安全、物联网安全、人工智能安全、工业互联网安全、区块链技术等方面介绍网络安全前沿技术。

8.1　云计算安全

云计算安全

云计算是传统计算机技术和网络技术发展融合的产物。它旨在通过网络把多个成本相对较低的计算实体整合成一个具有强大计算能力的系统。云计算的核心理念就是通过不断提高“云”的处理能力，减少用户终端的处理负担，最终使用户终端简化成一个单纯的输入输出设备，并能按需享受“云”的强大计算处理能力。云计算是基于互联网相关服务的增加、使用和交付模式的。

云计算安全指一系列用于保护云计算数据、应用和相关结构的策略、技术和控制的集合，属于计算机安全、网络安全的子领域，或更广泛地说属于信息安全的子领域。

云计算的安全主要涉及 3 个方面。

（1）云计算服务用户的数据和应用。用户数据和应用托管在云计算平台，面临着安全与隐私的双重风险，主要包括多租户环境下的来自云计算服务商和其他用户的未授权访问、数据访问控制、隐私保护、内容安全管理、用户认证和身份管理问题。

（2）云计算服务平台自身。随着云计算服务的业务规模扩大和用户增多，云计算平台本身易成为“黑客”攻击的目标。虚拟化计算和存储方式的技术架构使得云平台本身的安全性问题尤为突出，但目前尚未建立计算安全风险评估体系以及第三方的云平台安全评估机制。

（3）云计算平台提供服务的滥用。云计算所提供的可弹性扩展的资源有可能被当作恶意的网络攻击工具，或被当作垃圾和不良信息的传播渠道，但目前尚没有针对云计算服务水平和合法性的监督管理机制。

8.1.1　云计算安全参考模型

云计算安全主要包括云计算平台自身安全、用户数据的安全和云计算资源的安全等。云计算要对用户的所有个人信息进行加密处理，提高信息数据的安全性，保护用户的合法权益；提高数据信息在传输过程中的安全，具有数据备份和恢复的能力。

美国国家标准与技术研究院（NIST）给出了云计算安全参考模型，如图 8-1 所示。简要地说，云计算安全模型可以解读为 1 个平台、2 个支付方案（按使用量收费和按服务收费）、3 个服务模式（基础设施即服务、平台即服务、软件即服务）、4 个部署模式（公有云、私有云、混合云、社区云）、5 个关键特征（基础资源租用、按需弹性使用、透明资源访问、自助业务部署、开放公众服务）。

1. 云计算的部署模式

（1）公有云（Public Cloud）。通过云计算服务商提供公用资源来实现。这些资源同其他云计算用户共享，没有私有的云计算资源。

（2）私有云（Private Cloud）。可以通过内部的 IT 部门以动态数据中心的方式来运行，或者由云计算服务提供商提供专用资源来运行。但这些专用资源不与其他云计算用户共享。

（3）混合云（Hybrid Cloud）。可以通过公有云和私有云的组合来实现，或者基于社区、特定行业、特定企业联盟来实现。

（4）社区云（Community Cloud）。社区云的特点在于区域性和行业性、资源高效共享、有限的特色应用以及成员的高度参与性，部署门槛较混合云更低而适应性更强。

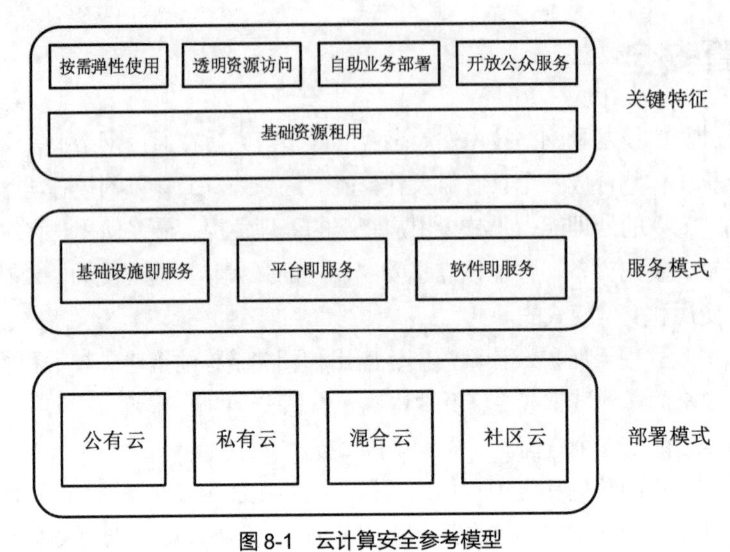

图 8-1　云计算安全参考模型

2. 云计算的服务模式

（1）基础设施即服务（Infrastructure as a Service，IaaS）。IaaS 涵盖了从机房设备到硬件平台等所有的基础设施资源层面。用户将部署处理器、存储系统、网络及其他基本的计算资源，并按自己的意志运行操作系统和应用程序等软件。

（2）平台即服务（Platform as a Service，PaaS）。PaaS 位于 IaaS 之上，增加了一个层面用以与应用开发、中间件以及数据库、消息和队列等功能集成。用户采用提供商支持的编程语言和工具编写好应用程序，然后放到云计算平台上运行。虽然 PaaS 内置的安全能力不够完备，但是用户却拥有更多的灵活性去保证安全。

（3）软件即服务（Software as a Service，SaaS）。SaaS 位于 IaaS 和 PaaS 之上，能够提供独立的运行环境，用以交付完整的用户体验，包括内容、展现、应用和管理能力。提供商在云计算设施上运行程序，用户通过各种客户端设备的瘦客户界面（如网页浏览器、基于网页的电子邮件）使用这些应用程序。

3. 云计算的关键特征

（1）基础资源租用。云计算服务提供对计算、存储、网络、软件等多种 IT 基础设施资源租用的服务。云计算服务的用户不需要自己拥有和维护这些资源。

（2）按需弹性使用。云计算服务的用户能够按需获得和使用资源，也能够按需撤销和缩减资源。云计算平台可以按用户的需求快速部署和提供资源。云计算服务的付费服务应该按资源的使用量计费。

（3）透明资源访问。云计算服务的用户不需要了解资源的物理位置和配置等信息。

（4）自助业务部署。云计算服务的用户利用服务提供商提供的接口，通过网络将自己的数据和应用程序部署于云计算平台的后端数据中心，而无须服务商的人工配合。

（5）开放公众服务。云计算服务用户所部署的数据和应用可以通过互联网发布给其他用户共享使用，即提供公众服务。

云计算安全技术

8.1.2　云计算安全技术

云计算作为新的服务模式，在带来了诸多好处的同时也面临着巨大的安全挑战。

在云环境下，传统的安全机制将面临云架构的挑战。弹性资源分配、多租户、新的物理和逻辑架构、数据在外部甚至公众的环境中传输都需要新的安全策略。

1. 数据安全技术

云计算环境下，用户的所有数据直接存储在云中，在需要的时候直接从云端下载使用。用户使用的软件由服务商统一部署在云端运行，软件维护由服务商来完成，当终端出现故障时，不会对用户造成影响，用户只需要更换终端，接入云服务就可以获得数据。实现上述描述的前提是云服务商需要具备完善的数据安全机制。一般来说，保护云数据的安全需要如下技术。

（1）增强加密技术。增强加密是云计算系统保护数据的一种核心机制。加密提供了资源保护功能，同时密钥管理则提供了对受保护资源的访问控制。云服务商需要同时对网络中传输的数据及云系统中的静态数据进行加密，后者尤为关键。加密磁盘上的数据或生产数据库中的数据可以用来防止恶意的云服务商、恶意的邻居“租户”及某些类型应用的滥用。此外，一些用户可能会有如下需求：首先，加密自己的数据；其次，将密文发送给云服务商，客户控制并保存密钥，在需要的情况下解密数据。

（2）密钥管理技术。对云服务商而言，密钥必须像其他敏感数据一样进行保护。在存储、传输和备份过程中都必须保护密钥的安全，较差的密钥存储方案可能对加密的数据产生严重威胁。同时云服务商还需要相关策略来管理密钥的存储，如利用角色分离进行访问控制，针对某一密钥，使用实体不能是存储该密钥的实体。丢失密钥意味着被此密钥所保护的数据面临严重安全风险，运营商必须向用户提供安全备份和安全恢复方案。

（3）数据隔离技术。在多租户环境下，不同用户的数据可能会混合存储。虽然云计算应用在设计时采用多种技术标注数据存储空间，防止非法访问混合数据，但是通过应用程序的漏洞，非法访问还是会发生。虽然云服务商会使用安全机制降低此类安全事件发生的概率，但从本质上看，如果无法实现单租户专用数据平台，这种安全威胁将无法彻底根除。

（4）数据残留技术。数据残留是数据在被以某种形式擦除后所残留的物理表现，存储介质被擦除后可能留有一些物理特性使数据能够被重建。由于云计算的动态分配、资源可扩展特性，某一块存储空间在短时间内可分配给多个用户，如果云服务商不能彻底清除之前用户的历史数据，则后来用户可能通过残留的数据获取其他用户的敏感信息。因此，云服务商需具备相应的安全能力，无论用户的信息存放在硬盘上还是在内存中，应保证在二次分配之前彻底清除当前用户的信息，保证系统内的文件、目录和数据库记录等资源所在的存储空间被释放，或在重新分配给其他云用户前完全被清除。

2. 应用安全技术

由于云环境的灵活性、开放性以及公众可用性等特性给应用安全带来了很大的风险，对使用云服务的用户而言，应增强安全意识，采取必要措施，保证云终端的安全。云用户可以在处理敏感数据的应用程序服务器之间通信时采用加密技术，以确保其机密性。云用户应定期自动更新，及时为使用云服务的应用打补丁或更新版本。对云服务的提供者来说，在部署应用程序时应当充分考虑未来可能引发的安全风险，具体可采取如下措施。

（1）用户可信访问认证。云计算需要利用非传统的访问认证方式对用户的访问进行有效合理的控制，目前使用最多的是加密与转加密法实现用户访问认证，采用生成密钥实施可信访问认证法、基于用户属性实施加密算法以及对用户的密钥嵌入密文实施访问认证控制等。云环境可以设置用户密钥的有效时间，在一定的时间内更新用户的密钥，提高用户访问认证机制的安全性和可信度。

（2）云计算资源访问控制。云计算平台中具有多个资源管理域，不同的应用属于不同的资源管理域，各个资源域管理者管理相应的用户及其数据，当用户访问信息资源时，需要对用户的资源访问权限进行验证，验证通过时才能够对本域的资源进行访问。每个域具有自己的访问控制策略，用户跨域进行访问时，需要遵守相应资源域的访问控制策略。在资源共享和资源保护的过程中都需要制定访问控制策略，以确保资源数据的安全和准确。

3. 虚拟化安全技术

虚拟化是云计算的重要特色，虚拟化技术有效加强了基础设施、平台、软件层面的扩展能力，但虚拟化技术的应用使得传统物理安全边界缺失，传统的基于安全域/安全边界的防护机制难以满足虚拟化下的多租户应用模式，用户信息安全、用户信息隔离在共享物理资源环境下的保护更为迫切。

虚拟化软件直接部署于裸机之上，提供能够创建、运行和销毁虚拟服务器的能力。虚拟化软件层是保证客户的虚拟机在多租户环境下相互隔离的重要层次，可以使客户在一台计算机上安全地同时运行多个操作系统，所以必须严格限制任何未经授权的用户访问虚拟化软件层。在使用虚拟化环境时，云系统会面临以下风险。

（1）如果主机受到破坏，那么主要的主机所管理的客户端服务器有可能面临被攻克的风险。

（2）如果虚拟网络受到破坏，那么客户端也会受到损害。需要保障客户端共享和主机共享的安全，因为这些共享有可能被非法攻击者利用。

（3）如果主机有问题，那么所有的虚拟机都会产生问题。

目前采取较多的虚拟化安全措施包括虚拟机隔离、虚拟机信息流控制、虚拟网络、虚拟机监控等。

（1）虚拟机隔离。在虚拟化环境中，虚拟机之间隔离的有效性影响着虚拟化平台的安全性。虚拟机的隔离机制目的是保障各虚拟机独立运行、互不干扰，因此，若隔离机制不能达到预期效果，当一个虚拟机出现性能下降或发生错误时，就会影响到其他虚拟机的服务性能，甚至会导致整个系统的瘫痪。

（2）虚拟机信息流控制。信息流是指信息在系统内部和系统之间的传播和流动，信息流控制是指以相应的信息流策略控制信息的流向。信息流控制策略一般包括数据机密性策略和完整性策略，机密性策略是防止信息流向未授权获取该信息的主体，完整性策略是防止信息流向完整性高的主体或数据。信息流控制机制实现的核心思想是将标签附着在数据上，标签随着数据在整个系统中传播，并使用这些标签来限制程序间的数据流向。机密性标签可以保护敏感数据不被非法或恶意用户读取，而完整性标签可以保护重要信息或存储单元免受不可信或恶意用户的破坏。

（3）虚拟网络。虚拟网络映射问题是网络虚拟化技术研究中的核心问题之一，它的主要研究目标是在满足节点和链路约束条件的基础上，将虚拟网络请求映射到基础网络设施上，利用已有的物理网络资源获得尽可能多的业务收益。虚拟网络映射分为节点映射和链路映射两个部分。节点映射是将虚拟网络请求中的节点映射到物理网络中的节点上，而链路映射是指在节点映射阶段完成后，将虚拟网络请求中的链路映射到所选物理节点之间的物理路径上。

（4）虚拟机监控。基于虚拟机的安全监控技术有不同于传统安全监控技术的特点及优点。首先，基于虚拟机的安全监控通过在母盘操作系统中部署安全监控系统来达到监控各个虚拟子系统的目的，并不需要在每个子系统中都部署单独的监控系统，系统部署较为方便，系统本身也不易受到“黑客”的直接攻击。此外，基于虚拟机的安全监控不需要对被监控系统进行修改，保证了虚拟子系统运行环境的稳定。虚拟机监控可分为进程监控、文件监控和网络监控。进程可以描述计算机系统中的所有活动，通过对进程进行监控能够及时发现可疑的活动并进行终止；文件是操作系统中必不可少的部分，操作系统中的所有数据都以文件的方式存放，特别是系统文件遭到的恶意修改等破坏是不可逆转的，因此有必要对文件系统进行监控；网络是计算机和外部通信的媒介，也是“黑客”进行破坏的有效途径，如果对网络数据做到全方位的监控，必然能对整个虚拟机环境提供有效的保护。

8.2　大数据安全

大数据安全

大数据技术的发展对国家、组织以及个人的生产和生活方式都产生了深远影响。大量数据的汇集不仅加大了用户隐私泄露的风险，而且大数据中包含的巨大信息和潜在价值吸引了更多的潜在攻击者。此外，大数据的应用是跨学科领域集成的应用，引入了很多新的技术，可能面临更多更高的风险。本节针对大数据安全问题从大数据的概念、大数据关键技术和大数据安全技术这 3 个方面进行讨论。

8.2.1　大数据的概念

1. 大数据的定义

大数据是一个体量特别大，数据类别特别多，用传统的数据分析与统计学方法无法获得、处理、分析和表征的数据的集合。大数据并非一个确切的概念，维基百科对大数据给出了一个定义：大数据是指利用目前主流软件和工具捕获、管理和处理数据所耗时间超过可容忍时间的数据集。也就是说，大数据是在一定时间内无法用常规软件工具对其内容进行抓取、处理、分析和管理的数据集合。

而大数据技术，是指大数据的应用技术，涵盖各类大数据平台、大数据指数体系等大数据应用技术。大数据从狭义的观点上可定义为：大数据是通过获取、存储、分析，从大容量数据中挖掘价值的一种全新的技术架构。而从广义的观点上又可定义为：大数据是指物理世界到数字世界的映射和提炼，通过发现其中的数据特征做出更有效率的决策行为。

大数据有两种形式：结构化格式，包含数字、日期等的行和列组织；非结构化格式，包含社交媒体数据、PDF 文件、电子邮件、图像等。目前高达 90%的大数据都是非结构化格式。大数据的价值在于，可以通过大量的数据分析形成有用的信息和结论，指导改进业务流程、推动创新或预测市场趋势等。

2. 大数据的特征

大数据通常用巨量性（Volume）、多样性（Variety）、高速性（Velocity）和价值性（Value）4 个特征来进行描述，即大数据的 4V 特征，如图 8-2 所示。

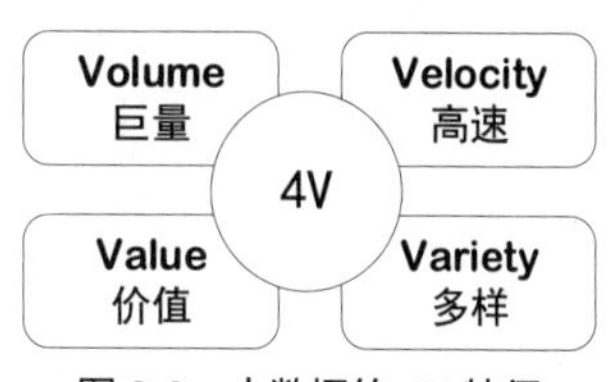

图 8-2　大数据的 4V 特征

（1）巨量性。大数据的特征首先体现为数据量大，存储单位从过去的 GB 到 TB，直至 PB、EB。随着网络及信息技术的高速发展，数据开始爆发式增长。社交网络、移动网络，以及各种智能工具、服务工具等，都成为数据的来源。企业也面临着数据量的大规模增长。目前，全球数据量年增长率超过 40%。针对这些数据，迫切需要智能的算法、强大的数据处理平台和新的数据处理技术来统计、分析、预测和实时处理。

（2）多样性。广泛的数据来源决定了大数据形式的多样性。我们通常所说的数据是一个整体性的概念，按照不同的划分方式，数据可以被划分为多种类型，最常用和最基本的就是利用数据关系进行划分，有结构化数据、半结构化数据和非结构化数据，在小数据时代基本以结构化数据为主，随着数据技术的不断发展才出现了半结构化和非结构化数据。另外，从数据来源上划分，有社交媒体数据、传感器数据和系统数据。从数据格式上划分，有文本数据、图片数据、音频数据、视频数据等。近几年数据的种类增加了很多，主要原因是移动设备、传感器以及通信手段的增加，如此复杂多变的数据种类，带来的将是数据分析和数据处理的困难，势必会引发相应技术的变革。

（3）高速性。数据的数量和类型都在不断增加，直接影响到的就是数据的处理速度。大数据时代的基本要求就是速度要快，在数据资源化的趋势下，当今时代数据已然成为一种资源，但数据同现实中的物质资源不同，物质资源是不会消失和失去自身价值的，由于数据自身具有时效性，其所能挖掘的价值可能稍纵即逝，如果大量的数据来不及处理，就会变成数据垃圾。所以，现在的网络市场，各大互联网公司进行的不仅是数据的竞争，还是速度的竞争，要想在市场中占据主动地位，就必须对拥有的数据进行快速的、实时的处理。

（4）价值性。相比于传统的小数据，大数据最大的价值在于通过从大量不相关的各种类型的数据中，挖掘出对未来趋势与模式预测分析有价值的数据，并通过机器学习方法、人工智能方法或数据挖掘方法进行深度分析，发现新规律和新知识，并运用于农业、金融、医疗等各个领域，从而最终达到改善社会治理、提高生产效率、推进科学研究的效果。

3. 大数据的安全

大数据安全是指采集、存储、处理、分析和使用海量数据时应注意的安全问题和措施。大数据安全的重要性在于，越来越多的大数据应用已在关键行业、政府系统扮演重要角色，使得任何数据安全问题形成的风险都会大大增加。

在确保大数据安全时，需要考虑3个关键阶段：当数据从源位置移动到存储系统或实时获取时，确保数据传输的安全；保护大数据管道的存储层中数据的安全；确保输出数据的机密性。

大数据安全是保障信息安全的关键行动环节，需要从数据源端、中间件端和应用端多个方面综合考虑安全问题，加强安全防御，以保障信息的有效和安全。

（1）数据源端。数据源端主要是指数据的收集地，也就是采集系统、计算机操作系统和传输系统。在数据收集阶段，应确保数据传输无误，并尽可能采取一定的安全策略和技术，以确保传输的数据不被窃取、拦截或篡改。

（2）中间件端。中间件端主要是指处理数据的系统，比如数据存储系统、数据处理系统和数据访问系统。在数据存储方面，需要采用安全的存储方式来防止数据泄露、被破坏或非正当使用；在数据处理方面，主要是确保数据的有效和合法使用，以及依据特定业务需求采取一定的数据处理方式，如数据加密和拆分。

（3）应用端。应用端主要是指对市场数据的运用，例如收集的数据被调用并生成新的服务或报表，这些新服务和报表也是大数据服务的一部分，应该加强安全保护，避免被非法使用。

8.2.2　大数据关键技术

大数据关键技术一般包括大数据采集、大数据预处理、大数据存储及管理、大数据分析及挖掘、大数据展现和应用等技术。

1. 大数据采集技术

大数据采集是指从传感器和智能设备、企业在线系统、企业离线系统、社交网络和互联网平台等获取数据的过程。数据包括 RFID 数据、传感器数据、用户行为数据、社交网络交互数据及移动互联网数据等各种类型的结构化、半结构化及非结构化的海量数据。

在大数据体系中，数据源与数据类型的关系如图 8-3 所示。大数据系统从传统企业系统中获取相关的业务数据。

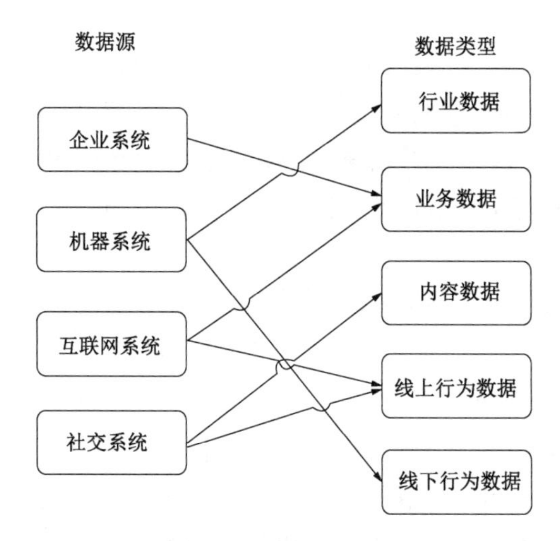

图 8-3　数据源与数据类型的关系

机器系统产生的数据分为两大类，通过智能仪表和传感器获取的行业数据，例如，公路卡口设备获取的车流量数据，智能电表获取的用电量等；通过各类监控设备获取的人、动物和物体的位置和轨迹信息。

互联网系统会产生相关的业务数据和线上行为数据，例如，用户的反馈和评价信息，用户购买的产品和品牌信息等。

社交系统会产生大量的内容数据，如博客与照片等，以及线上行为数据。所以，大数据采集与传统数据采集有很大的区别。

从数据源方面来看，传统数据采集的数据源单一，就是从传统企业的客户关系管理系统、企业资源计划系统及相关业务系统中获取数据，而大数据采集系统还需要从社交系统、互联网系统及各种类型的机器设备上获取数据。

从数据量方面来看，互联网系统和机器系统产生的数据量要远远大于企业系统的数据量。

从数据结构方面来看，传统数据采集的数据都是结构化的数据，而大数据采集系统需要采集大量的视频、音频、照片等非结构化数据，以及网页、博客、日志等半结构化数据。

从数据产生速度来看，传统数据采集的数据几乎都是由人操作生成的，效率远远低于机器生成数据的效率。因此，传统数据采集的方法和大数据采集的方法也有根本区别。

针对不同的数据源，大数据采集方法有以下几大类。

（1）数据库采集

传统企业会使用传统的关系数据库 MySQL 和 Oracle 等来存储数据。随着大数据时代的到来，Redis、MongoDB 和 HBase 等 NoSQL 数据库也常用于数据的采集。企业通过在采集端部署大量数据库，并在这些数据库之间进行负载平衡和分片来完成大数据采集工作。

（2）系统日志采集

系统日志采集主要是收集公司业务平台日常产生的大量日志数据，供离线和在线的大数据分析系统使用。高可用性、高可靠性、可扩展性是日志收集系统所具有的基本特征。系统日志采集工具均采用分布式架构，能够满足每秒数百 MB 的日志数据采集和传输需求。

（3）网络数据采集

网络数据采集是指通过网络爬虫或网站公开 API 等方式从网站上获取数据信息的过程。网络爬虫会从一个或若干初始网页的统一资源定位符（URL）开始，获得各个网页上的内容，并且在抓取网页的过程中，不断从当前页面上抽取新的 URL 放入队列，直到满足设置的停止条件为止。这样可将非结构化数据、半结构化数据从网页中提取出来，存储在本地的存储系统中。

（4）感知设备数据采集

感知设备数据采集是指通过传感器、摄像头和其他智能终端自动采集信号、图片或录像来获取数据。

2. 大数据预处理技术

大数据预处理技术主要是指完成对已接收数据的辨析、抽取、清洗、填补、平滑、合并、规格化及检查一致性等操作。因获取的数据可能具有多种结构和类型，数据抽取的主要目的是将这些复杂的数据转化为单一的或者便于处理的结构，以达到快速分析处理的目的。

通常数据预处理包含 3 个部分：数据清理、数据集成和变换、数据规约。

（1）数据清理

数据清理主要包含遗漏数据处理、噪声数据处理和不一致数据处理。遗漏数据可用全局常量、属性均值、可能值填充或者直接忽略该数据等方法处理。噪声数据可用分箱（对原始数据进行分组，然后对每一组内的数据进行平滑处理）、聚类、计算机人工检查和回归等方法去除噪声；对于不一致数据则可进行手动更正。

（2）数据集成和变换

数据集成是指把多个数据源中的数据整合并存储到一个一致的数据库中。这一过程中需要着重解决 3 个问题：模式匹配、数据冗余、数据值冲突检测与处理。

由于来自多个数据集合的数据在命名上存在差异，因此等价的实体常具有不同的名称。对来自多个实体的不同数据进行匹配是处理数据集成的首要问题。数据冗余可能来源于数据属性命名的不一致。数据值冲突问题主要表现为来源不同的同一实体具有不同的数据值。数据变换的主要过程有平滑、聚集、数据泛化、规范化及属性构造等。

（3）数据规约

数据规约主要包括数据方聚集、维规约、数据压缩、数值规约和概念分层等。使用数据规约技术可以实现数据集的规约表示，使得数据集变小的同时仍然能大致保持原数据的完整性。在规约后的数据集上进行挖掘，依然能够得到与使用原数据集时近乎相同的分析结果。

3. 大数据存储及管理技术

大数据存储与管理要用存储器把采集到的数据存储起来，建立相应的数据库，并进行管理和调用。这些技术要解决大数据的可存储、可表示、可处理、可靠性及有效传输等几个关键问题，重点解决复杂的结构化、半结构化和非结构化的大数据存储与管理问题。

4. 大数据分析及挖掘技术

数据分析及挖掘技术是大数据的核心技术，主要是在现有的数据上进行基于各种预测和分析的计算，从而起到预测的作用，满足一些高级别数据分析的需求。大数据技术能够将隐藏于海量数据中的信息挖掘出来，从而可提高各个领域的运行效率。

（1）大数据分析技术

大数据分析技术是指基于大数据的计算、存储、处理和分析技术。它不仅是数据库技术的延伸和发展，更涉及数据挖掘、机器学习、人工智能等一系列新兴的技术。

大数据分析架构主要由数据采集、数据存储、数据计算、数据分析和数据可视化等模块组成。其中，数据计算模块是整个架构的核心部分，包括数据挖掘、机器学习、统计分析等算法。而数据可视化模块则是将分析结果以图形化的方式呈现出来，让用户能够更好地了解数据的情况。

大数据的分析主要应用在如下领域。

① 商业。大数据分析技术可以帮助企业分析客户的行为，进行精准营销和定价。同时可以对供应链进行优化，提高效率和利润。

② 医疗。大数据分析技术可以帮助医疗机构进行疾病预测和治疗方案的优化。通过分析大量的医疗数据，可以找到与某种疾病相关的因素和病理特征。

③ 交通。大数据分析技术可以帮助交通运输部门优化路网规划和运输策略，通过分析交通数据，可以预测交通状况，提高出行效率。

④ 金融。大数据分析技术可以帮助金融机构进行风险控制和投资决策，通过分析金融数据，可以发现潜在的投资机会和风险预警信号。

（2）数据挖掘技术

数据挖掘技术是从大量的、不完整的、有噪声的、模糊的、随机的实际应用数据中提取隐藏信息和知识的过程，人们事先不知道这些信息和知识，但它们也是潜在的有用信息和知识。

挖掘任务可以分为描述性的数据挖掘、聚类、关联规则、序列模式、依赖或依赖模型发现、异常检测和趋势发现等分类或预测模型；挖掘对象可以根据数据来源或存储方式进行划分，如对象数据库、时间数据库、源文本数据、多媒体数据库、异构数据库、遗留数据库和 Web 页。

数据挖掘的主要过程是根据分析挖掘的目标，从数据库中把数据提取出来，然后经过抽取、转换、加载组织成适合分析挖掘算法使用的宽表，再利用数据挖掘软件进行挖掘。传统的数据挖掘软件一般只能支持在单机上进行小规模数据处理，受此限制传统数据分析挖掘一般会采用抽样方式来减少数据分析规模。

5. 大数据展现和应用

大数据可视化是对大型数据库或数据仓库中的数据的可视化，它是可视化技术在非空间数据领域的应用，使人们不再局限于通过关系数据表来观察和分析数据信息，还能以更直观的方式看到数据及其结构关系。

8.2.3 大数据安全技术

1. 大数据安全威胁

大数据时代，我国网络安全面临多重安全威胁。我们可以从数据来源、数据传输、数据访问及数据终端等方面来论述大数据安全的威胁。

（1）大数据来源安全威胁

由于大数据的开放性，本来很多信息数据只存在私有的网络上，现在都出现在大数据提供的共享网络上面，因此，大数据服务很有可能出现安全漏洞，包括算法漏洞、数据库漏洞等。另外，大数据使得网络上的资源具有共享性，越来越多的资源数据出现在网络上，想要保障每个数据的安全性是很困难的，即使是出现安全事故之后，去寻找出现问题的原因和数据也是不太可能的，想要根据获取的有限的网络层的信息数据进行全面的审计也是困难重重。

（2）大数据传输安全威胁

传输大数据时需要通过TCP/IP等各种网络传输协议，这些网络传输协议在设计之初往往并不考虑安全性，因此通常存在各种各样的安全漏洞，缺乏数据安全保护机制。利用网络传输协议中的安全漏洞，通过网络入侵、计算机病毒等手段，攻击者可以对远程的计算机实施攻击，盗取和破坏远程计算机的信息，从而破坏数据的保密性、完整性和可用性等，严重时甚至可以导致整个大数据系统崩溃。另一方面，目前大数据的存储主要依靠第三方提供的云计算基础服务，这也给大数据传输安全带来了一定的隐患。

（3）大数据访问安全威胁

大数据服务提供商为用户提供了多种资源的共享和使用，不同的用户登录大数据系统之后，就能够访问到相应的大数据服务。由于不同用户的运行环境是不一样的，为了保证用户信息的安全性，大数据服务提供商在向用户提供资源服务时，必须考虑到用户身份认证的问题。如果大数据服务提供商的身份认证系统不够完善、存在安全漏洞，或者安全强度不高，用户身份信息就很容易被攻击者窃取和篡改，进而对大数据中的服务资源进行攻击、破坏，最终影响整个大数据的安全性。

（4）大数据终端安全威胁

大数据需要依托于大量的服务器、客户机等终端，而如果这些终端的安全性存在问题，也会对大数据的安全造成严重威胁。一方面，这些终端的操作系统和应用程序可能存在着各种安全漏洞，从而吸引网络攻击或者被病毒传播，引起终端故障、网络拥塞甚至瘫痪。此外，服务器、客户机等终端在被使用时，也可能由于人为因素而造成安全威胁。

2. 大数据采集安全技术

大数据采集安全主要是从数据的源头来保证数据的安全，在数据采集时对采集的数据进行必要的保护，主要内容如下。

① 接入保护。应对接入终端或人员进行访问控制，对访问行为进行监控，应具备在构建传输通道前对两端主体身份进行双向认证的能力。

② 数据分类、分级。对采集数据的传输、存储及分类、分级实施严格的安全要求。对核心网采

集设备采用多人分级、分权方式进行设备远程维护。当采集数据涉及敏感数据时，能够根据策略中断采集，并记录相关的采集行为，应记录并保存数据采集过程中分级、分类的操作过程。

③ 数据采集存储。应采取必要的加密技术保证采集过程中的数据不被泄露；应建立可伸缩、稳定可靠的数据存储架构，满足采集数据量持续增长、数据快速读写的需求；应提高实时加载大量采集数据的效率，保证采集数据的高可用性。

④ 安全监控。对采集流量进行监控，以确保大数据平台的安全和稳定。对数据采集终端的进程启停、端口启动等操作进行监控。

3. 大数据存储安全技术

目前主要采用虚拟化海量存储技术来存储数据资源，以解决大数据的安全存储问题，其主要内容如下。

① 数据加密。在大数据安全服务的设计中，大数据可以按照数据安全存储的需求，被存储在数据集的任何存储空间，通过 SSL 协议加密，实现数据集的节点和应用程序之间移动保护大数据。在大数据的传输服务过程中，加密为数据流的上传与下载提供有效的保护。

② 分离密钥和加密数据。使用加密把数据使用与数据保管分离，把密钥与要保护的数据隔离开。同时，定义产生、存储、备份、恢复等密钥管理生命周期。

③ 使用过滤器。通过过滤器的监控，一旦发现数据离开了用户的网络，就自动阻止数据的再次传输。

④ 数据备份。通过系统容灾、敏感信息集中管控和数据管理等产品，实现端到端的数据保护，确保大数据损坏情况下有备无患和安全管控。

4. 大数据挖掘安全技术

大数据挖掘是从海量数据中提取和挖掘知识，通过相关算法在大量的数据中搜索并找出隐藏在其中的各类信息的技术。大数据挖掘首先是通过在大量的数据中挑选出可能蕴含可用信息的数据，进而对数据中蕴含的信息进行假设和检验分析；其次是基于人工智能识别与计算机网络学习的搜索算法，通过对样本数据进行优化、计算和处理得到所需信息。

随着数据挖掘技术的日益发展，在发现知识和信息的同时，人们的隐私权也受到了严重的威胁。因此，必须在进行数据挖掘的同时，做好数据源以及相关挖掘结果的隐私保护工作。目前隐私保护的数据挖掘方法按照基本策略主要分为数据扰乱法、查询限制法。

① 数据扰乱法。通过在研究过程中对数据进行随机变换，或对数据进行离散与添加噪声，达到对原始数据进行干扰的目的。

② 查询限制法。通过对数据进行隐藏、抽样和划分，达到尽量避免数据挖掘者拥有完整原始数据的目的，在此基础上，借助分布式计算或是概率统计，获得所需的数据挖掘结果。

针对上述策略，相关的数据挖掘安全技术如下。

① 启发式技术。启发式技术又称为扫描技术，通过将数据挖掘的经验和相关知识移植到检查病毒的软件当中，查找出可能存在侵犯用户隐私的恶意程序或代码。

② 密码技术。密码技术是研究如何较为隐蔽地传递信息的一门技术，通过应用分组密码和流密码等相关技术，对陌生的数据访问请求进行拦截，以达到保护隐私的目的。

③ 重构技术。利用数据重构技术，可以通过结果转换以及格式变换和类型替换等方式对数据空

间的结构和格式做出调整，在实现异构数据与多源数据有效融合的基础上，降低隐私数据被篡改或盗用的可能。

5. 大数据发布安全技术

大数据发布安全技术主要包括用户管控安全技术、数据溯源技术和数字水印技术。

（1）用户管控安全技术

主要包括基于日志的审计技术、基于网络监听的审计技术、基于网关的审计技术、基于代理的审计技术。

① 基于日志的审计技术。日志审计能够对网络操作及本地操作数据的行为进行审计，由于依托于现有数据存储系统，兼容性较好。

② 基于网络监听的审计技术。基于网络监听的审计技术最大的优点就是与现有数据存储系统无关，部署过程不会给数据库系统带来性能上的负担，即使是出现故障也不会影响数据库系统的正常运行，具备易部署、无风险的特点。

③ 基于网关的审计技术。在互联网环境中，审计过程除了记录以外，还需要关注控制，而网络监听方式无法实现很好的控制效果，网关审计技术可完成对数据访问行为的审计。

④ 基于代理的审计技术。基于代理的审计技术是通过在数据存储系统中安装相应的审计代理，实现审计策略的配置和日志的采集，该技术与日志审计技术比较类似，最大的不同是需要在被审计主机上安装代理程序。

（2）数据溯源技术

目前对数据溯源的研究主要基于数据集溯源的模型和方法展开，主要的方法有标注法和反向查询法，这些方法都是基于数据操作记录的，对恶意窃取、非法访问者来说，很容易破坏数据溯源信息，在应用方面，包括数据库应用、工作流应用和其他方面的应用。

（3）数字水印技术

数字水印是将一些标识信息（即数字水印）直接嵌入数字载体（包括多媒体、文档、软件等）中，但不影响原载体的使用价值，也不容易被人的知觉系统（如视觉或听觉系统）觉察或注意到。通过这些隐藏在载体中的信息，可以达到确认内容创建者、购买者，传送隐秘信息或者判断载体是否被篡改等目的。

8.3 物联网安全

物联网安全

物联网通过智能感知、识别技术与普适计算等通信感知技术，广泛应用于网络的融合中。物联网是互联网的延伸，它包括互联网及互联网上所有的资源，兼容互联网所有的应用。然而，传统的网络攻击和风险正在向物联网和智能设备蔓延。物联网设备与系统需要有效的防护措施，以避免遭受恶意攻击，防止用户信息被盗取。

8.3.1 物联网的概念

1. 物联网的定义

物联网通过信息传感器、射频识别技术、全球定位系统、红外线感应器、激光扫描器等各种装置与技术，实时采集任何需要监控、连接、互动的物体或过程，采集其声、光、热、电、力学、化学、生物、位置等各种需要的信息，通过各类可能的网络接入，实现物与物、物与人的泛在连接，实现对物品和过程的智能化感知、识别和管理。物联网是一个基于互联网、传统电信网等的信息承载体，它让所有能够被独立寻址的普通物理对象形成互联互通的网络。

2. 物联网的特征

从物联网的通信对象和过程来看，物与物、人与物之间的信息交互是物联网的核心。物联网的基本特征可概括为全面感知、可靠传输和智能处理，如图 8-4 所示。

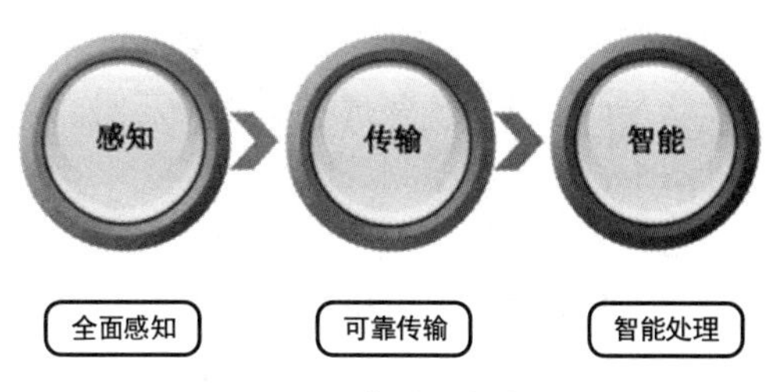

图 8-4 物联网的特征

① 全面感知。可以利用射频识别、二维码、智能传感器等感知设备感知获取物体的各类信息。

② 可靠传输。通过对互联网、无线网络的融合，将物体的信息实时、准确地传送，以便信息交流、分享。

③ 智能处理。使用各种智能技术，对感知和传送的数据、信息进行分析处理，实现监测与控制的智能化。

根据物联网的以上特征，结合信息科学的观点，围绕信息的流动过程，可以归纳出物联网处理信息的功能。

① 获取信息的功能。获取信息的功能主要是信息的感知、识别。信息的感知是指对事物属性状态及其变化方式的知觉和敏感；信息的识别指能把所感受到的事物状态用一定方式表示出来。

② 传送信息的功能。传送信息的功能主要通过信息发送、传输、接收等环节，把获取的事物状态信息及其变化的方式从时间或空间上的一点传送到另一点，也就是常说的通信过程。

③ 处理信息的功能。处理信息的功能是指信息的加工过程，利用已有的信息或感知的信息产生新的信息，实际是制定决策的过程。

④ 信息施效的功能。信息施效的功能是指信息最终发挥效用的过程，有很多的表现形式，比较重要的是通过调节对象事物的状态及其变换方式，始终使对象处于预先设计的状态。

3. 物联网的关键技术

（1）射频识别技术

完整的射频识别（Radio Frequency Identification，RFID）系统由读写器（Reader）、电子标签（Tag）和数据管理系统 3 部分组成。其原理为读写器与标签之间进行非接触式的数据通信，达到识别目标的目的。电子标签由收发天线、AC/DC 电路、解调电路、逻辑控制电路、存储器和调制电路组成。读写器是将标签中的信息读出，或将标签所需要存储的信息写入标签的装置。数据管理系统将读写器送进来的数据进行专门的处理。

（2）网络通信技术

网络通信中包含很多技术，如 4G 通信技术及 5G 通信技术，还有非常普及的无线通信技术及 M2M（Machine to Machine，物物互联）技术。在智能领域，通过 M2M 通信技术，实现人、机器和系统三者之间的智能化、交互式无缝连接，使机器与机器之间能够在无人为干预的情况下进行及时的通信和操作。

（3）GPS 技术

GPS 即全球定位系统，它是具有海、陆、空全方位实时三维导航和定位能力的新一代卫星导航与定位系统。GPS 技术和无线通信技术相结合，就可以实现全球定位，在物流智能化、智能交通中起到重要作用。

（4）计算机技术

在物联网中，计算机技术得到了全面普及和广泛应用。计算机技术依托于物联网，从而使得万物互联互通，并为社会提供了诸多方便，得到了普遍认可。在智慧农业，智慧城市，气象站监测站等设备中，传感器检测数据后上传至环境监控云平台就是运用了计算机技术。

（5）传感器技术

在物联网中，计算机技术是它的大脑，通信技术是它的血管，GPS 技术是它的细胞，射频识别技术是它的眼睛，传感器是它的神经系统。外界的一切信息，传感器都可以感觉到，并将感觉到的信息传递给大脑。

8.3.2 物联网的结构

物联网的体系结构分为 3 层，分别是感知层、网络层和应用层，如图 8-5 所示。

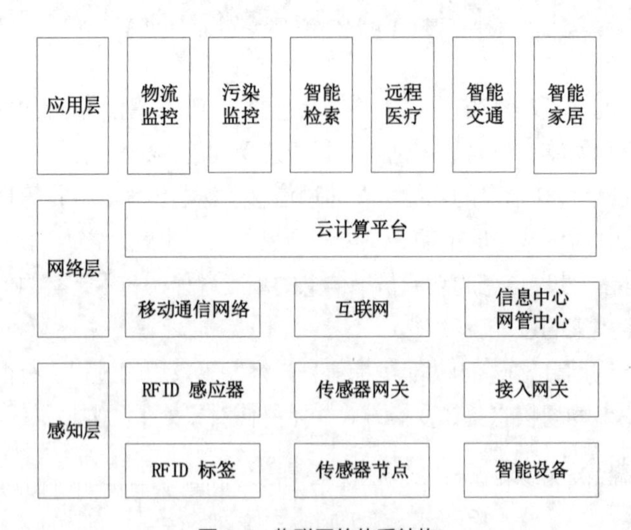

图 8-5　物联网的体系结构

① 感知层。感知层主要功能是识别物体、采集信息，包括二维码标签和识读器、RFID 标签和读写器、摄像头、GPS、传感器、M2M 终端、传感器网络和传感器网关等。

② 网络层。网络层可以解决传输和预处理感知层所获得的数据问题。这些数据可以通过移动通信网络、互联网络、组织内部网络、各类专网、小型局域网进行传输。网络层中的感知数据管理技术是实现以数据为中心的物联网的核心技术，包括传感网数据的存储、查询、分析、挖掘和理解，以及基于感知数据决策的理论与技术。

③ 应用层。应用层将物联网技术与行业专业技术相结合，实现广泛智能化应用的解决方案集。物联网通过应用层最终实现信息技术与行业的深度融合，实现行业智能化。应用层是物联网发展的体现，软件开发、智能控制技术将会为用户提供丰富多彩的物联网应用。

8.3.3　物联网安全技术

1. 物联网安全威胁

物联网安全威胁主要包含以下 3 个层次：感知层安全威胁、网络层安全威胁和应用层安全威胁。

① 感知层安全威胁。感知层普遍的安全威胁是某些普通节点被攻击者控制之后，其与关键节点交互的所有信息都将被攻击者获取。攻击者除了窃听信息外，还可能通过其控制的感知节点发出错误信息，从而影响系统的正常运行。

② 网络层安全威胁。网络层很可能面临非授权节点非法接入的问题。互联网或者下一代网络将是物联网网络层的核心载体，互联网遇到的各种攻击仍然存在。

③ 应用层安全威胁。物联网应用层主要面向物联网系统的具体业务，其安全问题直接面向物联网用户群体，包括中间件层和应用服务层安全问题。此外，物联网应用层的信息安全还涉及知识产权保护、计算机取证等其他技术需求和相关的信息安全技术。

2. 物联网安全关键技术

物联网作为多网融合的聚合性复杂系统，比互联网面临更多的安全问题，而且其安全问题涉及网络的不同层次，虽然现有的网络安全机制可以解决部分的安全问题，但更多的安全问题还是需要对现有网络中的安全机制进行改进或完善。

① 认证机制。现有网络的认证机制主要考虑的是人与人之间的通信安全，在一定程度上并不适用于物联网。对于物联网的认证机制，应该根据业务的归属分类考虑是否需要进行业务层的认证，如果是由运营商提供的业务，并且能够提供可靠的业务运行平台，或者是业务本身对数据的安全性要求不高，则可以不进行业务认证。如果是由第三方提供的业务，并且不能保证业务层的数据安全，或者业务本身对数据的安全性要求较高，则需要进行业务认证。

② 密钥管理。在物联网的安全体系中，为保证节点间的通信安全，必须采取一定的安全措施。在所有的安全机制中，密钥是系统安全的基础，是网络安全及信息安全保护的关键。目前关于密钥管理协议主要有，基于对称密钥体制的密钥管理协议和基于非对称密钥体制的密钥管理协议。前者虽然能满足基本的安全需求，但是其抗攻击能力较弱。而后者虽然安全性能更好，但是其复杂度较高、开销大。所以，物联网的密钥管理主要需要考虑两个问题：一是如何构建一个适应物联网体系结构，并且具有可扩展性、有效性和抗攻击能力的密钥管理系统；二是如何有效地管理密钥。

③ 安全路由协议。路由协议的设计与应用是维护物联网安全的关键因素之一，而现有的路由协议主要考虑的是节点间数据的有效传输，忽视了对数据本身的安全考虑。由于物联网中路由既跨越了基于 IP 地址的互联网，又跨越了基于标识的移动通信网和传感器网络，物联网中的路由协议的设计就更加复杂，不仅需要考虑多网融合的路由问题，还要顾及传感器网络的路由问题。对于多网融合，可以考虑基于 IP 地址的统一路由体系；而对传感器网络，由于其节点的资源非常有限，抗攻击能力很弱，设计的路由算法要具有一定的抗攻击性，不仅要实现可靠路由，还要注重路由的安全性。

④ 恶意代码防御。由于平台、应用、设备的多样性和公开性，物联网的复杂性远远高于传统的互联网，这给有效防范恶意代码的攻击带来了新的挑战。在物联网中，大多数终端设备都直接暴露于无人看守的场所，一旦受到恶意代码的攻击，将会迅速蔓延开来。因此，恶意代码对物联网的威胁比普通网络更大。物联网中的恶意代码防御可在现有网络恶意代码防御机制的基础上，结合分层防御的思想，以便从源头控制恶意代码的复制和传播，进一步加强恶意代码的防御能力。

8.4 人工智能安全

人工智能安全

人工智能为网络安全提供了更积极主动的方法。人工智能能够更快地应对漏洞，在推进解决网络安全问题方面发挥着关键作用。人工智能在保护云服务、本地基础设施和检测非典型用户行为方面表现出了高效率。未来应用更加先进的人工智能算法可以提高网络的感知、防范和反制能力，更为准确地识别网络攻击，并及时给出反击的策略。

8.4.1 人工智能的概念

人工智能（Artificial Intelligence，AI）是研究、开发用于模拟、延伸和扩展人的智能的理论、方法、技术及应用系统的一门科学。

人工智能是研究使用计算机来模拟人的某些思维过程和智能行为（如学习、推理、思考、规划等）的学科，主要包括计算机实现智能的原理、制造模拟人脑智能的计算机，使计算机能实现更高层次的应用。人工智能涉及计算机科学、心理学、哲学和语言学等学科，可以说几乎涵盖了自然科学和社会科学的所有学科，其范围已远远超出了计算机科学的范畴。人工智能与思维科学的关系是实践和理论的关系，人工智能是处于思维科学的技术应用层次，是它的一个应用分支。

人工智能在计算机上实现时有两种不同的方式。一种是采用传统的编程技术，使系统呈现智能的效果，而不考虑所用方法是否与人或动物机体所用的方法相同。这种方法叫工程学方法，它已在一些领域内做出了成果，如文字识别、计算机下棋等。另一种是模拟法，它不仅要看效果，还要求实现方法也和人类或生物机体所用的方法相同或类似。遗传算法和人工神经网络均属后一类型。遗传算法模拟人类或生物的遗传、进化机制，人工神经网络则是模拟人类或动物大脑中神经细胞的活动方式。为了得到相同智能效果，两种方式通常都可使用。

采用工程学方法需要人工详细规定程序逻辑，如果游戏简单，还是方便的。如果游戏复杂，角色数量和活动空间增加，相应的逻辑就会很复杂（按指数式增长），人工编程就非常烦琐，容易出错。而一旦出错，就必须修改源程序，重新编译、调试，最后为用户提供一个新的版本或提供一个新补丁，非常麻烦。

采用模拟法时，编程者要为每一角色设计一个智能系统（一个模块）来进行控制，这个智能系统（模块）开始什么也不懂，就像初生婴儿那样，但它能够学习，能渐渐地适应环境，应付各种复杂情况。这种系统开始也常犯错误，但它能吸取教训，下一次运行时就可能改正。利用这种方法来实现人工智能，可得到广泛应用。由于这种方法编程时无须对角色的活动规律做详细规定，应用于复杂问题通常会比前一种方法更省力。

8.4.2 人工智能的安全

人工智能的安全性和隐私问题是当前人工智能技术所面临的最大挑战之一。具体内容如下。

（1）人工智能安全性

人工智能的安全性问题主要包括以下几个方面。

① 训练数据的安全性。人工智能模型的训练数据可能会被恶意攻击者篡改或者污染，从而影响模型的准确性和可靠性。

② 模型的安全性。人工智能模型可能会被“黑客”攻击或者恶意篡改，从而导致模型输出不准确或者被用于恶意行为。

③ 操作系统和基础设施的安全性。人工智能系统需要依赖操作系统和基础设施，这些系统和设施本身也可能存在安全漏洞，从而被攻击者利用，进而危及整个人工智能系统的安全。

④ 可解释性的安全性。许多人工智能模型的工作原理不透明，导致“黑客”可以通过难以察觉的方式对其进行攻击或者篡改。

（2）人工智能的隐私问题

人工智能的隐私问题主要包括以下几个方面。

① 数据隐私问题。在训练人工智能模型的过程中，模型可能会储存大量的个人数据，如个人身份信息、地址、电话号码、信用卡号码等，这些信息容易被攻击者获取，并用于进行恶意行为。

② 模型输出的隐私问题。人工智能模型的输出结果可能会涉及用户的隐私信息，如医疗记录、财务数据等，这些信息容易被攻击者获取，并用于进行恶意行为。

③ 对模型的攻击可能导致数据泄露。人工智能模型可能会被攻击者攻击，从而导致模型输出结果可能会被获取并用于恶意行为。

④ 数据隐私法规问题。不同国家和地区有不同的数据隐私法规，人工智能技术应该遵循相应的法规，但是实际上并不是所有的人工智能技术都能够完全符合这些法规。

（3）人工智能在网络安全领域的应用

人工智能被誉为是新一代互联网发展的重要趋势，而在网络安全领域，人工智能也正逐渐发挥着其重要的作用。人工智能在网络安全领域的应用主要包括两个方面：预测和检测。

① 预测：即利用人工智能算法对网络攻击进行预测。通过对已有的网络攻击数据进行分析，人工智能可以有效地了解网络攻击的规律和变化趋势，并预测可能发生的网络攻击。通过预测可以提早进行防范，有效地降低网络攻击的风险。

② 检测：即利用人工智能算法对网络攻击进行检测。人工智能可以对网络攻击进行实时监测，当发现异常时，立即采取措施防范网络攻击。利用人工智能，可以有效地降低网络攻击带来的损失。

8.5　工业互联网安全

工业互联网是一种信息技术与制造业深度融合的新兴技术领域和应用模式。它通过对人、机、物、系统等的全面连接，构建起覆盖全产业链、全价值链的全新制造和服务体系，为工业乃至产业数字化、网络化、智能化发展提供了实现途径。

8.5.1　工业互联网的概念

工业互联网不是互联网在工业的简单应用，而是具有更为丰富的内涵和外延。它以网络为基础、平台为中枢、数据为要素、安全为保障，既是工业数字化、网络化、智能化转型的基础设施，也是互联网、大数据、人工智能与实体经济深度融合的应用模式，同时是一种新业态、新产业，将重塑企业形态、供应链和产业链。当前，工业互联网融合应用向国民经济重点行业广泛拓展，形成平台化设计、智能化制造、网络化协同、个性化定制、服务化延伸、数字化管理六大新模式，赋能、赋智、赋值作用不断显现，有力地促进了实体经济提质、增效、降本、绿色、安全发展。

工业互联网由网络、平台、安全三大功能体系构成。其中，网络是基础，平台是核心，安全是保障。

工业互联网的网络体系将连接对象延伸到人、机器设备、工业产品和工业服务，是实现全产业链、全价值链的资源要素互联互通的基础。网络性能需满足实际使用场景下低时延、高可靠、广覆盖的需求，既要保证高效率的数据传输，也要兼顾工业级的稳健性和可靠性。平台下连设备，上接应用，承载海量数据的汇聚。

工业互联网平台核心由基础设施层（IaaS 层）、平台层（PaaS 层）、应用层（SaaS 层）3 层组成，再加上端层和边缘层，共同构成工业互联网平台的基本架构，如图 8-6 所示。

图 8-6　工业互联网平台基本架构

① 端层。端层也称设备层，指生产现场的各种物联网型工业设备，如数控机床、工业传感器、工业机器人等。它们贯穿产品全生命周期，分别起到生产、检测、监控等不同作用，以监测生产现场，灵活处理生产过程中的不同情况。端层以物联网技术为基础，产生并汇聚大量的工业数据，包含历史数据和即时数据，这也使得端层成为工业互联网平台的底层基础。但是，由于端层的工业数据来源于不同设备、不同系统，因此需要进一步处理，才能向上层传递并被利用。

② 边缘层。边缘层对端层产生的工业数据进行采集，并对不同来源的工业数据进行协议解析和边缘处理。它兼容各类工业通信协议，把采集的数据进行格式转换和统一，再通过光纤、以太网等链路，将相关数据以有线或无线方式远程传输到工业互联网平台。

边缘计算技术是边缘层的重要组成部分。它基于高性能计算芯片、实时高速处理方法、高精度计算系统等先进技术或工具支撑，在工业设备、智能终端等数据源一侧进行数据的先处理和预处理，以提升系统反应速度和数据传输速度，解决数据传输和通信的时延问题。

③ IaaS 层。IaaS 层主要提供云基础设施，如计算资源、网络资源、存储资源等，支撑工业互联网平台的整体运行。其核心是虚拟化技术，利用分布式存储、并发式计算、高负载调度等新技术，

实现资源服务设施的动态管理，提升资源服务有效利用率，也确保资源服务的安全。IaaS 层作为设备和平台应用的连接层，为 PaaS 层的功能运行和 SaaS 层的应用服务提供完整的底层基础设施服务。

④ PaaS 层。PaaS 层是整个工业互联网平台的核心，它由云计算技术构建，不仅能接收存储数据，还能提供强大的计算环境，对工业数据进行云处理或云控制。它是在 IaaS 平台上构建了一个扩展性强的支持系统，也为工业应用或软件的开发提供了良好的基础平台。

PaaS 层能以平台优势，利用数据库、算法分析等技术，实现数据进一步处理与计算、数据存储、应用或微服务开发等功能，以叠加、扩展的方式提供工业应用开发、部署的基础环境，形成完整度高、定制性好、移植复用程度高的工业操作系统。PaaS 层还能根据业务进行资源调度，也能保障数据接入、平台运营、接口访问的安全机制，保障业务正常开展。

⑤ SaaS 层。SaaS 层是工业互联网平台的关键，它是对外服务的关口，与用户直接对接，体现了工业数据最终的应用价值。SaaS 层基于 PaaS 层平台上丰富的工业微服务功能模块，以高效、便捷、多端适配等方式实现传统信息系统的云改造，为平台用户提供各类工业 APP 等数字化解决方案，发展大数据分析等综合应用，实现资源集中化、服务精准化、知识复用化，促进工业应用的创新开发。

8.5.2　工业互联网的安全

工业互联网安全涉及五大安全：设备安全、网络安全、控制安全、平台安全、数据安全。

1. 设备安全

设备安全指工业现场设备、智能设备、智能装备，以及工业互联网平台中负责数据采集的采集网关等设备的安全。传统机械设备在工业生产中是独立的个体。随着工业互联网的发展，大量的机械设备被进行数字化、信息化、网络化的改造，形成了工业生态圈，但网络安全防护建设速度落后于数字化信息化建设的速度，导致越来越多的机械设备暴露于互联网上，大量存在安全问题的设备极易被远程控制或者引发 DDoS 攻击、僵尸网络等问题。

2. 网络安全

网络安全指工厂内有线与无线网络的安全，工厂外与用户、协作企业等实现互联的公共网络（包括标识解析系统）安全，以及网络边界的安全。网络的安全问题主要体现在以下 3 点。

① 工业控制网络漏洞。工业控制网络的设备分布于厂区各处，甚至是野外，由于网络基础设施的局限性，经常需要无线网络、卫星等通用传输手段来实现与调度中心的连接和数据交换。这些传输手段没有足够的安全保护和加密措施，很容易出现网络窃听、数据劫持、第三方攻击等安全问题，而且攻击者还可以利用不安全传输方式作为攻击工业控制网络的入口，实现对于整个工业控制网络的渗透和控制。

② 来自外部网络的渗透。工业互联网会有较多的开放服务，攻击者可以通过扫描发现开放服务，并利用开放服务中的漏洞和缺陷登录到网络服务器获取企业关键资料，还可以利用办公网络作为跳板，逐步渗透到控制网络中。通过对办公网络和控制网络一系列的渗透和攻击，最终获取企业重要的生产资料、关键配方，更恶劣的是随意更改控制仪表的开关状态、恶意修改其控制量等，造成重大的生产事故。

③ 恶意软件攻击。工控设备的操作系统较为老旧，且升级更新周期长，生产网络中众多工控系统存在漏洞，易被恶意病毒或代码感染；系统补丁、病毒库长期不更新，缺乏恶意程序防护措施，

难以防范恶意软件攻击。

3. 控制安全

控制安全指工业互联网业务中各类控制系统的安全，主要由以下几点组成。

① 控制装置本身设计缺陷导致的安全隐患。这种隐患主要表现为控制系统本身的结构不合理、功能不完善及设计存在漏洞等，此外还表现为控制装置自身存在一定的故障隐患及失效的可能性，或者控制器的硬件配置较低导致无法满足实际需要等。

② 控制软件的设计缺陷导致的隐患。这种隐患主要体现为控制器软件设计的质量不高或程序逻辑错误等，此外由于软件设计的不合理而导致操作不当的情况也会出现并造成严重的后果，控制器软件的功能不全导致不能完成正常任务的现象也会发生并且会造成严重后果。

③ 生产过程安全。在生产过程中主要有人员伤害类问题、财产损失类问题和环境破坏类问题等，这些问题都是我们在生产过程中重点防范的风险点。

4. 平台安全

平台安全指支撑工业互联网业务运行的各类信息系统、工业互联网平台业务及应用程序的安全等。平台安全包括端层、边缘层、IaaS层、PaaS层、SaaS层5个方面的安全，其中边缘层设备的安全防护能力的脆弱、虚拟机的逃逸、微服务组件的漏洞、工业应用缺乏安全设计规范等，都带来了平台安全的问题。

5. 数据安全

数据安全指工厂内部重要的生产管理数据、生产操作数据以及工厂外部数据（如用户数据）等各类数据的安全。数据安全包括传输、存储、访问、迁移、跨境等环节中的安全，例如数据在传输过程中被侦听、拦截、篡改、阻断，敏感信息明文存储或者被窃取等都会带来安全的威胁。

针对工业互联网安全，主要采取如下防护技术。

① 边界管控。不同的业务类型往往对应着不同作用、不同级别的网络，这些网络的安全防护级别要求也不同，把这些不同安全级别的网络相连接，网络和网络之间形成了网络边界，在网络边界上部署可靠的安全防御措施，能够极大地防止来自网络外界的入侵。边界管控通常在边界设置工控防火墙、网闸、网关等安全隔离设备。

② 接入管理。通过堡垒机等装置实现网络的接入管理，包括网络边界识别和资产识别、自动识别在线终端、捕捉终端指纹信息特征、智能识别终端类型；入网终端身份鉴别和合规验证、展示与交换机端口的映射关系、终端安全修复；IP 地址实名制登记和入网终端网络信息生命周期管理，准确识别违规接入和修改 IP 地址、MAC 地址等行为。

③ 安全监测审计。通过安全监测审计系统，实现网络流量监测与告警，采用被动式从网络采集数据包，通过解析工控网络流量、深度分析工控协议、与系统内置的协议特征库和设备对象进行智能匹配，实现实时流量监测及异常活动告警，帮助用户实时掌握工控网络运行状况，发现潜在的网络安全问题，通过设定状态白名单基线，当有未知设备接入网络或网络故障时，可触发实时告警信息。

④ 全面态势感知。通过采集并存储网络环境的资产、运行状态、漏洞收集、安全配置、日志、流量信息、情报信息等安全相关的数据，利用态势预测模型分析并计算安全态势，使得网络防护系统能够对全局的网络空间持续监控，进而实时地发现网络中的异常攻击和威胁事件。

8.6　区块链技术

区块链技术（Blockchain technology，BT）也被称为分布式账本技术，是一种互联网数据库技术。区块链技术具有公开、去中心化、透明、不可篡改等特点，在网络安全方面应用前景广阔。利用区块链技术可以构建分布式安全网络、防止数据篡改和劫持、实现匿名访问和保护个人隐私等安全功能。目前，很多组织已经开始研究和应用区块链技术，未来该技术的应用前景非常广阔。

8.6.1　区块链的概念

区块链就是一个又一个区块组成的链条。每一个区块中保存了一定的信息，它们按照各自产生的时间顺序连接成链条。这个链条被保存在所有的服务器中，只要整个系统中有一台服务器可以工作，整条区块链就是安全的。这些服务器在区块链系统中被称为节点，它们为整个区块链系统提供存储空间和算力支持。如果要修改区块链中的信息，必须征得半数以上节点的同意并修改所有节点中的信息，而这些节点通常掌握在不同的主体手中，因此篡改区块链中的信息是一件极其困难的事。相比于传统的网络，区块链具有两大核心特点：一是数据难以篡改，二是去中心化。基于这两个特点，区块链所记录的信息更加真实可靠，可以帮助解决人们互不信任的问题。

狭义区块链是按照时间顺序，将数据区块以顺序相连的方式组合成的链式数据结构，并以密码学方式保证的不可篡改和不可伪造的分布式账本。广义区块链是利用块链式数据结构验证与存储数据，利用分布式节点共识算法生成和更新数据，利用密码学的方式保证数据传输和访问的安全，利用由自动化脚本代码组成的智能合约编程和操作数据的全新的分布式基础架构与计算范式。

1．区块链的基本概念

区块链准确地说是一种去中心记账系统。它通过去中心化、分散的数据存储，以及成熟的加密、签名技术，保证了交易各方之间的互相信任。它通过非对称加密、签名技术，保证了发起交易者是被验证过的合法交易者，保证了系统不会被外来者入侵和破坏。主要概念如下。

① 交易。一次操作，导致账本状态的一次改变，如添加一条记录。

② 区块。记录一段时间内发生的交易和状态结果，是对当前账本状态的一次共识。

③ 链。由一个个区块按照发生顺序串联而成，是整个状态变化的日志记录。

如果把区块链作为一个状态机，则每次交易就是试图改变一次状态，而每次共识生成的区块，就是参与者对于区块中所有交易内容导致状态改变的结果进行确认。

用通俗的话来说，如果我们把数据库假设成一本账本，读写数据库就可以看作一种记账的行为，区块链技术的原理就是在一段时间内找出记账最快最好的人，由这个人来记账，然后将账本的这一页信息发给整个系统里的其他所有人。这也就相当于改变数据库所有的记录，发给全网的其他每个节点，所以区块链技术也称为分布式账本技术。

2．区块链的分类

① 公有区块链。世界上任何个体或者团体都可以发送交易，且交易能够获得该区块链的有效确认，任何人都可以参与其共识过程。公有区块链是最早的区块链，也是应用最广泛的区块链。

② 行业区块链。由某个群体内部指定多个预选的节点为记账人，每个块的生成由所有的预选节

点共同决定（预选节点参与共识过程），其他接入节点可以参与交易，但不过问记账过程，其他任何人可以通过该区块链开放的 API 进行限定查询。

③ 私有区块链。仅使用区块链的总账技术进行记账，可以是一个公司，也可以是个人，独享该区块链的写入权限，本链与其他的分布式存储方案没有太大区别。

3. 区块链的特征

① 去中心化。区块链技术不依赖额外的第三方管理机构或硬件设施，没有中心管制，只有自成一体的区块链本身，通过分布式核算和存储，各个节点实现了信息自我验证、传递和管理。去中心化是区块链最突出最本质的特征。

② 开放性。区块链技术基础是开源的，除了交易各方的私有信息被加密外，区块链的数据对所有人开放，任何人都可以通过公开的接口查询区块链数据和开发相关应用，因此整个系统信息高度透明。

③ 独立性。基于协商一致的规范和协议（如采用哈希算法等各种数学算法），整个区块链系统不依赖其他第三方，所有节点能够在系统内自动安全地验证、交换数据，不需要任何人为的干预。

④ 安全性。只要不能掌控全网 51%的算力，就无法肆意操控修改网络数据，这使区块链本身变得相对安全，理论上可避免主观人为的数据变更。

⑤ 匿名性。除非有法律规范要求，单从技术上来讲，各区块节点的身份信息不需要公开或验证，信息传递可以匿名进行。

8.6.2 区块链架构

区块链架构包括数据层、网络层、共识层、激励层、合约层和应用层，如图 8-7 所示。

图 8-7 区块链架构

① 数据层。数据层是整个区块链技术中最底层的数据结构，它包含区块链的区块数据、链式结构以及区块上的随机数、时间戳、公私钥数据等信息，用以保证区块链的稳定性和可靠性。

② 网络层。网络层包括分布式组网机制、数据传播机制和数据验证机制等，网络层主要通过 P2P 技术实现，因此区块链本质上可以说是一个 P2P 网络。分布式算法以及加密签名等都在网络层中实现，区块链上的各个节点通过这种方式来保持联系，共同维护整个区块链账本。

③ 共识层。共识层主要包含共识算法以及共识机制，能让高度分散的节点在去中心化的区块链系统中高效地针对区块数据的有效性达成共识，是区块链的核心技术之一，也是区块链社群的治理机制。共识层主要封装网络节点的各类共识算法，负责实现各个账本的数据一致性。

④ 激励层。激励层将经济因素集成到区块链技术体系中，主要包括经济激励的发行机制和分配机制，其功能是提供一定的激励措施，鼓励节点参与区块链的安全验证工作。激励层主要出现在公有链中，因为在公有链中必须激励遵守规则参与记账的节点，并且惩罚不遵守规则的节点，才能让整个系统朝着良性循环的方向发展。

⑤ 合约层。合约层主要包括各种脚本代码、算法机制及智能合约，是区块链可编程的基础。通

过合约层将代码嵌入区块链或是令牌中，实现可以自定义的智能合约，并在达到某个确定的约束条件的情况下，无须经由第三方就能够自动执行，是区块链实现机器信任的基础。针对不同的业务需求，在合约层灵活定义逻辑、规则、关系，通过合约层与区块链网络交互，是应用层访问区块链数据的接口，也是区块链中核心代码逻辑的定义层和处理层。

⑥ 应用层。区块链的应用层封装了区块链面向各种应用场景的应用程序，通过调用协议层及智能合约层的接口，以适配区块链的各类应用场景，为用户提供各种服务和应用，丰富整个区块链生态。

8.6.3　区块链关键技术

区块链并不是一个全新的技术，而是集成了多种现有技术进行的组合式创新，涉及以下几个方面。①分布式账本，在区块链中起到了存储数据的作用；②共识机制，在区块链中起到了统筹节点的行为、明确数据处理的作用；③加密技术，可以保证数据安全，验证数据归属；④智能合约，在区块链中起到了数据执行与应用的作用。

1. 分布式账本

分布式账本是区块链的基础，它记录了网络中发生的所有交易，每一笔交易都会在网络中的每个节点上记录，每一个节点记录的都是完整的账目，并且不能被修改。因此每个节点都可以参与监督交易合法性，也可以共同为其作证。

跟传统的分布式存储有所不同，区块链的分布式存储的独特性主要体现在两个方面：一是区块链每个节点都按照块链式结构存储完整的数据，传统分布式存储一般是将数据按照一定的规则分成多份进行存储；二是区块链每个节点存储都是独立的、地位等同的，依靠共识机制保证存储的一致性，而传统分布式存储一般是通过中心节点往其他备份节点同步数据。没有任何一个节点可以单独记录账本数据，从而避免了单一记账人被控制或者被贿赂而记假账的可能性。由于记账节点足够多，理论上讲除非所有的节点被破坏，否则账目就不会丢失，从而保证了账目数据的安全性。

2. 共识机制

共识机制是区块链技术中最核心的技术，它负责确保数据在网络中的一致性和可靠性，使系统中的数据不能被篡改。共识机制就是所有记账节点之间怎么达成共识，去认定一个记录的有效性，这既是认定的手段，也是防止篡改的手段。区块链提出了 4 种共识机制：工作量证明（PoW）、权益证明（PoS）、股份权益证明（DPoS）和 Pool 验证池。它们适用于不同的应用场景，在效率和安全性之间取得平衡。

① 工作量证明（PoW）。最早被使用的共识机制，它的核心是通过计算难题来验证交易。在这种机制下，节点需要通过计算复杂的数学问题来获得区块的权益，这个过程被称为挖矿。挖矿的过程需要消耗大量的计算资源和电力，因此 PoW 机制的安全性非常高。但是，PoW 机制的缺点是能源消耗大，效率低下。

② 权益证明（PoS）。一种新型的共识机制，它的核心是通过持有代币来验证交易。在这种机制下，节点需要持有一定数量的代币才能参与验证交易，持有的代币数量越多，节点获得区块的概率就越大。PoS 机制的优点是能源消耗少，效率高，但是安全性相对较低。

③ 股份权益证明（DPoS）。一种基于 PoS 机制进化而来的共识机制，它的核心是通过选举代表来验证交易。在这种机制下，节点通过选举代表来验证交易，代表的数量相对较少，因此效率更高。

DPoS 机制的优点是能源消耗少，效率高，安全性相对较高。

④ Pool 验证池。Pool 验证池基于传统的分布式一致性技术建立，并辅之以数据验证机制，是目前区块链中广泛使用的一种共识机制。Pool 验证池不需要依赖代币就可以工作，在成熟的分布式一致性算法基础之上，可以实现秒级共识验证，更适合有多方参与的多中心商业模式。不过，Pool 验证池也存在一些不足，例如该共识机制能够实现的分布式程度不如工作量证明机制等。

区块链的共识机制具备“少数服从多数”以及“人人平等”的特点，其中“少数服从多数”并不完全指节点个数，也可以是计算能力、股权数或者其他的计算机可以比较的特征量。“人人平等”是当节点满足条件时，所有节点都有权优先提出共识结果、直接被其他节点认同后并最后有可能成为最终共识结果。

3. 加密技术

加密技术是保证区块链安全性和完整性的技术，它使用加密算法来保护网络中的数据，以及防止篡改或恶意窃取数据。区块链底层的数据构架则是由区块链加密技术来决定的。区块链又被称为哈希链，整个区块链的机制和运行都是基于密码学为基本架构的，既保证了数据的安全性，又构建了区块链不可篡改的特性。

在加密技术方面，区块链使用的是非对称加密算法。具体来说，这种非对称密钥的工作原理是，在区块链的信息传递过程中，信息发送方使用私钥对信息签名、使用信息接收方的公钥对信息加密；信息接收方使用对方公钥验证信息发送方的身份、使用私钥对加密信息解密。公私钥加密与解密的成对出现保障了信息的完整性、一致性、安全性和不可篡改性。

非对称加密存储在区块链上的交易信息是公开的，但是账户身份信息是高度加密的，只有在数据拥有者授权的情况下才能被访问，从而保证了数据的安全和个人的隐私。

4. 智能合约

智能合约是一种可以自动执行的计算机代码，可以根据约定的条件，在网络上自动执行各种交易，在不需要人为介入的情况下实现自动执行。智能合约是基于这些可信的不可篡改的数据，可以自动地实施一些预先定义好的规则和条款。在没有智能合约加入之前，区块链只是一个闭环的交易系统，有了智能合约，才有了区块链跟外界世界对接的入口。

智能合约是由一台计算机或者计算机网络自动执行的。执行分为 3 步：一是达成协定，当参与方通过在合约宿主平台上安装合约，致力于合约的执行时，合约就被发现了；二是合约执行，执行意味着通过技术手段积极实施；三是计算机代码，为了编写智能合约，必须使用智能合约语言，这些是直接编写智能合约或编译成智能合约的编程语言。

智能合约可帮助用户以透明、无冲突的方式交换金钱、股份或任何有价值的物品，同时避免中间商的服务，甚至说智能合约将在未来取代律师这个职务。通过智能合约方式，资产或货币被转移到程序中，程序运行此代码，并在某个时间点自动验证一个条件，它会自动确定资产的去向（自动强制执行，不能赖账）。与此同时，分散账本也会存储和复制文件，使其具有一定的安全性和不变性。

当我们想要解决一些信任问题，可以通过智能合约，将用户间的约定用代码的形式将条件罗列清楚，并通过程序来执行，而区块链中的数据，则可以通过智能合约进行调用，所以智能合约在区块链中起到了数据执行与应用的功能。以保险为例，如果说每个人的信息（包括医疗信息和风险发生的信息）都是真实可信的，在一些标准化的保险产品中，进行自动化的理赔就很容易。在保险公司的日常业务中，虽然交易不像银行和证券行业那样频繁，但是对可信数据的依赖是有增无减。因此，利用区块链技术，从数据管理的角度切入，能够有效地帮助保险公司提高风险管理能力。

8.6.4　区块链的安全

区块链技术是不可篡改的分布式账本技术，其应用在网络安全领域日益广泛，区块链技术也被广泛应用。区块链网络的安全性主要有以下几点。

① 算法安全性。目前区块链的算法主要是公钥算法和哈希算法，相对比较安全。但是随着数学、密码学和计算技术的发展，以及量子计算的发展和商业化，使得目前的加密算法存在被破解的可能性，这是区块链技术面临的潜在安全威胁之一。

② 协议安全性。基于工作量证明（PoW）共识机制的区块链主要面临的是 51%攻击问题，即节点通过掌握全网 51%的算力，就有能力成功篡改和伪造区块链数据。

③ 使用安全性。主要是指私钥的安全性。区块链技术的一大特点就是不可逆、不可伪造，但前提是私钥是安全的。但目前针对密钥的攻击层出不穷，一旦用户使用不当，造成私钥丢失，就会给区块链系统带来危险。

④ 实现安全性。由于区块链大量应用了各种密码学技术，属于算法高度密集工程，在实现上比较容易出现问题。

⑤ 系统安全性。在区块链的编码及运行系统中，不可避免会存在很多的安全漏洞。“黑客”通过利用上述安全漏洞展开攻击，将对区块链的应用和推广带来极大的不利影响。

⑥ 智能合约安全性。智能合约是区块链技术的另外一个重要应用，可以实现程序化的协作和交易。在网络安全领域，智能合约可以实现自动化的网络安全检测和防御，提高网络安全的效率和准确性。

8.7　本章小结

1. 云计算安全

云计算的安全主要涉及云计算服务用户的数据和应用、云计算服务平台自身和云计算平台提供服务的滥用 3 方面的安全。

云计算安全模型可以解读为 1 个平台、2 个支付方案（按使用量收费和按服务收费）、3 个服务模式（IaaS、PaaS、SaaS）、4 个部署模式（私有云、公有云、混合云、社区云）、5 个关键特征（基础资源租用、按需弹性使用、透明资源访问、自助业务部署、开放公众服务）。

云计算的安全技术可分为数据安全技术、应用安全技术和虚拟化安全技术。

2. 大数据安全

大数据是指收集、组织、处理大型数据集并研究所需的非传统策略和技术的总称。大数据通常用巨量性（Volume）、多样性（Variety）、高速性（Velocity）和价值性（Value）4 个特征来进行描述，即大数据的 4V 特征。

大数据处理关键技术一般包括大数据采集、大数据预处理、大数据存储及管理、大数据分析及挖掘、大数据展现和应用等技术。

大数据安全是指采集、存储、处理、分析和使用海量数据时应注意的安全问题和措施。大数据采集安全主要是从数据的源头来保证数据的安全，在数据采集时对采集的数据进行必要的保护。大数据的安全存储采用虚拟化海量存储技术来存储数据资源。大数据挖掘是从海量数据中提取和挖掘知识，通过相关算法在大量的数据中搜索并找出隐藏在其中的各类信息的技术。大数据发布安全关键技术主要包括用户管控安全技术、数据溯源技术和数字水印技术。

3. 物联网安全

物联网通过信息传感器、射频识别技术、全球定位系统、红外线感应器、激光扫描器等各种装置与技术，实时采集任何需要监控、连接、互动的物体或过程，采集其声、光、热、电、力学、化学、生物、位置等各种需要的信息，通过各类可能的网络接入，实现物与物、物与人的泛在连接，实现对物品和过程的智能化感知、识别和管理。物联网是一个基于互联网、传统电信网等的信息承载体，它让所有能够被独立寻址的普通物理对象形成互联互通的网络。物联网的基本特征可概括为全面感知、可靠传输和智能处理。

物联网的关键技术是射频识别技术、网络通信技术、GPS 技术、计算机技术、传感器技术。物联网的体系结构分为 3 层，分别是感知层、网络层和应用层。

物联网安全威胁主要包含 3 个层次：感知层安全威胁、网络层安全威胁和应用层安全威胁。物联网安全关键技术包括认证机制、密钥管理、安全路由协议、恶意代码防御。

4. 人工智能安全

人工智能是研究、开发用于模拟、延伸和扩展人的智能的理论、方法、技术及应用系统的一门科学。人工智能在计算机上实现时有工程学方法和模拟法。工程学方法是采用传统的编程技术，使系统呈现智能的效果，而不考虑所用方法是否与人或动物机体所用的方法相同。模拟法不仅要看效果，还要求实现方法也和人类或生物机体所用的方法相同或类似。

人工智能的安全性问题主要包括以下几个方面：训练数据的安全性、模型的安全性、操作系统和基础设施的安全性、可解释性的安全性。

5. 工业互联网安全

工业互联网是一种信息技术与制造业深度融合的新兴技术领域和应用模式。工业互联网由网络、平台、安全三大功能体系构成。其中，网络是基础，平台是核心，安全是保障。工业互联网平台核心由基础设施层（IaaS）、平台层（PaaS）、应用层（SaaS）3 层组成，再加上端层和边缘层，共同构成工业互联网平台的基本架构。

工业互联网安全涉及五大安全：设备安全、网络安全、控制安全、平台安全、数据安全。

6. 区块链技术

区块链技术也被称为分布式账本技术，是一种互联网数据库技术。区块链技术具有公开、去中心化、透明、不可篡改等特点。

区块链就是一个又一个区块组成的链条。每一个区块中保存了一定的信息，它们按照各自产生的时间顺序连接成链条。这个链条被保存在所有的服务器中，只要整个系统中有一台服务器可以工作，整条区块链就是安全的。

区块链的特征：去中心化、开放性、独立性、安全性、匿名性。区块链系统由数据层、网络层、共识层、激励层、合约层和应用层组成。

区块链关键技术：分布式账本，在区块链中起到了存储数据的作用；共识机制，在区块链中起到了统筹节点的行为、明确数据处理的作用；加密技术，可以保证数据安全，验证数据归属；智能合约，在区块链中起到了数据执行与应用的作用。

区块链网络的安全主要有算法安全、协议安全、使用安全、实现安全、系统安全、智能合约安全。

习　题

1. 什么是云计算？云计算的部署模式有哪些？
2. 云计算使用的安全技术有哪些？
3. 什么是大数据？大数据的特征有哪些？
4. 针对大数据的安全问题，有哪些主要的安全技术和方法？
5. 什么是物联网？物联网使用的关键技术有哪些？
6. 针对物联网的分层结构，简述各层存在的安全隐患和相应的解决方案。
7. 什么是人工智能？简述人工智能面临的安全威胁。
8. 什么是工业互联网？简述工业互联网安全涉及的五大安全。
9. 什么是区块链？简述区块链的特征及分类。
10. 针对区块链网络的安全性，我们可从哪些方面进行预防？

09 第 9 章　实验及综合练习题

本章分专题设计了网络安全常见的实验，主要有 DES 对称加密算法实验、AES 对称加密算法及分组密码工作模式实验、RSA 公钥密码算法实验、Diffie-Hellman 密钥交换算法实验、数字签名和数字证书实验、使用 Wireshark 观察 SSL/TLS 握手过程。为了复习教材所讲述的内容，最后安排网络安全综合练习题及答案。通过对该综合练习题的训练，学生可以更加牢固地掌握本书所讲述的基本知识点，达到有效学习的目的。

9.1　网络安全实验指导书

实验一　DES 对称加密算法实验

一、实验目的

熟悉并理解 DES 对称加密算法的原理和特点。

二、实验内容

1. 使用一种编程语言实现 DES 加密/解密算法：能够接收用户从键盘输入的明文字符和密钥字符，给出经 DES 算法加密的密文；同时能够基于该密文和密钥，给出经 DES 算法解密后的明文。

2. 基于自己编写的 DES 算法，统计当明文变化 1 位或密钥变化 1 位时对应的每一轮输出的密文变化情况，分析 DES 的雪崩效应（Avalanche Effect）。

三、实验环境

推荐使用个人计算机，根据个人情况选择合适的编程语言及编译环境。

四、预备知识

DES 全称为 Data Encryption Standard，即数据加密标准，是一种对称分组密码算法，1977 年被正式批准为美国联邦信息处理标准（FIPS-46）。DES 接受的明文分组长度为 64 位，密钥长度为 64 位（因为含有 8 个奇偶校验位，因此实际有效密钥长度为 56 位），输出的密文分组为 64 位。

在密码学中，雪崩效应指加密算法（尤其是分组密码和加密散列函数）的一种理想属性。雪崩效应是指当输入发生最微小的改变（例如，反转一个二进制位）时，也会导致输出的不可区分性改变（输出中每个二进制位有 50%的概率发生反转）。我们可以这样描述雪崩效应，对于一个给定的密码变换，若在任何时候，对单个输入位求补，致使有一半的输出位发生取补，则认为发生了雪崩。合格块密码中，无论密钥或明文的任何细微变化都必须引起密文的不可区分性改变。若某种块密码或加密散列函数没有显示出一定程度的雪崩特性，那么它被认为具有较差的随机化特性，从而密码分析者得以仅从输出推测输入。这可能导致该算法部分乃至全部被破解。因此，从加密算法或加密设备的设计者角度来说，雪崩效应是密码算法需要满足的基本条件。

在本次实验中，仅考虑输入的明文分组为 64 位的情况，不考虑明文不足 64 位或超过 64 位的情况（后两种情况需要考虑具体的分组密码处理模式，不属于本次实验的内容）。例如算法在提示用户输入英文字母、数字或特殊字符组成的明文时，可要求用户仅能输入 8 个字符（共 64 位）。此外，在实验中还需考虑字符和二进制位的转换，例如对于输入的明文字符串以及密钥字符串，需根据 ASCII 将它们先转换为二进制位后才能进行后续加密处理；对于解密出的二进制明文，需将它转换为 ASCII 中对应的字符才能验证解密结果与原始明文是否一致。这在某些编程语言中有一些内置的函数可以实现，例如 Python 中相关的函数有 ord()、bin() 等。

五、实验报告

基于实验内容完成一份实验报告，报告中需至少包括以下内容。

（1）算法编写。需对所编写的算法中包含的主要模块及其输入、输出和所实现的功能进行介绍，并附对应模块代码截图。

（2）算法结果。需展示以个人学号后 8 位为密钥、个人姓名汉语拼音的前 8 个（小写）字母为明文时，所编写的DES算法加密过程中每一轮的输出结果和最终的密文，以及解密过程中每一轮的输出结果和最终的明文，要求提供结果截图。例如学号为“135789246”的李小明（姓名为lixiaoming）同学，应展示使用密钥“35789246”对明文“lixiaomi”进行加密/解密的结果。如果个人姓名所对应的汉语拼音中的字母不足8个，则使用数字“0”进行末尾补足直至满足8个字符的总长度：例如姓名为李明（liming，使用ASCII后不足64个二进制位），则以“0”补足后的结果“liming00”作为明文。

（3）算法分析。雪崩效应实验中当考虑明文变化（或密钥变化）时，至少测试3组不同的变化方式，基于结果给出综合分析。

实验二　AES对称加密算法及分组密码工作模式实验

一、实验目的

1. 熟悉并理解AES对称加密算法的原理和特点。
2. 熟悉并理解分组密码不同工作模式的原理和特点。

二、实验内容

1. 理解AES算法各个模块的具体实现，利用AES进行数据加密。
2. 理解不同的分组密码工作模式，使用不同的模式加密数据。

三、预备知识

AES全称为Advanced Encryption Standard，即高级加密标准，是一种对称分组密码算法，2002年被美国联邦政府的国家标准与技术研究院确定为有效的标准，用来代替原来的DES。高级加密标准已经被多方分析且广为全世界所使用，是对称加密中最流行的算法之一。AES接受的明文分组长度为128位，密钥长度可为128/192/256位，分别对应10、12、14轮的处理轮数，输出的密文分组长度为128位。与DES不同，AES使用的是代换-置换网络，而非Feistel结构，因此AES的加密和解密操作并不相同。AES加密过程是对一个4x4的字节矩阵进行操作，每轮（除最后一轮外）均包含4个步骤：字节代替，行移位，列混合和轮密钥加。

密码学中，分组密码的工作模式允许使用同一个密钥的分组加密算法对多于一块的数据进行加密，并保证其安全性。分组密码自身只能接受一个分组长度的数据输入，不同的工作模式描述了加密一个数据分组的过程。

初始向量在许多工作模式中用于初始化一个与明文分组等长的随机向量，承担着随机化加密的作用，从而保证相同的明文经过多次加密也会产生不同的密文，提高了使用单一密钥加密的安全性，也避免了较慢的重新产生密钥的过程。

分组密码本身只能接受固定长度的数据分组，而消息本身的长度是可变的，因此对于部分加密模式例如ECB（Electronic Codebook，电子密码本）、CBC（Cipher Block Chaining，密码分组链接）需要先对消息进行填充，有多种填充方法。常用的填充方式包括PKCS#7：在数据末尾添加N个值为N的字节，使消息长度为分组长度b（单位为位）的整数倍；对于长度恰好为一个分组的消息，则在消息末尾添加b个值为b的字节。其他常用的填充方式请自行学习。

四、实验步骤

1. 基于DES算法，完成下列实验。

（1）修改上个实验的DES代码，实现对CBC和CFB（Cipher Feedback，密码反馈）模式的支持。字符编码仍然使用 ASCII，CBC 模式的填充和去除使用 PKCS#7 填充标准。

（2）利用步骤（1）实现的两种工作模式下的 DES，以个人学号后 8 位为密钥，对个人姓名汉语拼音小写字母和“computer network security”组成的消息进行加密，并对生成的密文解密，验证是否能够恢复明文。例如学号为“135789246”的李小明同学，应使用的密钥为“35789246”，明文为“lixiaoming computer network security”（注意中间的空格）。请在实验报告中展示加密、解密的结果。

（3）对于使用初始向量（IV）的工作模式，改变 IV 的值，比较改变前后的加密结果。请在实验报告中展示改变前后的加密结果并进行分析。

（4）对加密得到的密文任意改变 1 位，分别比较 3 种工作模式下改变前后的解密结果。请在实验报告中展示改变前后的解密结果并进行分析。

2. **自行下载 AES 的实现源码。**

（1）请分析代码，找出 AES 的各个部分是由哪个函数实现的，了解函数实现的具体过程。请在实验报告中截图算法的各个模块并对应 AES 算法的流程说明其功能（具体到函数中的某个步骤）。

（2）自选密钥和明文，分析 AES 算法的雪崩效应，与 DES 算法的雪崩效应做对比。请在实验报告中展示、分析 AES 算法的雪崩效应，以及与 DES 算法雪崩效应的对比。

（3）修改上述 AES 代码，实现对 CBC、CFB 和 OFB（Output Feedbook，输出反馈）模式的支持。CBC 模式的填充和去除使用 PKCS#7 填充标准。请提交修改后支持 CBC、CFB 和 OFB 模式的 AES 算法的所有源代码、依赖文件和程序运行说明文档。

（4）基于步骤（3）中修改后的两种工作模式下的 AES，自选密钥，对个人姓名汉语拼音小写字母和“computer network security”组成的消息（例如“lixiaoming computer network security”）进行加密，并对生成的密文解密，验证是否能够恢复明文。字符编码仍然使用 ASCII。请在实验报告中展示不同工作模式下加密、解密的结果。

五、实验环境

推荐使用个人计算机，根据个人情况选择合适的编程语言及编译环境。

实验三　RSA 公钥密码算法实验

一、实验目的

了解公钥算法基本原理和 RSA 算法的原理。

二、实验内容

选择一种编程语言，实现 RSA 算法。

三、预备知识

RSA 算法是目前被最广泛接受和应用的公钥密码算法之一，包括加密、解密和密钥生成 3 个部分，既可以用来对消息加密，也可以用作数字签名。RSA 算法的安全性基于对极大整数做因数分解的难度。目前为止，世界上还没有找到可靠的攻击 RSA 算法的方式。只要其密钥的长度足够长，用 RSA 加密的信息实际上是不能被破解的。目前推荐的 RSA 算法中的 n 的长度至少为 2048 位。

Miller-Rabin 算法是典型的大数素性测试算法，基于素数的性质来判定一个整数 n 是否可能为素数，如果满足条件，则 n 可能是素数，反之如果不满足测试条件，则 n 必不为素数。由于 Miller-Rabin 算法是一个概率测试，所以一般需要重复使用 Miller-Rabin 算法从而以更高的置信度判定一个数是否为素数。如果取足够大的测试次数，Miller 返回的结果都是“可能为素数”，则可以认定 n 是素数。

扩展欧几里得算法（Extended Euclidean Algorithm）是基于欧几里得算法（又叫辗转相除法）的扩展，可以用来计算 RSA 算法中的模乘法逆元。在 RSA 算法中求私钥中的整数 d 时，需要使得 $e \cdot d \% \phi(n) = 1$，该方程等价于 $e \cdot d = y \cdot \phi(n)+1$（$y$ 为整数），也等价于 $e \cdot d - y \cdot \phi(n) = 1$，因此求解 d 即求解该方程。扩展欧几里得算法表明存在 x、y 使得 $\gcd(a,b)=ax+by$，且可以求出 x 和 y。对 e 和 $\phi(n)$来说，存在 x、y 使得 $\gcd(e,\phi(n)) = e \cdot x + b \cdot \phi(n) = 1$，因此，用扩展欧几里得算法求解出的 x 即模 $\phi(n)$下 e 的乘法逆元 d。

计算模的幂运算时，对于较大的指数，直接先计算幂运算的结果再求余可能计算机无法计算和存储。因此利用蒙哥马利模幂运算进行优化，主要是利用二进制位表示的指数 e 减少取模的次数，并降低除法的复杂度。

四、实验步骤

1. 编写密钥生成算法，生成 RSA 算法中所需要的公钥 PU=$\{e,n\}$ 和私钥$\{d\}$。

（1）素数 p、q 的选取：编写基于 Miller-Rabin 算法的代码来选取 1024 位的素数 p 和 q。Miller-Rabin 算法重复应用的次数可选 128。

若 p/q 的数值超过整型能表示的最大整数，可以自定义一个数据结构或者类来存储 p 和 q，并定义这个数据结构或类上所需的算术操作。

（2）选取与$\phi(n)$互素的 e 时，一般从 $e=\{3,17,65537\}$ 中选取（选择一个已知的数字不会降低 RSA 的安全性），请自行选取 e 的值。编写基于扩展欧几里得算法的代码来求解 d。

2. 编写基于蒙哥马利模幂运算的 RSA 加密算法，实现对明文的加密。

3. 编写基于蒙哥马利模幂运算的 RSA 解密算法，实现对密文的解密。

五、实验环境

推荐使用个人计算机，根据个人情况选择合适的编程语言及编译环境。

六、实验报告

基于实验内容完成一份实验报告，报告中需至少包括以下内容。

（1）算法分析。对照 RSA 算法，对所编写的代码中包含的主要模块及其输入、输出和所实现的功能进行介绍，并附对应模块代码截图。

（2）特殊模块介绍。简要描述自己对 Miller-Rabin 素数判定算法，扩展的欧几里得算法和快速模幂算法的实现。

（3）算法结果。需展示对个人姓名汉语拼音字母组成的明文（例如李小明应对字符串“lixiaoming”加密），用所编写的 RSA 算法加密和解密的结果。

实验四 Diffie-Hellman 密钥交换算法实验

一、实验目的

理解 Diffie-Hellman 密钥交换算法的原理和流程。

二、实验内容

选择一种编程语言，实现 Diffie-Hellman 密钥交换算法。

三、预备知识

Diffie-Hellman 密钥交换算法可以让通信双方在完全没有对方任何预先信息的条件下通过不安全信道创建起一个密钥。这个密钥可以在后续的通信中作为对称密钥来加密通信内容。该算法的安全性基于离散对数求解问题的难度，一般认为，当全局质数 p 和通信双方选择的私钥足够大时，例如如果 p 是一个至少 300 位的质数，并且 a 和 b 至少有 100 位长，那么很难反推出一方的私钥。

Miller-Rabin 算法是典型的大数素性测试算法，基于素数的性质来判定一个整数 n 是否可能为素数，如果满足条件，则 n 可能是素数；如果不满足测试条件，则 n 必不为素数。由于 Miller-Rabin 算法是一个概率测试，所以一般需要重复使用 Miller-Rabin 算法从而以更高的置信度判定一个数是否为素数。如果取足够大的测试次数，Miller 返回的结果都是“可能为素数”，则可以认定 n 是素数。

本原根的数学定义为如果使得 $a^m \equiv 1 \bmod n$ 成立的最小正幂 m 满足 $m=\phi(n)$, 则称 a 是 n 的本原根，其中 $\phi(n)$ 为欧拉函数。当 p 为素数时，$\phi(n)=n-1$。例如 $p=7, a=2$ 时，$2^3 \bmod 7=1, 3\neq 7-1=6$, 因此 2 不是 7 的本原根；$a=3$ 时，$3^1 \bmod 7=3$，$3^2 \bmod 7=2$，$3^3 \bmod 7=6$，$3^4 \bmod 7=4$，$3^5 \bmod 7=5$，$3^6 \bmod 7=1$，则 3 是 7 的一个本原根。因此，求解素数本原根的一种思路是遍历所有 a（$1<a<p$）及可能的幂值（$1<m<p$），若存在 $m\neq n-1$ 且满足 $a^m \equiv 1 \bmod n$，则 a 不是本原根。

计算模的幂运算时，对于较大的指数，直接先计算幂运算的结果再求余可能计算机无法计算和存储。因此利用蒙哥马利模幂运算进行优化，主要是利用二进制位表示的指数 e 减少取模的次数、并简化除法的复杂度。

四、实验步骤

编写 Diffie-Hellman 密钥交换算法，基于公开参数 p 和它的本原根 a，以及通信双方各自选择的私钥 X_a 和 X_b，得到双方共享的密钥 K。

（1）素数 p 的生成。编写基于 Miller-Rabin 算法的代码来选取 1024 位的素数 p。Miller-Rabin 算法重复应用的次数可选 128 或更大。

Python 中 getrandbits()函数可以随机化较长位数的二进制数；其他编译环境中若 p 的数值超过整型能表示的最大整数，可以自定义一个数据结构或者类来存储 p，并定义这个数据结构或类上所需的算术操作，也可以使用一些能够处理大整数的模块或包。

（2）求解素数 p 的本原根 a。若有多个本原根，取最小的作为后续算法使用的本原根。求解本原根有多种方法，查找相关资料寻找自己想要使用的方法。

（3）随机选择 256 位的随机整数 X_a 和 X_b，基于蒙哥马利模幂运算计算通信双方的公钥 Y_a 和 Y_b，以及基于交换的公钥计算出的共享密钥 K，验证通信双方各自计算出来的密钥 K 是否一致。

五、实验环境

推荐使用个人计算机，根据个人情况选择合适的编程语言及编译环境。

六、实验报告

基于实验内容完成一份实验报告，报告中需至少包括以下内容。

1. 算法分析：对照 Diffie-Hellman 算法，对所编写的代码中包含的主要模块及其输入、输出和所实现的功能进行介绍，并附对应模块代码截图。

2. 特殊模块介绍：简要描述所编写的算法中求解素数本原根的原理和流程。

3. 算法结果：需展示用所编写的 Diffie-Hellman 算法中所选择的素数 p 和 p 的本原根 a，双方的私钥、公钥及共享密钥的结果。

实验五　数字签名和数字证书实验

一、实验目的

1. 了解 OpenSSL 软件的功能，掌握用 OpenSSL 产生密钥、生成散列值、加解密、进行数字签名等方法，加深对消息认证、数字签名原理的理解。

2. 了解数字证书的结构和内容，理解 Web 浏览器数字证书的信任模型。

二、预备知识

数字签名是使用了公钥加密领域的技术、用于鉴别数字信息完整性、认证消息源以及保证消息不可否认性的方法。数字签名的一般流程是使用签名者的私钥对消息签名，使用签名者的公钥可以验证签名，私钥仅为签名者所持有，而公钥是公开的。数字签名算法一般包含 3 个模块。密钥生成算法：用来产生公钥-私钥对。签名算法：用私钥对消息产生一个签名，通常是对消息的哈希值进行加密。签名验证算法：给定消息、签名者对消息的签名以及签名者的公钥，接收方验证该签名是否合法。

数字证书即公钥证书，也可称为身份证书，是用来证明公钥拥有者的身份的文件。此文件对于公钥信息、拥有者身份信息（主体）等信息，使用数字证书 CA 的私钥对这份文件进行数字签名，从而保证该文件的整体内容不被随意地修改。数字证书的拥有者可以基于该证书向服务器或其他用户表明身份，从而获得对方信任进而访问所需的服务。服务器或其他用户可以基于 CA 的公钥核实数字证书上的内容，包括证书有否过期、数字签名是否有效；如果数字证书的颁发机构是受信任的机构，则可以信任数字证书中的公钥，并使用它与公钥持有者进行加密通信。

Web 应用程序及 Web 站点往往易受到各种各样的攻击，Web 数据在网络传输过程中也很容易被窃取或盗用，阻止 Web 攻击者监听行为的最有效方法就是对 Web 站点和访问者之间所建立的连接进行有效加密。Web 浏览器在连接一般的 Web 站点通常使用的是 HTTP，地址栏中 URL 一般形式为“http://www.网址.com”。而当 Web 浏览器连接到一个安全站点时，浏览器将使用 HTTPS（超文本传输安全协议）来建立一个加密连接，地址栏中的 URL 通常的形式为“https://www.网址.com”。为了建立一个安全连接，Web 浏览器需要首先向 Web 服务器请求数字证书，数字证书提供了身份证明。浏览器在向 Web 服务器请求它的数字证书时，也同时发送了它所支持的加密算法列表。当服务器回送数字证书和它所选择的加密算法后，浏览器通过检查数字签名和确认 URL 是否与数字证明的公有名字域相匹配来验证数字证书。如果这些测试失败，浏览器将显示警告信息。

OpenSSL 是一个得到广泛应用的加解密和数字证书开源软件，主要包括以下 3 个组件：多用途的命令行工具 OpenSSL，加密算法库 libcyrpto，加密协议库 libssl。OpenSSL 可以运行在 Windows、Linux、macOS 等多种操作系统上。OpenSSL2 支持多种加密算法，包括 AES、DES、RC4 等；还实现了多种散列函数，包括 MD4、MD5、SHA 等；同时支持多种公钥密码算法，例如 RSA、Diffie-Hellman 等算法。

三、实验内容

1. 基于 OpenSSL 的加解密和数字签名

（1）在个人计算机上安装 OpenSSL。

（2）熟悉 OpenSSL 用于加解密和散列函数的相关命令 enc 和 dgst，后续任务需要用到这些命令。探索学习上述两条命令，实验报告需展示这两条命令运行的相关结果截图。

（3）基于 OpenSSL 使用 AES 算法对文本进行加密和解密。生成一个文本文件，以个人学号命名（例如李小明，学号为“A0130349012”，则生成名为“A0130349012.txt”的文本文件），文件内容自定（需包括个人姓名，3 行以上，每行 3 个单词以上），对于该文件要求如下。

① 基于 Base64 编码使用 AES-CBC 模式加密和解密；

② 不使用 Base64 编码使用 AES-CBC 模式加密和解密。

Base64 编码是一种常用的将十六进制数据转换为可见字符的编码，与 ASCII 相比，它占用的空间较小，关于 Base64 编码的详细内容请参考其官方网站。实验报告需展示创建的文本文件内容截图、对该文件按照①和②的要求加密和解密的命令和运行结果截图。

（4）基于 OpenSSL 生成 1024 位的 RSA 公钥-私钥对。实验报告需展示相关命令和运行结果截图，并解释说明为什么私钥比公钥长。

（5）使用步骤（4）中生成的私钥，对步骤（3）中的文本文件进行签名，并使用步骤（4）中生成的公钥验证签名。实验报告需展示相关命令的运行结果和验证结果截图。

2. Web 浏览器数字证书

（1）大多数数字证书并非由 CA 直接颁发，而是通过根证书、自签证书和中间证书等形成的信任链路完成对数字证书的认证，请查找资料，理解上述不同种类的数字证书的概念和区别。实验报告需解释不同种类的数字证书的概念和区别。

（2）查看 Web 浏览器中的数字证书管理器管理的根证书和中间证书，选择一个证书，查看证书的每一项内容，理解其意义。实验报告需解释所选择的证书中每一项的内容。

（3）导出（2）中选择的证书，要求选择至少两种不同的格式导出，查看导出的证书文件内容。实验报告需展示导出过程截图及证书内容截图。

（4）浏览器证书通常使用 SHA-1 或 SHA-256 哈希函数生成指纹（Fingerprint），查看所导出的证书使用何种哈希函数计算指纹，基于 OpenSSL（也可自己编程实现）计算导出的数字证书文件的指纹，并与 Web 浏览器中显示的该证书的指纹进行比较，检查两个散列值是否一致。实验报告需展示指纹计算过程及对比结果，解释数字证书指纹的用途，解释数字证书中的签名散列函数与指纹算法所使用的散列函数的区别。

四、实验环境

推荐使用个人计算机，系统环境自选，例如 Windows、Linux、macOS 等；浏览器自选，例如 Chrome、Firefox 等。

实验六　使用 Wireshark 观察 SSL/TLS 握手过程

一、实验目的

了解 Wireshark 软件的功能，通过 Wireshark 捕获 TLS 握手过程中的交互报文，了解 TLS 的握手过程，加深对 TLS 的理解。

二、预备知识

Wireshark 是一个免费的开源网络数据包分析器，可实时从网络接口捕获数据包中的数据，可以用于检查安全问题和解决网络问题，也可供开发者调试协议的实现和学习网络协议的原理。Wireshark的前身是1998年发布的Ethereal，2006年6月Ethereal更名为Wireshark。Wireshark支持多平台例如Windows、macOS、Linux等。

SSL/TLS利用TCP为上层应用提供端到端的安全传输服务，包括认证、加密和数据完整性。SSL是TLS的前身，SSL/TLS栈包括SSL握手协议、SSL更改密码规范协议、SSL告警协议和SSL记录协议，其中SSL握手协议是其中最为重要的一个协议，用于通信双方的相互认证、加密算法和MAC算法的协商、共享密钥的交换。SSL握手协议由多个步骤组成，大致可分为4个阶段：建立安全功能、服务器认证和密钥交换、客户端认证和密钥交换、完成，每个阶段包括多条客户端和服务器之间交换的消息，即数据包。握手协议顺利完成后，客户端和服务器完成了相互认证，并共享了一个密钥，可以用于后续的对称加密通信。

三、实验内容

1. 自行下载和安装Wireshark。

2. 启动Wireshark，熟悉Wireshark的功能菜单，关于Wireshark用户界面的具体介绍参见Wireshark说明文档中的第三部分，了解如何配置Wireshark的捕获过滤器和显示过滤器，以便显示特定流量。

3. 自己选择一个安全网站（使用HTTPS的网站），使用Wireshark抓包分析SSL/TLS握手过程中客户端与服务器间的交互过程，客户端为个人计算机浏览器，服务器为存放要访问的网站的服务器。

实验报告需展示握手协议中所有消息截图及分析。

四、实验环境

推荐使用个人计算机，系统环境自选，例如Windows、Linux、macOS等；浏览器自选，例如Chrome、Firefox等。

9.2 综合练习题

9.2.1 填空题

1. 数据包过滤用在________和________之间，过滤系统一般是一台路由器或是一台主机。

2. 用于过滤数据包的路由器被称为________，和传统的路由器不同，所以人们也称它为________。

3. 代理服务是运行在防火墙上的________，防火墙的主机可以是一个具有两个网络接口的________，也可以是一个堡垒主机。

4. 代理服务器运行在________层，它又被称为________。

5. 目前市场上有一些代理构造工具包，如________和________工具箱。

6. 在周边网上可以放置一些信息服务器，如WWW和FTP服务器，这些服务器可能会受到攻击，因为它们是________。

7. 内部路由器又称为________，它位于________和________之间。

8. UDP的返回包的特点是：目标端口是请求包的________；目标地址是请求包的________；源

端口是请求包的________；源地址是请求包的________。

9. FTP 传输需要建立两个 TCP 连接：一个是________；另一个________。

10. 屏蔽路由器是一种根据过滤规则对数据包进行________的路由器。

11. 代理服务器是一种代表客户和________通信的程序。

12. ICMP 建立在 IP 层上，用于主机之间或________之间传输差错与控制报文。

13. 防火墙有双重宿主主机型、被屏蔽________型和被屏蔽________型等多种结构。

14. 在 TCP/IP 的 4 层模型中，NNTP 是属于________层的协议，而 FDDI 属于________层。

15. 一个主机的 IP 地址为 162.168.1.2，子网掩码为 255.255.255.0，则可得子网号为________。

16. 一般情况下，机密性机构的可见性要比公益性机构的可见性________（填高或低）。

17. 屏蔽路由器称为________网关；代理服务器称为________网关。

18. 双重宿主主机应禁止________。

19. 双重宿主主机有两个连接到不同网络上的________。

20. 域名系统（DNS）用于________之间的解析。

21. 防火墙把出站的数据包的源地址都改写成防火墙的 IP 地址的方式叫作________。

22. 安全网络和不安全网络的边界称为________。

23. 网络文件系统（NFS）向用户提供了一种________访问其他主机上文件的方式。

24. SNMP 是基于________，________网络管理协议。

25. 在逻辑上，防火墙是________、________和________。

26. DDoS 攻击是一种特殊形式的拒绝服务攻击，它采用一种________和________的大规模攻击方式。

27. 数据完整性包括的两种形式是________和________。

28. 计算机网络安全受到的威胁主要有________、________和________。

29. 对一个用户的认证，其认证方式可分为 3 类：________、________和________。

30. 恢复技术大致分为：单纯以备份为基础的恢复技术，________和基于多备份的恢复技术 3 种。

31. 对数据库构成的威胁主要有篡改、损坏和________。

32. 检测计算机病毒中，检测的原理主要是基于 4 种方法：比较法、________、计算机病毒特征字的识别法和________。

33. ________是判断计算机病毒的最重要的依据。

34. 用某种方法伪装消息以隐藏它的内容的过程称为________。

35. 证书有两种常用的方法：CA 的分级系统和________。

36. 设计和建立堡垒主机的基本原则有两条：________和________。

37. 将一台具有两个以上网络接口的机器配置成在这两个接口间无路由的功能，需进行两个操作：________、________。

38. 依靠伪装发动攻击的技术有两种：源地址伪装和________。

39. 一个邮件系统的传输包含：________、________、________。

40. 防火墙就是位于________或 Web 站点与互联网之间的一个________或一台主机，典型的防火墙建立在某台主机上，这样的主机也称为________。

41. ________是运行在防火墙上的一些特定的应用程序或者服务程序。

42. ICMP 建立在 IP 层上，用于主机之间或主机与路由器之间________。

43. 防火墙有________、主机过滤和子网过滤 3 种体系结构。

44. 包过滤路由器依据路由器中的________做出是否引导该数据包的决定。

45. 双重宿主主机通过________连接到内部网络和外部网络上。

46. 回路级代理能够为各种不同的协议提供服务，不能解释应用协议，所以只能使用修改的________。

47.《中华人民共和国计算机信息系统安全保护条例》中定义的“编制或者在计算机程序中插入的破坏计算机功能或者毁坏数据，影响计算机使用，并能自我复制的一组计算机指令或者程序代码”是指________。

48. UNIX 和 Windows Server 操作系统能够达到________安全级别。

49. 根据过滤规则决定对数据包是否发送的网络设备是________。

50. 容错是指当系统出现________时，系统仍能执行规定的一组程序。

9.2.2 单项选择题

1. 计算机网络开放系统互连________，是国际标准化组织（ISO）于 1984 年制定的一个协议标准。
   A. 7 层物理结构　B. 参考模型　C. 7 层参考模型　D. 七层协议
2. TCP/IP 的层次模型只有________层。
   A. 3　B. 4　C. 7　D. 5
3. IP 位于________层。
   A. 网络层　B. 传输层　C. 数据链路层　D. 物理层
4. TCP 位于________层。
   A. 网络层　B. 传输层　C. 数据链路层　D. 表示层
5. 大部分网络接口有一个硬件地址，如以太网的硬件地址是一个________位的十六进制数。
   A. 32　B. 48　C. 24　D. 64
6. IP 地址的主要类型有 4 种，每类地址都是由________组成。
   A. 48 位 6 字节　B. 48 位 8 字节　C. 32 位 8 字节　D. 32 位 4 字节
7. 硬件地址是________层的概念。
   A. 物理层　B. 网络层　C. 应用层　D. 数据链路层
8. TCP 一般用于________网，向用户提供一种传输可靠的服务。
   A. 局域网　B. 以太网
   C. 广域网　D. LONWORKS 网
9. UDP 提供了一种传输不可靠服务，是一种________服务。
   A. 有连接　B. 无连接　C. 广域　D. 局域
10. HTTP 是________协议。
    A. WWW　B. 文件传输　C. 信息浏览　D. 超文本传输
11. TCP 在一般情况下源端口号为________。
    A. 大于 1023 小于 65535 的数　B. 小于 1023 大于 65536 的数
    C. 小于 65536 的数　D. 任意值

12. 逻辑上防火墙是________。

A. 过滤器、限制器、分析器　　B. 堡垒主机

C. 硬件与软件的配合　　D. 隔离带

13. 在主机过滤体系结构中，堡垒主机位于________，所有的外部连接都由过滤路由器路由到它上面去。

A. 内部网络　　B. 周边网络　　C. 外部网络　　D. 自由连接

14. 在子网过滤体系结构中，堡垒主机被放置在________上，它可以被认为是应用网关，是这种防御体系的核心。

A. 内部网络　　B. 外部网络　　C. 周边网络　　D. 内部路由器后边

15. 外部路由器和内部路由器一般应用________规则。

A. 不相同　　B. 相同　　C. 最小特权　　D. 过滤

16. 外部数据包过滤路由器只能阻止一种类型的 IP 欺骗，即________，而不能阻止 DNS 欺骗。

A. 内部主机伪装成外部主机的 IP　　B. 内部主机伪装成内部主机的 IP

C. 外部主机伪装成外部主机的 IP　　D. 外部主机伪装成内部主机的 IP

17. 最简单的数据包过滤方式是按照________进行过滤。

A. 目标地址　　B. 源地址　　C. 服务　　D. ACK

18. ACK 位在数据包过滤中起的作用________。

A. 不重要　　B. 很重要　　C. 可有可无　　D. 不必考虑

19. 一些所谓的“存储转发”服务，如 SMTP、NNTP 等本身就有代理的特性，所以它们的代理服务极易实现，所以称为________。

A. 没有代理服务器的代理　　B. 客户代理

C. 服务器代理　　D. 客户与服务器代理

20. DES 是对称密钥加密算法，________是非对称公开密钥密码算法。

A. RSA　　B. IDEA　　C. Hash　　D. MD5

21. 在 3 种情况下应对防火墙进行测试：在防火墙安装之后、________、每隔一段时间应该进行测试，确保其继续正常工作。

A. 在网络发生重大变更后　　B. 在堡垒主机备份后

C. 在安装新软件之后　　D. 在对文件删除后

22. 在堡垒主机建立一个域名服务器，这个服务器可以提供域名解析服务，但不会提供________信息。

A. IP 地址的主机解析　　B. MX 记录

C. TXT　　D. HINFO 和 TXT

23. 顶级域名是 INT 的网站是________。

A. 英特尔公司　　B. 地域组织　　C. 商业机构　　D. 国际组织

24. 顶级域名是 CN 的代表________。

A. 地域　　B. 中国　　C. 商业机构　　D. 联合国

25. DNS 的网络活动有两种，一种是________；另一种是 Zone Transfer（区域传输）。

A. IP 地址对主机的解析　　B. 主机对 IP 地址的解析

C. LOOKUP（查询） D. LOOLAT（查找）

26. WWW 服务的端口号是________。

A. 21 B. 80 C. 88 D. 20

27. 互联网上每一台计算机都至少拥有________个 IP 地址。

A. 一 B. 随机若干 C. 两 D. 随系统不同而异

28. TCP 连接的建立使用________握手协议，在此过程中双方要互报自己的初始序号。

A. 3 次 B. 两次 C. 连接 D. ACK

29. 不同的防火墙的配置方法也不同，这取决于________、预算及全面规划。

A. 防火墙的位置 B. 防火墙的结构 C. 安全策略 D. 防火墙的技术

30. 堡垒主机构造的原则是________；随时做好准备，修复受损害的堡垒主机。

A. 使主机尽可能简单 B. 使用 UNIX 操作系统

C. 除去无盘工作站的启动 D. 关闭路由功能

31. 加密算法若按照密钥的类型划分可以分为________两种。

A. 公开密钥加密算法和对称密钥加密算法

B. 公开密钥加密算法和算法分组密码

C. 序列密码和分组密码

D. 序列密码和公开密钥加密算法

32. 计算机网络的基本特点是实现整个网络的资源共享。这里的资源是指________。

A. 数据 B. 硬件和软件 C. 图片 D. 影音资料

33. 互联网采用的安全技术有加密技术、数字签名技术和________技术。

A. 防火墙 B. 网络 C. 模型 D. 保护

34. 网络权限控制是针对网络非法操作所提出的一种安全保护措施，通常可以将用户划分为________类。

A. 5 B. 3 C. 4 D. 2

35. PGP 是一个电子邮件加密软件。其中用来完成身份验证技术的算法是 RSA；加密信函内容的算法是________。

A. 非对称加密算法 MD5 B. 对称加密算法 MD5

C. 非对称加密算法 IDEA D. 对称加密算法 IDEA

36. 下面的三级域名中只有________符合《中国互联网域名注册暂行管理办法》中的命名原则。

A. WWW.AT&T.BJ.CN B. WWW.C++_SOURCE.COM.CN

C. WWW.JP.BJ.CN D. WWW.SHENG001.NET.CN

37. 代理服务器与数据包过滤路由器描述不正确的是________。

A. 代理服务器在网络层筛选，而路由器在应用层筛选

B. 代理服务器在应用层筛选，而路由器在网络层筛选

C. 配置不合适时，路由器有安全性危险

D. 配置不合适时，代理服务器有安全性危险

38. 关于防火墙的描述不正确的是________。

A. 防火墙不能防范内部攻击

B. 如果一个公司信息安全制度不明确，拥有再好的防火墙也没有用

C. 防火墙可以防范伪装成外部信任主机的 IP 地址欺骗

D. 防火墙可以防范伪装成内部信任主机的 IP 地址欺骗

39. 关于以太网的硬件地址和 IP 地址的描述，不正确的是________。

A. 硬件地址是一个 48 位的二进制数，IP 地址是一个 32 位的二进制数

B. 硬件地址是数据链路层概念，IP 地址是网络层概念

C. 数据传输过程中，目标硬件地址不变，目标 IP 地址随网段不同而改变

D. 硬件地址用于真正的数据传输，IP 地址用于网络层上对不同的硬件地址类型进行统一

40. 关于子网过滤体系中内部路由器和外部路由器的描述，不正确的是________。

A. 内部路由器位于内部网和周边网络之间，外部路由器和外部网直接相连

B. 外部路由器和内部路由器都可以防范声称来自周边网的 IP 地址欺骗

C. 外部路由器的主要功能是保护周边网上的主机，内部路由器用于保护内部网络不受周边网和外部网络的侵害

D. 内部路由器可以阻止内部网络的广播消息流入周边网，外部路由器可以禁止外部网络一些服务的入站连接

41. 目前，中国互联网络二级域名中的“类别域名”共有________个。

A. 5　　B. 6　　C. 34　　D. 40

42. 关于堡垒主机的配置，叙述不正确的是________。

A. 堡垒主机上应保留尽可能少的用户账户

B. 堡垒主机的操作系统可选用 UNIX 操作系统

C. 堡垒主机的磁盘空间应尽可能大

D. 堡垒主机的速度应尽可能快

43. 有关电子邮件代理，描述不正确的是________。

A. SMTP 是一种“存储转发”协议，适合于代理

B. SMTP 代理可以运行在堡垒主机上

C. 内部邮件服务器通过 SMTP 服务，可直接访问外部互联网邮件服务器，而不必经过堡垒主机

D. 在堡垒主机上运行代理服务器时，将所有发往这个域的内部主机的邮件先引导到堡垒主机上

44. ________是一款运行于 Windows 2000 操作系统的个人防火墙软件。

A. 绿色警戒 1.1 版　　B. 冰河 2.2 版

C. Sendmail　　D. Portscan 2000

45. 美国国防部在他们公布的可信计算机系统评价标准中，将计算机系统的安全级别分为 4 类 7 个安全级别，其中描述不正确的是________。

A. A 类的安全级别比 B 类高

B. C1 类的安全级别比 C2 类要高

C. 随着安全级别的提高，系统的可恢复性提高

D. 随着安全级别的提高，系统的可信度提高

46. 利用强行搜索法搜索一个 8 位的口令要比搜索一个 6 位口令平均多用大约________倍的时间，这里假设口令所选字库是常用的 95 个可打印字符。

A. 10　　B. 100　　C. 10000　　D. 100000

47. 不属于代理服务器缺点的是________。

A. 某些服务同时用到 TCP 和 UDP，很难代理

B. 不能防止数据驱动侵袭

C. 一般来说，对于新的服务难以找到可靠的代理版本

D. 一般无法提供日志

48. 关于堡垒主机上伪域名服务器不正确的配置是________。

A. 可设置成主域名服务器

B. 可设置成辅助域名服务器

C. 内部域名服务器向它查询外部主机信息时，它可以进一步向外部其他域名服务器查询

D. 可使互联网上的任意主机查询内部主机信息

49. 口令管理过程中，应该________。

A. 选用 5 个字母以下的口令

B. 设置口令生命期，以此来强迫用户更换口令

C. 把口令直接存放在计算机的某个文件中

D. 把容易记住的单词作为口令

50. 关于摘要函数叙述不正确的是________。

A. 输入任意长的消息，输出长度固定

B. 输入的数据有很小的变动时，输出则截然不同

C. 逆向恢复容易

D. 可防止信息被改动

51. 回路级网关没有________的功能。

A. 在两个通信站点之间转接数据包　　B. 对不同协议提供服务

C. 对外像代理，对内像过滤路由器　　D. 对应用层协议做出解释

52. WWW 服务中，________。

A. CGI 程序和 Java Applet 程序都可对服务器端和客户端造成安全隐患

B. CGI 程序可对服务器端造成安全隐患，Java Applet 程序可对客户端造成安全隐患

C. CGI 程序和 Java Applet 程序都不能对服务器端和客户端造成安全隐患

D. Java Applet 程序可对服务器端造成安全隐患，CGI 程序可对客户端造成安全隐患

53. ICMP 数据包的过滤主要基于________。

A. 目标端口　　B. 源端口　　C. 消息类型代码　　D. ACK 位

54. 屏蔽路由器能________。

A. 防范 DNS 欺骗

B. 防范外部主机伪装成其他外部可信任主机的 IP 欺骗

C. 不支持有效的用户认证

D. 根据 IP 地址、端口号阻塞数据通过

55. DNS 服务器到服务器的询问和应答________。

A. 使用 UDP 时，用的都是端口 53

B. 使用 TCP 时，用的都是端口 53

C. 使用 UDP 时，询问端端口大于 1023，服务器端端口为 53

D. 使用 TCP 时，用的端口都大于 1023

56. 提供不同体系间的互连接口的网络互连设备是________。

A. 中继器　B. 网桥　C. Hub　D. 网关

57. 下列不属于流行局域网的是________。

A. 以太网　B. 令牌环　C. FDDI　D. ATM

58. 网络安全应具有保密性、完整性、________4 个方面的特征。

A. 可用性和可靠性　B. 可用性和合法性

C. 可用性和有效性　D. 可用性和可控性

59. ________负责整个消息从信源到信宿的传递过程，同时保证整个消息无差错、按顺序到达目的地，并在信源和信宿的层次上进行差错控制和流量控制。

A. 网络层　B. 传输层　C. 会话层　D. 表示层

60. 在网络信息安全模型中，________是安全的基石，它是建立安全管理的标准和方法。

A. 政策、法律法规　B. 授权　C. 加密　D. 审计与监控

61. 下列操作系统能达到 C2 级的是________。

A. DOS　B. Windows 98

C. Windows NT　D. Macintosh System 7.1

62. 在建立口令时最好不要遵循的规则是________。

A. 不要使用英文单词

B. 不要选择记不住的口令

C. 使用名字，包括自己的名字和家人的名字

D. 尽量选择长的口令

63. 网络信息安全中，________包括访问控制、授权、认证、加密及内容安全。

A. 基本安全类　B. 管理与记账类

C. 网络互连设备安全类　D. 连接控制

64. 关于前像和后像描述不正确的是________。

A. 前像是指数据库被某个事务更新时，所涉及的物理块更新后的影像

B. 后像是指数据库被某一事务更新时，所涉及的物理块更新前的影像

C. 前像和后像物理块单位都是块

D. 前像在恢复中所起的作用是帮助数据库恢复更新后的状态，即重做

65. 检测病毒的主要方法有比较法、扫描法、特征字识别法和________法。

A. 学习　B. 比较　C. 分析　D. 利用

66. ________总是含有对文档读写操作的宏命令；在.docx 文档和.dotm 模板中以 BFF（二进制文件格式）存放。

A. 引导区病毒　B. 异形病毒　C. 宏病毒　D. 文件病毒

67. 属于加密软件的是________。

A. CA　　B. RSA　　C. PGP　　D. DES

68. 在DES和RSA标准中，下列描述不正确的是________。

A. DES的加密钥＝解密钥　　B. RSA的加密钥公开，解密钥秘密

C. DES算法公开　　D. RSA算法不公开

69. 用维吉尼亚法加密下段文字：HOWAREYOU 以KEY为密钥，则密文为：________。

A. RSUKVCISS　　B. STVLWDJTT　　C. QRTJUBHRR　　D. 以上都不对

70. 防火墙工作在OSI模型的________。

A. 应用层　　B. 网络层和传输层

C. 表示层　　D. 会话层

71. 在选购防火墙软件时，不应考虑的是：一个好的防火墙应该________。

A. 是一个整体网络的保护者　　B. 为使用者提供唯一的平台

C. 弥补其他操作系统的不足　　D. 向使用者提供完善的售后服务

72. 包过滤工作在OSI模型的________。

A. 应用层　　B. 网络层和传输层

C. 表示层　　D. 会话层

73. 与电子邮件有关的两个协议是________。

A. SMTP和POP　　B. FTP和Telnet　　C. WWW和HTTP　　D. FTP和NNTP

74. 网络上为了监听效果更好，监听设备不应放在________。

A. 网关　　B. 路由器　　C. 中继器　　D. 防火墙

75. 下列不属于扫描工具的是________。

A. SATAN　　B. NSS　　C. Strobe　　D. TCP

76. 盗用IP地址并能正常工作，只能盗用________的IP。

A. 网段间　　B. 本网段内　　C. 外部网络　　D. 防火墙外

77. 如果路由器有支持内部网络子网的两个接口，很容易受到IP欺骗，从这个意义上讲，将Web服务器放在防火墙________有时更安全一些。

A. 外面　　B. 内　　C. 一样　　D. 不一定

78. 关于Linux特点描述不正确的是________。

A. 高度的稳定性和可靠性　　B. 完全开放源代码，价格低廉

C. 与UNIX高度兼容　　D. 系统留有后门

79. 采用公用/私有密钥加密技术，________。

A. 私有密钥加密的文件不能用公用密钥解密

B. 公用密钥加密的文件不能用私有密钥解密

C. 公用密钥和私有密钥相互关联

D. 公用密钥和私有密钥不相互关联

80. 建立口令不正确的方法是________。

A. 选择5个字符长度的口令　　B. 选择7个字符长度的口令

C. 选择相同的口令访问不同的系统　　D. 选择不同的口令访问不同的系统

81. 包过滤系统________。
   A. 既能识别数据包中的用户信息，也能识别数据包中的文件信息
   B. 既不能识别数据包中的用户信息，也不能识别数据包中的文件信息
   C. 只能识别数据包中的用户信息，不能识别数据包中的文件信息
   D. 不能识别数据包中的用户信息，只能识别数据包中的文件信息
82. 关于堡垒主机的配置，叙述正确的是________。
   A. 堡垒主机上禁止使用用户账户　　B. 堡垒主机上应设置丰富的服务软件
   C. 堡垒主机上不能运行代理　　D. 堡垒主机应具有较高的运算速度
83. 对于包过滤系统，描述不正确的是________。
   A. 允许任何用户使用 SMTP 向内部网络发送电子邮件
   B. 允许指定用户使用 SMTP 向内部网络发送电子邮件
   C. 允许指定用户使用 NNTP 向内部网络发送新闻
   D. 不允许任何用户使用 Telnet 从外部网络登录
84. 数据完整性包括数据的________。
   A. 正确性、有效性、一致性　　B. 正确性、容错性、一致性
   C. 正确性、有效性、容错性　　D. 容错性、有效性、一致性
85. 逻辑上，防火墙是________。
   A. 过滤器　　B. 限制器　　C. 分析器　　D. 以上皆对
86. 按照密钥类型，加密算法可以分为________。
   A. 序列算法和分组算法　　B. 序列算法和公开密钥算法
   C. 公开密钥算法和分组算法　　D. 公开密钥算法和对称算法
87. 关于堡垒主机上的域名服务，不正确的描述是________。
   A. 关闭内部网上的全部服务　　B. 将主机名翻译成 IP 地址
   C. 提供其他有关站点的零散信息　　D. 提供其他有关主机的零散信息
88. 关于摘要函数，叙述不正确的是________。
   A. 输入任意大小的消息，输出是一个长度固定的摘要
   B. 输入消息中的任何变动都会对输出摘要产生影响
   C. 输入消息中的任何变动都不会对输出摘要产生影响
   D. 可以防止消息被改动
89. 对于回路级代理描述不正确的是________。
   A. 在客户端与服务器之间建立连接回路
   B. 回路级代理服务器也是公共代理服务器
   C. 为源地址和目的地址提供连接
   D. 不为源地址和目的地址提供连接
90. 关于加密密钥算法，描述不正确的是________。
   A. 通常是不公开的，只有少数几种加密算法
   B. 通常是公开的，只有少数几种加密算法
   C. DES 是公开的加密算法

D. IDEA是公开的加密算法

9.2.3 参考答案

一、填空题

1. 内部主机 外部主机
2. 屏蔽路由器 包过滤网关
3. 一种服务程序 双重宿主主机
4. 应用 应用级网关
5. SOCKS TIS
6. 牺牲品主机
7. 阻塞路由器 内部网络 周边网络
8. 源端口 源地址 目标端口 目标地址
9. 命令通道 数据通道
10. 阻塞和转发
11. 真正服务器
12. 主机与路由器
13. 主机 子网
14. 应用 网络
15. 1
16. 高
17. 包过滤 应用级
18. 网络层的路由功能
19. 网络接口
20. IP地址和主机
21. 网络地址转换或NAT
22. 安全边界
23. 透明地
24. UDP 简单的
25. 过滤器 限制器 分析器
26. 分布 协作
27. 数据单元或域的完整性 数据单元或域的序列的完整性
28. “黑客”的攻击 计算机病毒 拒绝服务攻击
29. 用生物识别技术进行鉴别 用所知道的事进行鉴别 使用用户拥有的物品进行鉴别
30. 以备份和运行日志为基础的恢复技术
31. 窃取
32. 扫描法 分析法
33. 再生机制（或者自我复制机制）
34. 加密
35. 信任网
36. 最简化原则 预防原则
37. 关闭所有可能使该主机成为路由器的程序 关闭IP向导
38. 中间人的攻击
39. 用户代理 传输代理 接收代理
40. 内部网 路由器 堡垒主机
41. 代理服务
42. 处理差错与控制信息
43. 双重宿主主机
44. 包过滤规则
45. 两个网络接口
46. 客户程序
47. 计算机病毒
48. C2
49. 包过滤路由器
50. 某些指定的硬件或软件错误

二、单项选择题

1. C　2. B　3. A　4. B　5. B　6. D　7. D　8. C　9. B
10. D　11. A　12. A　13. A　14. C　15. B　16. D　17. B　18. B
19. A　20. A　21. A　22. D　23. D　24. B　25. C　26. B　27. A
28. A　29. C　30. A　31. A　32. B　33. A　34. B　35. D　36. D

37. B	38. C	39. C	40. B	41. B	42. D	43. C	44. A	45. B
46. C	47. D	48. D	49. B	50. C	51. D	52. B	53. C	54. D
55. A	56. D	57. D	58. D	59. B	60. A	61. C	62. C	63. A
64. D	65. C	66. C	67. C	68. D	69. A	70. B	71. B	72. B
73. A	74. C	75. D	76. B	77. A	78. D	79. C	80. C	81. B
82. A	83. B	84. A	85. D	86. D	87. A	88. C	89. D	90. A

参考文献

1. SCHNEIER B. 应用密码学：协议、算法与 C 源程序[M]. 吴世忠，祝世雄，张文政，等，译. 北京：机械工业出版社，2014.

2. JACOBSON D. 网络安全基础——网络攻防、协议与安全[M]. 仰礼友，赵红宇，译. 北京：电子工业出版社，2016.

3. STALLINGS W. 网络安全基础：应用与标准[M]. 白国强，等，译. 6 版. 北京：清华大学出版社，2019.

4. 陈咋等. 网络安全[M]. 西安：西北工业大学出版社，2021.

5. 丁丽萍. 网络取证及计算机取证的理论研究[J]. 信息网络安全，2010（12）.

6. 杜文才等. 计算机网络安全基础[M]. 北京：清华大学出版社，2016.

7. 石志国等. 计算机网络安全教程[M]. 3 版. 北京：清华大学出版社，2019.

8. 王鹏宇. 浅谈网络安全风险的评估方法[J]. 才智，2010（21）.

9. 王建锋等. 计算机病毒分析与防范大全[M]. 3 版. 北京：电子工业出版社，2011.

10. 王群等. 网络安全技术（微课视频版）[M]. 北京：清华大学出版社，2020.

11. 吴礼发等. 网络攻防原理[M]. 北京：机械工业出版社，2012.

12. 谢希仁. 计算机网络[M]. 8 版. 北京：电子工业出版社，2021.

13. 徐超汉. 计算机网络安全与数据完整性技术[M]. 北京：电子工业出版社，1999.

14. 杨哲. 无线网络安全攻防实战进阶[M]. 北京：电子工业出版社，2011.

15. 袁津生等. 计算机网络与安全实用编程[M]. 北京：人民邮电出版社，2005.

16. 袁津生等. 计算机网络安全基础[M]. 5 版. 北京：人民邮电出版社，2018.

17. 袁津生等. 计算机网络与应用技术[M]. 2 版. 北京：清华大学出版社，2018.

18. 郑斌. 黑客攻防入门与进阶[M]. 北京：清华大学出版社，2010.

19. 杨泉清，许元进. 浅谈计算机网络取证技术[J]. 海峡科学，2010（10）.